▲ 缩放图像显示比例

▲ 色彩平衡

▲ 径向模糊

▲ 进一步模糊

▲ 自适应广角

本书精彩案例欣赏

▲ 锐化边缘

▲ 使用钢笔工具抠图

▲ 制作垂直排列的文字

▲ 创建沿路径排列的文字

本书精彩案例欣赏

▲ 尝试制作简单的广告作品

▲ 清新风格海报设计

▲ 使用混合模式制作杯中风景

▲ 使用剪贴蒙版制作图案文字

▲ 电影感色彩

▲ 趣味立体卡片版式

▲ 磁性套索

中文版 Photoshop 2021
从入门到实战（全程视频版）（上册）

本书精彩案例欣赏

▲ 浮雕效果

▲ 使用图层样式制作 APP 启动界面

▲ 图形感海报

▲ 使用镜头光晕滤镜

▲ 使用多种模糊滤镜制作页面背景

▲ 使用滤镜制作水墨画效果

▲ 曲线命令使食物更美味

中文版Photoshop 2021从入门到实战（全程视频版）（上册）

309集视频讲解+81个综合实例+素材源文件+手机扫码看视频

☑ 配色宝典 ☑ 构图宝典 ☑ 创意宝典 ☑ 商业设计宝典 ☑ Illustrator 基础 ☑ CorelDRAW 基础 ☑ 各类实用设计素材 ☑ PPT 课件 ☑ 素材资源库 ☑ 工具速查 ☑ 快捷键速查

瞿颖健　编著

· 北京 ·

内 容 提 要

《中文版Photoshop 2021从入门到实战（全程视频版）（全两册）》分别以Photoshop核心功能和实战提升的形式系统讲述了Photoshop必备知识和抠图、修图、调色、合成、特效等核心技术，以及Photoshop在平面设计、数码照片处理、电商美工、UI设计、手绘插画、室内设计、建筑设计、创意设计等领域的实战应用，是一本全面讲述Photoshop软件应用的Photoshop完全自学教程、Photoshop视频教程。

全书共24章，其中上册12章，介绍了Photoshop核心功能部分，主要内容包括Photoshop基础知识、图层的基础操作、颜色设置与绘画、简单选区与填充、文字、图层样式与混合模式、矢量绘图、图像细节修饰、图像调色、抠图与合成、图像模糊与锐化处理、使用滤镜制作图像特效等；下册12章，主要以案例的形式详细讲解了Photoshop在数码照片后期处理、标志设计、版式设计、广告设计、电商美工、App UI设计、包装设计、书籍画册设计、视觉形象设计、3D图形设计、动态图设计、创意设计中的实战应用，使读者对Photoshop应用的相关行业有所了解，并通过大量综合实战案例，强化应用技能，提高应用水平，为读者成长为优秀的设计师打下坚实的基础。

《中文版Photoshop 2021从入门到实战（全程视频版）（全两册）》的各类学习资源有：

（1）309集视频讲解+81个综合实例+素材源文件+手机扫码看视频。

（2）赠送《配色宝典》《构图宝典》《创意宝典》《商业设计宝典》《Illustrator基础》《CorelDRAW基础》等电子书。

（3）赠送PhotoShop基础教学PPT课件、素材资源库、工具速查、快捷键速查等。

《中文版Photoshop 2021从入门到实战（全程视频版）（全两册）》适合Photoshop初学者学习使用，也适合作为相关院校或相关培训机构的教材使用，所有PS爱好者均可参考学习。本书在Photoshop 2021版本上编写，Photoshop 2020、Photoshop CC 2019、Photoshop CC 2018和Photoshop CS6等较低版本的读者亦可参考使用。

图书在版编目（CIP）数据

中文版 Photoshop 2021 从入门到实战 : 全程视频版 : 全两册 / 瞿颖健编著 .—北京 : 中国水利水电出版社，2021.4 （2022. 2 重印）

ISBN 978-7-5170-9440-1

Ⅰ. ①中… Ⅱ. ①瞿… Ⅲ. ①图像处理软件 Ⅳ. ① TP391.413

中国版本图书馆 CIP 数据核字 (2021) 第 031506 号

书　　名	中文版Photoshop 2021从入门到实战（全程视频版）（上册） ZHONGWENBAN Photoshop 2021 CONG RUMEN DAO SHIZHAN
作　　者	瞿颖健　编著
出版发行	中国水利水电出版社 （北京市海淀区玉渊潭南路1号D座 100038） 网址：www.waterpub.com.cn E-mail：zhiboshangshu@163.com 电话：（010）62572966-2205/2266/2201（营销中心）
经　　售	北京科水图书销售中心（零售） 电话：（010）88383994、63202643、68545874 全国各地新华书店和相关出版物销售网点
排　　版	北京智博尚书文化传媒有限公司
印　　刷	北京富博印刷有限公司
规　　格	190mm×235mm　16开本　28.5印张（总）　885千字（总）　2插页
版　　次	2021年4月第1版　2022年2月第3次印刷
印　　数	13001—18000册
总 定 价	118.00元（全两册）

凡购买我社图书，如有缺页、倒页、脱页的，本社营销中心负责调换

Photoshop（以下简称PS）软件是Adobe公司研发的目前使用最为广泛的图形图像处理软件，在平面设计、淘宝美工、数码照片处理、网页设计、UI设计、手绘插画、服装设计、室内设计、建筑设计、园林景观设计、创意设计等领域都会用到它，它几乎成了各类设计的必备软件，即“设计师必备”。

本书显著特色

1. 配备大量视频讲解，手把手教你学PS

本书配备大量的教学视频，涵盖全书所有实例和重要知识点，如同老师在身边手把手教学，让学习更轻松、更高效。

2. 扫描二维码，随时随地看视频

本书在章首页、重点和实例等多处设置了二维码，手机扫一扫，可以随时随地看视频（若手机不能播放，可在计算机上下载后观看）。

3. 内容全面，实例丰富，强化动手能力

本书涵盖了Photoshop 几乎所有常用工具、命令的相关功能。其中，上册采用“基础知识+实践操作+综合实战+课后练习+技巧拓展提示”的模式进行编写，符合轻松易学的学习规律；下册全程采用行业案例实战应用的模式编写，全面提升综合实战应用技能。

4. 案例效果精美，注重审美熏陶

PS只是工具，要想设计好的作品一定要有美的意识。本书案例效果精美，目的是加强对美感的熏陶和培养。

5. 配套资源完善，便于深度和广度拓展

除了提供几乎覆盖全书实例的配套视频和素材源文件外，本书还根据设计师必学的内容赠送了大量教学与练习资源。

6. 专业作者心血之作，经验技巧尽在其中

本书作者是艺术学院讲师、Adobe 创意大学专家委员会委员、Corel中国专家委员会成员，设计和教学经验丰富，大量的经验技巧融在书中，可以提高学习效率，让读者少走弯路。

7. 提供在线服务，随时随地交流学习

提供公众号、QQ群等在线互动、答疑、资源下载等服务。

前 言

关于学习资源及下载方法

1. 本书学习资源

（1）本书配套学习资源：全书实例的配套视频、素材源文件。

（2）赠送软件学习资源：赠送《配色宝典》《构图宝典》《创意宝典》《商业设计宝典》《行业色彩应用宝典》《Illustrator 基础》《CorelDRAW 基础》等电子书。

（3）赠送Photoshop基础教学PPT课件、各类实用设计素材、素材资源库、工具速查、快捷键速查等。

2. 本书资源下载

（1）关注下方的微信公众号（设计指北），然后输入“PSSZ9440”，并发送到公众号后台，即可获取本书资源的下载链接，然后将此链接复制到计算机浏览器的地址栏中，根据提示下载即可。

（2）加入本书QQ学习交流群：923805385（请注意加群时的提示，根据提示加群），可在线交流学习。

3. Photoshop 2021软件获取方式

本书依据Photoshop 2021版本编写，建议读者安装Photoshop 2021版本进行学习和练习。读者可以通过如下方式获取Photoshop 简体中文版：

（1）登录Adobe官方网站http://www.adobe.com/cn/下载试用版或购买正版软件。

（2）可到网上咨询、搜索购买方式。

说明：为了方便读者学习，本书提供大量的素材资源供读者下载，这些资源仅限于读者个人学习使用，不可用于其他任何商业用途。否则，由此带来的一切后果由读者个人承担。

关于作者

本书由唯美世界组织编写，其中，瞿颖健担任主要编写工作，参与本书编写和资料整理的还有曹茂鹏、瞿玉珍、董辅川、王萍、杨力、瞿学严、杨宗香、曹元钢、张玉华、李芳、孙晓军、张吉太、唐玉明、朱于凤等人。在此一并表示感谢。

编 者

目 录
Contents
RK TOGETHE
ALTH OF M

目 录

目 录

扫一扫，看视频

Photoshop基础知识

本章内容简介

本章主要讲解 Photoshop 的一些基础知识，包括认识 Photoshop 工作区；在 Photoshop 中进行新建、打开、置入、存储、打印等文件的基本操作；调整图像的尺寸及方向；学习在 Photoshop 中查看图像细节的方法；学习操作的撤销与还原方法。

重点知识掌握

- 熟悉 Photoshop 的工作界面
- 掌握“新建”“打开”“置入”“存储”“存储为”命令的使用
- 掌握“缩放工具”与“抓手工具”的使用方法
- 掌握调整图像大小的方法
- 熟练掌握错误操作的撤销方式

1.1 认识 Photoshop

开始学习 Photoshop，初学者肯定有好多问题想问。例如，Photoshop 是什么？能干什么？对我有用吗？我能用 Photoshop 做什么？学 Photoshop 难吗？怎么学？这些问题将在本节中得到解答。

1.1.1 你好，Photoshop

大家口中所说的 PS，也就是 Photoshop，全称是 Adobe Photoshop，是由 Adobe Systems 公司开发并发行的一款图形图像处理软件。Adobe 就是 Photoshop 所属公司的名称；Photoshop 是软件名称，常被缩写为 PS；2021 是这款 Photoshop 的版本号，如图 1–1 所示。

图 1–1

随着技术的不断发展，Photoshop 的技术团队也在不断对软件功能进行优化。从 20 世纪 90 年代至今，Photoshop 经历了多次版本的更新。比较早期的是 Photoshop 5.0、Photoshop 6.0、Photoshop 7.0，前几年的 PhotoshopCS4、PhotoshopCS5、PhotoshopCS6，近几年的 Photoshop CC、Photoshop CC2015、Photoshop CC2017、Photoshop CC2018、Photoshop CC2019、Photoshop 2020、Photoshop 2021 等。如图 1–2 所示为不同版本 Photoshop 的启动界面。

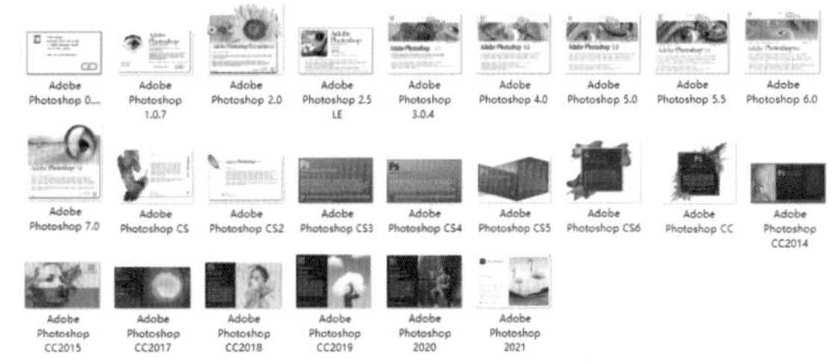

图 1–2

Photoshop 软件也经常会对个别功能进行新增或者改进，所以很可能会出现不同时间段购买使用的软件功能略有区别的问题。不过，实际上 Photoshop 相近的几个版本的功能区别并不大，如图 1–3 和图 1–4 所示分别为 Photoshop CC 和 Photoshop 2021 的操作界面，不仔细观察甚至很难发现两个版本的差别。因此，即使学习的是 Photoshop 2021 版本的教程，使用较为相近的低版本去练习也是完全可以的，除去几个小功能上的差别，几乎不影响使用。

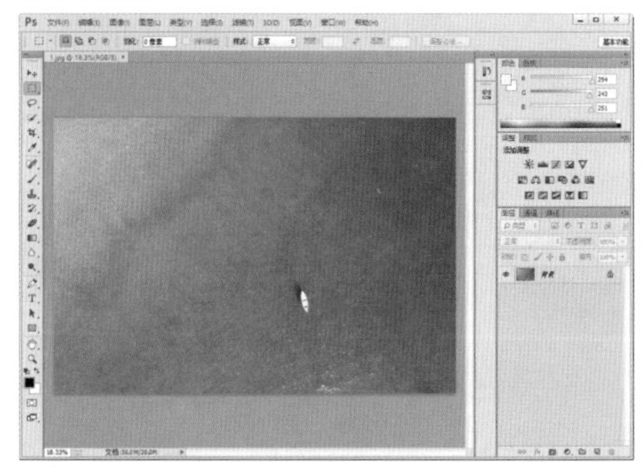

图 1–3

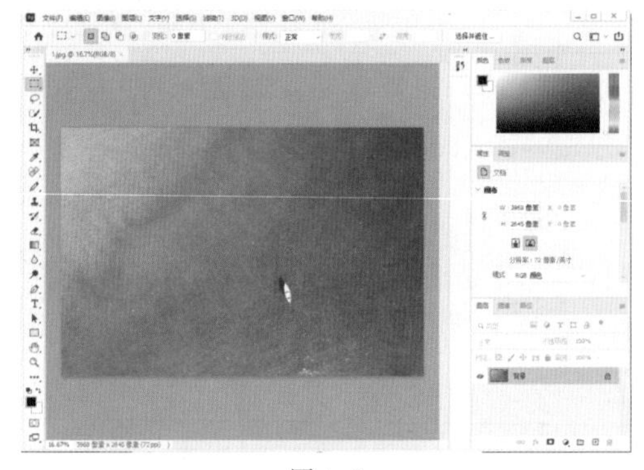

图 1–4

每个版本的升级都会有性能的提升和功能上的改进，但是在日常工作中并不一定非要使用最新版本。因为，新版本虽然会有功能上的更新，但是对设备的要求也会有所提升，在软件的运行过程中就可能会消耗更多的资源。如果在使用新版本的时候感觉计算机运行起来特别“卡”，操作反应非常慢，这时就要考虑是否是因为计算机配置较低，而无法更好地满足 Photoshop 的运行要求。可以尝试使用低版本的 Photoshop。

1.1.2 Photoshop+图像处理

前面提到了 Photoshop 是一款“图像处理”软件，那么什么是“图像处理”呢？简单来说，图像处理是指围绕数字图像进行的各种各样的编辑修改过程。例如，把原本灰蒙蒙的风景照变得鲜艳明丽、给人物瘦脸或者美白、裁切掉证件照中多余背景等，都可以称为图像处理，如图 1–5 和图 1–6 所示。

图 1–5

图 1–6

摄影师与 Photoshop 的关系之紧密是人所共知的。在传统暗房的年代，人们想要实现某些简单的特殊效果往往需要通过烦琐的技法和时间的等待。而在 Photoshop 中可能只需执行一个命令，瞬间就能够实现某些特殊效果。Photoshop 为摄影师提供了极大的便利和艺术创作的可能性。尤其对于商业摄影师而言，Photoshop 技术更是提升商品照片品质的有力保证，如图 1–7 和图 1–8 所示。

图 1–7

图 1–8

1.1.3　Photoshop+ 设计师

当前设计行业有很多分支，如平面设计、室内设计、景观设计、UI 设计、服装设计、游戏设计、动画设计等。

（1）平面设计

无论海报设计，还是标志设计、书籍装帧设计、广告设计、包装设计、卡片设计等从草稿到完整效果图都可以使用 Photoshop 完成，如图 1–9 和图 1–10 所示。

图 1–9

图 1–10

（2）室内设计

室内设计师通常会利用 Photoshop 进行室内效果图的后期美化处理，如图 1–11 所示。景观设计的效果图有很大一部分工作也是使用 Photoshop 进行设计的，如图 1–12 所示。

图 1–11

图 1–12

（3）服装设计

对于服装设计师而言，在 Photoshop 中不仅可以进行服装款式图的绘制、服装效果图的绘制，还可以进行成品服装的照片美化，如图 1–13 和图 1–14 所示。

图 1–13

图 1–14

（4）游戏设计

游戏设计是一项工程量大、涉及工种较多的设计类型，不仅需要美术设计人员，还需要程序开发人员。Photoshop 在其中主要应用在游戏界面、角色设定、场景设定、材质贴图绘制等方面，虽然 Photoshop 也具有 3D 功能，但是目前不会在游戏设计中应用到 Photoshop 的 3D 功能，游戏设计中的 3D 部分主要使用 Autodesk 3d Max、Autodesk Maya 等软件，如图 1–15 和图 1–16 所示。

图 1–15

图 1–16

（5）动画设计

动画设计与游戏设计相似，虽然不能够使用 Photoshop 制作动画片，但是可以使用 Photoshop 进行角色设定、场景设定等“平面”“静态”绘图方面的工作，如图 1–17 和图 1–18 所示。

图 1–17

图 1–18

（6）插画设计

随着数字技术的普及，插画绘制的过程更多地从纸上转移到计算机上。数字绘图不仅可以轻松地在油画、水彩画、国画、版画、素描画、矢量画、像素画等多种绘画模式之间进行切换，还可以轻松消除绘画过程中的“失误”，更能够创造出前所未有的视觉效果。Photoshop 是数字插画师常用的绘画软件，除此之外，Painter、Illustrator 也是插画师常用的工具。如图 1–19 和图 1–20 所示为优秀的插画作品。

图 1–19

图 1–20

1.1.4 Photoshop+ 任何人

你可能会说我不是设计师，学的不是艺术专业，从事的工作也与美术毫无关系，那我学习 Photoshop 有什么用？的确，Photoshop 对于设计从业人员来说可以算作是一个谋生工具，但是，对更多的人来说 Photoshop 能做的事不仅仅是专业的设计，更多的时候 Photoshop 既是一个便利的工具，又是给我们带来快乐的方式，因为 Photoshop 具有强大而简易操作的图像处理功能，所以我们可以轻松地为自己做一个“最美证件照”。重要的证件材料需要以电子形式存储时，可以用手机拍照并用 Photoshop 处理成扫描仪扫描出的效果；旅行归来的照片一定要导入 Photoshop 中进行美化处理，如图 1–21 和图 1–22 所示。

图 1–21

图 1–22

除此之外，Photoshop 还给了我们一个能够像艺术家一样进行“创作”的机会。有了 Photoshop，就相当于有了艺术家的画笔，我们可以将自己脑中所想以图像的形式展示出来，如图 1–23 和图 1–24 所示。

图 1–23

图 1–24

如果能够很好地掌握 Photoshop 这项技能，那么也许 Photoshop 可以为我们提供新的工作机会。如果你能够熟练地使用 Photoshop 修饰照片，那么可以尝试影楼后期处理的工作；技术更进一步的可以尝试广告公司的商业摄影后期修图工作。

如果能够熟练使用 Photoshop 进行图像、文字、版面的编排，则可以尝试广告设计、排版设计、书籍设计、企业形象设计等行业。淘宝网店美工也是近年来比较热门的职业。当然，如果你现在是一个“门外汉”，想要进入任何一个行业都不能只靠一个工具。Photoshop 可以作为一块“敲门砖”，入门之后仍需要不断学习才行，如图 1–25 和图 1–26 所示。

图 1–25

图 1–26

【重点】1.1.5 如何轻松学习Photoshop

前面铺垫了很多，相信大家对Photoshop已经有了一定的认识。下面要告诉大家如何有效地学习Photoshop。

（1）短教程，快入门

如果你非常急切地要在短时间内达到能够简单使用Photoshop的程度，这时建议你先看本书上册基础知识部分的视频课程。这套视频教程选取了Photoshop中最常用的功能，每个视频讲解一个或者几个小工具，时间都非常短，短到在你感到枯燥之前就结束了。视频虽短，但是建议你一定要打开Photoshop，跟着视频一起操作练习。

由于“入门级”的视频教程时长较短，所以部分参数的解释无法完全在视频中讲解到，所以在练习的过程中如果遇到问题，马上翻开书找到相应的小节，阅读这部分内容即可。

当然，一分努力一分收获，学习没有捷径。两个小时的学习效果与200个小时的学习效果肯定是不一样的。只学习简单视频内容是无法参透Photoshop的全部功能的。但是，到了这里你应该能够做一些简单的操作了。例如，对照片调色，祛斑、祛痘、去瑕疵，做个名片、标志、简单广告等，如图1-27和图1-28所示。

图1-27

图1-28

（2）翻开教材＋打开Photoshop=系统学习

经过基础视频教程的学习后，我们应该已经“看上去”学会了Photoshop。但是要知道，之前的学习只接触到了Photoshop的皮毛而已，很多功能只是做到了“能够使用”，而不一定能够做到“了解并熟练应用”。所以接下来可以开始系统地学习Photoshop。你手中的这本书主要以操作为主，所以在翻开书的同时，打开Photoshop，边看书边练习。因为Photoshop是一门应用型技术，单纯的理论输入很难使我们熟记功能操作。而且Photoshop的操作是“动态”的，每次鼠标的移动或单击都可能会触发指令，所以在动手练习过程中能够更直观有效地理解软件功能。

（3）勇于尝试，一试就懂

在软件学习过程中，一定“勇于尝试”。在使用Photoshop中的工具或者命令时，我们总能看到很多参数或者选项设置。面对这些参数，看书的确可以了解参数的作用，但是更好的办法是动手去尝试。例如，随意勾选一个选项；把数值调到最大、最小、中档分别观察效果；移动滑块的位置，看看有什么变化。例如，Photoshop中的调色命令可以实时显示参数调整的预览效果，试一试就能看到变化，如图1-29所示。或者设置了画笔的选项后，在画面中随意绘制也能够看到笔触的差异，所以动手试试更容易也更直观。

图1-29

（4）别背参数，没用

另外，在学习Photoshop的过程中，切记不要死记硬背书中的参数。同样的参数在不同的情况下得到的效果肯定各不相同。例如，同样的画笔大小，在较大尺寸的文档中绘制出的笔触会显得很小，而在较小尺寸的文档中则可能显得很大。所以在学习过程中，我们需要理解参数为什么这么设置，而不是记住特定的参数。

其实Photoshop的参数设置并不复杂，在独立制图的过程中，涉及参数设置时可以多次尝试各种不同的参数，肯定能够得到看起来很舒服的“合适”的参数。如图1-30和图1-31所示为同样参数在不同图片上的效果。

图1-30

图1-31

（5）抓住重点快速学

为了能够更有效地学习，在本书的目录中可以看到部分内容被标注为重点，那么这部分知识需要优先学习。在时间比较充裕的情况下，可以将非重点的知识一并学习。书中的练习案例非常多，案例的练习是非常重要的，通过案例的操作不仅可以练习到本章节学过的知识，还能够复习之前学习过的知识。在此基础上还能够尝试使用其他章节的功能，为后面章节的学习做铺垫。

（6）在临摹中进步

在这个阶段的学习后，Photoshop 的常用功能就能够熟练地掌握。接下来需要通过大量的制图练习来提升技术。如果此时恰好有需要完成的设计工作或者课程作业，那么这将是非常好的练习机会。如果没有这样的机会，那么建议在各大设计网站欣赏优秀的设计作品，并选择适合自己水平的优秀作品进行“临摹”。仔细观察优秀作品的构图、配色、元素的应用以及细节的表现，尽可能一模一样地制作出来。在这个过程中并不是教大家去抄袭优秀作品的创意，而是通过对画面内容无限接近的临摹，尝试在没有教程的情况下，实现独立思考、独立解决制图过程中遇到技术问题的能力，以此来提升“Photoshop 功力”。如图 1–32 和图 1–33 所示为难度不同的作品临摹。

图 1–32

图 1–33

（7）网上一搜，自学成才

当然，在独立作图的时候，肯定也会遇到各种各样的问题。例如，临摹的作品中出现了一个火焰燃烧的效果，这个效果可能是之前没有接触过的，这时“百度一下”就是最便捷的方式了。网络上有非常多的教学资源，善于利用网络自主学习是非常有效的自我提升过程。

（8）永不止步的学习

好了，到这里 Photoshop 软件技术对于我们来说已经不是问题，克服了技术障碍，接下来就可以尝试独立设计。有了好的创意和灵感，可以通过 Photoshop 在画面中准确有效地表达，才是我们的终极目标。要知道，在设计的道路上，软件技术学习的结束并不意味着设计学习的结束。国内外优秀作品的学习，新鲜设计理念的吸纳以及设计理论的研究都应该是永不止步的。

要想成为一名优秀的设计师，自学能力是非常重要的。学校或者教师无法把全部知识塞进我们的脑袋，很多时候网络和书籍更能够帮助我们。

提示：快捷键背不背

很多新手朋友会执着于背快捷键，熟练掌握快捷键的确很方便，但是快捷键速查表中列出了很多快捷键，要想背下所有快捷键可能会花很长时间，并不是所有的快捷键都适合我们使用，有的工具命令在实际操作中几乎用不到，所以建议大家先不用急着背快捷键，逐渐尝试使用Photoshop，在使用的过程中体会哪些操作是我们会经常使用的，然后看一下这个命令是否有快捷键。

其实快捷键大多是有规律的，很多命令的快捷键与命令的英文名称相关。例如，“打开”命令的英文是Open，而快捷键就选取了首字母O并配合Ctrl键使用。“新建”命令则是Ctrl+N组合键(New的首字母)。这样记忆就容易多了。

1.2 Photoshop 基本操作

【重点】1.2.1 动手练：熟悉界面的各个部分

扫一扫，看视频

成功安装 Photoshop 之后，在桌面可以看到快捷方式，如图 1–34 所示。也可以在“程序”菜单中找到并单击 Adobe Photoshop 选项即可启动 Photoshop。

图 1–34

启动 Photoshop 后，默认情况下显示的是“欢迎界面”，如图 1–35 所示，单击左上角的 Photoshop 图标，即可显示出工作界面，如图 1–36 所示。

图 1-35

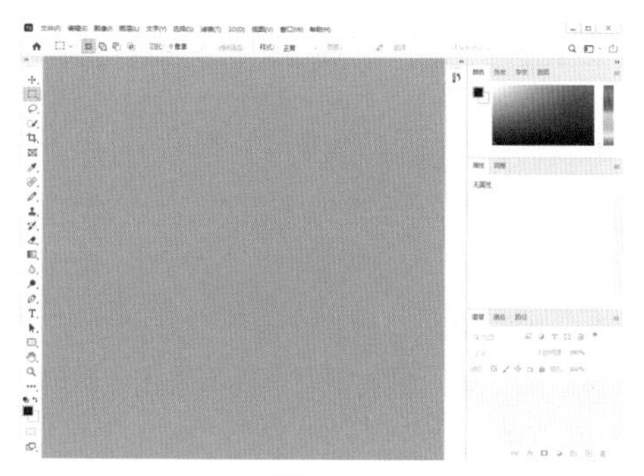

图 1-36

如果在 Photoshop 中操作过一些文档，则在欢迎界面中会显示之前操作过的文档，如图 1-37 所示。

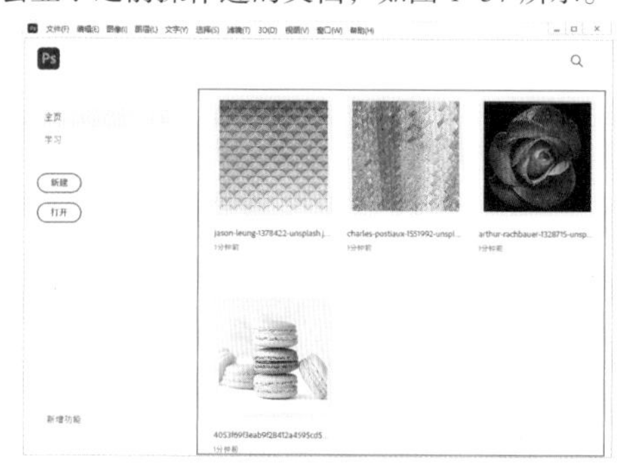

图 1-37

虽然打开了 Photoshop，但是此时看到的不是 Photoshop 的完整样貌，因为当前软件中并没有能够操作的文档，所以很多功能未被显示。为了便于学习，可以在这里打开一张图片。执行“文件 > 打开”命令，会弹出“打开”窗口，在“打开”窗口中选择一张图片，然后单击“打开”按钮，如图 1-38 所示。接着选择的图片在 Photoshop 中打开，这时 Photoshop 的全貌才得以呈现，如图 1-39 所示。Photoshop 的工作界面由菜单栏、选项栏、标题栏、工具箱、状态栏、文档窗口以及多个面板组成。

图 1-38

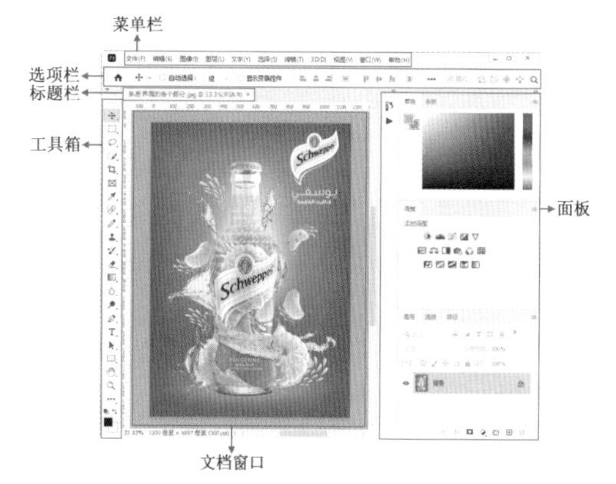

图 1-39

(1) 菜单栏

Photoshop 的菜单栏中包含多个菜单按钮，单击菜单按钮，即可打开相应的菜单列表。每个菜单都包含很多个命令，而有的命令后方还带有 ▶ 符号，表示该命令包含多个子命令。有的命令后方带有一连串的“字母”，这些字母就是 Photoshop 的快捷键。例如，“文件”菜单下的“关闭”命令后方显示 Ctrl+W 组合键，那么同时按下键盘上的 Ctrl 键和 W 键即可快速使用该命令，如图 1-40 所示。

本书中对于菜单命令的写作方式通常为执行“图像 > 调整 > 曲线”命令，那么首先选择菜单栏中的“图像”菜单，接着将光标向下移动，移动到“调整”命令处，接着会看到弹出的子菜单，其中有很多命令，在这里执行“曲线”命令即可，如图 1-41 所示。

图 1-40　　图 1-41

（2）文档窗口

执行“文件 > 打开”命令，在弹出的“打开”窗口中选择一张图片，然后单击“打开”按钮，如图 1–42 所示。随即这张图片就会在 Photoshop 中打开，在窗口的左上角位置就可以看到关于这个文档的相关信息（文档名称、文档格式、缩放等级以及颜色模式等），如图 1–43 所示。单击文档窗口右上角的“关闭”按钮 ×，可关闭所选文件。

状态栏位于文档窗口的下方，可以显示当前文档大小、文档尺寸、当前工具和测量比例等信息，单击状态栏中的三角形 › 图标，可以设置要显示的内容，如图 1–44 所示。

图 1–42

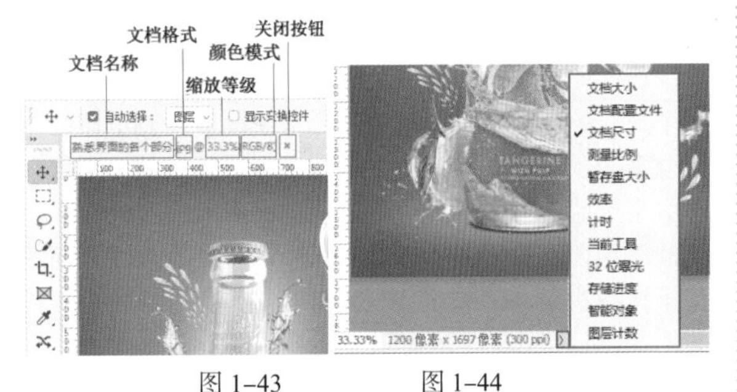

图 1–43　　图 1–44

（3）工具箱与工具选项栏

“工具箱”位于 Photoshop 操作界面的左侧，在“工具箱”中可以看到有很多小图标，每个图标都是工具，有的图标右下角显示 ◢，表示这是一个工具组，其中可能包含多个工具。右击工具组按钮，即可看到该工具组中的其他工具，将光标移动到某个工具上单击，即可选择该工具，如图 1–45 所示。

选择了某个工具后，在菜单栏的下方，从工具的选项栏中可以看到当前使用的工具的参数选项。不同工具的选项栏也不同，如图 1–46 所示。

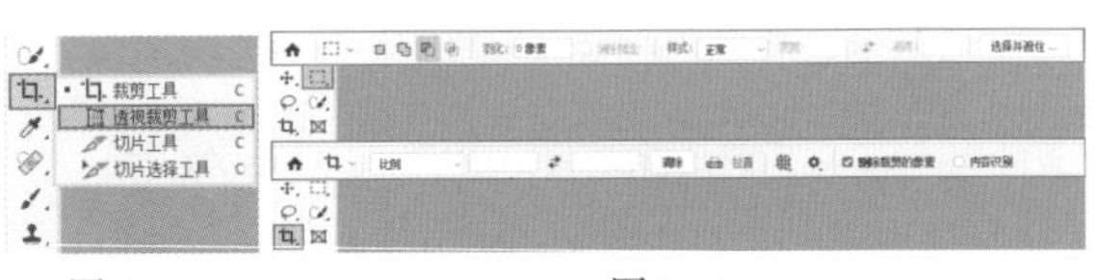

图 1–45　　图 1–46

提示：双排显示工具箱

当 Photoshop 的“工具箱”无法完全显示时，可以将单排显示的工具箱折叠为双排显示。单击“工具箱”顶部的 ▸▸ / ◂◂ 按钮可以将其折叠为双栏或还原展开的单栏模式，如图 1–47 所示。

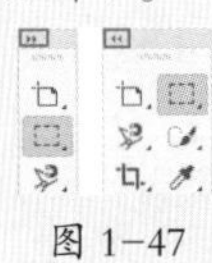

图 1–47

（4）面板

面板主要用来配合图像的编辑、对操作进行控制以及设置参数等。默认情况下，面板堆叠位于窗口的右侧，如图 1–48 所示。面板可以堆叠在一起，单击面板名即可切换到对应的面板。将光标移动至面板名称上方，按住鼠标左键拖曳即可将面板与窗口进行分离，如图 1–49 所示。如果要将面板堆叠在一起，可以拖曳该面板到界面上方，当出现蓝色边框后松开鼠标，即可完成操作，如图 1–50 所示。

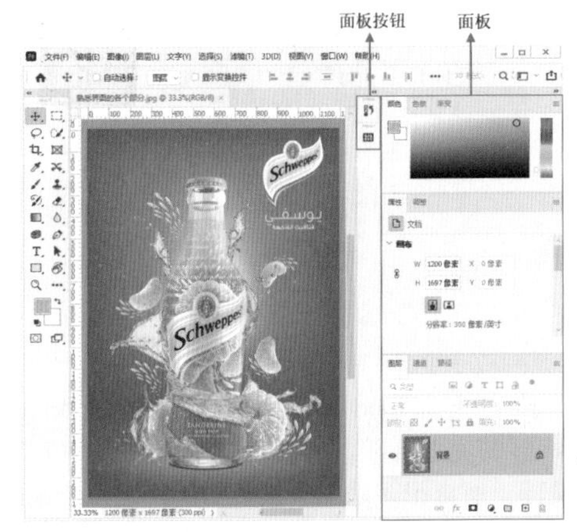

图 1–48

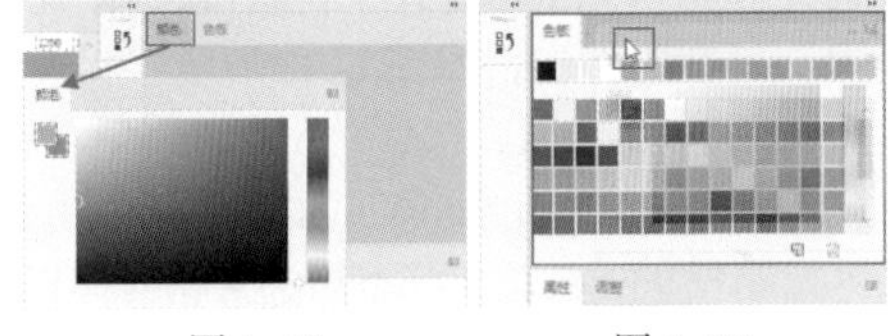

图 1–49　　图 1–50

单击面板中的 ◂◂ / ▸▸ 按钮，可以将面板折叠或展开，如图 1-51 所示。在每个面板的右上角都有“面板菜单”按钮 ≡，单击该按钮可以打开该面板的菜单选项，如图 1-52 所示。

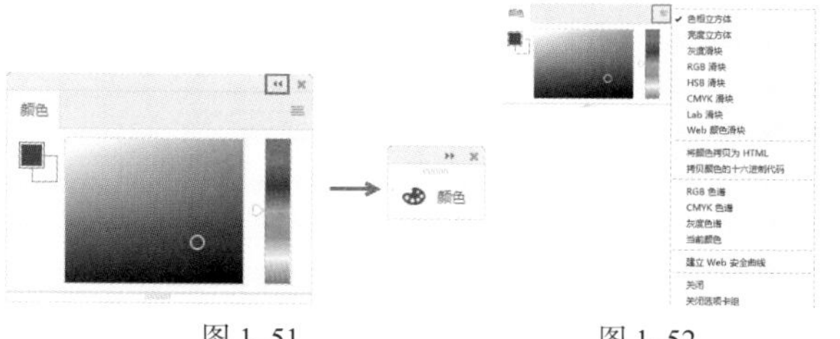

图 1-51　　图 1-52

在 Photoshop 中有很多面板，通过“窗口”命令可以打开或关闭面板，如图 1-53 所示。执行“窗口”命令下的子命令就可以打开对应的面板。例如，执行“窗口 > 信息”命令，即可打开“信息”面板，如图 1-54 所示。如果在命令前方带有 ✔ 标志，说明这个面板已经被打开了，再次执行该命令则关闭该面板。

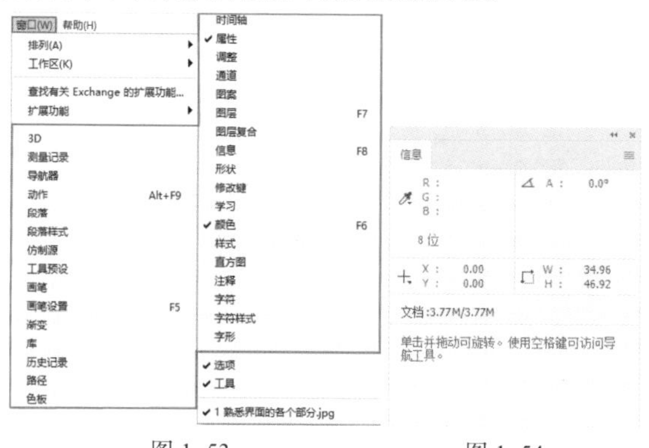

图 1-53　　图 1-54

> **提示：如何让窗口变为默认状态**
>
> 本节学习后，难免会打开一些不需要的面板，或者一些面板并没“规规矩矩”地堆叠在原来的位置。一个一个地重新拖曳调整费时又费力，这时执行“窗口 > 工作区 > 复位基本功能”命令，就可以把凌乱的界面恢复到默认状态。

（5）退出 Photoshop

当不需要使用 Photoshop 时，就可以把软件关闭了。单击窗口右上角的“关闭”按钮 ×，即可关闭软件窗口。也可以执行“文件 > 退出”命令（组合键是 Ctrl+Q）退出 Photoshop，如图 1-55 所示。

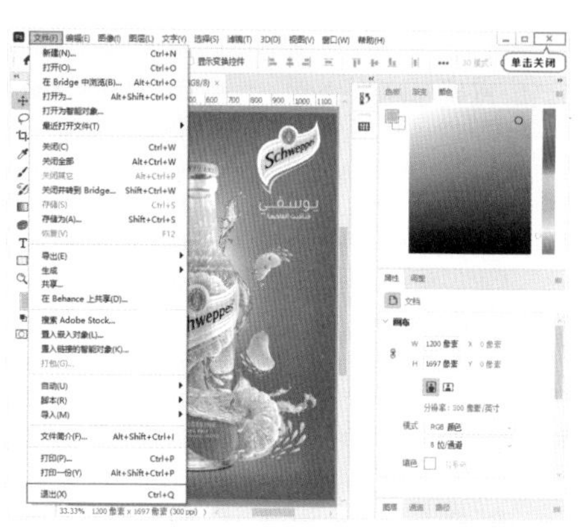

图 1-55

【重点】1.2.2　动手练:新建文件

打开 Photoshop，此时界面中什么都没有，想要进行设计作品的制作，首先要新建一个文档。执行“文件 > 新建”命令。

扫一扫，看视频

新建文档时，至少要考虑几个问题：新建一个多大的文件？分辨率要设置多大的？颜色模式选择哪一种？等等，这一系列问题都是在“新建”窗口中进行设置的。

（1）启动 Photoshop 之后，执行“文件 > 新建”命令（组合键是 Ctrl+N），随即就会打开“新建文档”窗口。在这个窗口大体可以分为三个部分：顶端是预设的尺寸选项组；左侧是预设选项或最近使用过的项目；右侧是自定义选项设置区域，如图 1-56 所示。如果需要自定义尺寸，直接在窗口右侧进行“宽度”“高度”等参数的设置即可，如图 1-57 所示。

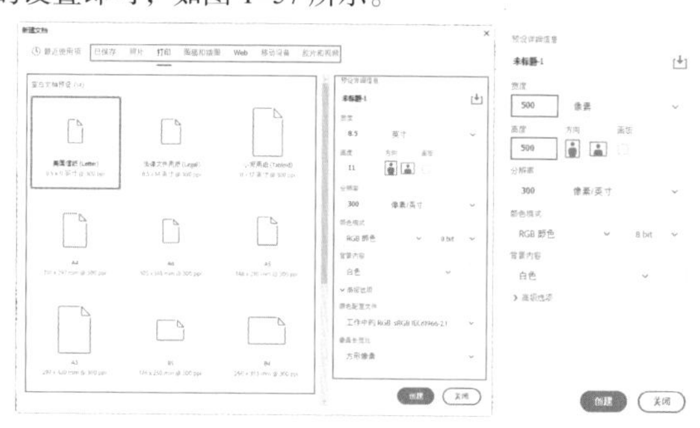

图 1-56　　图 1-57

- 宽度 / 高度：设置文件的宽度和高度，设置数值之前首先需要设置后方的单位，其单位有“像素”“英寸”“厘米”等多种。
- 分辨率：用来设置文件的分辨率大小，其单位有“像

素 / 英寸”和“像素 / 厘米”两种。创建新文件时，文档的宽度与高度通常与实际印刷的尺寸相同（超大尺寸文件除外）。而在不同情况下分辨率需要进行不同的设置。通常来说，图像的分辨率越高，印刷出来的清晰度就越高。但也不是所有文件都适合将分辨率设置为较高的数值。一般印刷品分辨率为150～300dpi，高档画册分辨率为350dpi以上，大幅的喷绘广告1m以内分辨率为70～100dpi，巨幅喷绘分辨率为25dpi，多媒体显示图像为72dpi。当然分辨率的数值并不是一成不变的，需要根据计算机以及印刷精度等实际情况进行设置。

- 颜色模式：设置文件的颜色模式以及相应的颜色深度。通常情况下，制作用于显示在电子设备上的图像文档时使用RGB颜色模式，涉及需要印刷的产品时需要使用CMYK颜色模式。

提示：更改图像颜色模式

“颜色模式”是指千千万万的颜色表现为数字形式的模型。简单来说，可以将图像的“颜色模式”理解为记录颜色的方式。在Photoshop中有多种“颜色模式”，执行“图像>模式”命令，可以将当前的图像更改为其他颜色模式，如图1-58所示。

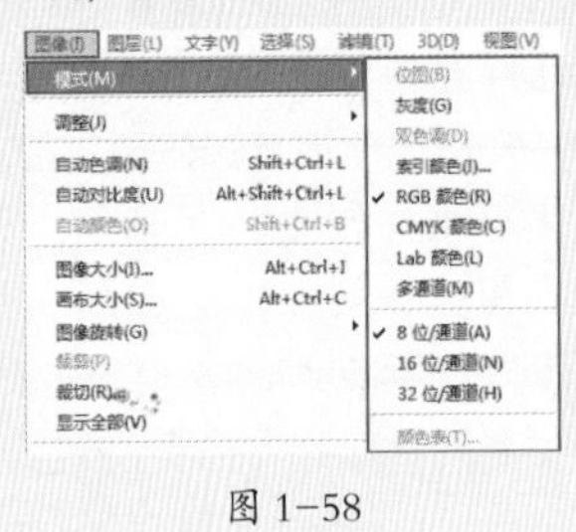
图1-58

- 背景内容：设置文件的背景内容，有“白色”“黑色”“背景色”“透明”和“自定义”5个选项。
- 高级选项：展开该选项组，在其中可以进行“颜色配置文件”以及“像素长宽比”的设置。

（2）在系统内提供了一些预设尺寸，这些预设尺寸可以方便用户快速完成新建操作。A4打印纸的尺寸是一个比较常用的打印尺寸，在预设尺寸中能够轻松找到。因为A4是打印尺寸，所以单击窗口顶部的“打印”按钮，即可看到预设的打印尺寸选项。接着选择A4选项，在右侧可以看到相应的尺寸。接着单击“创建”按钮，如图1-59所示。

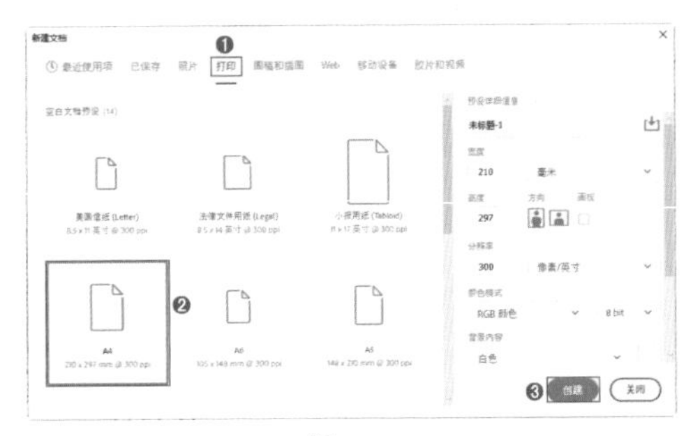
图1-59

【重点】1.2.3 动手练：打开图像

扫一扫，看视频

想要处理数码照片，或者想要继续编辑之前的设计方案，这就需要在Photoshop中打开已有的文件。执行“文件>打开”命令（组合键是Ctrl+O），然后在弹出的对话框中找到文件所在的位置，选择需要打开的文件，接着单击“打开”按钮，如图1-60所示。即可在Photoshop中打开该文件，如图1-61所示。

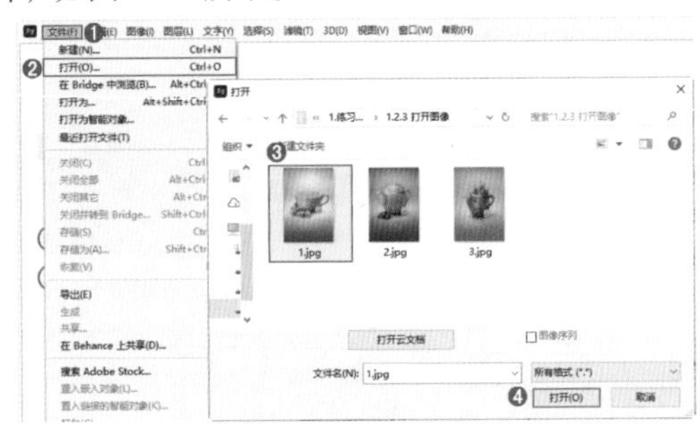
图1-60

图1-61

(1) 打开多个文档

在“打开”窗口中可以一次性地加选多个文档进行打

开，按住鼠标左键拖曳框选多个文档，也可以按住 Ctrl 键单击多个文档。然后单击“打开”按钮，如图 1–62 所示。接着被选中的多张照片就都会被打开了，但默认情况下只能显示其中一张照片，如图 1–63 所示。虽然一次性打开了多个文档，但是窗口中只显示了一个文档。单击文档名称即可切换到相对应的文档窗口，如图 1–64 所示。

图 1–62

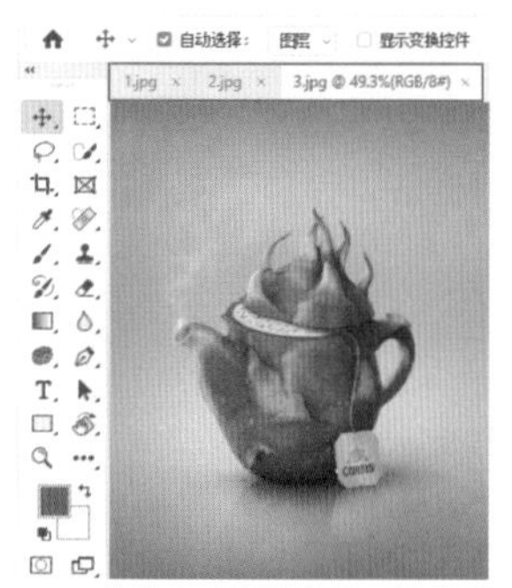

图 1–63

图 1–64

（2）切换文档浮动模式

默认情况下打开多个文档时，多个文档均合并到文档窗口中，除此之外文档窗口还可以脱离界面呈现“浮动”的状态。将光标移动至文档名称上方，按住鼠标左键向界面外拖曳，如图 1–65 所示。松开鼠标后文档即为浮动的状态，如图 1–66 所示。若要恢复为堆叠的状态，可以将浮动的窗口拖曳到文档窗口上方，当出现蓝色边框后松开鼠标即可完成堆叠，如图 1–67 所示。

图 1–65

图 1–66

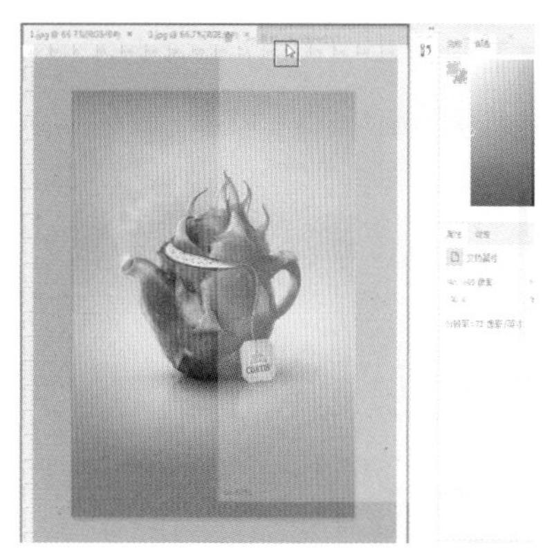

图 1–67

（3）多文档同时显示

要一次性查看多个文档，除了让窗口浮动之外还有一个办法，就是通过设置“窗口排列方式”进行查看。执行“窗口 > 排列”命令，在子菜单中可以看到多种文档的显示方式，选择适合自己的方式即可，如图 1–68 所示。例如，当打开了三张图片，想要一次性看到，可以选择“三联垂直”方式。效果如图 1–69 所示。

图 1–68　　图 1–69

【重点】1.2.4　动手练：置入其他图片

使用 Photoshop 制图时，经常需要使用到其他的图片元素来丰富画面效果。通过“置入”操作可以将其他图像添加到当前文档中。

扫一扫，看视频

1. 置入嵌入对象

步骤 01 执行“文件 > 打开”命令，打开一张图片，如图 1–70 所示。接着执行“文件 > 置入嵌入对象”命令，然后在弹出的窗口中选择好需要置入的文件，单击“置入”按钮，如图 1–71 所示。

图 1-70

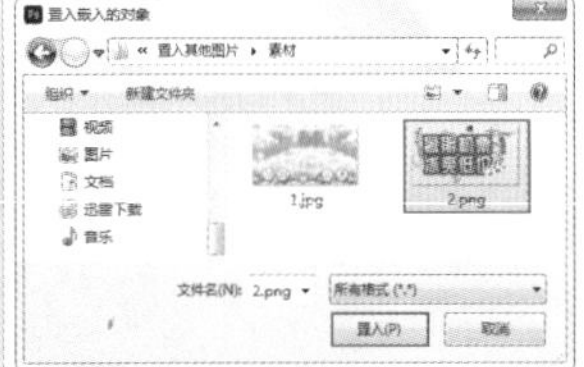

图 1-71

步骤 02 随即选择的对象会被置入当前文档内，此时置入的对象边缘处带有定界框和控制点，如图 1-72 所示。将光标定位在置入的图形上方，按住鼠标左键拖动可以进行移动，如图 1-73 所示。

图 1-72

图 1-73

步骤 03 将光标定位在定界框四角以及边线中间处的控制点的上方拖动，可以对图形的大小进行调整，向内拖动是缩小，向外拖动是放大，如图 1-74 所示。将光标定位在定界框以外，光标变为↰形状后按住鼠标左键拖动即可进行旋转，如图 1-75 所示。

图 1-74

图 1-75

步骤 04 调整完成后按 Enter 键即可完成置入操作，此时定界框会消失。“图层”面板中也可以看到新置入的智能对象图层（智能对象图层右下角有图标），如图 1-76 所示（如需再次调整可使用自由变换组合键 Ctrl+T）。

图 1-76

2. 将智能对象转换为普通图层

置入后的素材对象会作为智能对象，“智能对象”有几点好处。例如，在对图像进行缩放、定位、斜切、旋转或变形操作时不会降低图像的质量。但是“智能对象”无法直接进行内容的编辑（如删除局部、用画笔工具在上方进行绘制等），如图 1-77 所示。如果想要对智能对象的内容进行编辑，就需要在该图层上右击，在弹出的快捷键菜单中执行“栅格化图层”命令，将智能对象转换为普通图层后进行编辑，如图 1-78 所示。

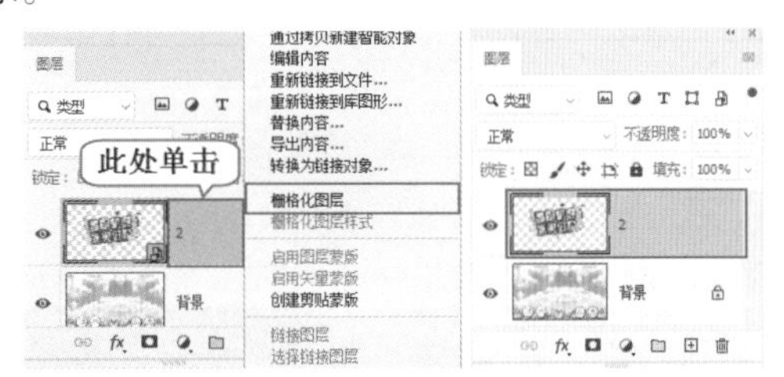

图 1-77　　图 1-78

提示：栅格化对象

如果在智能图层上做了一些不允许的操作，例如，用“橡皮擦工具”擦除，那么就会弹出一个提示框，如图 1-79 所示。该窗口说明这是一个智能图层，这个操作是不可用的，单击“确定”按钮即可关闭该提示框。在以后的学习过程中，还会遇到很多类似的提示框，弹出此类窗口一定要细心阅读上面的文字内容。

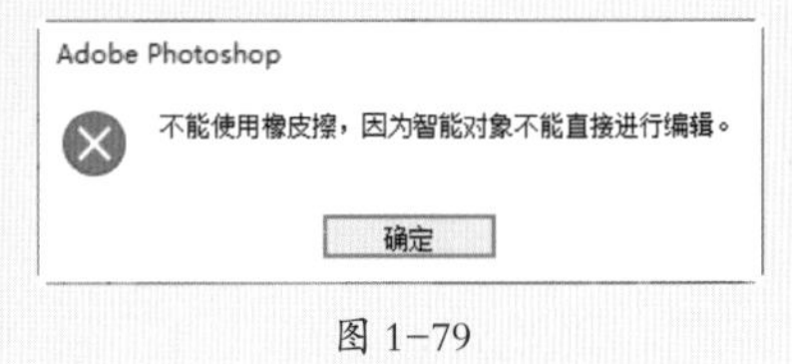

图 1-79

【重点】1.2.5 动手练:缩放图像显示比例

扫一扫，看视频

进行图像编辑时，经常需要对画面细节进行操作，这就需要将画面的显示比例放大一些。此时可以使用工具箱中的“缩放工具”，单击工具箱中的“缩放工具”按钮，将光标移到画面中，如图 1-80 所示。单击即可放大图像显示比例，如需放大多倍可以多次单击，如图 1-81 所示。也可以直接按 Ctrl 键和“+”键放大图像显示比例。

图 1–80

图 1–81

“缩放工具”既可以放大也可以缩小显示比例,在“缩放工具”选项栏中可以切换该工具的模式,单击“缩小”按钮可以切换到缩小模式，在画布中按鼠标左键可以缩小图像。也可以直接按Ctrl键和“–”键缩小图像显示比例,如图 1–82 所示。

图 1–82

> **提示:“缩放工具”不改变图像本身大小**
>
> 使用“缩放工具”放大或缩小的只是图像在屏幕上显示的比例，图像的真实大小是不会发生改变的。

【重点】1.2.6 动手练:使用“抓手工具”平移画面

扫一扫，看视频

当画面显示比例较大时，有些局部可能就无法显示，这时可以使用工具箱中的“抓手工具”,在画面中按住鼠标左键并拖动，如图 1–83 所示。界面中显示的图像区域发生了变化，如图 1–84 所示。

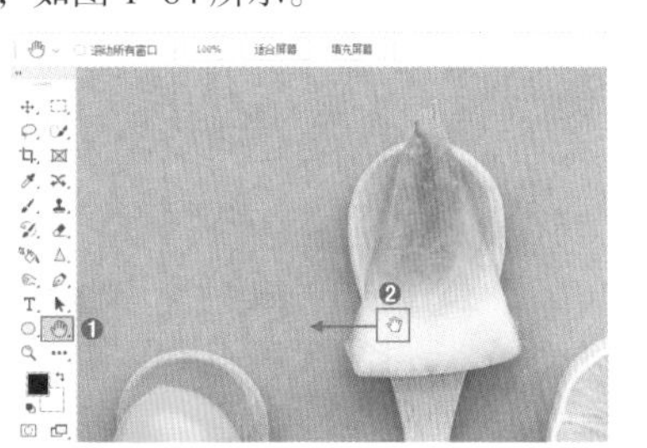

图 1–83

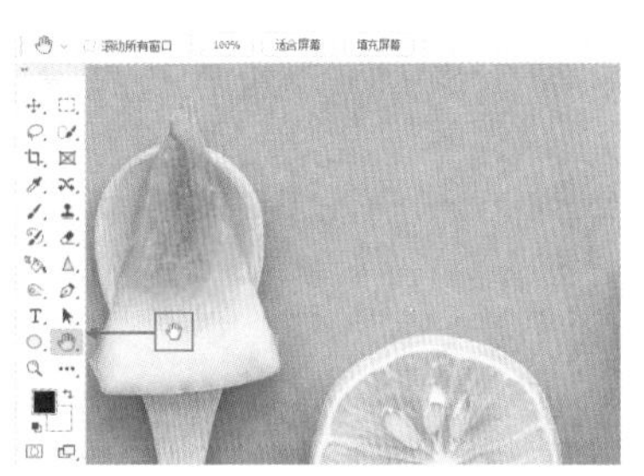

图 1–84

> **提示：快速切换到“抓手工具”**
>
> 在使用其他工具时，按住Space键（即空格键）即可快速切换到“抓手工具”状态，此时在画面中按住鼠标左键并拖动即可平移画面，松开Space键时，会自动切换回之前使用的工具。

【重点】1.2.7 动手练:存储文件

扫一扫，看视频

当对一个文档进行编辑后，若需要将当前操作保存到当前文档中，可以执行“文件 > 存储”命令（组合键是Ctrl+S）。如果文档存储时没有弹出任何窗口，则会以原始位置进行存储。存储时将保留所做的更改，并且会替换掉上一次保存的文件。

如果第一次对文档进行存储,会弹出“另存为”窗口,在这里可以选择文件存储位置，并设置文件存储格式以及文件名称，设置完毕后单击“保存”按钮，如图 1-85 所示。

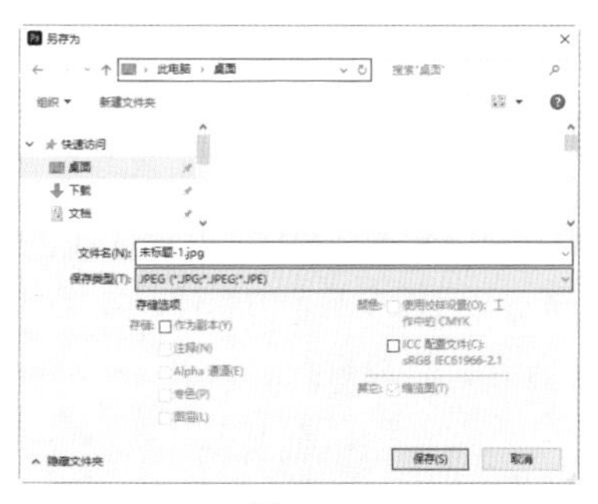

图 1-85

当然，想要对已经存储过的文档更换位置、名称或者格式进行存储，也可以执行“文件 > 存储为”命令（组合键是 Shift+Ctrl+S），打开“另存为”窗口，在这里进行存储位置、文件名、保存类型的设置，设置完毕后单击“保存”按钮。

【重点】1.2.8 常用的文件存储格式

存储文件时，在弹出的“另存为”窗口的“保存类型”下拉菜单中可以看到很多种格式可以选择，如图 1-86 所示。但并不是每种格式都经常使用，选择哪种格式才是正确的呢？下面来认识几种常见的图像格式。

图 1-86

（1）PSD：Photoshop 源文件格式，保存所有图层内容。

PSD 格式是 Photoshop 的默认存储格式，能够保存图层、蒙版、通道、路径、未栅格化的文字、图层样式等。在一般情况下，保存文件都采用这种格式，以便随时进行修改。

（2）JPEG：最常用的图像格式，方便存储、浏览、上传。

JPEG 格式是平时最常用的一种图像格式。存储时选择这种格式会将文档中的所有图层合并，并进行一定的压缩。它是一个最有效、最基本的有损压缩格式，被绝大多数的图形处理软件所支持。

JPEG 格式常用于制作一个对质量要求并不是特别高，而且需要上传网络、传输给他人或者在计算机上随时查看的情况。例如，做了一个标志设计的作业，修了张照片等。对于有极高要求的图像输出打印，最好不使用 JPEG 格式，因为它是以损坏图像质量而提高压缩质量的。

在选择格式时可以看到保存类型显示为 JPEG (*.JPG、*.JPEG、*.JPE)，JPEG 是这种图像格式的名称，而这种图像格式的后缀名可以是 JPG 或 JPEG。

选择此格式并单击“保存”按钮之后，会弹出“JPEG 选项”窗口，在这里可以进行图像品质的设置，品质数值越大图像质量越高，文件大小也就越大。如果对图像文件的大小有要求，那么就可以参考右侧的文件大小数值来调整图像的品质，设置完成后单击“确定”按钮，如图 1-87 所示。

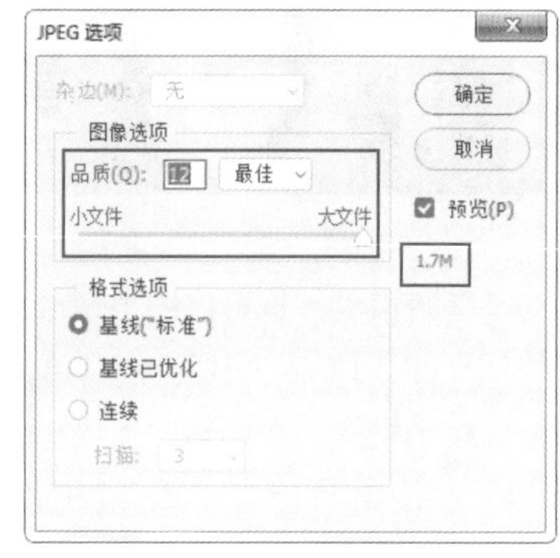

图 1-87

（3）TIFF：高质量图像，保存通道和图层。

TIFF 格式是一种通用的图像文件格式，可以在绝大多数制图软件中打开并编辑，而且是桌面扫描仪扫描生成的图像格式。

TIFF 格式最大的特点就是能够最大限度地保持图像质量不受影响，而且能够保存文档中的图层信息以及 Alpha 通道。但 TIFF 并不是 Photoshop 特有的格式，所以有些 Photoshop 特有的功能（例如，调整图层、智能滤镜）就无法被保存下来。

这个格式常用于对图像文件质量要求较高，而且需要在没有安装 Photoshop 的计算机上预览时使用。选择该格式后，会弹出“TIFF 选项”窗口，在这里可以进行图像压缩选项的设置，如果对图像质量要求很高，可以选中“无”单选按钮，然后单击“确定”按钮，如图 1-88 所示。

图 1-88

(4) PNG：透明背景、无损压缩。

当图像文档中有一部分区域是透明时，存储成 JPEG 格式会发现透明的部分被填充上了颜色。存储成 PSD 格式又不方便打开。存储成 TIFF 格式文件又比较大，这时不要忘了“PNG 格式”。

PNG 格式由于可以实现无损压缩，并且背景部分是透明的，因此常用来存储背景透明的素材。选择该格式后，会弹出“PNG 选项”窗口，对压缩方式进行设置后，单击“确定”按钮完成操作，如图 1-89 所示。

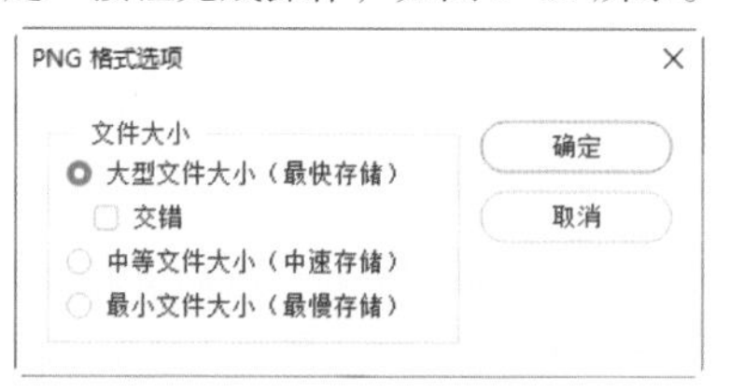

图 1-89

(5) GIF：动态图片、网页元素。

GIF 格式是输出图像到网页最常用的格式。GIF 格式支持透明背景和动画，被广泛应用在网络中。网页切片后常以 GIF 格式进行输出，除此之外常见的动态 QQ 表情、搞笑动图也是 GIF 格式的。

选择这种格式，接着会弹出“GIF 存储选项”窗口，在这里可以进行“调板”“颜色”等的设置，勾选“透明度”复选框可以保存图像中的透明部分，如图 1-90 所示。

图 1-90

(6) PDF：电子书。

PDF 格式是由 Adobe Systems 创建的一种文件格式，允许在屏幕上查看电子文档，也就是我们通常所说的“PDF 电子书”。PDF 文件还可以被嵌入 Web 的 HTML 文档中。这种格式常用于多页面的排版中。

选择这种格式，在弹出的“存储 Adobe PDF”窗口中可以选择一种高质量或低质量的“Adobe PDF 预设”，也可以在左侧列表中进行压缩、输出的设置，如图 1-91 所示。

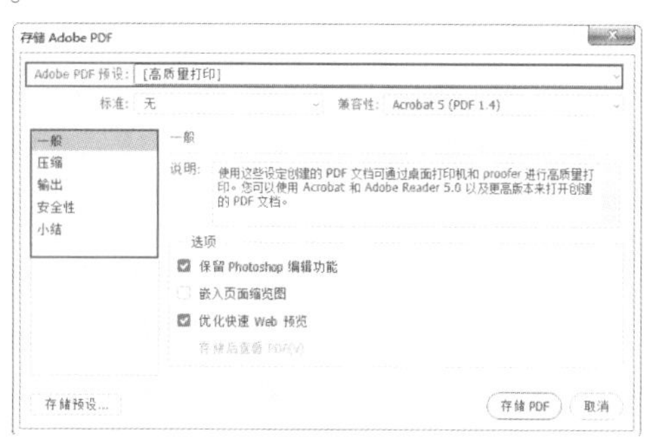

图 1-91

提示：关闭文件

执行“文件 > 关闭”命令（组合键是 Ctrl+W）可以关闭当前所选的文件，执行“文件 > 关闭全部”命令或按 Alt+Ctrl+W 组合键可以关闭所有打开的文件。

1.3 调整图像的方向与尺寸

当图像的方向与尺寸无法满足要求时，就需要进行调整。例如，证件照需要上传到网上的报名系统，要求尺寸高度在 500 像素以内；将相机拍摄的照片作为手机壁纸，需要将横版照片裁剪为竖版照片；想要将图片的大小限制在 1MB 以内等。学完本节后，这些问题就都能轻松解决了。

【重点】1.3.1 动手练：旋转图像角度

扫一扫，看视频

使用相机拍摄照片时，有时会由于相机朝向使照片产生横向或竖向效果。这些问题可以通过执行“图像 > 图像旋转”子菜单中的相应命令来解决，如图 1-92 所示。如图 1-93 所示为原图“180 度”“顺时针 90 度”“逆时针 90 度”“水平翻转画布”“垂直翻转画布”的对比效果。

图 1–92　　　　图 1–93

执行“图像 > 图像旋转 > 任意角度”命令，在弹出的“旋转画布”窗口中输入特定的旋转角度，并设置旋转方向为“度顺时针”或“度逆时针”，如图 1–94 所示。接着单击“确定”按钮完成旋转操作，旋转之后，画面中多余的部分被填充为当前的背景色，如图 1–95 所示。

图 1–94　　　　图 1–95

【重点】1.3.2　动手练：设置图像的尺寸

扫一扫，看视频

（1）要想调整图像尺寸，可以使用“图像大小”命令来完成。选择需要调整尺寸的图像文件，执行“图像 > 图像大小”命令，打开“图像大小”窗口，如图 1–96 所示。

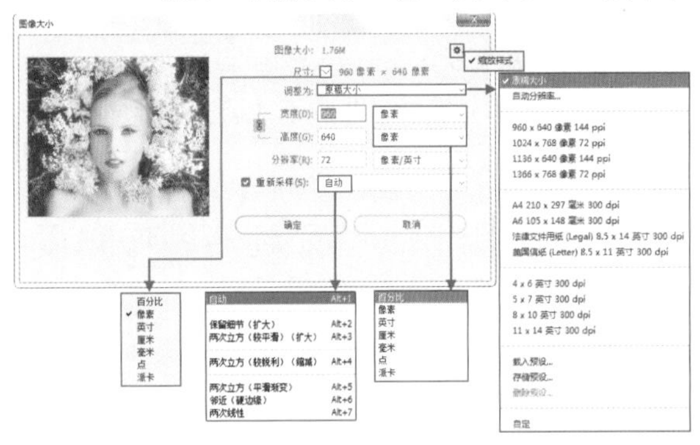

图 1–96

- 尺寸：显示当前文档的尺寸。单击右侧的按钮，在弹出的下拉菜单中可以选择尺寸单位。
- 调整为：在该下拉列表框中可以选择多种常用的预设图像大小。例如，想要将图像制作为适合 A4 大小的纸张，则可以在该下拉列表框中选择“A4 210×297 毫米 300dpi”。
- 宽度 / 高度：在文本框中输入数值，即可设置图像的宽度或高度。输入数值之前，需要在右侧的单位下拉列表框中选择合适的单位，其中包括“像素”“英寸”“厘米”等。
- 𝄃：启用“约束长宽比”𝄃按钮时，对图像大小进行调整后，图片还会保持之前的长宽比。𝄃未启用时，可以分别调整宽度和高度的数值。
- 分辨率：用于设置分辨率大小。输入数值之前，也需要在右侧的单位下拉列表框中选择合适的单位。需要注意的是，即使增大“分辨率”数值也不会使模糊的图片变清晰，因为原本就不存在的细节只通过增大分辨率是无法“画出”的。
- 重新采样：在该下拉列表框中可以选择重新采样的方式。
- 缩放样式：单击窗口右上角的⚙按钮，在弹出的快捷菜单中选择“缩放样式”命令，此后，对图像大小进行调整时，其原有的样式会按照比例进行缩放。

（2）调整图像大小时，首先要设置好正确的单位，接着在“宽度”和“高度”文本框中输入数值。默认情况下启用“约束长宽比”𝄃命令，修改“宽度”数值或“高度”数值时，另一个数值也会随之发生变化。该按钮适用于需要将图像尺寸限定在某个特定范围内的情况。例如，作品要求尺寸最大边长不超过 1000 像素。首先设置单位为“像素”；然后将“宽度”（也就是最长的边）数值改为 1000 像素，“高度”数值也会随之发生变化；最后单击“确定”按钮，如图 1–97 所示。

图 1–97

（3）如果要输入的长宽比与现有图像的长宽比不同，则需要单击𝄃按钮，使之处于未启用的状态。此时可以分别调整“宽度”和“高度”的数值；但修改了数值之后，可能会造成图像比例错误的情况。

例如，要求照片尺寸为宽度 300 像素、高度 500 像素（宽高比为 3:5），而原始图像宽度为 600 像素、高度为 800 像素（宽高比为 3:4），那么修改了图像大小之后，照片比例会变得很奇怪，如图 1–98 所示。此时应该先启用“约束长宽比”🔗命令，按照要求输入较长的边（也就是“高度”）数值，使照片大小缩放到比较接近的尺寸，然后利用“裁剪工具”进行裁剪，如图 1–99 所示。

图 1–98

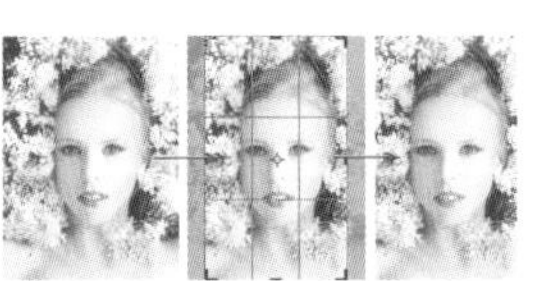

图 1–99

【重点】1.3.3 动手练：调整画面可编辑范围

执行“图像 > 画布大小”命令，在弹出的“画布大小”窗口中可以调整可编辑的画面范围。在“宽度”和“高度”文本框中输入数值，可以设置修改后的画布尺寸。如果选中“相对”复选框，“宽度”和“高度”数值将代表实际增加或减少的区域的大小，而不再代表整个文档的大小。输入正值表示增加画布，输入负值则表示减小画布。如图 1–100 所示为原始图片，如图 1–101 所示为“画布大小”窗口。

扫一扫，看视频

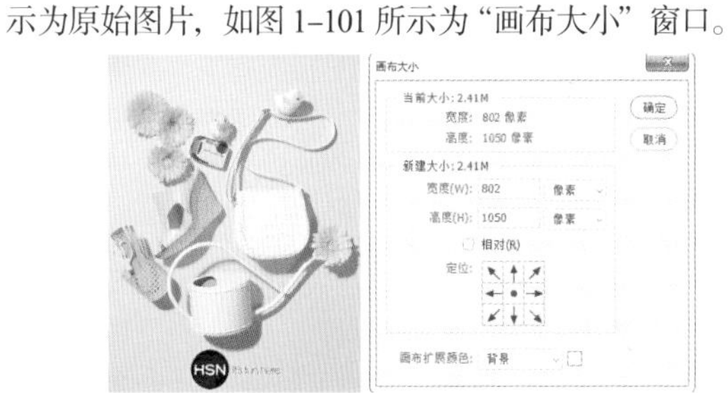

图 1–100 图 1–101

- 定位：主要用来设置当前图像在新画布上的位置。如图 1–102 和图 1–103 所示为不同定位位置的对比效果。

图 1–102 图 1–103

- 画布扩展颜色：当“新建大小”大于“当前大小”（即原始文档尺寸）时，在此处可以设置扩展区域的填充颜色。如图 1–104 和图 1–105 所示分别为使用“前景色”与“背景色”填充扩展颜色的效果。

图 1–104 图 1–105

“画布大小”与“图像大小”的概念不同，“画布”是指整个可以绘制的区域而非部分图像区域。例如，增大“图像大小”，会将画面中的内容按一定比例放大；而增大“画布大小”则在画面中增大了部分空白区域，原始图像没有变大。如果缩小“图像大小”，画面内容会按一定比例缩小；如果缩小“画布大小”，图像则会被裁掉一部分。

【重点】1.3.4 动手练：裁剪图像

想要裁剪掉画面中的部分内容，最便捷的方法就是在工具箱中选择“裁剪工具”命令，直接在画面中绘制出需要保留的区域即可。如图 1–106 所示为该工具选项栏。

扫一扫，看视频

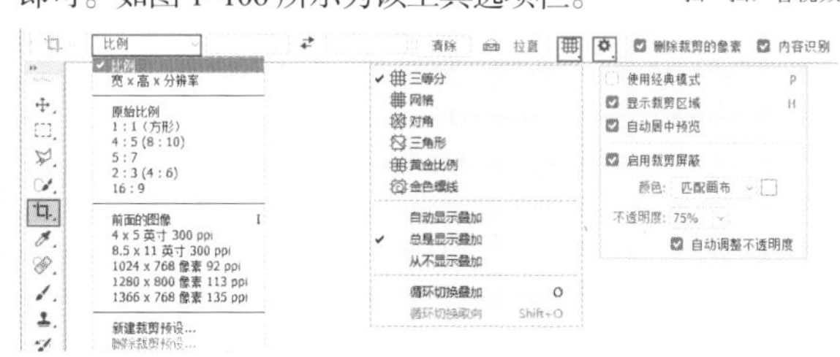

图 1–106

（1）单击工具箱中的“裁剪工具”按钮，在画面中按住鼠标左键拖动，绘制一个需要保留的区域，如图 1–107 所示。释放鼠标后即可看到裁剪框位置发生了变化，如图 1–108 所示。

图 1–107

图 1–108

（2）还可以对这个区域进行调整，将光标移动到裁剪框的边缘或者四角处，按住鼠标左键拖动，即可调整裁剪框的大小，如图 1–109 所示。

（3）若要旋转裁剪框，可将光标放置在裁剪框外侧，当它变为带弧线的箭头形状时，按住鼠标左键拖动即可，如图 1–110 所示。调整完成后，按 Enter 键确认。

图 1–109

图 1–110

（4）比例：该下拉列表框用于设置裁剪的约束方式。如果想要按照特定比例进行裁剪，可以在该下拉列表框中选择“比例”选项，然后在右侧文本框中输入比例数值即可，如图 1–111 所示。如果想要按照特定的尺寸进行裁剪，则可以在该下拉列表框中选择“宽 × 高 × 分辨率”选项，在右侧文本框中输入宽、高和分辨率的数值，如图 1–112 所示。想要随意裁剪的时候则需要单击“清除”按钮，清除长宽比。

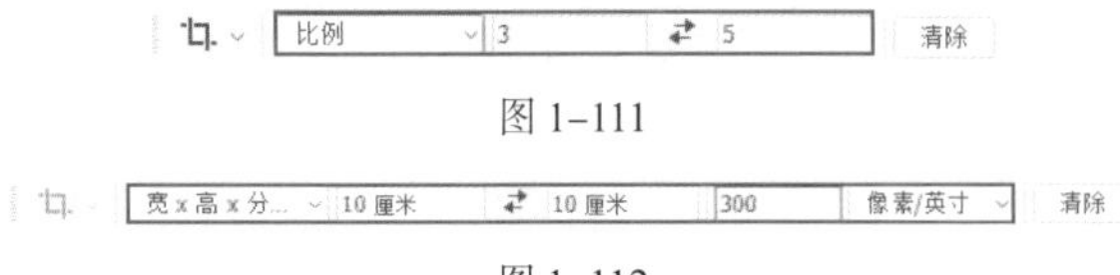

图 1–111

图 1–112

（5）在工具选项栏中单击“拉直”按钮，在图像上按住鼠标左键画出一条直线，松开鼠标后，即可通过将这条线校正为直线来拉直图像，如图 1–113 和图 1–114 所示。

图 1–113

图 1–114

（6）如果在工具选项栏中勾选“删除裁剪的像素”复选框，裁剪之后会彻底删除裁剪框外部的像素数据。如果取消勾选该复选框，多余的区域将处于隐藏状态。如果想要还原到裁剪之前的画面，只需再次选择“裁剪工具”，然后随意操作，即可看到原文档。

（7）“裁剪工具”也能够用于放大画布。当需要放大画布时，若在选项栏中勾选“内容识别”复选框，然后放大画布，接着按下 Enter 键确定操作，稍等片刻可以发现会自动补全由于裁剪造成的画面局部空缺，如图 1–115 所示。

（8）若取消勾选该复选框将画布放大，被扩大的区域将被填充为背景色或为透明（当选项栏中勾选了“删除裁剪的像素”复选框则扩大的区域会被填充为背景色，如果为勾选该选项，扩大范围则为透明），如图 1–116 所示。

图 1–115

图 1–116

1.3.5 动手练：透视裁剪

扫一扫，看视频

“透视裁剪工具”可以在对图像进行裁剪的同时调整图像的透视效果，常用于去除图像中的透视感，或者在带有透视感的图像中提取局部，还可以用来为图像添加透视感。

例如，打开一幅带有透视感的图像，然后右击工具箱中的“裁剪工具”按钮，在弹出的工具组中选择“透视裁剪工具”，在画面中相应位置单击，然后在下一个位置单击，如图 1–117 所示。接着继续在第三个位置单击，如图 1–118 所示。

图 1–117

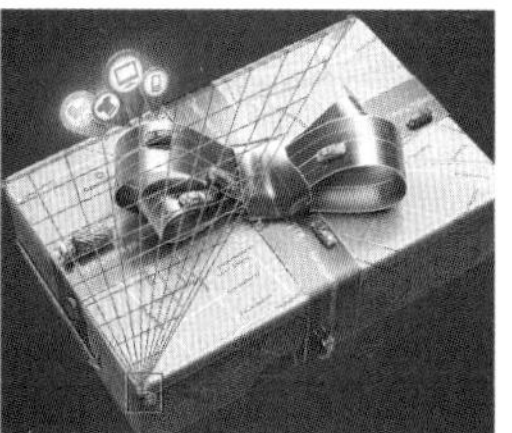

图 1–118

在最后一个位置单击完成透视裁剪框的绘制，如图 1–119 所示。按 Enter 键完成裁剪，可以看到原本带有透视感的画面被“拉”成平面了，如图 1–120 所示。

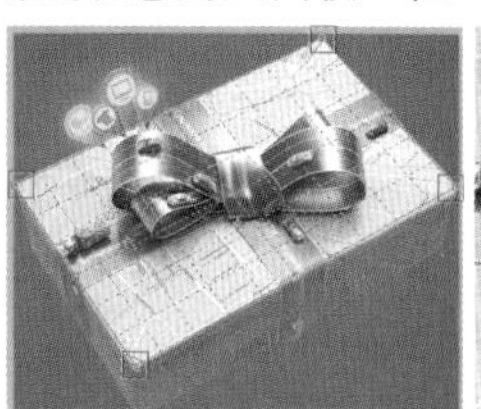

图 1–119

图 1–120

1.4 错误操作的处理

【重点】1.4.1 动手练：撤销错误操作

扫一扫，看视频

在制图的过程中难免会出错，在“编辑”菜单下有几个命令可以进行还原与重做。单击菜单栏中的“编辑”按钮，即可看到这几个命令，如图 1–121 所示。

编辑(E)	图像(I)	图层(L)	文字(Y)
还原画笔工具(O)	Ctrl+Z		
重做画笔工具(O)	Shift+Ctrl+Z		
切换最终状态	Alt+Ctrl+Z		

图 1–121

（1）如果要撤销错误操作，可以执行“编辑 > 还原画笔工具”命令（快捷键 Ctrl+Z）。

（2）如果想要重做被撤销的操作，可以执行“编辑 > 重做画笔工具”命令或者使用组合键 Shift+Ctrl+Z。

【重点】1.4.2 动手练：使用“历史记录”面板还原操作

扫一扫，看视频

在 Photoshop 中，对文档进行过的编辑操作被称为“历史记录”。而“历史记录”面板是 Photoshop 中一项用于记录文件进行过的操作记录的功能。执行“窗口 > 历史记录”命令，打开“历史记录”面板，如图 1–122 所示。

当对文档进行一些编辑操作时，会发现“历史记录”面板中会出现刚刚进行的操作条目。单击其中某一项历史记录操作，就可以使文档返回之前的编辑状态，如图 1–123 所示。

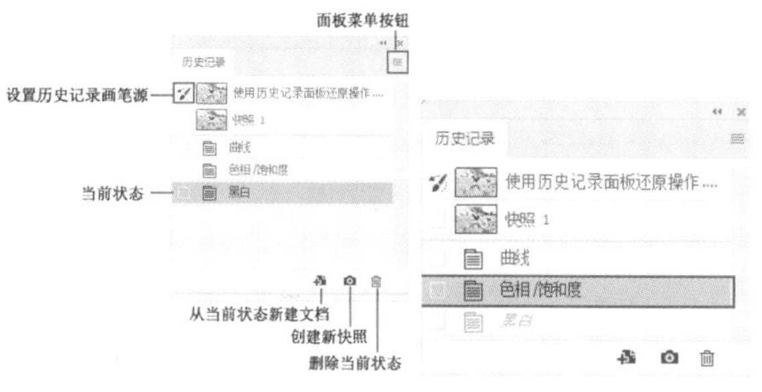

图 1–122　　图 1–123

“历史记录”面板还有一项“快照”功能。这项功能可以为某个操作状态快速“拍照”，将其作为一项“快照”，留在“历史记录”面板中，以便于在很多操作步骤以后还能够返回到之前某个重要的状态。选择需要创建快照的状态，然后单击“创建新快照”按钮，如图 1–124 所示，即可出现一个新的快照，如图 1–125 所示。

图 1–124　　图 1–125

若需删除快照，在“历史记录”面板中选择需要删除的快照，然后单击“删除当前状态”按钮或将快照拖曳到该按钮上，在弹出的窗口中单击“是”按钮即可。

1.4.3 恢复文件打开时的状态

对一个文件进行了一些操作后，执行“文件 > 恢复”命令，可以直接将文件恢复到最后一次保存时的状态。如果一直没有进行过储存操作，则可以返回到刚打开文件时的状态。

1.5 动手练：打印

扫一扫，看视频

设计作品制作完成后，经常需要打印成为纸质的实物。想要进行打印，首先需要设置合适的打印参数。

（1）执行“文件 > 打印”命令，打开“Photoshop 打印设置”窗口，在这里可以进行打印参数的设置。首先需要在右侧顶部设置要使用的打印机，输入打印份数，选择打印版面。单击“打印设置”按钮，可以在弹出的窗口中设置打印纸张的尺寸，如图 1–126 所示。

图 1–126

（2）可以在“位置和大小”选项组中设置文档位于打印页面的位置和缩放大小（也可以直接在左侧打印预览图中调整图像大小）。勾选“居中”复选框，可以将图像定位于可打印区域的中心；取消勾选“居中”复选框，可以在“顶”和“左”文本框中输入数值来定位图像，也可以在预览区域中移动图像进行自由定位，从而打印部分图像。勾选“缩放以适合介质”复选框，可以自动缩放图像到适合纸张的可打印区域；取消勾选“缩放以适合介质”复选框，可以在“缩放”选项中输入图像的缩放比例，或在“高度”和“宽度”选项中设置图像的尺寸。勾选“打印选定区域”复选框可以启用对话框中的裁剪控制功能，调整定界框移动或缩放图像。

（3）在“色彩管理”选项组中，可以进行颜色的设置，如图 1–127 所示。

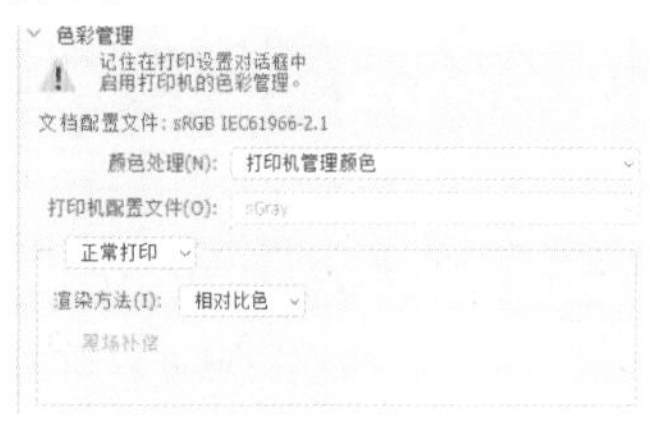

图 1–127

- 颜色处理：设置是否使用色彩管理。如果使用色彩管理，则需要确定将其应用到程序中还是打印设备中。
- 打印机配置文件：选择适用于打印机和将要使用的纸张类型的配置文件。
- 渲染方法：指定颜色从图像色彩空间转换到打印机色彩空间的方式。

（4）在“打印标记”选项组中可以指定页面标记，如图 1–128 所示。

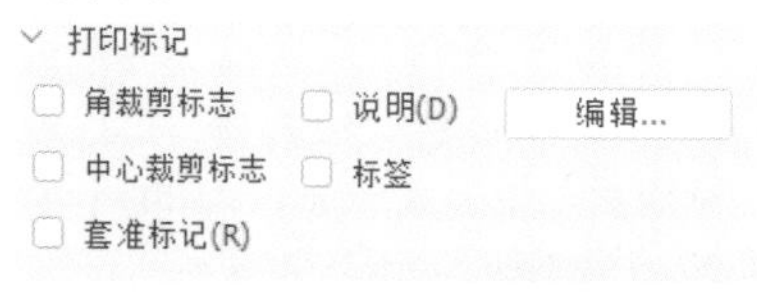

图 1–128

- 角裁剪标志：在要裁剪页面的位置打印裁剪标记。可以在角上打印裁剪标记。在 PostScript 打印机上，选择该选项也将打印星形靶。
- 说明：打印在“文件简介”对话框中输入的任何说明文本（最多约 300 个字符）。
- 中心裁剪标志：在要裁剪页面的位置打印裁剪标志。可以在每条边的中心打印裁剪标志。
- 标签：在图像上方打印文件名。如果打印分色，则将分色名称作为标签的一部分进行打印。
- 套准标记：在图像上打印套准标记（包括靶心和星形靶）。这些标记主要用于对齐 PostScript 打印机上的分色。

（5）展开“函数”选项组，如图 1–129 所示。

函数

药膜朝下　负片(V)

背景(K)...　边界(B)...　出血...

图 1–129

- 药膜朝下：使文字在药膜朝下（即胶片或相纸上的感光层背对）时可读。在正常情况下，打印在相纸上的图像是药膜朝上打印的，感光层正对时文字可读。打印在胶片上的图像通常采用药膜朝下的方式打印。
- 负片：打印整个输出（包括所有蒙版和任何背景色）的反相版本。
- 背景：选择要在页面上的图像区域外打印的背景色。
- 边界：在图像周围打印一个黑色边框。
- 出血：在图像内而不是在图像外打印裁剪标志。

（6）全部设置完成后单击“打印”按钮即可打印文档，单击“确定”按钮会保存当前的打印设置。

（7）执行“文件 > 打印一份”命令，即可用设置好的打印选项快速打印当前文档。

1.6 综合实例：尝试制作简单的广告作品

文件路径	资源包 \ 第 1 章 \ 尝试制作简单的广告作品
难易指数	★★★★★
技术掌握	打开、置入嵌入的对象、栅格化、存储为

案例效果

扫一扫，看视频

案例效果如图 1–130 所示。

图 1–130

操作步骤

步骤 01 执行“文件 > 打开”命令，在弹出的“打开”窗口中选择素材 1.jpg，然后单击“打开”按钮将素材打开，如图 1–131 所示。效果如图 1–132 所示。

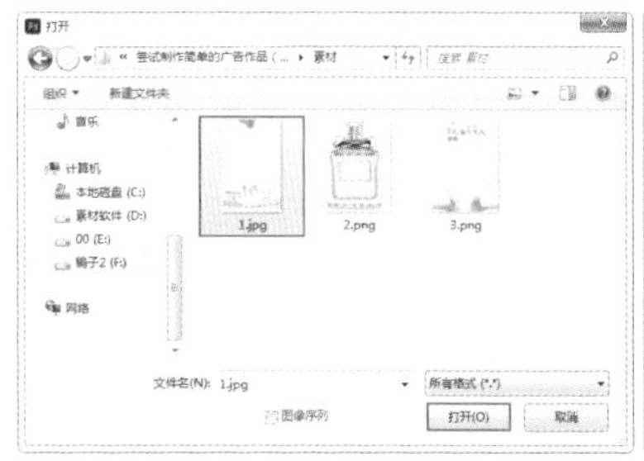

图 1–131

图 1–132

步骤 02 将素材置入画面中。执行“文件 > 置入嵌入的对象”命令，在弹出的“置入嵌入的对象”窗口中选择素材 2.png，单击“置入”按钮将素材置入画面中。然后将素材放在画面下方位置，如图 1–133 所示。操作完成后按 Enter 键确认置入，如图 1–134 所示。

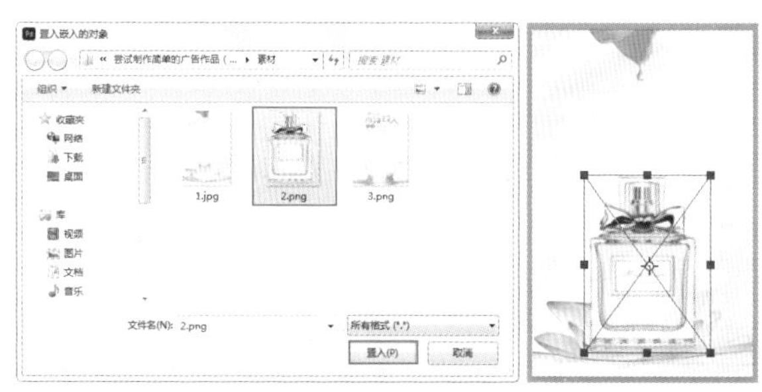

图 1–133　　图 1–134

步骤 03 在“图层”面板中，选择该素材图层，右击，从弹出的快捷菜单中执行“栅格化图层”命令，将该图层进行栅格化处理，如图 1–135 所示。

图 1–135

步骤 04 为了避免意外发生，例如，突然断电、软件闪退等突发情况，所以在制图的过程中需要及时保存。执行“文件 > 存储”命令，在弹出的窗口中单击“保存在您的计算机上”按钮，因为是第一次进行存储，所以会弹出“另存为”窗口，在该窗口中选择合适的存储位置，并设置文件名。在“保存类型”下拉列表中选择 PSD 格式，设置完成后，单击“保存”按钮将文档进行保存，如图 1–136 所示。

图 1–136

步骤 05 在弹出的“Photoshop 格式选项”窗口中单击“确定”按钮，如图 1–137 所示（PSD 格式文档可以方便下次再对文档中的内容进行编辑）。

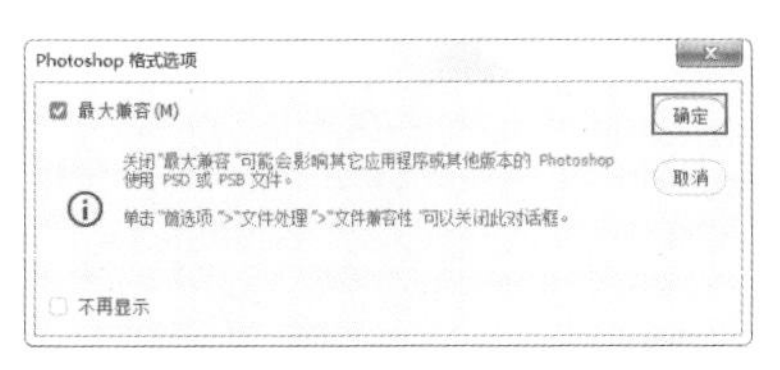

图 1-137

步骤 06 使用同样的方式将素材 3.png 置入画面中，并将该图层进行栅格化处理。此时案例效果制作完成。因为刚刚有了新的操作，需要再次进行保存，再次执行“文件 > 存储”命令或者使用组合键 Ctrl+S 进行保存。这一次不会弹出窗口，只是将新的操作内容覆盖上一次操作。及时保存是非常好的习惯，随时按组合键 Ctrl+S 可以避免意外状况，如图 1-138 所示。

图 1-138

步骤 07 通常情况下都会输出一份 JPEG 格式的文件用来预览，这时就需要执行“文件 > 存储为”命令，在弹出的“另存为”窗口中设置“保存类型”为 JPEG 的图片格式进行保存，如图 1-139 所示。在弹出的“JPEG 选项”窗口中对图像的品质进行设置，然后单击“确定”按钮完成保存操作，如图 1-140 所示。

图 1-139　　图 1-140

步骤 08 此时找到存储的位置，可以看到两种不同格式的文档，如图 1-141 所示。

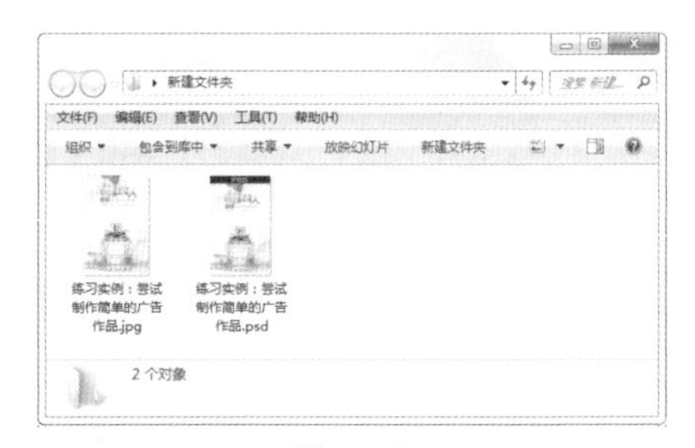

图 1-141

1.7 课后练习

扫一扫，看视频

作业要求

尝试利用已有的素材进行简单的照片排版。

案例效果

案例效果如图 1-142 所示。

图 1-142

可用素材

可用素材如图 1-143 所示。

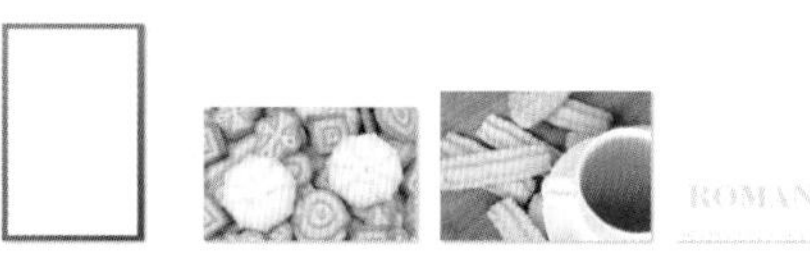

图 1-143

思路解析

（1）打开背景素材。

（2）利用“置入嵌入的对象”命令，将照片素材与艺术字素材置入，调整到合适大小，并依次摆放在合适的位置上。

（3）将制作好的效果存储为 JPG 格式图片。

扫一扫，看视频

图层的基础操作

本章内容简介

Photoshop 是典型的以图层为操作单元的制图软件，所以在学习其他操作之前必须充分理解“图层”的概念，并熟练掌握图层的基本操作方法，学习调整图层的顺序、排列位置，对图层进行合并、编组的方法，在此基础上学习图像的变换与变形操作。

重点知识掌握

- 掌握“图层”面板的基本操作方式
- 熟练掌握图层的对齐与分布设置
- 熟练掌握图层的自由变换操作

2.1 学习图层操作模式

Photoshop 是一款以“图层”为基础操作单位的制图软件。换句话说，“图层”是在 Photoshop 中进行一切操作的载体。顾名思义，图层就是图 + 层，图即图像，层即分层、层叠。简而言之，就是以分层的形式显示图像，如图 2–1 所示。

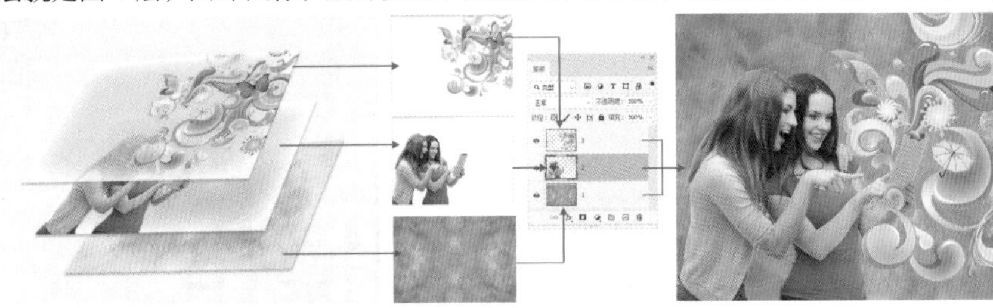

图 2–1

在“图层”模式下，如要在画面中添加一些元素，可以新建一个空白图层，然后在新的图层中绘制内容。这样新绘制的图层不仅可以随意移动位置，还可以在不影响其他图层的情况下对其进行内容的编辑。

除了方便操作以及图层之间互不影响外，Photoshop 的图层之间还可以进行“混合”。例如，上方的图层降低了不透明度，逐渐显现出下方图层，如图 2–2 和图 2–3 所示；或者通过设置特定的“混合模式”，使画面呈现出奇特的效果，如图 2–4 和图 2–5 所示，这些内容将在后面的章节中学习。

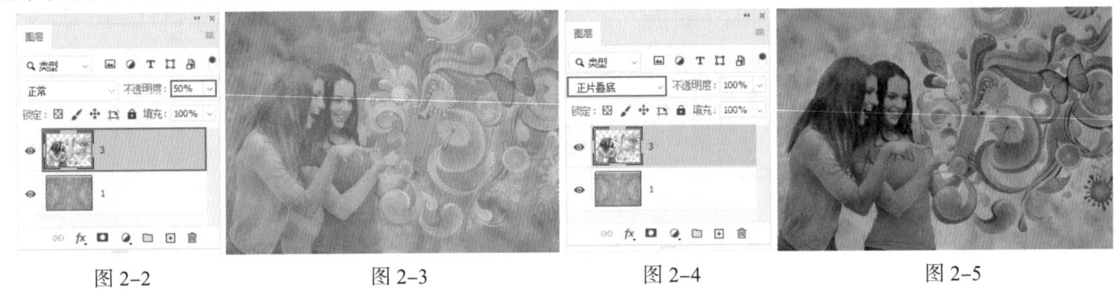

图 2–2　　图 2–3　　图 2–4　　图 2–5

【重点】2.1.1　动手练:认识“图层”面板

了解图层的特性后,来看一下它的“大本营”——“图层”面板。执行“窗口 > 图层”命令,打开“图层”面板，如图 2–6 所示。“图层”面板常用于新建图层、删除图层、选择图层、复制图层等，还可以进行图层混合模式的设置，以及添加和编辑图层样式等。

扫一扫，看视频

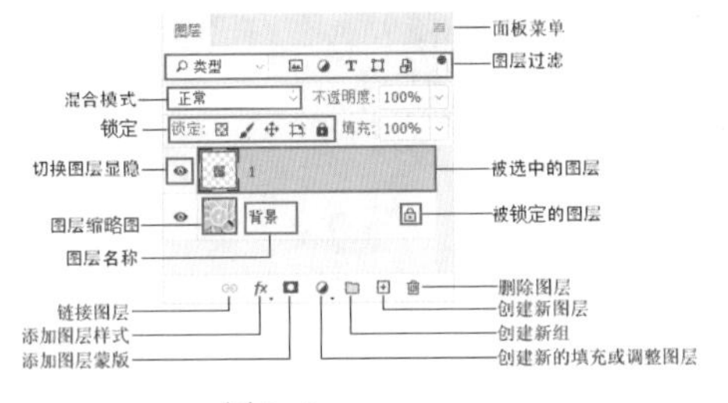

图 2–6

其中各项介绍如下。

- 图层过滤 ρ类型: 用于筛选特定类型的图层或查找某个图层。在左侧的下拉列表框中可以选择筛选方式，在其列表右侧可以选择特殊的筛选条件。单击最右侧的按钮，可以启用或关闭“图层过滤”功能。

- 锁定锁定：▦ ✎ ✥ ⌗ 🔒：选中图层，单击“锁定透明像素”▦按钮，可以将编辑范围限制为只针对图层的不透明部分；单击“锁定图像像素”✎按钮，可以防止使用绘画工具修改图层的像素；单击“锁定位置”✥按钮，可以防止图层的像素被移动；单击⌗按钮，可以防止在画板内外自动套嵌；单击“锁定全部”🔒按钮，可以锁定透明像素、图像像素和位置，处于这种状态下的图层将不能进行任何操作。

提示：为什么锁定状态有空心的和实心的

当选择图层后单击“锁定全部”按钮后，图层名称的右侧会出现一个实心的锁🔒；背景图层则显示空心的锁🔓。

- 混合模式 正片叠底：用来设置当前图层的混合模式，使之与下面的图像产生混合。在该下拉列表框中提供了很多种混合模式，选择不同的混合模式，产生的图层混合效果不同。
- 不透明度 不透明度：100%：用来设置当前图层（包含图层样式部分）的不透明度。
- 填充 填充：100%：用来设置当前图层的填充不透明度。该选项与“不透明度”选项类似，但是不会影响图层样式效果。
- 👁 切换图层显隐 ▢：当该图标显示为👁时表示当前图层处于可见状态，而显示为▢时则处于不可见状态。单击该图标，可以在显示与隐藏之间进行切换。
- 链接图层 ⊖：选择多个图层后，单击该按钮，所选的图层会被链接在一起。被链接的图层可以在选中其中某一图层的情况下进行共同移动或变换等操作。当链接好多个图层以后，图层名称的右侧就会显示链接标志，如图 2–7 所示。

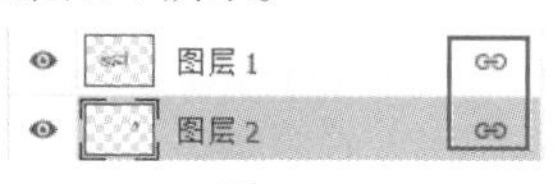

图 2–7

- 添加图层样式 fx.：单击该按钮，在弹出的快捷菜单中选择一种样式，可以为当前图层添加该样式。
- 创建新的填充或调整图层 ◐.：单击该按钮，在弹出的快捷菜单中选择相应的命令，即可创建填充图层或调整图层。此按钮主要用于创建调色调整图层。
- 创建新组 ▭：单击该按钮，即可创建出一个图层组。
- 创建新图层 ⊞：单击该按钮，即可在当前图层的上一层新建一个图层。
- 删除图层 🗑：选中图层后，单击该按钮，可以删除该图层。

提示：特殊的“背景”图层

当打开一张 JPG 格式的照片或图片时，在“图层”面板中将自动生成一个“背景”图层，而且“背景”图层后方带着🔒图标。该图层比较特殊，有些操作是不能进行的（如“自由变换”“操控变形”等）。如果想要对“背景”图层进行这些操作，单击“背景”图层上的🔒按钮即可将“背景”图层转换为普通图层，如图 2–8 所示。

图 2–8

【重点】2.1.2 动手练：选择需要操作的图层

在使用 Photoshop 制图的过程中，文档中经常会包含很多图层，所以选择正确的图层进行操作就非常重要了；否则可能会出现明明想要删除某个图层，却错误地删掉了其他对象。

扫一扫，看视频

1. 选择一个图层

当“图层”面板中包括多个图层时，单击某一图层即可将其选中，如图 2–9 所示。

在“图层”面板空白处单击，即可取消选择所有图层，如图 2–10 所示。没有选中任何图层时，图像的编辑操作就无法进行。

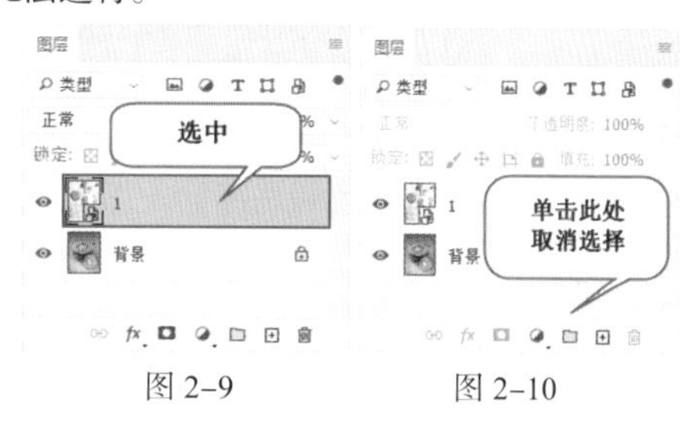

图 2–9　　图 2–10

2. 选择多个图层

想要对多个图层同时进行移动、旋转等操作时，就需要同时选中多个图层。在“图层”面板中选中一个图层，然后按住 Ctrl 键的同时单击其他图层（单击名称部分即可，不要单击图层的缩略图部分），即可选中多个图层。

在一个图层上单击，然后按住 Shift 键单击另一个图层，那么这两个图层之间的连续图层都会被选中，如图 2-11 和图 2-12 所示。

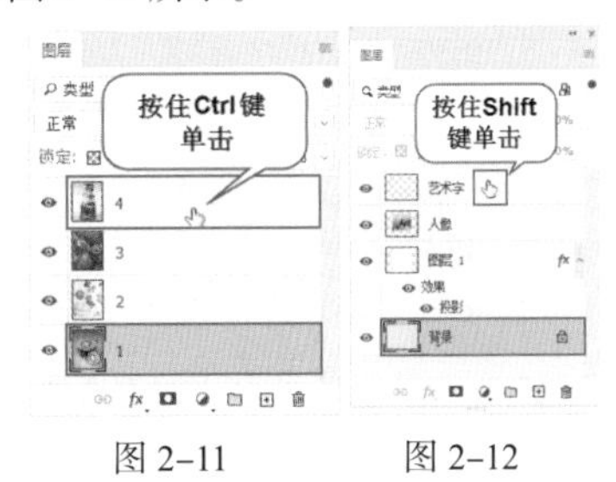

图 2-11　　图 2-12

> **提示：快速选择重叠图层的方法**
>
> 在画面中，使用移动工具在需要选中图层的上方右击，会弹出一个带有图层名称的快捷菜单，菜单中显示单击点处重叠的图层名称，选择需要的图层，如图 2-13 所示。然后在“图层”面板中就会选中这个图层，如图 2-14 所示。
>
> 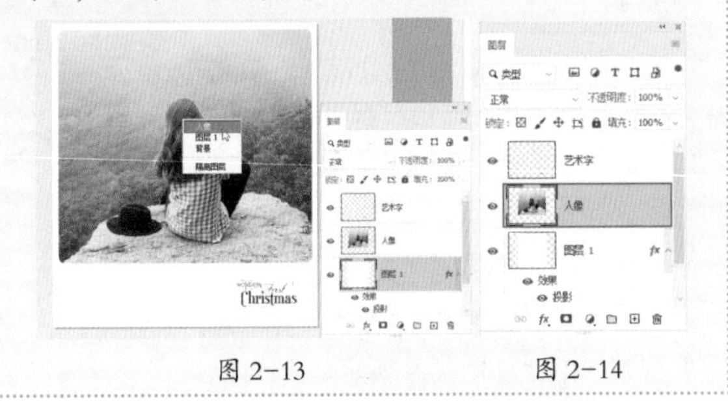
>
> 图 2-13　　图 2-14

【重点】2.1.3　动手练:新建图层

扫一扫，看视频

若要向图像中添加一些绘制的元素，最好创建新的图层，这样可以避免绘制失误而对原图产生影响。

在“图层”面板底部单击“创建新图层”⊞按钮，即可在当前图层的上一层新建一个图层，如图 2-15 所示。单击即可选中该图层，然后在其中进行绘图操作，如图 2-16 所示。

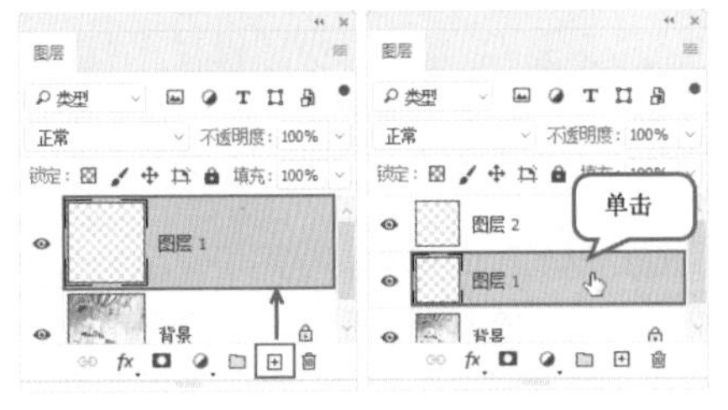

图 2-15　　图 2-16

当文档中的图层比较多时，可能很难分辨某个图层。为了便于管理，可以对已有的图层进行命名。将光标移至图层名称处并双击，图层名称便处于激活状态，如图 2-17 所示，然后输入新的名称，按 Enter 键确定，如图 2-18 所示。

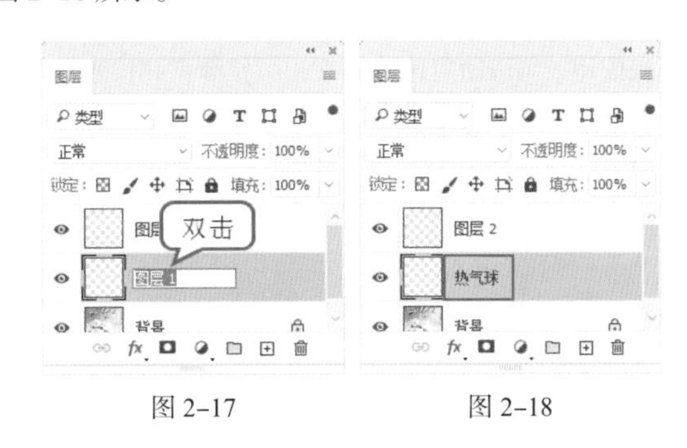

图 2-17　　图 2-18

【重点】2.1.4　动手练:删除图层

扫一扫，看视频

选中图层，单击“图层”面板底部的“删除图层”🗑按钮，如图 2- 19 所示。在弹出的窗口中单击“是”按钮，即可删除该图层，如图 2-20 所示。如果画面中没有选区，直接按 Delete 键则删除所选图层。

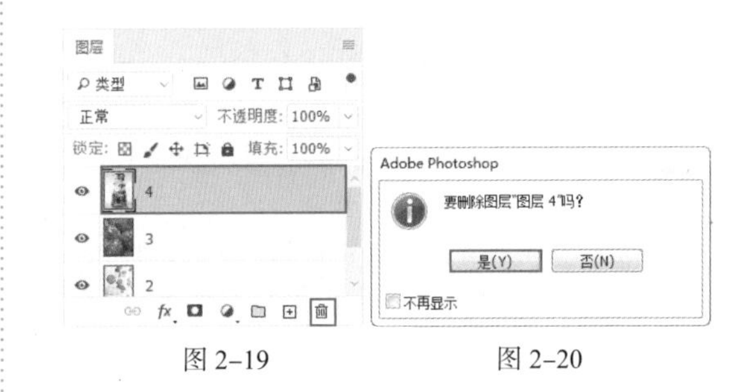

图 2-19　　图 2-20

> **提示：删除隐藏图层**
>
> 执行“图层 > 删除 > 隐藏图层”命令，可以删除所有隐藏的图层。

【重点】2.1.5　动手练:复制图层

扫一扫，看视频

选中图层后，通过组合键 Ctrl+J 可以快速复制图层，如图 2-21 所示。如果包含选区，则可以快速将选区中的内容复制为独立图层，如图 2-22 和图 2-23 所示。

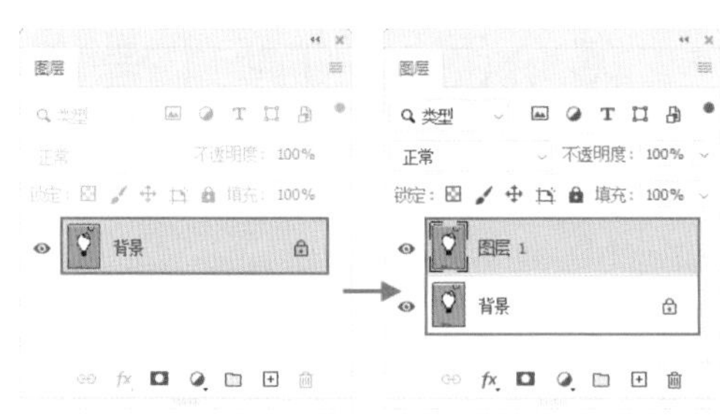

图 2-21

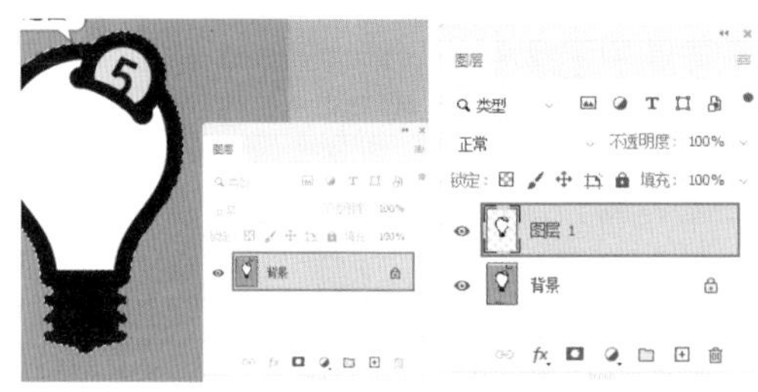

图 2-22　　图 2-23

提示：修饰照片时养成复制“背景”图层的好习惯

在对数码照片进行修饰时，建议复制“背景”图层后再进行操作，以免由于操作不当而无法回到最初状态。

【重点】2.1.6　动手练：移动图层

扫一扫，看视频

若要调整图层的位置，可以使用工具箱中的“移动工具”✥.来实现。若要调整图层中部分内容的位置，可以使用“选区工具”绘制出特定范围，然后使用“移动工具”进行移动。

1. 使用“移动工具”

在“图层”面板中选择需要移动的图层，如图 2-24 所示。接着选择工具箱中的“移动工具”，如图 2-25 所示。然后在画面中按住鼠标左键拖曳，该图层的位置就会发生变化，如图 2-26 所示。

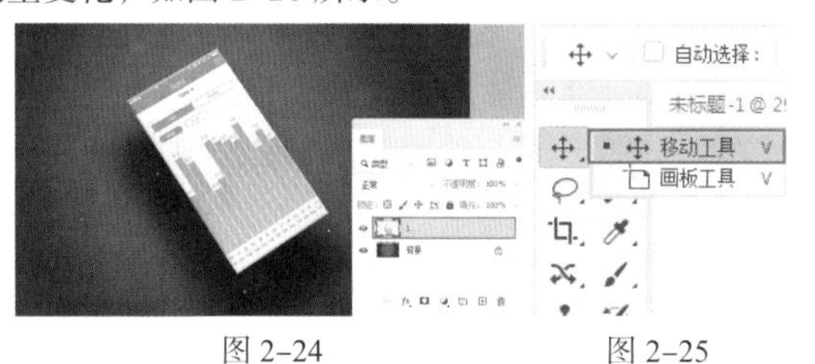

图 2-24　　图 2-25

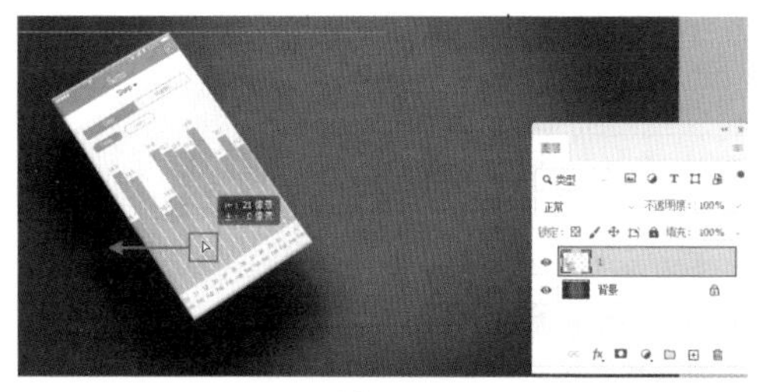

图 2-26

提示：水平移动、垂直移动

在使用“移动工具”移动对象的过程中，按住 Shift 键可以沿水平或垂直方向移动对象。

2. 移动并复制

（1）在使用“移动工具”移动图像时，按住 Alt 键光标变为 ▸ 形状后按住鼠标左键拖动，如图 2-27 所示。拖动到相应位置后松开鼠标即可完成移动并复制操作，如图 2-28 所示。

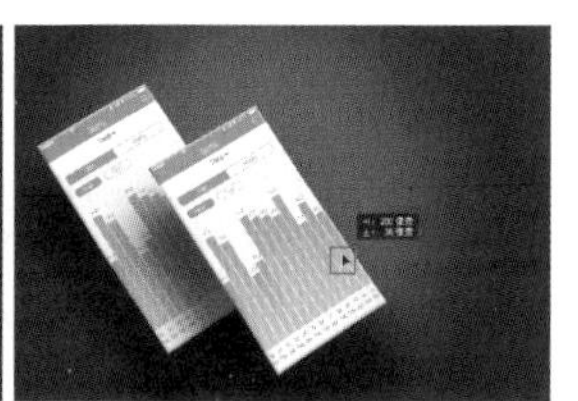

图 2-27　　图 2-28

按住组合键 Alt+Shift 然后拖动，则可以在水平方向、垂直方向或倾斜 45°的方向移动复制，如图 2-29 所示。

图 2-29

（2）当图像中存在选区时，按住 Alt 键的同时拖动选区中的内容，则会在该图层内部复制选中的部分，如图 2-30 和图 2-31 所示。

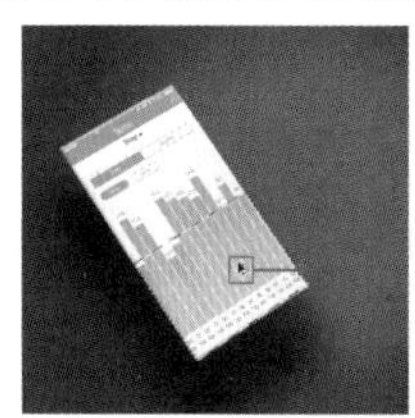

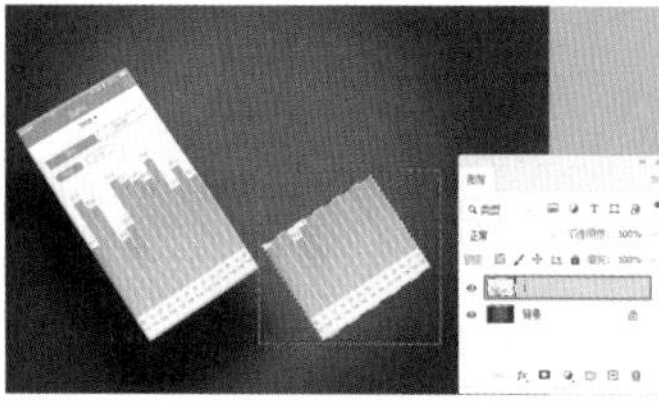

图 2-30　　图 2-31

3. 在不同的文档之间移动图层

在不同的文档之间使用“移动工具”，按住鼠标左键，将图层拖曳至另一个文档中，松开鼠标即可将该图层复制到另一个文档中，如图 2-32 和图 2-33 所示。

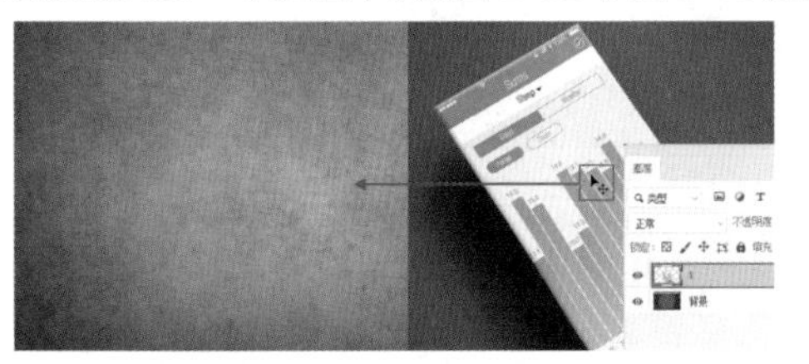

图 2-32

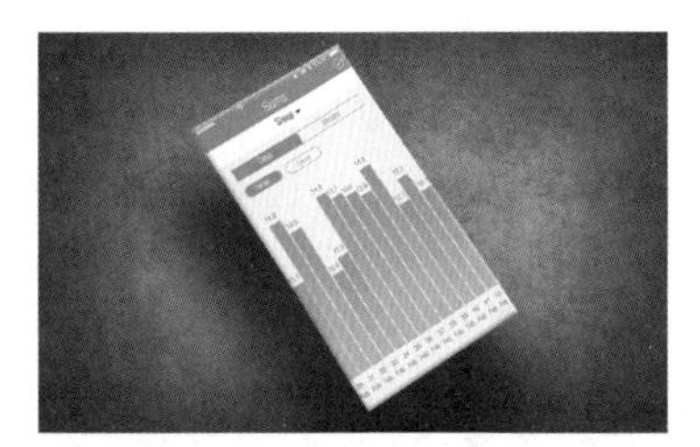

图 2-33

【重点】2.1.7 动手练：将特殊图层变为普通图层

扫一扫，看视频

Photoshop 中有几种特殊图层，如文字图层、智能对象图层、矢量形状图层、3D 图层等。这些图层虽然可以移动、变换，但是不能对图层本身内容进行编辑。想要编辑这些特殊对象的内容，就需要将它们转换为普通图层。

“栅格化”图层就是将特殊图层转换为普通图层的过程。选择需要栅格化的图层，然后执行“图层 > 栅格化”子菜单中的相应命令，或者在“图层”面板中选中该图层，右击，在弹出的快捷菜单中选择“栅格化图层”命令，如图 2-34 所示。随即可以看到“特殊图层”已转换为“普通图层”，如图 2-35 所示。

图 2-34　　图 2-35

2.2 多个图层的管理操作

【重点】2.2.1 动手练：调整图层顺序

扫一扫，看视频

在“图层”面板中，位于上方的图层会遮挡住下方的图层，如图 2-36 所示。在制图过程中经常需要调整图层堆叠的顺序。

例如，默认情况下新置入的素材图层将位于刚刚选中图层的上方。在“图层”面板中选择该图层，按住鼠标左键向下拖曳，如图 2-37 所示。松开鼠标后，即可完成图层顺序的调整，此时画面的效果也会发生改变，如图 2-38 所示。

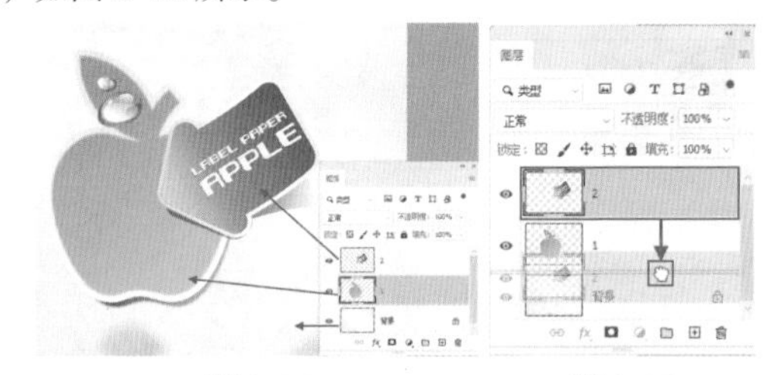

图 2-36　　图 2-37

图 2-38

【重点】2.2.2 动手练：整齐排布多个图层

扫一扫，看视频

在版面的编排过程中，有一些元素是必须进行对齐的，如 UI 设计中的按钮、广告中的产品展示图等。那么如何快速、精准地进行对齐呢？使用“对齐”功能可以将多个图层对象排列整齐。

在对图层操作之前，先要选择图层，在此按住 Ctrl 键加选多个需要对齐的图层，然后选择工具箱中的“移动工具”命令，在其选项栏中单击对齐按钮，即可对齐图层，如图 2-39 所示。例如，单击“水平居中对齐”按钮。效果如图 2-40 所示。

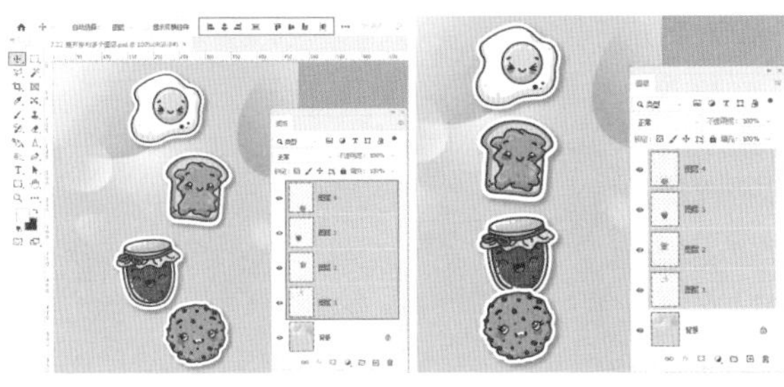

图 2-39　　　　　　图 2-40

提示：对齐按钮

左对齐：将所选图层的中心像素与当前图层左边的中心像素对齐。

水平居中对齐：将所选图层的中心像素与当前图层水平方向的中心像素对齐。

右对齐：将所选图层的中心像素与当前图层右边的中心像素对齐。

顶对齐：将所选图层顶端的像素与当前顶端的像素对齐。

垂直居中对齐：将所选图层的中心像素与当前图层垂直方向的中心像素对齐。

底对齐：将所选图层的底端像素与当前图层底端的中心像素对齐。

多个对象已排列整齐，那么怎样才能让每两个对象之间的距离是相等的呢？这时就可以使用“分布”功能。使用该功能可以将所选的图层以上下、左右两端的对象为起点和终点，将所选图层在这个范围内进行均匀排列，得到具有相同间距的图层。

在使用“分布”命令时，文档中必须包含多个图层（至少为三个图层，“背景”图层除外）。首先加选需要进行分布的图层，然后在工具箱中选择“移动工具”按钮，单击选项栏中的···按钮，然后打开“对齐”面板，可以看到分布按钮，如图 2-41 所示。再单击相应的按钮即可进行分布操作。例如，单击“垂直居中分布”按钮。效果如图 2-42 所示。

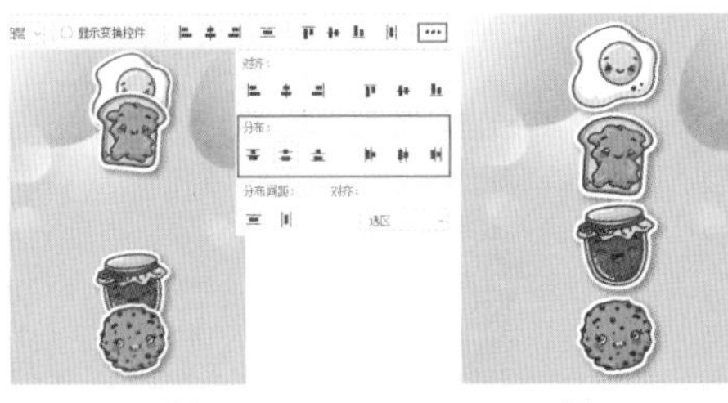

图 2-41　　　　　　图 2-42

提示：分布按钮

垂直顶部分布：单击该按钮时，将平均每一个对象顶部基线之间的距离，调整对象的位置。

垂直居中分布：单击该按钮时，将平均每一个对象水平中心基线之间的距离，调整对象的位置。

底部分布：单击该按钮时，将平均每一个对象底部基线之间的距离，调整对象的位置。

左分布：单击该按钮时，将平均每一个对象左侧基线之间的距离，调整对象的位置。

水平居中分布：单击该按钮时，将平均每一个对象垂直中心基线之间的距离，调整对象的位置。

右分布：单击该按钮时，将平均每一个对象右侧基线之间的距离，调整对象的位置。

2.2.3　动手练:图层编组

扫一扫，看视频

图层组就像一个“文件袋”。在办公时如果有很多文件，我们会将同类文件放在一个文件袋中，并在文件袋上标明信息。而在 Photoshop 中制作复杂的图像效果时也是一样的，“图层”面板中经常会出现数十个图层，把它们分门别类地“收纳”起来是一个非常好的习惯，在后期操作中可以更加便捷地对画面进行处理。

1. 创建图层组

单击“图层”面板底部的“创建新组”按钮，即可创建一个新的图层组，如图 2-43 所示。

也可以选择需要放置在组中的图层，按住鼠标左键拖曳至“创建新组”按钮上，如图 2-44 所示，则以所选图层创建图层组，如图 2-45 所示。

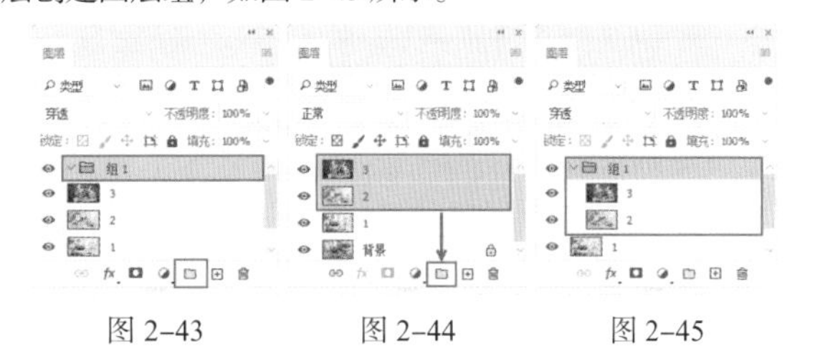

图 2-43　　　　图 2-44　　　　图 2-45

提示：尝试创建一个“组中组”

图层组中还可以套嵌其他图层组。将创建好的图层组移到其他组中即可创建出“组中组”。

2. 将图层移入或移出图层组

（1）选择一个或多个图层，按住鼠标左键拖曳到图层组内，松开鼠标就可以将其移入该组中。

（2）将图层组中的图层拖曳到组外，就可以将其从图层组中移出。

3. 取消图层编组

在图层组名称上右击，在弹出的快捷菜单中选择“取消图层编组”命令，如图 2-46 所示。图层组消失，而组中的图层并未被删除，如图 2-47 所示。

图 2-46　　图 2-47

【重点】2.2.4　动手练:合并图层

扫一扫，看视频

合并图层是指将所有选中的图层合并成一个图层。例如，多个图层合并前如图 2-48 所示，将“背景”图层以外的图层进行合并后如图 2-49 所示。经过观察可以发现，画面的效果并没有什么变化，只是多个图层变成了一个。

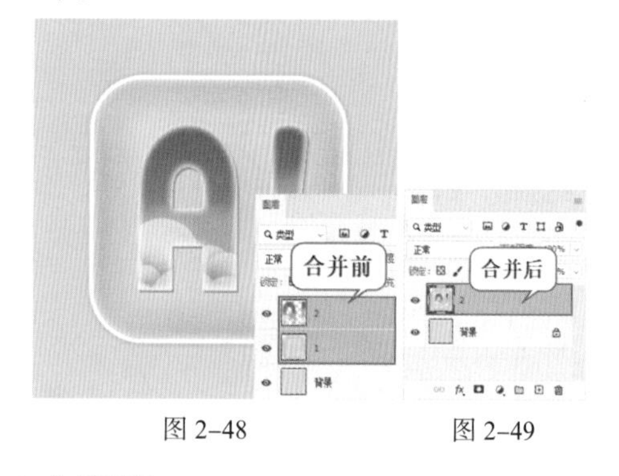

图 2-48　　图 2-49

1. 合并图层

想要将多个图层合并为一个图层，可以在“图层”面板中选中某一图层，然后按住 Ctrl 键加选需要合并的图层，执行“图层 > 合并图层”命令或按组合键 Ctrl+E。

2. 合并可见图层

执行“图层 > 合并可见图层”命令或按组合键 Ctrl+Shift+E 可以将合并“图层”面板中的所有可见图层变成背景图层。

3. 拼合图像

执行“图层 > 拼合图像”命令，即可将全部图层合并到“背景”图层中。如果有隐藏的图层，则会弹出一个提示对话框，询问用户是否要扔掉隐藏的图层。

4. 盖印

盖印可以将多个图层的内容合并到一个新的图层中，同时保持其他图层不变。选中多个图层，然后按组合键 Ctrl+Alt+E，可以将这些图层中的图像盖印到一个新的图层中，而原始图层的内容保持不变。按组合键 Ctrl+Shift+Alt+E，可以将所有可见图层盖印到一个新的图层中。

2.3 图层变换与变形

在“编辑”菜单中提供了多种对图层进行变换 / 变形的命令，包括“内容识别缩放”“操控变形”“透视变形”“自由变换”“变换”（“变换”命令与“自由变换”命令的功能基本相同，使用“自由变换”命令更方便一些）“自动对齐图层”“自动混合图层”。

提示：“背景”图层无法进行变换

打开一张图片后，有时会发现无法使用“自由变换”命令，这可能是因为打开的图片只包含一个“背景”图层。此时需要将“背景”图层转换为普通图层，然后就可以使用“编辑 > 自由变换”命令了。

【重点】2.3.1　动手练:自由变换

扫一扫，看视频

在制图过程中，经常需要调整普通图层的大小、角度，有时也需要对图层的形态进行扭曲、变形，这些都可以通过“自由变换”命令来实现。选中需要变换的图层，执行“编辑 > 自由变换”命令（组合键为 Ctrl+T）。此时对象进入自由变换状态，四周出现了定界框，4 个角点处以及 4 条边框的中间都有控制点，如图 2-50 所示。完成变换后，按 Enter 键确认。如果要取消正在进行的变换操作，可以按 Esc 键。

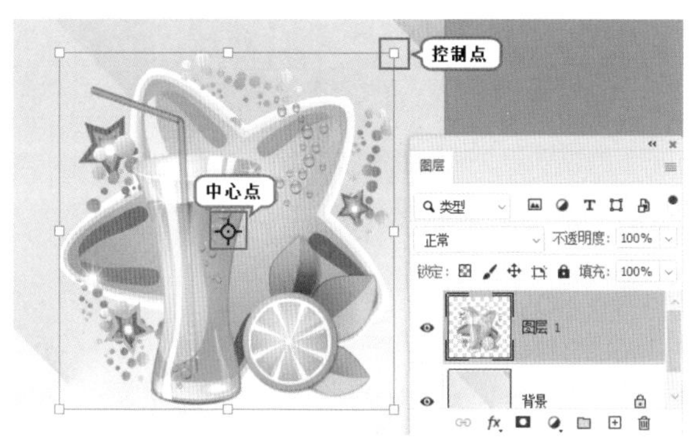

图 2-50

1. 调整中心点位置

默认情况下中心点位于定界框的中心位置，在旋转过程中旋转的“轴”就是这个中心点。如果要更改中心点的位置，可以在自由变换状态下，勾选选项栏中的“参考点位置”复选框，在右侧的小图标上以单击的方式选择中心点的位置。例如，设置中心点的位置为右下角，然后进行旋转，如图 2-51 所示。如果要移动中心点的位置，则将光标移动至中心点上按住鼠标左键拖动即可移动中心点的位置，如图 2-52 所示。还可以按住 Alt 键单击设置中心点的位置。

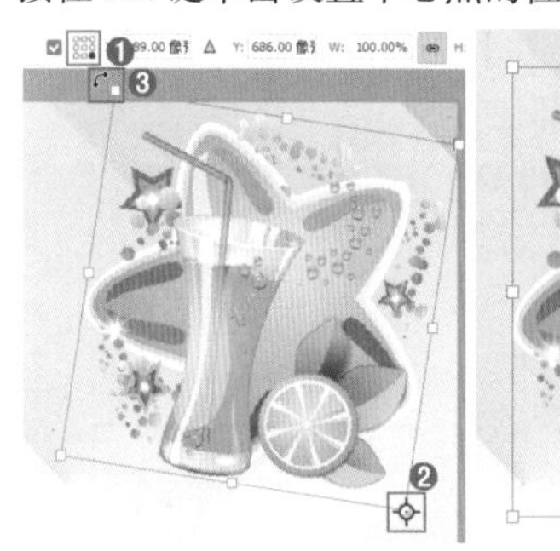

图 2-51　　图 2-52

2. 放大、缩小

默认情况下选项栏中的“保持长宽比”处于激活状态，此时按住鼠标左键并拖曳定界框边框上的控制点，可以对图层进行等比例放大或缩小，如图 2-53 所示。若要非等比缩放，单击选项栏中的“保持长宽比”按钮取消激活状态，然后拖动控制点即可进行不等比的缩放。如图 2-54 所示。

如果按住 Alt 键的同时拖曳定界框 4 个角点处的控制点，能够以中心点作为缩放中心进行缩放，如图 2-55 所示。

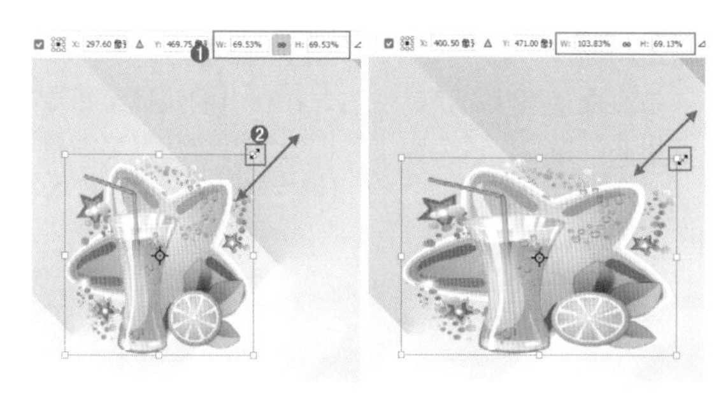

图 2-53　　图 2-54

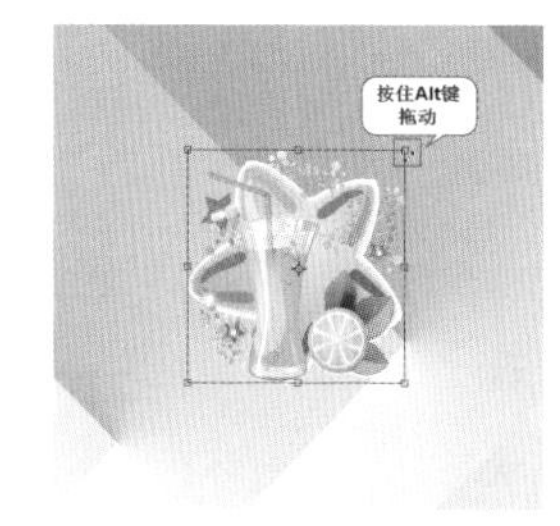

图 2-55

3. 旋转

将光标移动至控制点外侧，当其变为弧形的双箭头形状后，按住鼠标左键拖动即可进行旋转，如图 2-56 所示。

图 2-56

4. 斜切

在自由变换状态下，右击，在弹出的快捷菜单中执行“斜切”命令，然后按住鼠标左键拖曳控制点，即可看到变换效果，如图 2-57 和图 2-58 所示。

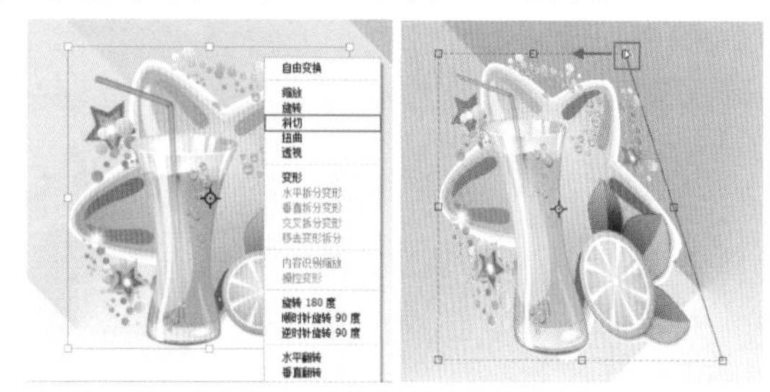

图 2-57　　图 2-58

5. 扭曲

在自由变换状态下，右击，在弹出的快捷菜单中执行“扭曲”命令，可以在定界框边线处按住鼠标左键并拖动，也可以在控制点处按住鼠标左键并拖动，如图 2–59 和图 2–60 所示。

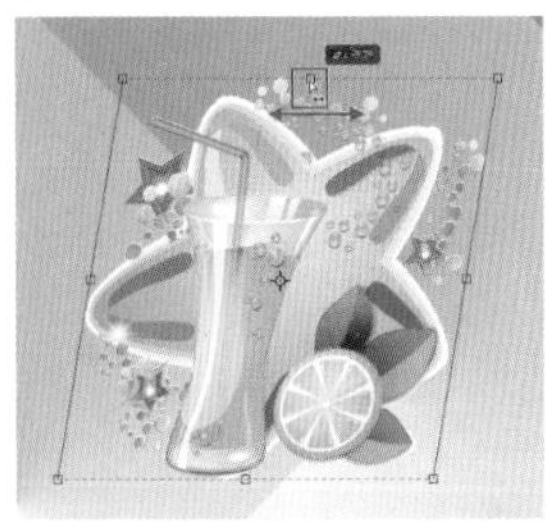
图 2–59

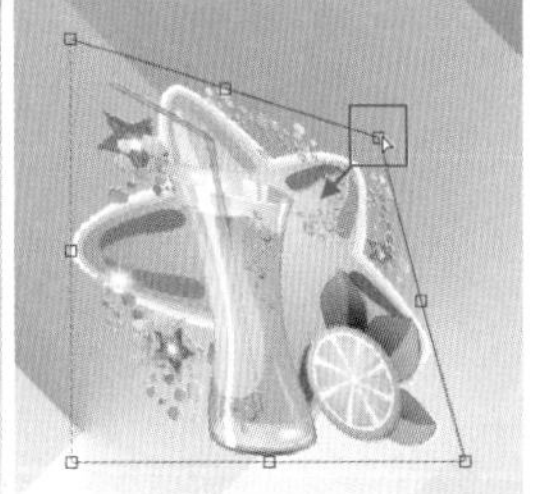
图 2–60

6. 透视

在自由变换状态下，右击，在弹出的快捷菜单中执行“透视”命令，拖曳一个控制点即可产生透视效果，如图 2–61 和图 2–62 所示。此外，也可以选择需要变换的图层，执行“编辑 > 变换 > 透视”命令。

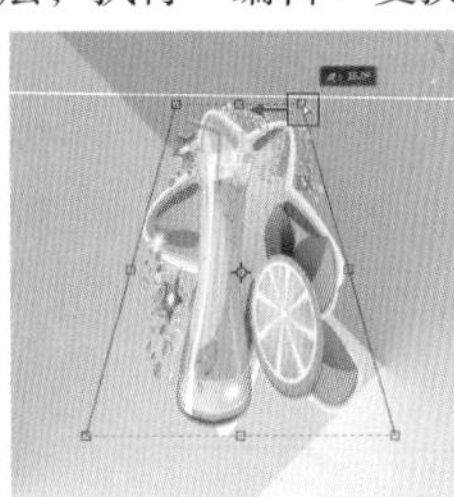
图 2–61

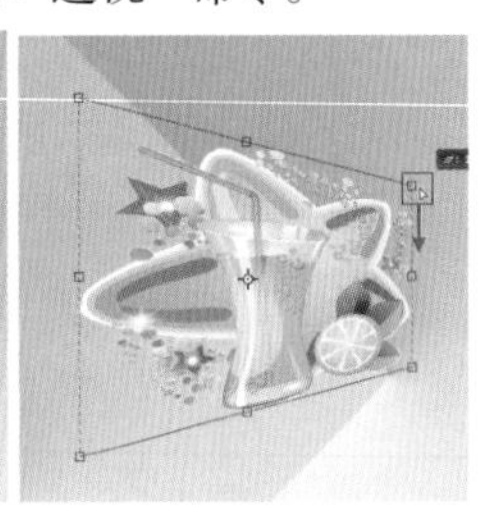
图 2–62

7. 变形

在自由变换状态下，右击，在弹出的快捷菜单中执行“变形”命令，在选项栏中“拆分”中选择一种创建变形网格的方式，然后在定界框内单击可以创建变形网格点，如图 2–63 所示。在工具选项栏的“网格”下拉列表中选择预设的网格数量，如图 2–64 所示。变形网格创建完成后，拖动控制点即可进行变形，如图 2–65 所示。

图 2–63

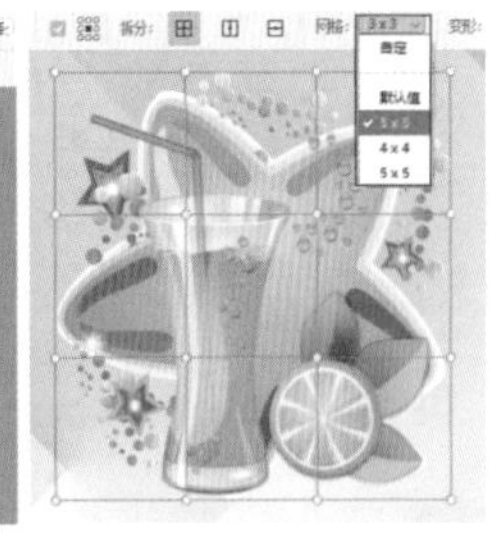
图 2–64

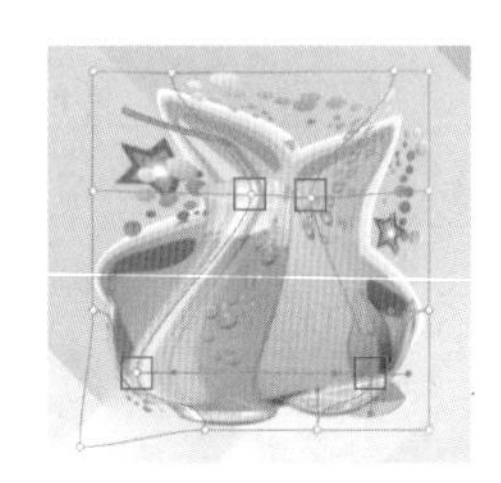
图 2–65

在工具选项栏的“变形”下拉列表框中选择一个合适的形状。例如，选择“扇形”，如图 2–66 所示。接着在选项栏中进行参数的设置，设置完成后按 Enter 键确定变换操作，如图 2–67 所示。

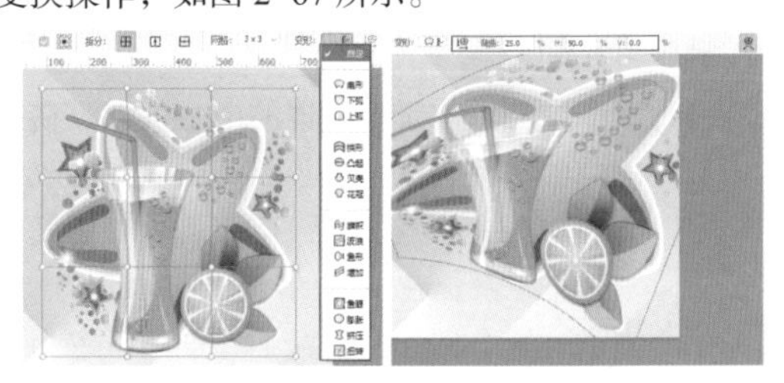
图 2–66　　图 2–67

8. 旋转 180 度、顺时针旋转 90 度、逆时针旋转 90 度、水平翻转、垂直翻转

在自由变换状态下，右击，在弹出的快捷菜单的底部还有 5 个旋转的命令，即“旋转 180 度”“顺时针旋转 90 度”“逆时针旋转 90 度”“水平翻转”“垂直翻转”命令，如图 2–68 所示。顾名思义，根据这些命令的名字就能够判断出它们的用法。

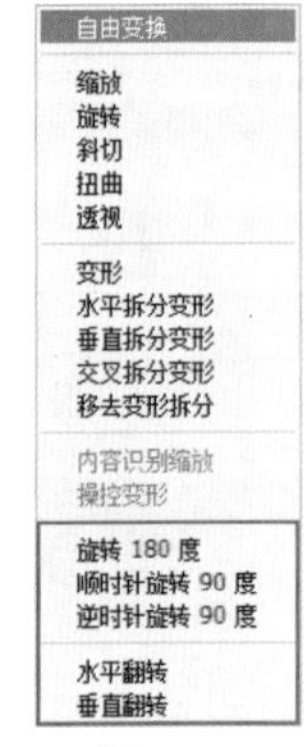

图 2–68

9. 复制并重复上一次变换

如要制作一系列变换规律相似的元素，可以使用“复制并重复上一次变换”功能来完成。在使用该功能之前，需要先设定好一个变换规律。

复制一个图层，使用组合键 Ctrl+T 调出自由变换定界框，然后调整“中心点”的位置，接着进行旋转和缩放操作，如图 2–69 所示。接着按 Enter 键确定变换操作，然后多次按组合键 Shift+Ctrl+Alt+T，可以得到一系列按照上一次变换规律进行变换的图形，如图 2–70 所示。

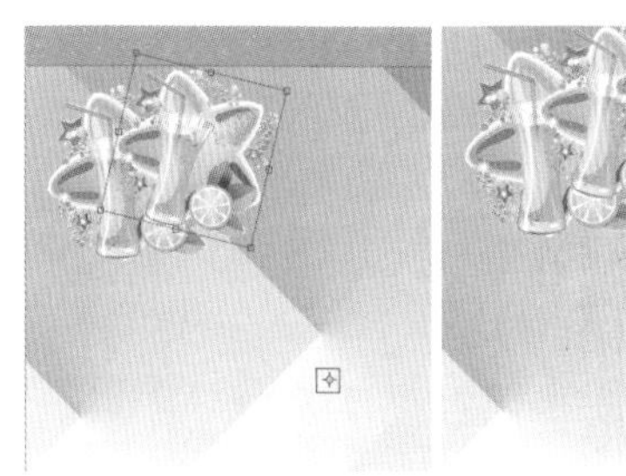

图 2-69

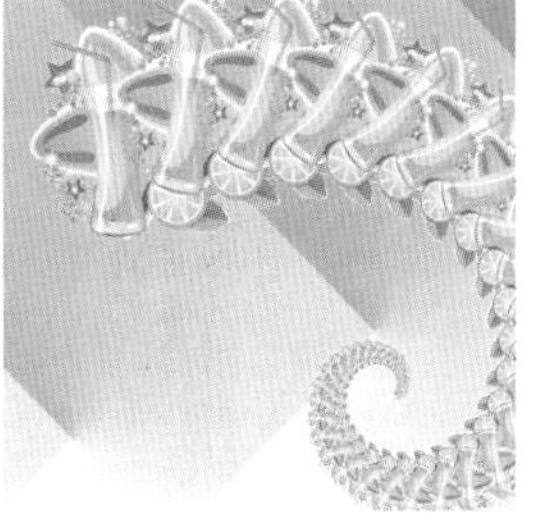

图 2-70

2.3.2 动手练:内容识别缩放,拉伸不变形

在变换图像时经常要考虑是否等比的问题，因为很多不等比的变形是不美观、不专业、不能用的。但是对于一些图形，等比缩放确实能够保证画面效果不变形，但是图像尺寸可能就不符合要求了。那有没有一种方法既能保证画面效果不变形，又能不等比地调整大小呢?答案是有的，可以使用“内容识别缩放”命令进行缩放操作。

扫一扫，看视频

(1) 选择需要变形的普通图层，在图 2-71 中，如果需要将这个图片素材用在 A4 大小的画布中，图像比例明显不合适。尝试使用自由变换组合键 Ctrl+T 调出定界框，按住 Shift 键拖动控制点进行不等比的变形将画面填满，那么图片就会变形，如图 2-72 所示。

图 2-71

图 2-72

(2) 若执行“编辑 > 内容识别缩放”命令调出定界框，然后按住 Shift 键拖动控制点进行不等比的变形，填满整个画布。此时可以发现画面主体图案没有变形，而背景部分被放大，填充了整个画面，如图 2-73 所示。

图 2-73

(3) 如果要缩放人像图片，如图 2-74 所示，可以在执行完“内容识别缩放”命令之后，单击工具选项栏中的“保护肤色”按钮，然后进行缩放。这样可以最大限度地保证人物比例不发生明显的变形，如图 2-75 所示。

图 2-74

图 2-75

提示: 选项栏中“保护”选项的用法

选择要保护的区域的 Alpha 通道。如果要在缩放图像时保留特定的区域，“内容识别缩放”命令允许在调整大小的过程中使用 Alpha 通道来保护内容。

2.3.3 动手练:操控变形

“操控变形”命令通常用来修改人物的动作、发型、缠绕的藤蔓等。该功能通过可视网格，以添加控制点的方法扭曲图像。下面就使用这一功能来更改人物动作。

扫一扫，看视频

(1)选择需要变形的图层,执行“编辑 > 操控变形”命令,图像上将会布满网格,在网格上单击添加“图钉”,这些“图钉”就是控制点，拖曳图钉才能进行变形操作，如图 2-76 所示。接下来，拖曳图钉就能进行变形操作了，如图 2-77 所示。

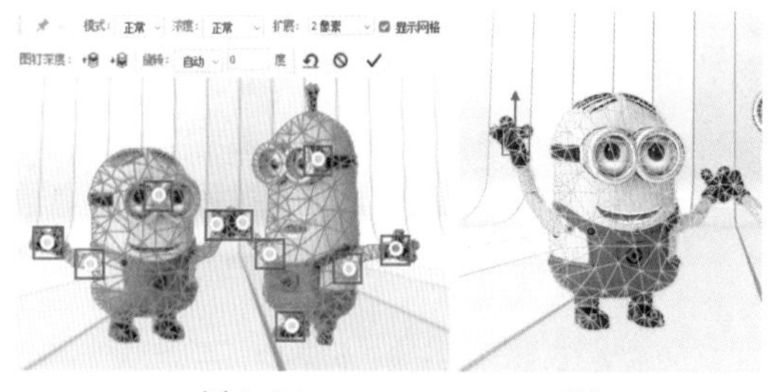

图 2-76　　图 2-77

(2) 还可以按住 Shift 键单击加选图钉，然后拖曳进行变形，如图 2-78 所示。继续进行调整，然后按 Enter 键确认，效果如图 2-79 所示。如果需要删除图钉，可以按住 Alt 键，将光标移动到要删除的图钉上，此时光标变为✂，单击即可删除图钉。

图 2-78　　图 2-79

2.3.4　动手练：透视变形

扫一扫，看视频

“透视变形”可以根据对图像现有的透视关系进行变形。

（1）打开一张图片，如图 2-80 所示。执行“编辑 > 透视变形”命令，然后在画面中单击或者按住鼠标左键拖曳，绘制透视变形网格，如图 2-81 所示。

图 2-80　　图 2-81

（2）根据透视关系拖曳控制点，调整控制框的形状，如图 2-82 所示。单击选项栏中的“变形”按钮，然后拖曳控制点进行变形。随着控制点的调整，画面中的透视也在发生着变化，如图 2-83 所示。变形完成后按 Enter 键确认。

图 2-82　　图 2-83

2.3.5　动手练：自动对齐图层拼接长图

扫一扫，看视频

爱好摄影的朋友们可能会遇到这样的情况：在拍摄全景图时，由于拍摄条件的限制，可能要拍摄多张照片，然后通过后期进行拼接。使用“自动对齐图层”命令可以快速将单张图片组合成一张全景图。

（1）新建一个空白文档，然后置入素材。接着将置入的图层栅格化，如图 2-84 所示。适当调整图像的位置，如图 2-85 所示。图像与图像之间必须有重合的区域。

图 2-84　　图 2-85

（2）按住 Ctrl 键单击加选图层，执行“编辑 > 自动对齐图层”命令，打开“自动对齐图层”窗口。选择“自动”选项，单击“确定”按钮，如图 2-86 所示。得到的画面效果如图 2-87 所示。在自动对齐之后，可能会出现透明像素，可以使用“裁剪工具”进行裁剪。

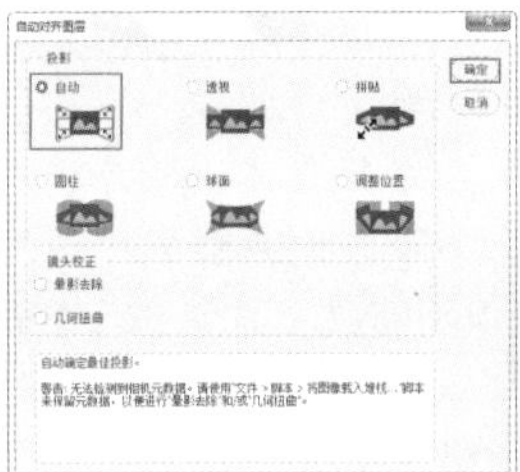

图 2-86　　图 2-87

2.3.6　动手练：多个图层自动混合

扫一扫，看视频

“自动混合图层”功能可以自动识别画面内容，并根据需要对每个图层应用图层蒙版，以遮盖过度曝光、曝光不足的区域或内容差异。使用“自动混合图层”命令可以缝合或者组合图像，从而在最终图像中获得平滑的过渡效果。

（1）打开一张图片，接着置入一张素材，并将置入的图层栅格化，如图 2-88 所示。

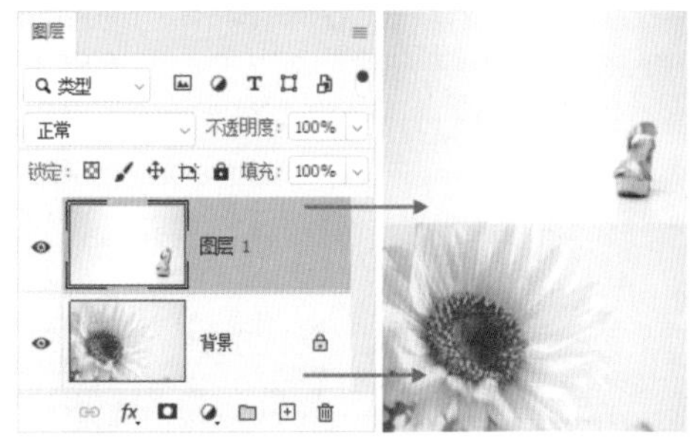

图 2-88

（2）按住 Ctrl 键加选两个图层，然后执行“编辑 > 自动混合图层”命令，在弹出的“自动混合图层”窗口中选中“堆叠图像”,单击“确定”按钮,如图 2-89 所示。此时效果如图 2-90 所示。

图 2-89　　图 2-90

2.3.7 标尺与参考线

“标尺”与“参考线”常常协同使用。“参考线”是一种显示在图像上方的虚拟对象（打印和输出时不会显示），用于辅助移动、变换过程中的精确定位。

（1）执行“视图 > 标尺”命令（组合键为 Ctrl+R），在文档窗口的顶部和左侧出现标尺。将光标放置在水平标尺上，然后按住鼠标左键向下拖曳，即可拖出水平参考线；将光标放置在左侧的垂直标尺上，然后按住鼠标左键向右拖曳，即可拖出垂直参考线，如图 2-91 所示。

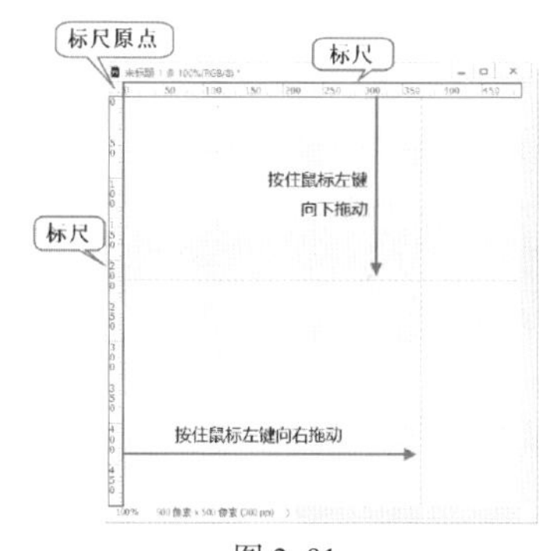

图 2-91

（2）如果要移动参考线，可以使用“移动工具”，然后将光标放置在参考线上，按住鼠标左键拖动，即可移动参考线。如果使用“移动工具”将参考线拖曳出画布之外，可以删除这条参考线。如要删除画布中的所有参考线，可以执行“视图 > 清除参考线”命令。如果要切换参考线的显示和隐藏状态，可以执行“视图 > 显示 > 参考线”命令。

（3）默认情况下，标尺的原点位于窗口的左上方。将光标放置在原点上，然后拖曳，可更改原点的位置。想要使标尺原点恢复默认状态，在左上角两条标尺交界处双击即可。在标尺上单击鼠标右键，在弹出的快捷菜单中选择相应的单位，即可设置标尺的单位。

2.4 综合实例：变换图层制作立体书籍

文件路径	资源包 \ 第 2 章 \ 变换图层制作立体书籍
难易指数	★★★★★
技术掌握	栅格化图层、自由变换

扫一扫，看视频

案例效果

案例效果如图 2-92 所示。

图 2-92

操作步骤

步骤 01 本案例通过将素材放在不同的图层,再结合“自由变换”操作制作出立体书籍的展示效果。执行“文件 > 打开”命令，将背景素材 1.jpg 打开。

步骤 02 执行“文件 > 置入嵌入对象”命令，在弹出的“置入嵌入的对象”窗口中选择素材 2.jpg，然后单击“置入”按钮将素材置入，如图 2-93 所示。接着将光标放在定界框外的控制点上方按住鼠标左键将素材进行等比例缩小，并将素材移动至背景图片中的立体倒影位置，如图 2-94 所示。操作完成后按 Enter 键完成操作。

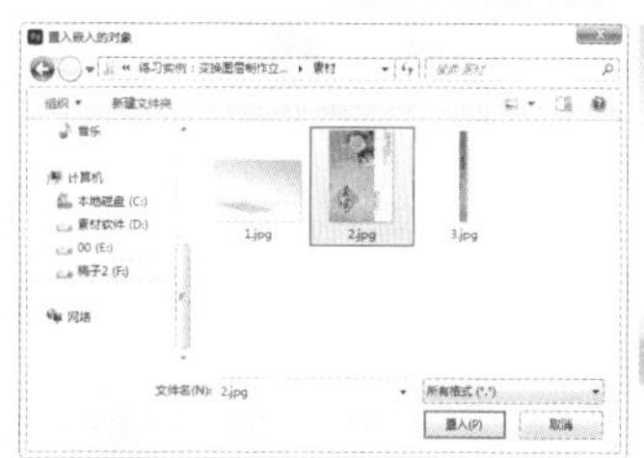

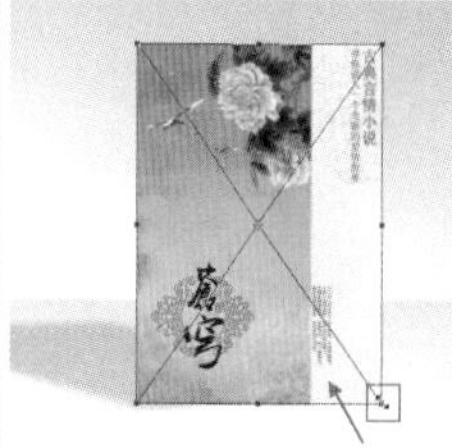

图 2-93　　图 2-94

步骤 03 选择置入的素材图层，右击，在弹出的快捷菜单中执行“栅格化图层”命令，将素材图层进行栅格化处理，如图 2-95 所示。

步骤 04 制作立体的书籍封面。选择素材图层，使用自由变换组合键 Ctrl+T 调出定界框，将光标放在定界框任意一角将素材进行旋转，如图 2–96 所示。

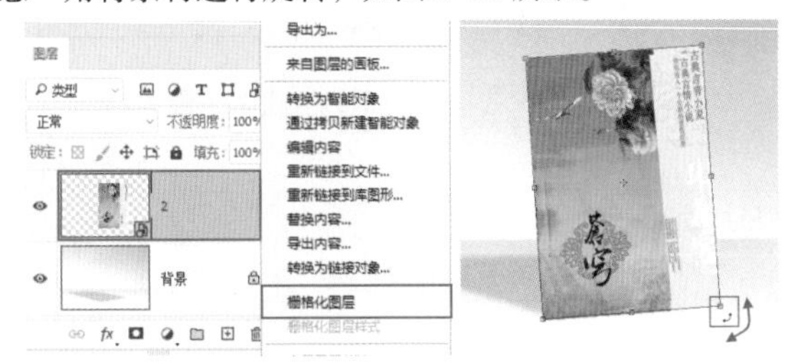

图 2–95　　图 2–96

步骤 05 在当前自由变换状态下，右击，在弹出的快捷菜单中执行“扭曲”命令，调整四角控制点的位置（也可以直接在自由变换状态下，按住 Shift 键与 Ctrl 键，将光标移动到控制点上进行拖动调整），如图 2–97 所示。按 Enter 键完成操作，此时立体的书籍封面制作完成。

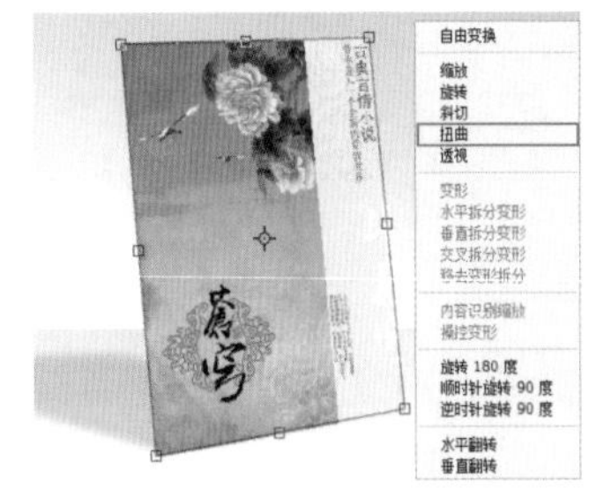

图 2–97

步骤 06 制作立体的书脊。置入书脊素材 3.jpg，调整大小放在封面左边位置并将图层栅格化，如图 2–98 所示。然后用同样的方式对书脊进行自由变换操作，制作出立体的书脊，如图 2–99 所示。此时立体书籍的展示效果制作完成。

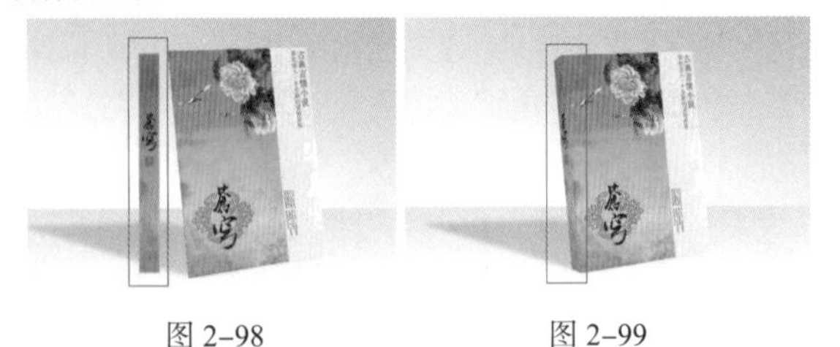

图 2–98　　图 2–99

2.5 课后练习

作业要求

扫一扫，看视频

利用已有素材制作出整齐排列的杂志内页。

案例效果

案例效果如图 2–100 所示。

图 2–100

可用素材

可用素材如图 2–101 所示。

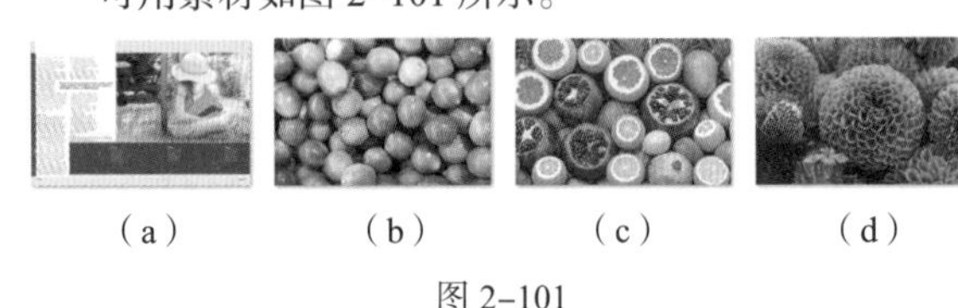

（a）　（b）　（c）　（d）

图 2–101

思路解析

（1）打开杂志内页的图片文件，依次置入另外三幅插图，缩放到合适的比例。

（2）在“图层”面板中选中这三个图层，并利用移动工具选项栏中的“对齐”与“分布”功能，将图片整齐地排列在画面底部。

扫一扫，看视频

颜色设置与绘画

本章内容简介

绘画是 Photoshop 的核心功能之一，在 Photoshop 中可以使用“画笔工具”进行绘画，它的使用方法与现实中使用画笔绘画的方式非常接近。而“画笔工具”需要使用的“颜料”就是“前景色”，所以绘图之前需要设置好前景色。想要擦除多余的部分则需要使用“橡皮擦工具”。

重点知识掌握

- 熟练掌握前景色 / 背景色的设置方式
- 熟练掌握使用“吸管工具”吸取颜色的方式
- 熟练掌握“画笔工具”的使用方法
- 熟练掌握“橡皮擦工具”的使用方法

3.1 选择合适的颜色

当想要画一幅画时，首先想到的是纸、笔、颜料。在 Photoshop 中，“文档”就相当于纸，“画笔工具”相当于笔，“颜料”则需要通过颜色的设置得到。在 Photoshop 中可以随意选择任何颜色，还可以从画面中选择某种颜色。

【重点】3.1.1　动手练：认识前景色/背景色

扫一扫，看视频

在学习颜色的具体设置方法之前，首先来认识一下“前景色”和“背景色”。在工具箱的底部可以看到前景色和背景色设置按钮（默认情况下，前景色为黑色，背景色为白色），如图 3–1 所示。单击“前景色”/“背景色”按钮，可以在弹出的“拾色器”窗口中选取一种颜色作为前景色/背景色。单击 ↰ 按钮可以切换所设置的前景色和背景色（快捷键为 X 键），如图 3–2 所示。单击 ◪ 按钮可以恢复默认的前景色和背景色（快捷键为 D 键），如图 3–3 所示。

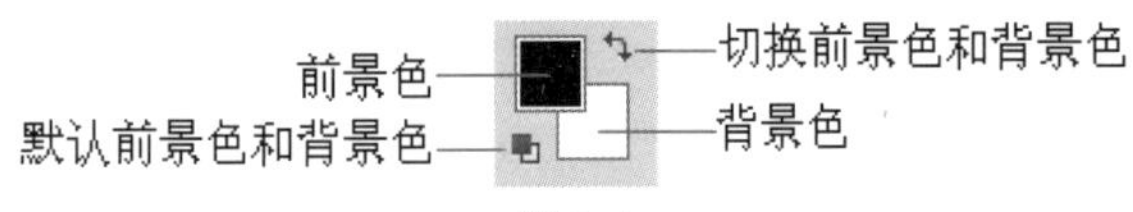

图 3–1

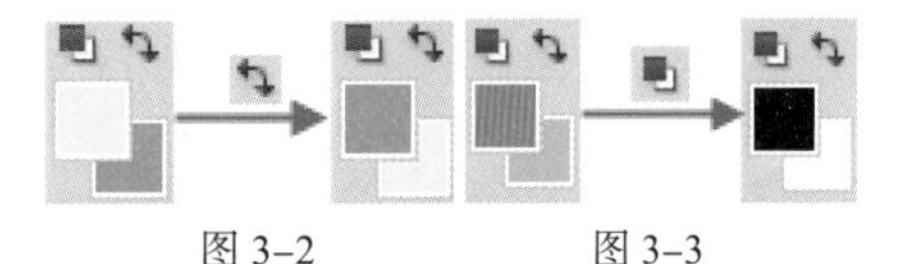

图 3–2　　图 3–3

通常前景色使用的情况更多些，前景色通常被用于绘制图像、填充某个区域以及描边选区等。而背景色通常起到“辅助”的作用，常用于生成渐变填充和填充图像中被删除的区域（例如，使用橡皮擦擦除背景图层时，被擦除的区域会呈现出背景色）。一些特殊滤镜也需要使用前景色和背景色，如“纤维”滤镜和“云彩”滤镜等。

【重点】3.1.2　设置前景色/背景色

认识了前景色与背景色之后，可以尝试单击前景色或背景色的小色块，接下来就会弹出“拾色器”窗口。“拾色器”是 Photoshop 中最常用的颜色设置工具，不仅在设置前景色/背景色时使用，很多颜色设置（如文字颜色、矢量图形颜色等）都需要使用它。以设置“前景色”为例，首先单击工具箱底部的“前景色”按钮，会弹出“拾色器（前景色）”窗口，可以拖动颜色滑块到相应的色相范围内，然后将光标放在左侧的“色域”中，单击即可选择颜色，设置完毕后单击“确定”按钮完成操作，如图 3–4 所示。如果想要设定精确数值的颜色，也可以在“颜色值”处输入数字。设置完毕后，前景色随之发生了变化，如图 3–5 所示。

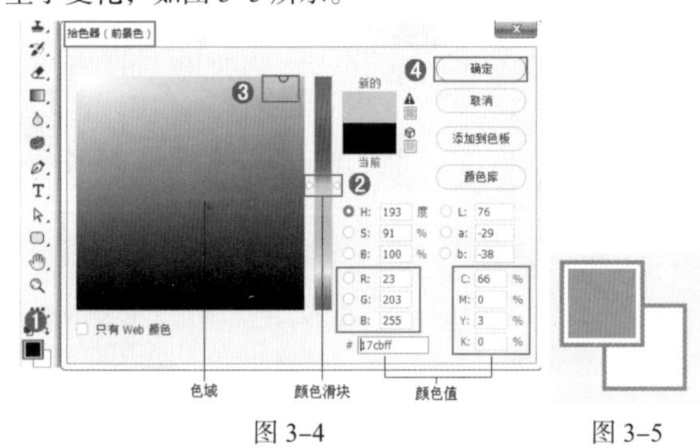

图 3–4　　图 3–5

【重点】3.1.3　动手练：快速填充颜色

扫一扫，看视频

前景色或背景色的填充是非常常用的，所以通常使用快捷键进行操作。在“图层”面板中选择一个图层，如图 3–6 所示。接着设置合适的前景色，然后使用前景色填充组合键 Alt+Delete 进行填充，如图 3–7 所示。

图 3–6　　图 3–7

如果想要为特定区域填充颜色，首先需要绘制一个选区。新建一个图层，选择工具箱中的“多边形套索”工具，然后以单击的方式在画面中单击三个点，当光标回到起点时，即可得到一个三角形选区，然后单击“背景色”按钮，在弹出的“拾色器”窗口中进行颜色的设置，设置完成后使用背景色填充组合键 Ctrl+Delete 进行填充，如图 3–8 所示。

最后使用组合键 Ctrl+D 取消选区的选择，效果如图 3–9 所示。

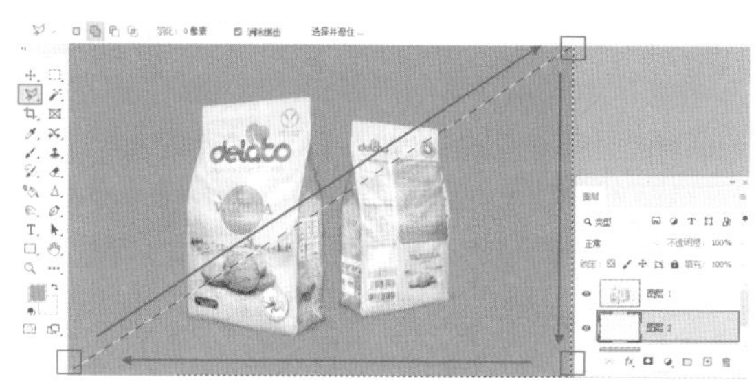

图 3-8

图 3-9

【重点】3.1.4 动手练：使用“吸管工具”从画面中取色

“吸管工具” 可以吸取图像的颜色作为前景色或背景色。在工具箱中单击“吸管工具”按钮，然后使用“吸管工具”在图像中单击，此时拾取的颜色将作为前景色，如图 3-10 所示。按住 Alt 键，单击图像中的区域，此时拾取的颜色将作为背景色，如图 3-11 所示。

扫一扫，看视频

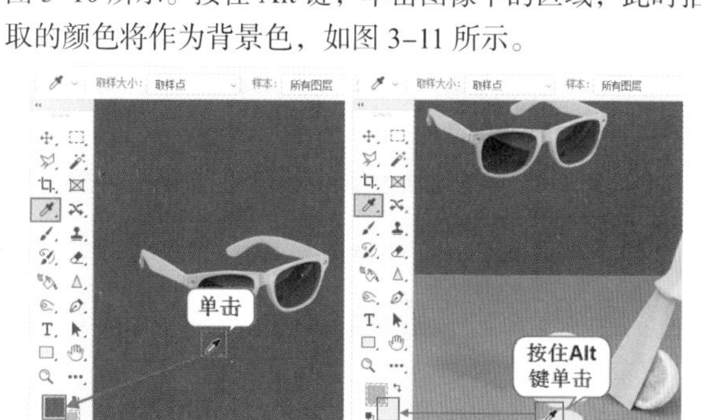

图 3-10　　图 3-11

提示：“吸管工具”使用技巧

使用“吸管工具”采集颜色时，按住鼠标左键并将光标拖曳出画布之外，可以采集 Photoshop 的界面和界面以外的颜色信息。

3.2 绘画与擦除

Photoshop 提供了非常强大的绘制工具和方便的擦除工具，这些工具除了在数字绘画中使用外，在照片处理、平面设计作品的编排中也有重要的用途。

【重点】3.2.1 动手练：画笔工具

扫一扫，看视频

“画笔工具” 是以“前景色”作为“颜料”在画面中进行绘制的。绘制的方法也很简单，如果在画面中单击，能够绘制出一个圆点（因为默认情况下的画笔工具笔尖为圆形），如图 3-12 所示。在画面中按住鼠标左键并拖动，即可轻松绘制出线条，如图 3-13 所示。

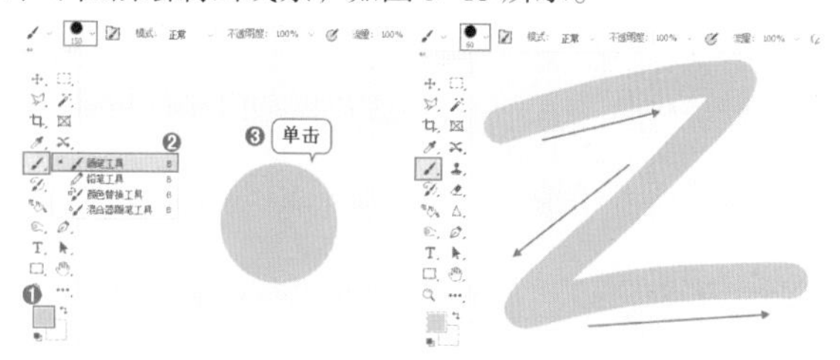

图 3-12　　图 3-13

单击 按钮，打开“画笔预设”选取器。在“画笔预设”选取器中包括多组画笔，展开其中某一个画笔组，然后选择一种合适的笔尖，并通过移动滑块设置画笔的大小和硬度。使用过的画笔笔尖也会显示在“画笔预设”选取器中，如图 3-14 所示。

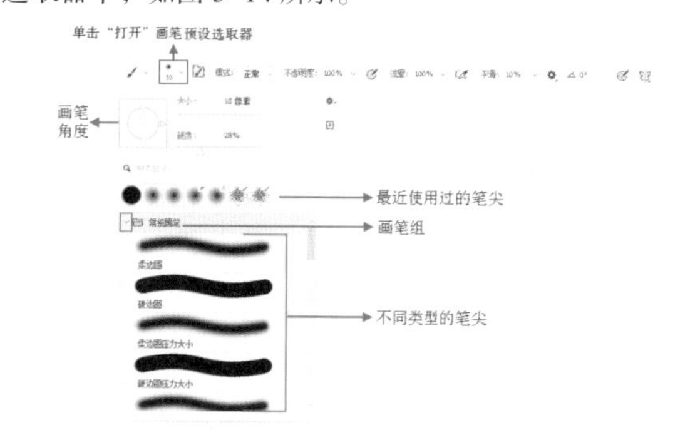

图 3-14

提示：“画笔预设”选取器的注意事项

“画笔预设”选取器中的预设类型并不都是针对“画笔工具”的，很多预设可能是针对其他工具的，所以当选择了一个笔触并进行绘画时，如果发现绘制效果异常，就要看一下工具箱中当前所选工具是否被自动切换为其他工具了。

- 角度 / 圆度：画笔的角度指定画笔的长轴在水平方向旋转的角度，如图 3–15 所示。圆度是指画笔在 Z 轴（垂直于画面，向屏幕内外延伸的轴向）上的旋转效果，如图 3–16 所示（此处使用方头画笔以便观察效果）。

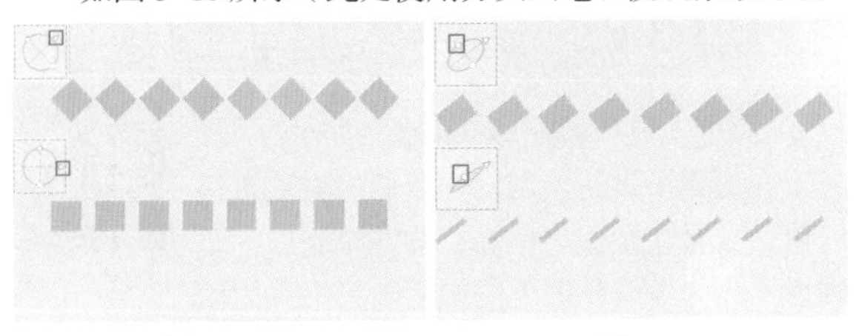

图 3–15　　图 3–16

- 大小：通过设置数值或者移动滑块可以调整画笔笔尖的大小。在英文输入法状态下，可以按“[”键和“]”键来减小或增大画笔笔尖的大小，如图 3–17 和图 3–18 所示。

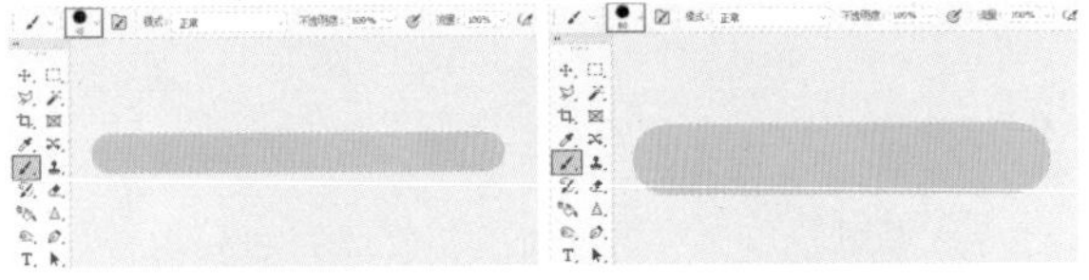

图 3–17　　图 3–18

- 硬度：当使用圆形的画笔时硬度数值可以调整。数值越大画笔边缘越清晰，数值越小画笔边缘越模糊，如图 3–19 和图 3–20 所示。

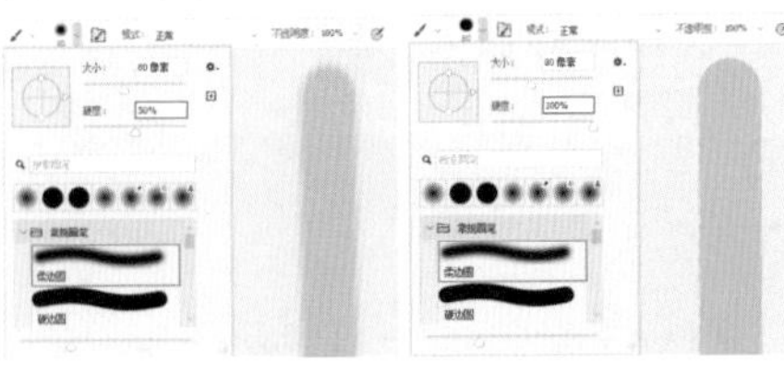

图 3–19　　图 3–20

- 模式：设置绘画颜色与下面现有像素的混合方法。使用该功能需要选择一个非空白图层进行绘制才能看到混合效果，如图 3–21 和图 3–22 所示。

图 3–21　　图 3–22

- 画笔设置面板：单击该按钮即可打开“画笔设置面板”。
- 不透明度：设置画笔绘制出来的颜色的不透明度。数值越小，笔迹越透明。
- ：在使用带有压感的手绘板时，启用该项则可以对“不透明度”使用“压力”。在关闭时，“画笔预设”控制压力。
- 流量：设置当光标移到某个区域上方时应用颜色的速率。在某个区域上方进行绘画时，如果一直按住鼠标左键不放，颜色量将根据流动速率增大，直至达到“不透明度”设置。
- ：激活该按钮以后，可以启用“喷枪”功能，Photoshop 会根据鼠标左键的单击程度来确定画笔笔迹的填充数量。而启用“喷枪”功能以后，按住鼠标左键不放，即可持续绘制笔迹。
- 平滑：用于设置所绘制的线条的流畅程度，数值越高线条越平滑。单击按钮在下拉面板中设置平滑选项。
- 角度 0 ：用来设置笔尖的旋转角度。
- ：在使用带有压感的手绘板时，启用该项则可以对“大小”使用“压力”。在关闭时，“画笔预设”控制压力。
- ：设置绘画的对称选项。

提示：使用“画笔工具”时，画笔的光标不见了怎么办

在使用“画笔工具”绘画时，如果不小心按下了键盘上的 CapsLock 大写锁定键，画笔光标就会由圆形（或者其他画笔的形状）变为无论怎么调整大小都没有变化的“十字形”。这时只需再按一下 Caps-Lock 大写锁定键即可恢复成可以调整大小的带有图形的画笔效果。

练习实例：使用“画笔工具”在照片上涂鸦

扫一扫，看视频

文件路径	资源包 \ 第 3 章 \ 使用“画笔工具”在照片上涂鸦
难易指数	★★★★★
技术掌握	前景色设置、画笔工具

案例效果

案例效果如图 3–23 所示。

图 3-23

操作步骤

步骤 01 执行“文件 > 打开”命令，将素材 1.jpg 打开。

步骤 02 制作眼睛。新建一个图层，接着设置“前景色”为黑色，单击工具箱中的“画笔工具”按钮，在选项栏中设置大小为 70 像素的硬边圆画笔，设置完成后在画面中单击即可得到一个黑色圆形，作为眼睛的基本图形，如图 3-24 所示。

步骤 03 在当前画笔绘制状态下，设置“前景色”为白色，在选项栏中调整稍小一些的笔尖大小，设置完成后在眼睛位置单击，得到眼球高光，如图 3-25 所示。

图 3-24　　图 3-25

步骤 04 制作人物的眉毛和嘴巴。新建图层，设置“前景色”为黑色，使用大小合适的硬边圆笔尖，设置完成后在画面中按住鼠标左键拖动绘制眉毛，如图 3-26 所示。在当前绘制状态下，继续制作人物的另外一个眉毛和嘴巴。效果如图 3-27 所示。

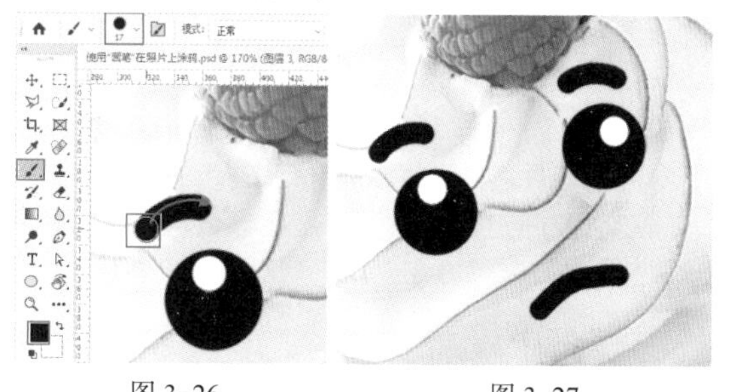

图 3-26　　图 3-27

步骤 05 制作脸颊位置的腮红。新建图层，设置“前景色”为淡粉色，使用大小合适的柔边圆画笔，“硬度”为 0，设置“不透明度”为 30%，设置完成后在画面中单击，得到淡淡的、柔和的粉色笔触，如图 3-28 所示。此时由于设置的不透明度较低，所以在操作时需要多次单击鼠标制作出理想效果。

步骤 06 在当前绘制状态下，设置较小笔尖的硬边圆画笔，此时需要将“不透明度”恢复为 100%，接着设置“前景色”为白色，设置完成后在画面中按住鼠标左键进行绘制，如图 3-29 所示。

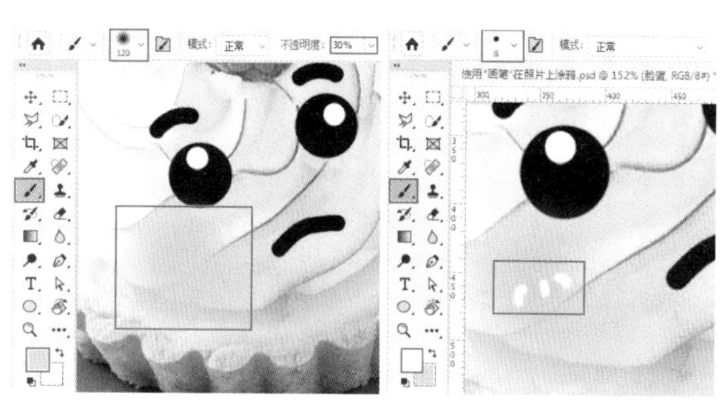

图 3-28　　图 3-29

步骤 07 继续绘制右脸颊的腮红。效果如图 3-30 所示。此时画面左侧的卡通表情制作完成，然后使用同样的方式制作其他的表情。效果如图 3-31 所示。

图 3-30　　图 3-31

【重点】3.2.2 动手练：橡皮擦工具

扫一扫，看视频

“橡皮擦工具”位于橡皮擦工具组中，在“橡皮擦工具”按钮上右击，然后在弹出的工具组列表中选择“橡皮擦工具”。接着选择一个普通图层，在画面中按住鼠标左键拖曳，光标经过的位置像素被擦除了，如图 3-32 所示。

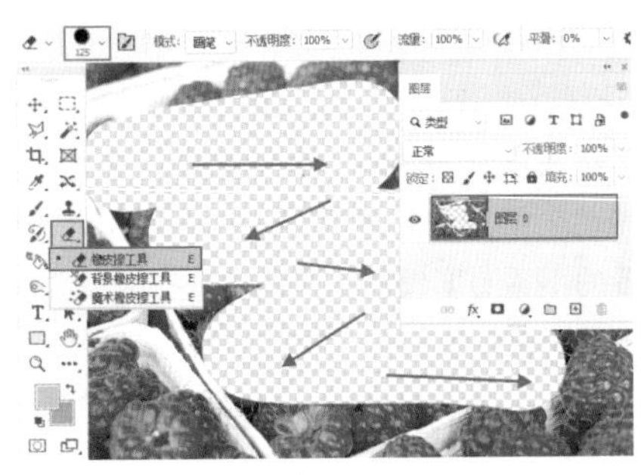

图 3-32

若选择了“背景”图层,使用“橡皮擦工具”进行擦除，则擦除的像素将变成背景色，如图 3-33 所示。

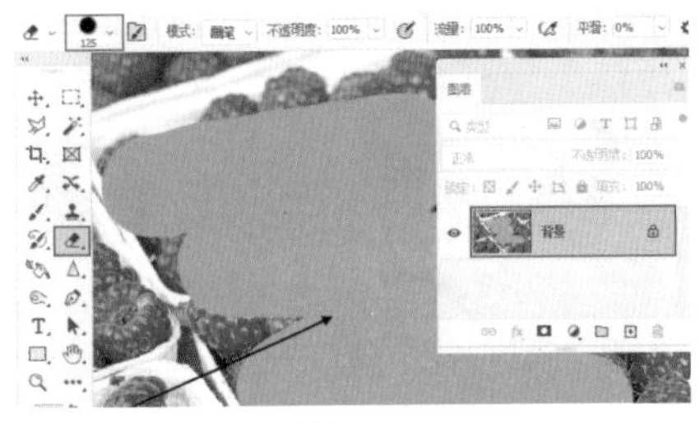

图 3-33

“橡皮擦工具”的选项与“画笔工具”很相似，下面了解一下“橡皮擦工具”特有的选项。

• 模式：选择橡皮擦的种类。选择“画笔”选项时，可以创建柔边擦除效果；选择“铅笔”选项时，可以创建硬边擦除效果；选择“块”选项时，擦除的效果为块状，如图 3-34 所示。

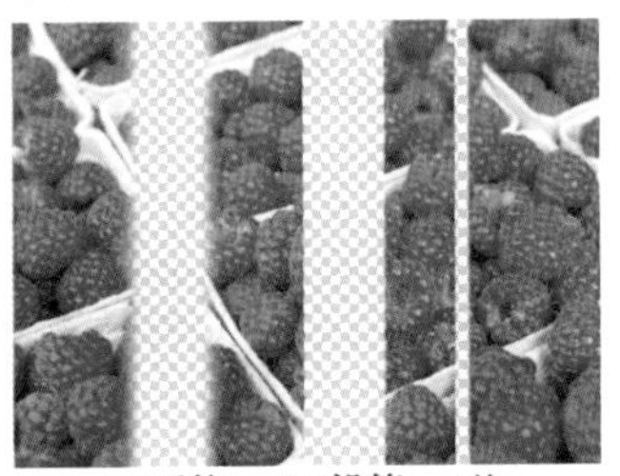

(a)画笔　(b)铅笔　(c)块

图 3-34

• 抹掉历史记录：勾选该复选框以后，“橡皮擦工具”的作用相当于“历史记录画笔工具”。

3.2.3 动手练:设置不同的笔触效果

扫一扫，看视频

画笔除了可以绘制出单色的线条外，还可以绘制出虚线、具有多种颜色的线条、带有图案叠加效果的线条、分散的笔触、透明度不均的笔触，如图 3-35 所示。想要绘制出这些效果都需要借助“画笔设置”面板。

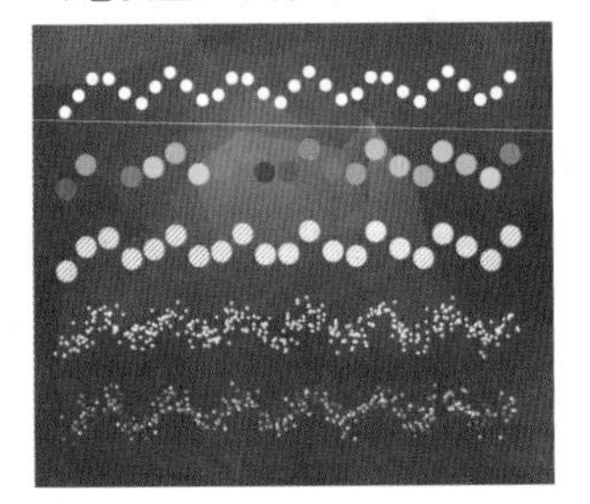

图 3-35

“画笔设置”面板并不是只针对“画笔”工具属性的设置，而是针对于大部分以画笔模式进行工作的工具，如画笔工具、铅笔工具、仿制图章工具、历史记录画笔工具、橡皮擦工具、加深工具、模糊工具等。

执行“窗口 > 画笔设置”命令（快捷键为 F5），打开“画笔设置”面板，在这里可以看到很多参数设置，底部显示当前笔尖样式的预览效果。此时默认显示的是“画笔笔尖形状”页面，如图 3-36 所示。

在“画笔设置”面板左侧列表还可以启用画笔的各种属性。例如，形状动态、散布、纹理、双重画笔、颜色动态、传递、画笔笔势等。想要启用某种属性，需要在这些选项名称前单击，使之呈现出启用状态☑。接着单击选项的名称，即可进入该选项设置页面，如图 3-37 所示。

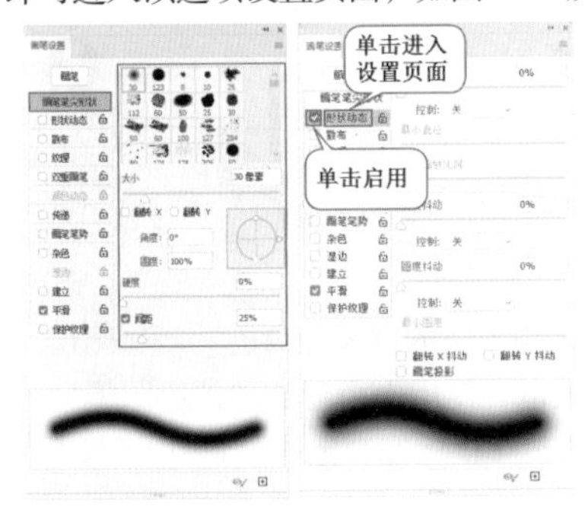

图 3-36　　图 3-37

1. 笔尖形状设置

默认情况下，“画笔设置”面板显示“画笔笔尖形状”设置页面，在这里可以对画笔的形状、大小、硬度等常用的参数进行设置，除此之外还可以对画笔的角度、圆度以及间距进行设置。这些参数选项非常简单，随意调整数值，就可以在底部看到当前画笔的预览效果，如图 3-38 所示。通过设置当前页面的参数可以制作如图 3-39 和图 3-40 所示的各种效果。

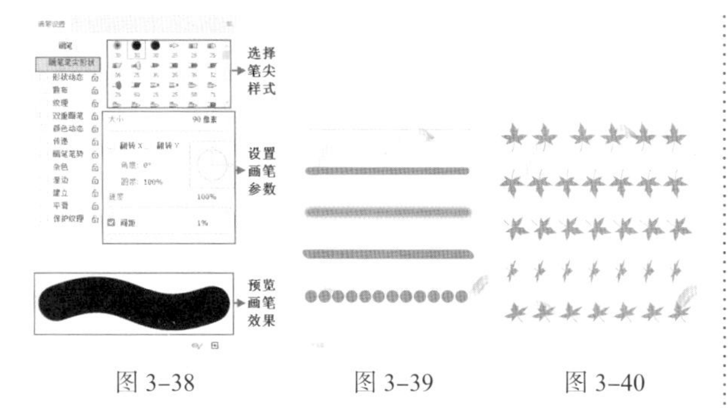

图 3–38　　图 3–39　　图 3–40

- **大小**：控制画笔的大小，可以直接输入像素值，也可以通过拖曳大小滑块来设置画笔大小。
- **翻转 X/Y**：将画笔笔尖在其 X 轴或 Y 轴上进行翻转。
- **角度**：指定椭圆画笔或样本画笔的长轴在水平方向旋转的角度。
- **圆度**：设置画笔短轴和长轴之间的比率。当“圆度”值为 100% 时，表示圆形画笔；当“圆度”值为 0% 时，表示线性画笔；介于 0% ～ 100% 的“圆度”值，表示椭圆画笔（呈“压扁”状态）。
- **硬度**：控制画笔硬度中心的大小。数值越小，画笔的柔和度越高。
- **间距**：控制描边中两个画笔笔迹之间的距离。数值越高，笔迹之间的间距越大。

2. 形状动态

执行“窗口 > 画笔设置”命令，打开“画笔设置”面板。在该面板左侧列表中勾选“形状动态”复选框，使之变为启用状态☑，接着单击“形状动态”处，才能够进入形状动态设置页面，如图 3–41 所示。

“形状动态”页面用于设置绘制出带有大小不同、角度不同、圆度不同笔触效果的线条。在“形状动态”页面中可以看到“大小抖动”“角度抖动”“圆度抖动”，此处的“抖动”就是指某项参数在一定范围内随机变换。数值越大，变化范围也就越大。如图 3–42 所示为通过当前页面设置可以制作出的效果。

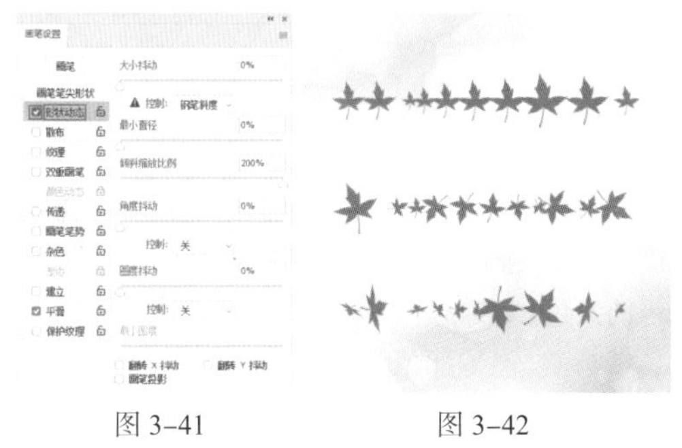

图 3–41　　图 3–42

- **大小抖动**：指定描边中画笔笔迹大小的改变方式。数值越低，图像轮廓越平滑；数值越高，图像轮廓越不规则。
- **控制**：下拉列表中可以设置“大小抖动”的方式，其中“关”选项表示不控制画笔笔迹的大小变换；“渐隐”选项是按照指定数量的步长在初始直径和最小直径之间渐隐画笔笔迹的大小，使笔迹产生逐渐淡出的效果；如果计算机配置有绘图板，可以选择“钢笔压力”“钢笔斜度”“光笔轮”“Dial”选项。
- **最小直径**：当启用“大小抖动”选项以后，通过该选项可以设置画笔笔迹缩放的最小缩放百分比。数值越高，笔尖的直径变化越小。
- **倾斜缩放比例**：当“大小抖动”设置为“钢笔斜度”选项时，用来设置在旋转前应用于画笔高度的比例因子。
- **角度抖动 / 控制**：用来设置画笔笔迹的角度，如果设置“角度抖动”的方式，可以在下面的“控制”下拉列表中进行选择。
- **圆度抖动 / 控制 / 最小圆度**：用来设置画笔笔迹的圆度在描边中的变化方式。如果要设置“圆度抖动”的方式，可以在下面的“控制”下拉列表中进行选择。另外，“最小圆度”选项可以用来设置画笔笔迹的最小圆度。
- **翻转 X/Y 抖动**：将画笔笔尖在其 X 轴或 Y 轴上进行翻转。

3. 散布

执行“窗口 > 画笔设置”命令，打开“画笔设置”面板。在该面板左侧列表中单击“散布”复选框，使之变为启用状态☑，接着单击“散布”处，才能够进入散布设置页面，如图 3–43 所示。

“散布”页面用于设置描边中笔迹的数目和位置，使画笔笔迹沿着绘制的线条扩散。在“散布”页面中可以对散布的方式、数量和散布的随机性进行调整。数值越大，变化范围也就越大。在制作随机性很强的光斑、星光或树叶纷飞的效果时，“散布”选项是必须设置的。如图 3–44 所示是设置了“散布”选项制作的效果。

图 3–43　　图 3–44

- 散布 / 两轴 / 控制：指定画笔笔迹在描边中的分散程度，该值越高，分散的范围越广。当勾选“两轴”复选框时，画笔笔迹将以中心点为基准，向两侧分散。如果设置画笔笔迹的分散方式，可以在下面的“控制”下拉列表中进行选择。
- 数量：指定在每个间距间隔应用的画笔笔迹数量。数值越高，笔迹重复的数量越大。
- 数量抖动 / 控制：指定画笔笔迹的数量如何针对各种间距间隔产生变化，如果设置“数量抖动”的方式，可以在下面的“控制”下拉列表中进行选择。

4. 纹理

“纹理”页面用于设置画笔笔触的纹理，使之可以绘制出带有纹理的笔触效果。在“纹理”页面中可以对图案的缩放、亮度、对比度、模式等选项进行设置。如图 3–45 和图 3–46 所示为添加了不同纹理的笔触效果。

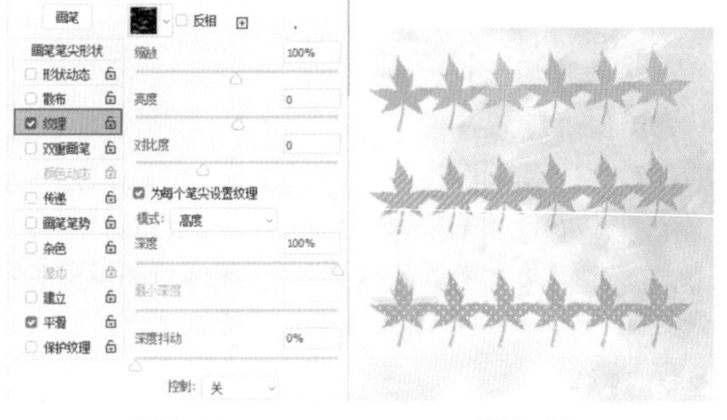

图 3–45　　图 3–46

- 设置纹理 / 反相：单击图案缩略图右侧的倒三角图标，可以在弹出的“图案”拾色器中选择一个图案，并将其设置为纹理。如果勾选“反相”复选框，可以基于图案中的色调来反转纹理中的亮点和暗点。
- 缩放：设置图案的缩放比例。数值越小，纹理越多。
- 为每个笔尖设置纹理：将选定的纹理单独应用于画笔描边中的每个画笔笔迹，而不是作为整体应用于画笔描边。如果取消勾选“为每个笔尖设置纹理”复选框，下面的“深度抖动”选项将不可用。
- 模式：设置用于组合画笔和图案的混合模式。
- 深度：设置油彩渗入纹理的深度。数值越大，渗入的深度越大。
- 最小深度：当“深度抖动”下面的“控制”选项设置为“渐隐”“钢笔压力”“钢笔斜度”“光笔轮”选项，并且勾选了“为每个笔尖设置纹理”复选框时，“最小深度”选项用来设置油彩可渗入纹理的最小深度。
- 深度抖动 / 控制：当勾选“为每个笔尖设置纹理”复选框项时，“深度抖动”选项用来设置深度的改变方式。然后指定如何控制画笔笔迹的深度变化，可以从下面的“控制”下拉列表中进行选择。

5. 双重画笔

“双重画笔”设置页面中用于设置绘制的线条呈现出两种画笔混合的效果。在对“双重画笔”设置前，需要先设置“画笔笔尖形状”主画笔参数属性，然后勾选“双重画笔”复选框。在顶部的“模式”是指选择从主画笔和双重画笔组合画笔笔迹时要使用的混合模式。然后从“双重画笔”选项中选择另外一个笔尖（即双重画笔）。其参数非常简单，大多与其他选项中的参数相同。如图 3–47 和图 3–48 所示为不同画笔的效果。

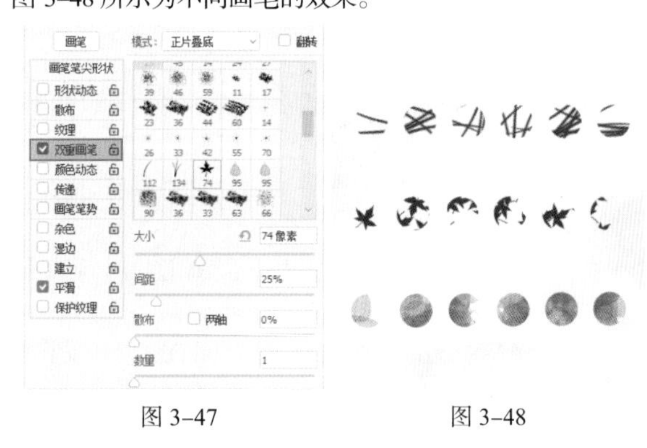

图 3–47　　图 3–48

6. 颜色动态

“颜色动态”页面用于设置绘制出颜色变化的效果，在设置颜色动态之前，需要设置合适的前景色与背景色，然后在颜色动态设置页面进行其他参数选项的设置，如图 3–49 和图 3–50 所示。

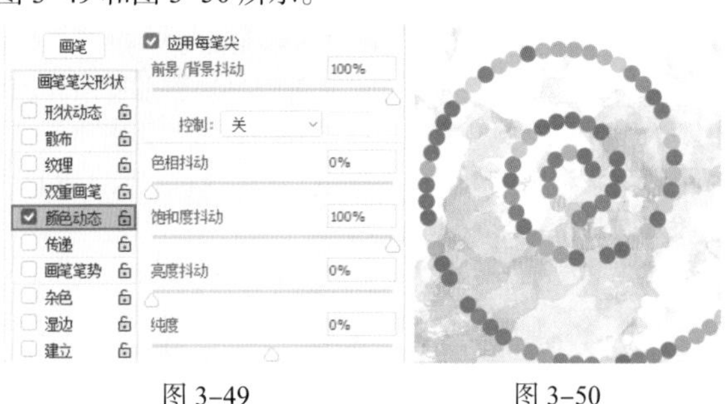

图 3–49　　图 3–50

- 前景 / 背景抖动 / 控制：用来指定前景色和背景色之间的油彩变化方式。数值越小，变化后的颜色越接近前景色；数值越大，变化后的颜色越接近背景色。
- 色相抖动：设置颜色变化范围。数值越小，颜色越接近前景色；数值越高，色相变化越丰富。

- **饱和度抖动**：设置颜色的饱和度变化范围。数值越小，饱和度越接近前景色；数值越大，色彩的饱和度越高。
- **亮度抖动**：设置颜色的亮度变化范围。数值越小，亮度越接近前景色；数值越大，颜色的亮度值越大。
- **纯度**：用来设置颜色的纯度。数值越小，笔迹的颜色越接近于黑白色；数值越大，颜色饱和度越高。

7. 传递

“传递”选项用于设置笔触的不透明度抖动、流量抖动、湿度抖动、混合抖动等数值来控制油彩在描边路线中的变化方式。“传递”选项常用于光效的制作，在绘制光效的时候，光斑通常带有一定的透明度，所以需要勾选“传递”复选框，进行参数的设置，以增加光斑的透明度的变化。效果如图 3–51 和图 3–52 所示。

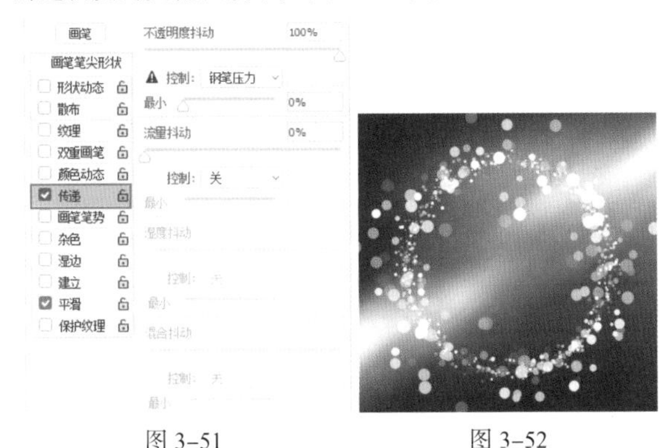

图 3–51　　图 3–52

- **不透明度抖动 / 控制**：指定画笔描边中油彩不透明度的变化方式，最高值是选项栏中指定的不透明度值。如果指定如何控制画笔笔迹的不透明度变化，可以从下面的“控制”下拉列表中进行选择。
- **流量抖动 / 控制**：用来设置画笔笔迹中油彩流量的变化程度。如果指定如何控制画笔笔迹的流量变化，可以从下面的“控制”下拉列表中进行选择。
- **湿度抖动 / 控制**：用来控制画笔笔迹中油彩湿度的变化程度。如果指定如何控制画笔笔迹的湿度变化，可以从下面的“控制”下拉列表中进行选择。
- **混合抖动 / 控制**：用来控制画笔笔迹中油彩混合的变化程度。如果指定如何控制画笔笔迹的混合变化，可以从下面的“控制”下拉列表中进行选择。

8. 画笔笔势

“画笔笔势”选项是针对于特定的笔刷样式进行设置的选项。在“画笔预设选取器”菜单中单击载入“旧版画笔”组，然后打开“默认画笔”组，接着选择一个毛刷画笔，如图 3–53 所示。然后在窗口的左上角有笔刷的缩略图，如图 3–54 所示。

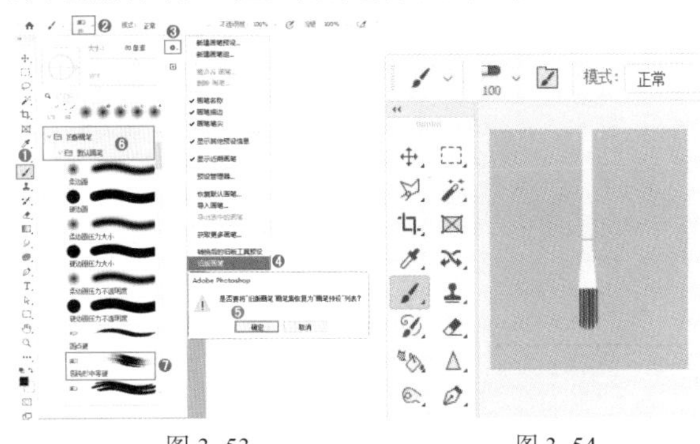

图 3–53　　图 3–54

执行“窗口 > 画笔设置”命令，打开“画笔设置”面板。在该面板左侧列表中勾选“画笔笔势”复选框，使之变为启用状态☑，接着单击“画笔笔势”处，才能够进入画笔笔势设置页面。“画笔笔势”页面用于设置毛刷画笔笔尖、侵蚀画笔笔尖的角度。接着在“画笔设置”面板中画笔笔势设置页面进行参数的设置，如图 3–55 所示。设置完成后按住鼠标左键拖曳进行绘制。效果如图 3–56 所示。

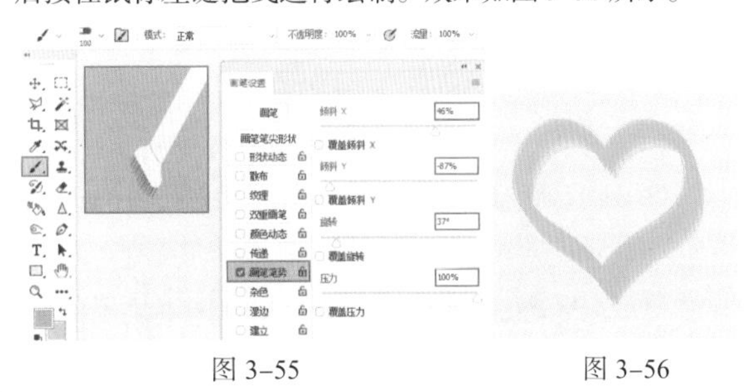

图 3–55　　图 3–56

- **倾斜 X/ 倾斜 Y**：使笔尖沿 X 轴或 Y 轴倾斜。
- **旋转**：设置笔尖旋转效果。
- **压力**：压力数值越高绘制速度越快，线条效果越粗犷。

9. 杂色

“杂色”选项为个别画笔笔尖增加额外的随机性，如图 3–57 所示分别是关闭与开启“杂色”选项时的笔迹效果。当使用柔边画笔时，该选项最有效果，如图 3–58 所示为关闭与启用“杂色”的对比效果。

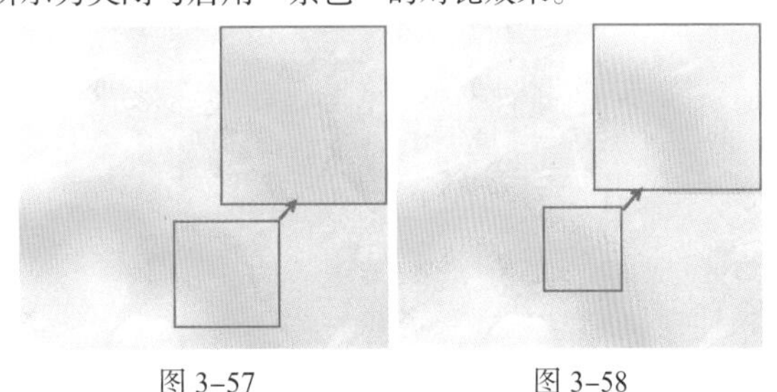

图 3–57　　图 3–58

10. 湿边

“湿边”选项可以沿画笔描边的边缘增大油彩量，从而创建出水彩效果。如图 3–59 和图 3–60 所示分别是关闭与开启“湿边”项时的笔迹效果。

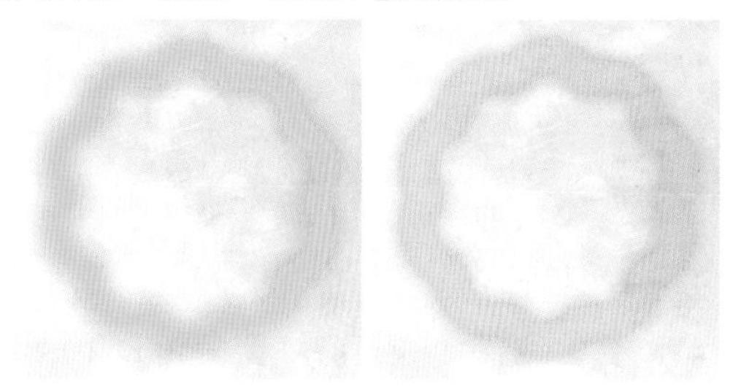

图 3–59　　　　图 3–60

11. 建立

“建立”选项模拟传统的喷枪技术，根据鼠标按键的单击程度确定画笔线条的填充数量。

12. 平滑

“平滑”选项在画笔描边中生成更加平滑的曲线。当使用压感笔进行快速绘画时，该选项最有效果。

13. 保护纹理

“保护纹理”选项将相同图案和缩放比例应用于具有纹理的所有画笔预设。勾选该选复选框后，在使用多个纹理画笔绘画时，可以模拟出一致的画布纹理。

3.3 综合实例：使用“画笔工具”制作光斑

文件路径	资源包 \ 第 3 章 \ 使用“画笔工具”制作光斑
难易指数	★★★★★
技术掌握	颜色设置、画笔工具、“画笔设置”面板

扫一扫，看视频

案例效果

案例效果如图 3–61 所示。

图 3–61

操作步骤

步骤 01 执行“文件 > 打开”命令，将素材 1.jpg 打开。在画面中添加光斑。新建图层，选择工具箱中的“画笔工具”，按 F5 键打开“画笔设置”面板。在该面板中单击“画笔笔尖形状”按钮，选择硬边圆画笔，设置“大小”为 180 像素，“硬度”为 100%，“间距”为 200%，如图 3–62 所示。

步骤 02 勾选“形状动态”复选框，设置“大小抖动”为 30%，如图 3–63 所示（画笔的参数与当前画面大小相关，画面越大，要使用的画笔越大；而同样大小的画笔，在稍小一些的画面中则会显得很大）。

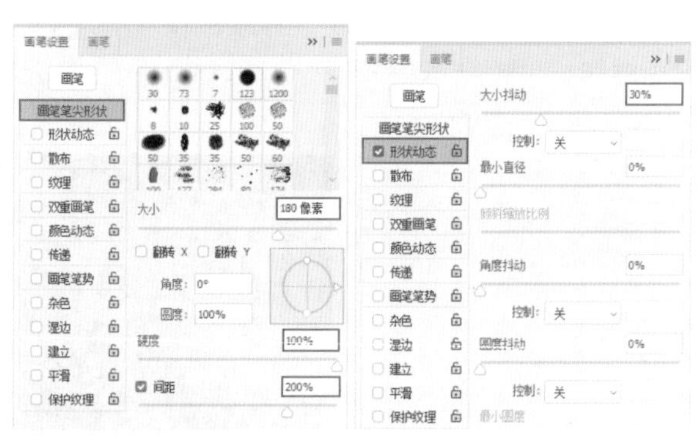

图 3–62　　　　图 3–63

步骤 03 在“画笔设置”面板中勾选“散布”复选框，设置“散布”为 340%，“数量”为 2，如图 3–64 所示。继续勾选“颜色动态”复选框，设置“前景 / 背景抖动”为 100%，“色相抖动”为 20%，“饱和度抖动”为 50%，如图 3–65 所示。

图 3–64　　　　图 3–65

步骤 04 设置“前景色”为蓝色，“背景色”为紫色，在选项栏中设置“不透明度”为 20%，设置完成后在画面中拖动鼠标绘制光斑，如图 3–66 所示。

图 3-66

步骤 05 为了增加光斑的通透感，可以选择该图层，设置混合模式为“滤色”，如图 3-67 所示。效果如图 3-68 所示。

图 3-67　　　　图 3-68

步骤 06 为了让光斑效果更加梦幻，有前后层次关系，可以绘制一些大并且模糊的光斑。新建图层，可以将笔尖调大一些，然后降低画笔的“硬度”，在“画笔设置”面板中增加“散布”的数值，然后在画面中进行绘制，这些大的光斑绘制完成后能看到整个画面的色调有所变化。效果如图 3-69 所示。

图 3-69

步骤 07 继续在选项栏中调整笔尖大小和不透明度，设置完成后在画面右边位置绘制一些较小的光斑，如图 3-70 所示。

图 3-70

3.4 课后练习

作业要求

利用“画笔工具”制作光效海报。

扫一扫，看视频

案例效果

案例效果如图 3-71 所示。

图 3-71

可用素材

可用素材如图 3-72 所示。

图 3-72

思路解析

(1) 打开背景素材，使用“画笔工具”绘制不同颜色的光晕作为背景。

(2) 圆环部分可以使用“画笔工具”，设置较大的硬边圆画笔单击绘制一个圆点，并利用“橡皮擦工具”擦除中间的部分，得到圆环。也可以使用“椭圆选区工具”绘制选区并描边得到圆环。

(3) 光斑部分可以使用“画笔工具”绘制柔边圆的圆点，并进行自由变换得到细长的线条，多次复制线条并旋转即可拼出光斑。

(4) 置入文字素材。

扫一扫，看视频

简单选区与填充

本章内容简介

本章主要讲解了最基本也是最常见的选区绘制方法，并学习选区的基本操作。例如，选区的移动、变换、显隐、存储等，在此基础上学习选区形态的编辑。学会了选区的使用方法后，可以对选区内的图形进行复制、剪切与粘贴，还可以对选区内进行颜色、渐变以及图案的填充。

重点知识掌握

- 掌握使用选框工具和套索工具创建选区的方法
- 掌握颜色的填充方法
- 掌握渐变的使用方法

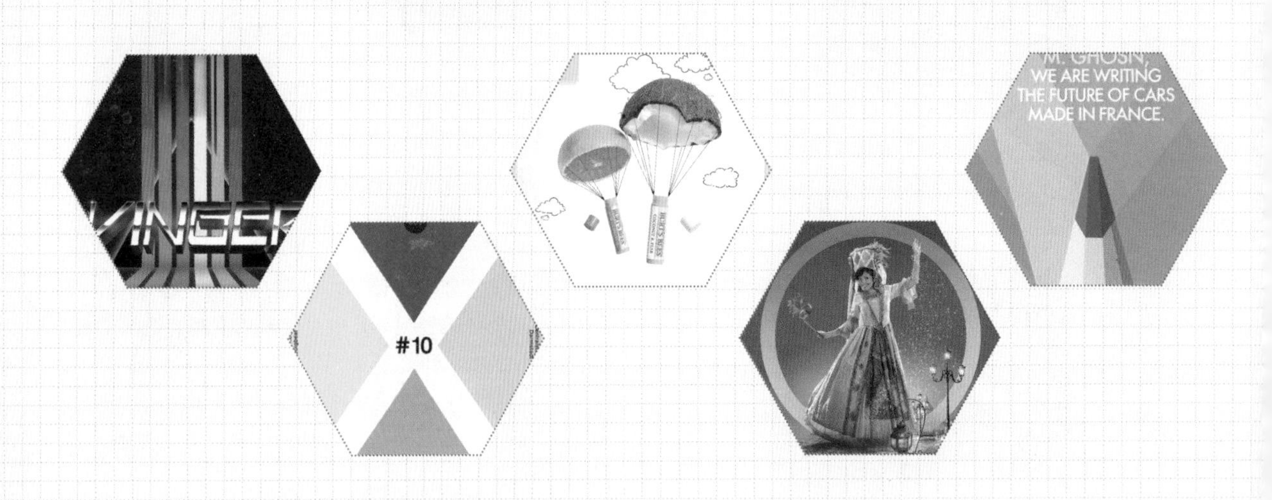

4.1 创建简单选区

在创建选区之前，首先了解一下什么是“选区”。可以将“选区”理解为一个限定处理范围的“虚线框”，当画面中包含选区时，选区边缘显示为闪烁的黑白相间的虚线框，操作只会对选区以内的部分起作用。

在 Photoshop 中包含多种选区制作工具，本节将要介绍的是一些最基本的选区绘制工具，通过这些工具可以绘制长方形选区、正方形选区、椭圆选区、正圆选区、细线选区、随意的选区以及随意的带有尖角的选区等，如图 4–1 所示。

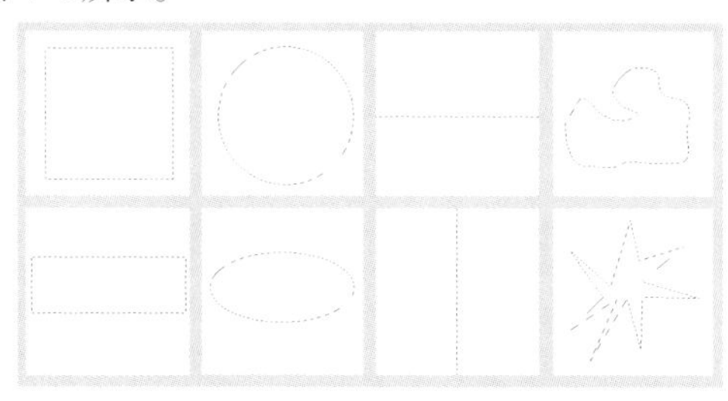

图 4–1

【重点】4.1.1 动手练:创建矩形选区

“矩形选框工具”可以创建出矩形选区与正方形选区。单击工具箱中的“矩形选框工具”按钮，将光标移动到画面中，按住鼠标左键并拖动即可出现矩形的选区，松开鼠标后完成选区的绘制，如图 4–2 所示。在绘制过程中，按住 Shift 键的同时按住鼠标左键拖动可以创建正方形选区，如图 4–3 所示。

扫一扫，看视频

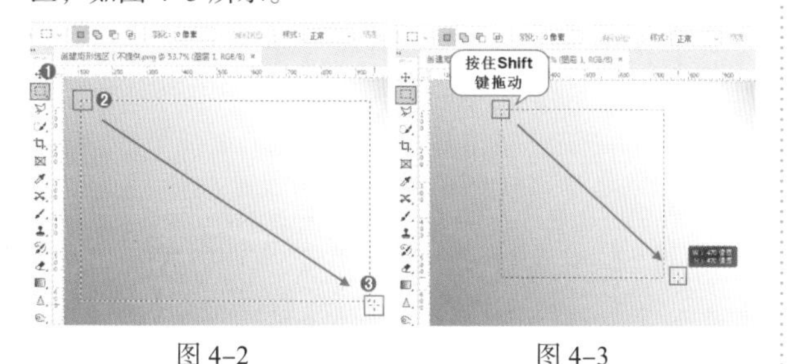

图 4–2 图 4–3

提示：取消选区

当画面中包含选区时，后续操作都会针对选区范围，所以，如果后续操作无须针对选区内部区域进行操作，则需要使用组合键 Ctrl+D 取消选区。

4.1.2 动手练:选区的常用选项设置

扫一扫，看视频

在 Photoshop 中有多种选区工具，虽然每种选区工具的使用方法不同，但是不同的选区工具都有一些共有的选项。

在“矩形选框工具”选项栏中可以看到选区运算的按钮。选区运算是指选区之间的“加”和“减”。在绘制选区之前首先要注意此处的设置。如果想要创建出一个新的选区，那么需要单击“新选区”按钮，然后绘制选区。如果已经存在选区，那么新创建的选区将替代原来的选区，如图 4–4 所示。如果之前包含选区，单击“添加到选区”按钮可以将当前创建的选区添加到原来的选区中（按住 Shift 键也可以实现相同的操作），如图 4–5 所示。

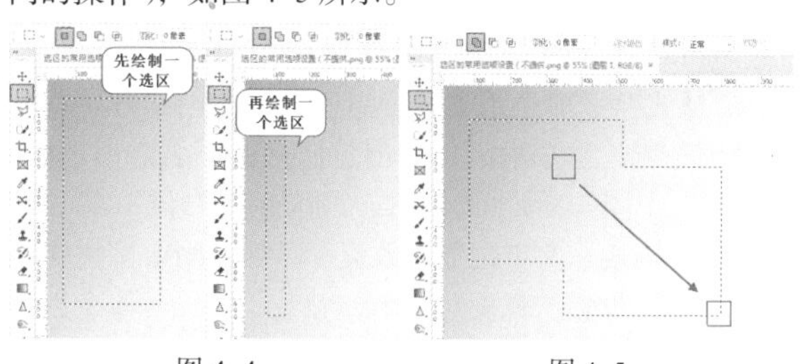

图 4–4 图 4–5

如果之前包含选区，单击“从选区减去”按钮可以将当前创建的选区从原来的选区中减去（按住 Alt 键也可以实现相同的操作），如图 4–6 所示；如果之前包含选区，单击“与选区交叉”按钮，接着绘制选区时只保留原有选区与新创建的选区相交的部分（按住组合键 Shift+Alt 也可以实现相同的操作），如图 4–7 所示。

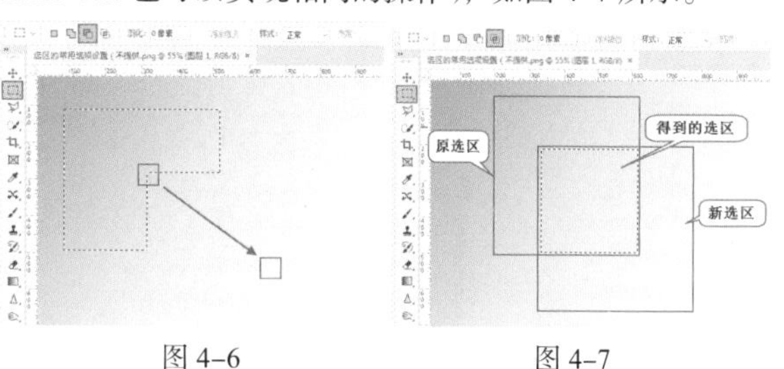

图 4–6 图 4–7

在选项栏中可以看到“羽化”选项，“羽化”选项用来设置选区边缘的虚化程度。要绘制“羽化”的选区，需要先在选项栏中设置参数，然后按住鼠标左键拖曳进行绘制，选区绘制完成后可能看不出不同，如图 4–8 所示。可以将前景色设置为某一彩色，然后使用前景色填充组合键 Alt+Delete 进行填充，使用组合键 Ctrl+D 取消选区的选择，此时就可以看到羽化选区填充后的效果，如图 4-9 所示。羽化值越大，虚化范围越宽；反之羽化值越小，虚化范围越窄。

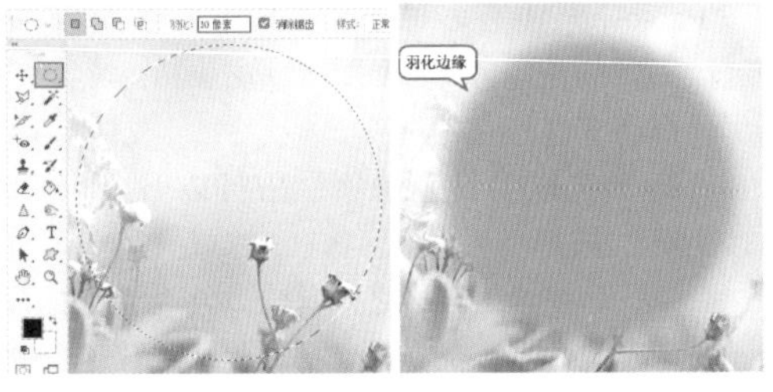

图 4-8　　　　图 4-9

提示：选区警告

当设置的“羽化”数值过大，以至于任何像素都不大于 50% 选择时，Photoshop 会弹出一个警告窗口，提醒用户羽化后的选区将不可见（选区仍然存在）。

“样式”选项是用来设置矩形选区的创建方法。当选择“正常”选项时，可以创建任意大小的矩形选区；当选择“固定比例”选项时，可以在“右侧”的“宽度”和“高度”文本框输入数值，以创建固定比例的选区。例如，设置“宽度”为 1、“高度”为 2，那么创建出来的矩形选区的高度就是宽度的 2 倍，如图 4-10 所示。当选择“固定大小”选项时，可以在右侧的“宽度”和“高度”文本框中输入数值，然后单击，即可创建一个固定大小的选区（单击“高度和宽度互换”按钮可以切换“宽度”和“高度”的数值），如图 4-11 所示。

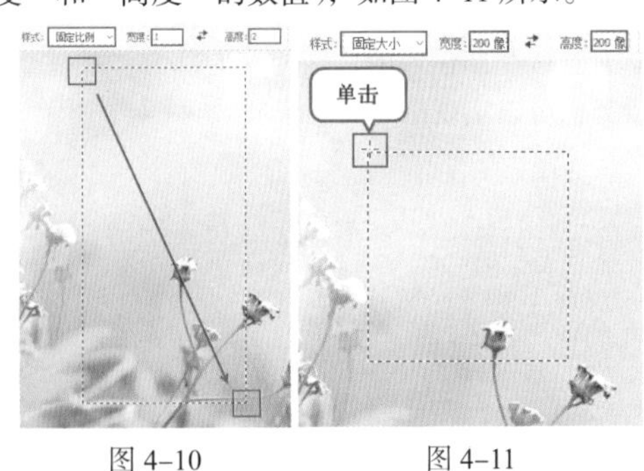

图 4-10　　　　图 4-11

【重点】4.1.3　动手练:创建圆形选区

扫一扫，看视频

“椭圆选框工具”主要用来制作椭圆选区和正圆选区。

(1) 右击工具箱中的“选框工具组”按钮，在弹出的工具组列表中选择“椭圆选框工具”命令。将光标移动到画面中，按住鼠标左键并拖动即可出现椭圆形的选区，松开鼠标后完成选区的绘制，如图 4-12 所示。在绘制过程中按住 Shift 键的同时按住鼠标左键拖动，可以创建正圆选区，如图 4-13 所示。

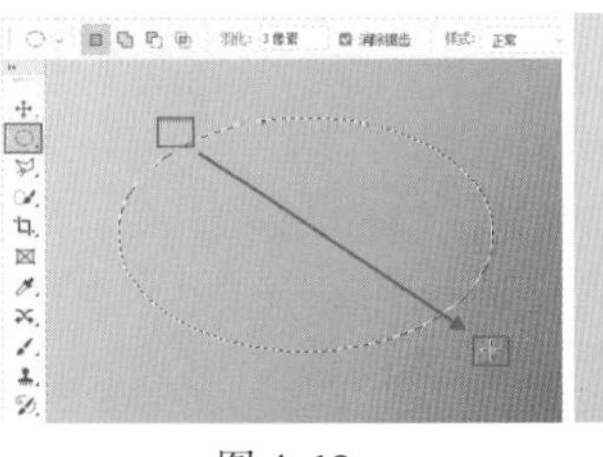

图 4-12　　　　图 4-13

(2) 选项栏中的“消除锯齿”选项是通过柔化边缘像素与背景像素之间的颜色过渡效果，使选区边缘变得平滑。如图 4-14 所示是未勾选“消除锯齿”复选框时的图像边缘效果，如图 4-15 所示是勾选了“消除锯齿”复选框时的图像边缘效果。

图 4-14

图 4-15

4.1.4　动手练:创建单行选区/单列选区

扫一扫，看视频

“单行选框工具”“单列选框工具”主要用来创建高度或宽度为 1 像素的选区，常用来制作分割线以及网格效果。

右击工具箱中的“选框工具组”按钮，在弹出的工具组列表中选择“单行选框工具”命令。选择工具箱中的“单行选框工具”，接着在画面中单击，即可绘制 1 像素高的横向选区，如图 4-16 所示。在工具箱中选择“单列选框工具”，接着在画面中单击，即可绘制 1 像素宽的纵向选区，如图 4-17 所示。

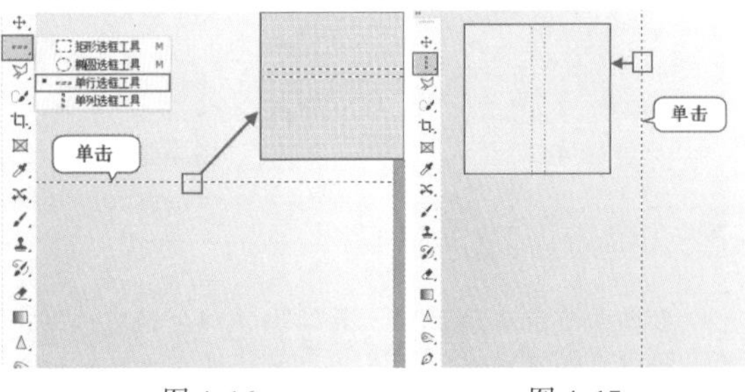

图 4-16　　　　图 4-17

【重点】4.1.5　动手练：使用“套索工具”绘制随意选区

扫一扫，看视频

“套索工具” 可以绘制出不规则形状的选区。例如，需要随意选择画面中的某个部分，或者绘制一个不规则的图形都可以使用“套索工具”。

单击工具箱中的“套索工具”按钮，将光标移动至画面中，按住鼠标左键拖曳，如图 4-18 所示。最后将光标定位到起始位置时，松开鼠标即可得到闭合选区，如图 4-19 所示。如果在绘制中途松开鼠标左键，Photoshop 会在该点与起点之间建立一条直线以封闭选区。

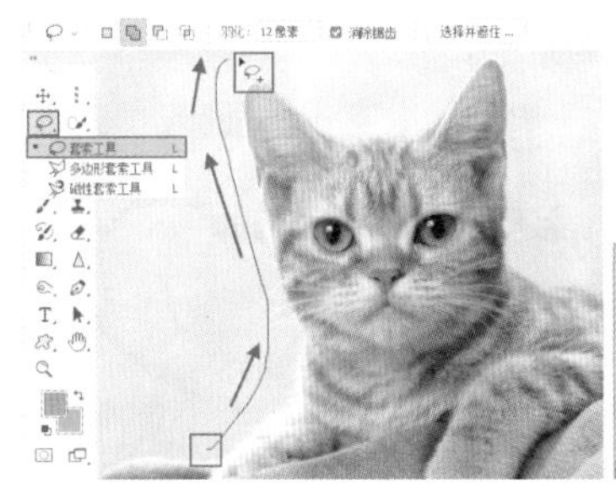

图 4-18

图 4-19

【重点】4.1.6　动手练：使用“多边形套索工具”绘制尖角选区

扫一扫，看视频

“多边形套索工具”能够创建转角比较尖锐的选区。选择工具箱中的“多边形套索工具” 按钮，在画面中单击确定起点，如图 4-20 所示。在转折的位置单击进行绘制，如图 4-21 所示。

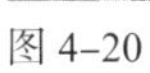

图 4-20

图 4-21

当绘制到起始位置时，光标变为 形状后单击，如图 4-22 所示。随即会得到选区，如图 4-23 所示。

图 4-22

图 4-23

提示：“多边形套索工具”的使用技巧

在使用“多边形套索工具”绘制选区时，按住 Shift 键，可以在水平方向、垂直方向或 45° 方向上绘制直线。另外，按 Delete 键可以删除最近绘制的直线。

【重点】4.1.7　动手练：选区的基本操作

扫一扫，看视频

对创建完成的“选区”可以进行一些操作，例如，移动、全选、反选、取消选区、重新选择、存储与载入等。

1. 取消选区

执行“选择 > 取消选择”命令或按组合键 Ctrl+D，可以取消选区状态。

2. 重新选择

如果刚刚错误地取消了选区，可以将选区“恢复”回来。要恢复被取消的选区，可以执行“选择 > 重新选择”命令。

3. 移动选区位置

选区的移动不能使用“移动工具”，而要使用选区工具，否则移动的内容将是图像，而不是选区。

选择一个选区工具，然后单击选项栏中的“新选区”按钮，将光标移动至选区内，光标变为 形状后，按住鼠标左键拖曳。也可以按键盘上的→、←、↑、↓键可以 1 像素的距离移动选区。

4. 全选

“全选”能够选择当前文档边界内的全部图像。执行“选择 > 全部”命令或按 Ctrl+A 组合键即可进行全选。

5. 反选

执行“选择 > 反向选择”命令（组合键是 Shift+Ctrl+I），可以选择反向的选区，也就是原本没有被选择的部分。

6. 隐藏选区、显示选区

在制图过程中，有时画面中的选区边缘线可能会影响我们观察画面效果。执行“视图 > 显示 > 选区边缘”命令（组合键为 Ctrl+H），可以切换选区的显示与隐藏。

7. 载入当前图层的选区

在“图层”面板中按住 Ctrl 键的同时单击该图层缩略图，即可载入该图层选区，如图 4–24 所示。

图 4–24

【重点】4.1.8 动手练：描边

扫一扫，看视频

“描边”是指为图层边缘或者选区边缘添加一圈彩色边线的操作。执行“编辑 > 描边”命令可以在选区、路径或图层周围创建彩色的边框效果。“描边”操作通常用于“突出”画面中某些元素，或者用于使某些元素与背景中的内容“隔离”开。

（1）绘制选区，如图 4–25 所示。执行“编辑 > 描边”命令，打开“描边”窗口，如图 4–26 所示。

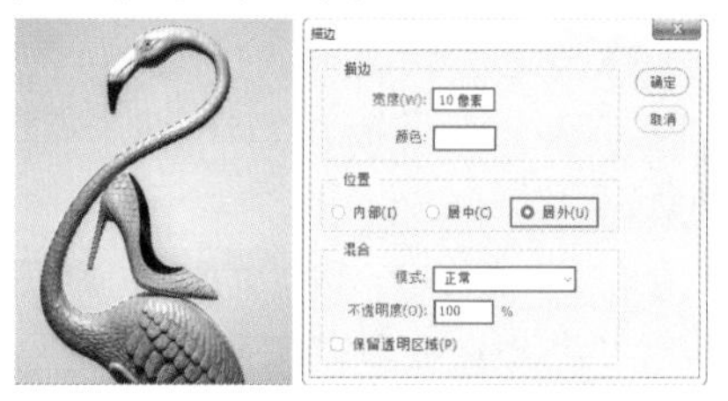

图 4–25 图 4–26

提示：描边的小技巧

在有选区的状态下使用“描边”命令可以沿选区边缘进行描边，在没有选区状态下使用“描边”命令可以沿画面边缘进行描边。

（2）设置描边选项。“宽度”选项用来控制描边的粗细，如图 4–27 所示是“宽度”为 10 像素的效果。“颜色”选项用来设置描边的颜色。单击“颜色”按钮，在弹出的“拾色器（描边颜色）”窗口中设置合适的颜色，单击“确定”按钮，如图 4–28 所示。

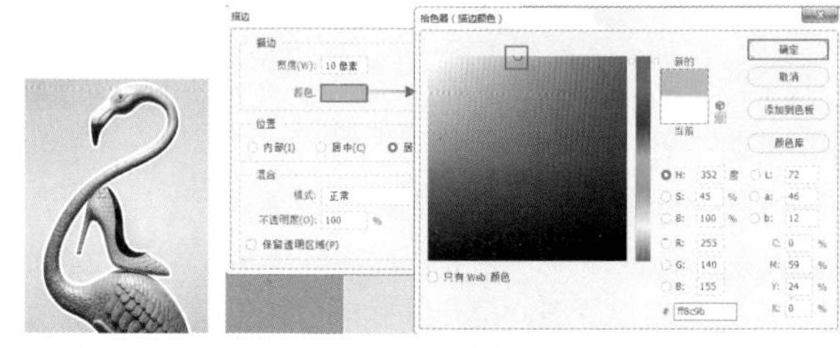

图 4–27 图 4–28

（3）“位置”选项能够设置描边位于选区的位置，包括“内部”“居中”“居外”三个选项。如图 4–29 所示为不同位置的效果。

（a）内部 （b）居中 （c）居外

图 4–29

（4）“混合”选项用来设置描边颜色与该图层中原有像素的混合“模式”和“不透明度”。选择一个带有像素的图层，然后打开“描边”窗口，设置“模式”和“不透明度”，如图 4–30 所示。单击“确定”按钮，此时描边效果如图 4–31 所示。如果勾选“保留透明区域”复选框，则只对包含像素的区域进行描边。

图 4–30 图 4–31

4.2 图像局部的剪切 / 复制 / 粘贴

剪切是将部分图像暂时存储到剪贴板备用，并从原位置删除；复制是保留原始对象并复制到剪贴板中备用；粘贴则是将剪贴板中的对象提取到当前位置。

【重点】4.2.1　动手练:复制与粘贴

扫一扫，看视频

创建选区后，执行“编辑 > 复制”命令或按 Ctrl+ C 组合键，可以将选区中的图像复制到剪贴板中，如图 4-32 所示。然后执行“编辑 > 粘贴”命令或按组合键 Ctrl+V，可以将复制的图像粘贴到画布中并生成一个新的图层，如图 4-33 所示。

图 4-32

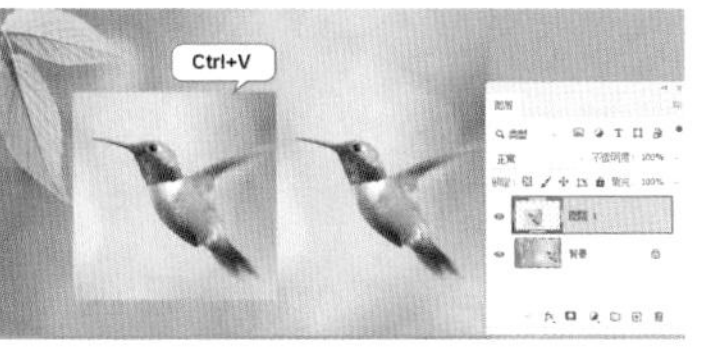

图 4-33

【重点】4.2.2　动手练:剪切与粘贴

扫一扫，看视频

“剪切”就是暂时将选中的像素放入计算机的剪贴板中，而选择的区域中像素就会消失。通常“剪切”与“粘贴”一同使用。

选择一个普通图层（非背景图层），然后选择工具箱中的“矩形选框”工具⬚命令，按住鼠标左键拖曳绘制一个选区，这个选区就是选中的区域，如图 4-34 所示。

图 4-34

然后执行“编辑 > 剪切”命令或按 Ctrl+X 组合键，可以将选区中的内容剪切到剪贴板上，此时原始位置的图像消失了，如图 4-35 所示。继续执行“编辑 > 粘贴”命令或按组合键Ctrl+V，可以将剪切的图像粘贴到画布中，并生成一个新的图层，如图 4-36 所示。

图 4-35

图 4-36

【重点】4.2.3　动手练:清除图像

扫一扫，看视频

使用“清除”命令可以删除选区中的图像。清除图像分为两种情况：一种是清除普通图层中的像素；另一种是清除“背景”图层中的像素。两种情况遇到的问题和结果是不同的。

（1）打开一张图片，在“图层”面板中自动生成一个“背景”图层。接着创建一个选区，执行“编辑 > 清除”命令或者按 Delete 键进行删除。效果如图 4-37 所示。在弹出的“填充”窗口中设置填充的内容，如选择“前景色”，然后单击“确定”按钮，如图 4-38 所示。此时可以看到选区中原有的像素消失了，而以“前景色”进行填充。

图 4-37　　图 4-38

（2）如果选择一个普通图层，然后绘制一个选区，如图 4-39 所示。接着按 Delete 键进行删除，随即可以看到选区中的像素消失了，如图 4-40 所示。

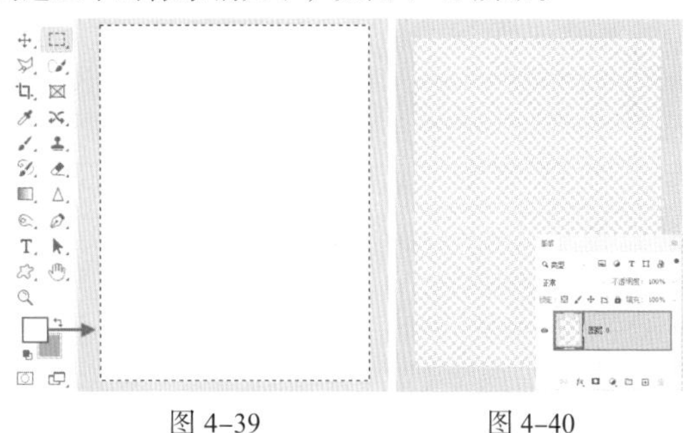

图 4-39　　图 4-40

练习实例：产品细节展示页面

文件路径	资源包 \ 第 4 章 \ 产品细节展示页面
难易指数	★★★★★
技术掌握	矩形选框工具、复制、粘贴、多边形套索工具

案例效果

扫一扫，看视频

案例效果如图 4-41 所示。

图 4-41

操作步骤

步骤 01 执行“文件 > 打开”命令，将素材 1.jpg 打开，当前素材中包括多条参考线，可以辅助对象对齐到合适的位置，如图 4-42 所示。

步骤 02 执行“文件 > 置入嵌入对象”命令，置入素材 2.jpg，如图 4-43 所示。

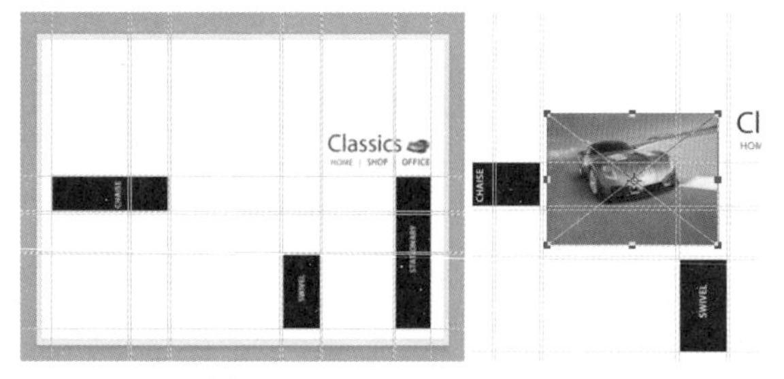

图 4-42　　图 4-43

步骤 03 将光标放在定界框一角，按住鼠标左键拖动将图形进行放大，调整完成后按 Enter 键完成操作，并将该图层进行栅格化处理，如图 4-44 所示。将汽车素材的部分区域复制出来，放在画面中的合适位置。单击工具箱中的“矩形选框工具”按钮，在画面左下角位置绘制选区，如图 4-45 所示。

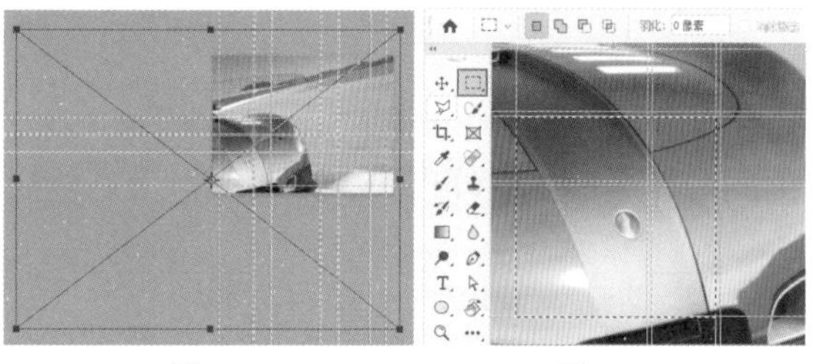

图 4-44　　图 4-45

步骤 04 使用组合键 Ctrl+C 将选区内的图形进行复制，再使用组合键 Ctrl+Shift+V 将图形原位粘贴到新图层，如图 4-46 所示。将汽车素材图层隐藏，此时画面效果如图 4-47 所示。

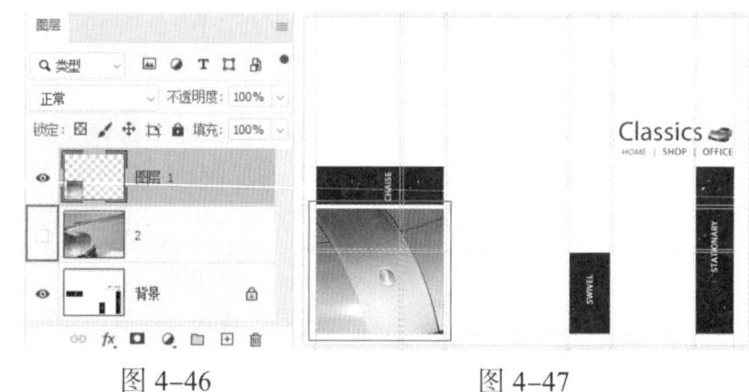

图 4-46　　图 4-47

步骤 05 显示汽车素材图层，然后选择该图层，使用移动工具将图形向左移动，将未显示出来的部分显示出来，如图 4-48 所示。然后使用同样的方式在左侧车灯位置绘制选区并将其复制出来。将汽车素材隐藏，观察画面效果如图 4-49 所示。

图 4-48　　图 4-49

步骤 06 再次显示出汽车素材图层，继续移动把右侧车灯显示出来。单击工具箱中的“多边形套索工具”按钮，在画面中绘制选区，如图 4-50 所示。然后使用同样的方法将选区内的图像复制出来。此时本案例制作完成，将汽车素材隐藏，执行“视图 > 清除参考线”命令，隐藏参考线。效果如图 4-51 所示。

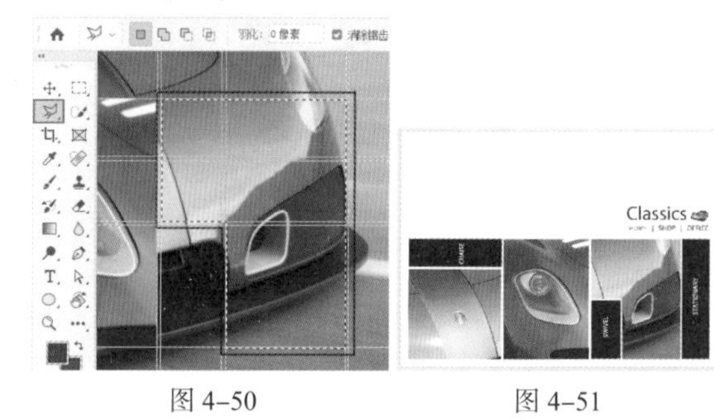

图 4-50　　图 4-51

4.3 在画面中填充图案 / 渐变

有了选区就可以为选区进行颜色的填充，之前学习了单一颜色的填充，在本节中将学习图案和渐变颜色的填充方式。

4.3.1 动手练:使用“填充”命令

扫一扫，看视频

使用“填充”命令可以为整个图层或选区内的部分填充颜色、图案、历史记录等，在填充的过程中还可以使填充的内容与原始内容产生混合效果。

选择一个图层，或者新建一个选区，如图 4–52 所示。执行“编辑 > 填充”命令（组合键为 Shift+F5），打开“填充”窗口，在这里首先需要设置填充的内容，还可以进行混合设置，设置完成后单击“确定”按钮进行填充，如图 4–53 所示。如图 4–54 所示为使用前景色填充选区的效果。

图 4–52

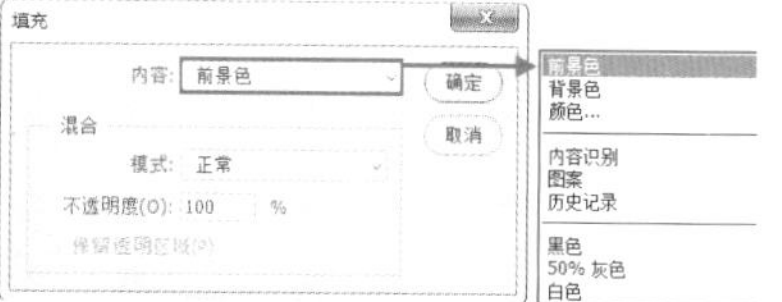

图 4–53

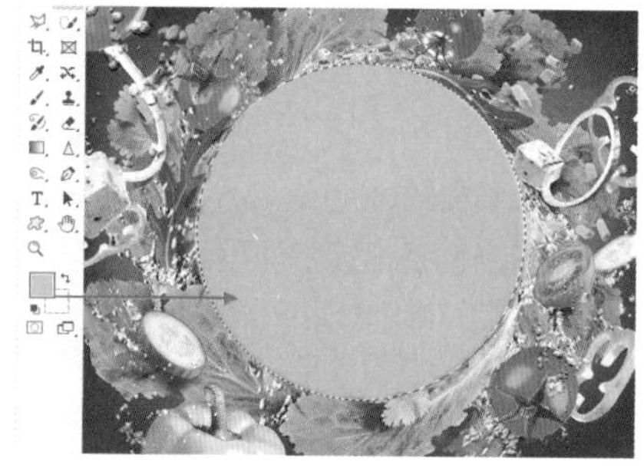

图 4–54

4.3.2 动手练：使用油漆桶工具为颜色相近范围填充

扫一扫，看视频

“油漆桶工具”可以用于填充前景色或图案。如果选中的图层为透明图层，创建了选区填充的区域为当前选区；如果没有创建选区，填充的就是整个画面。如果选中的图层带有图像，那么填充的区域为与鼠标单击处颜色相近的区域。

1. 使用“油漆桶工具”填充前景色

右击工具箱中的“渐变工具组”按钮，在弹出的快捷菜单中选择“油漆桶工具”。在选项栏中设置填充模式为“前景色”,“容差”为 30,其他参数使用默认值即可，如图 4–55 所示。更改前景色，然后在需要填充的位置单击即可填充颜色，如图 4–56 所示。由此可见，使用“油漆桶工具”进行填充无须先绘制选区，而是通过“容差”数值控制填充区域的大小。容差值越大，填充范围越大；容差值越小，填充范围也就越小。如果是空白图层，则会完全填充到整个图层中。

图 4–55

图 4–56

选项栏中的“容差”数值用来定义必须填充的像素的颜色的相似程度与选取颜色的差值。例如，数值为 5 时，会以单击处颜色为基准，把范围上下浮动 5 以内的颜色都填充。设置较低的“容差”值会填充颜色范围内与鼠标单击处像素非常相似的像素；设置较高的“容差”值会填充更大范围的像素。如图 4–57 所示为不同容差数值的对比效果。

（a）容差：5

（b）容差：15

图 4–57

2. 使用“油漆桶工具”填充图案

选择“油漆桶工具”,在选项栏中设置填充模式为“图案”，单击图案后侧的按钮，在下拉面板中选择一个图案，然后设置合适的混合模式，如图 4–58 所示。在画面中单击进行填充。效果如图 4-59 所示。

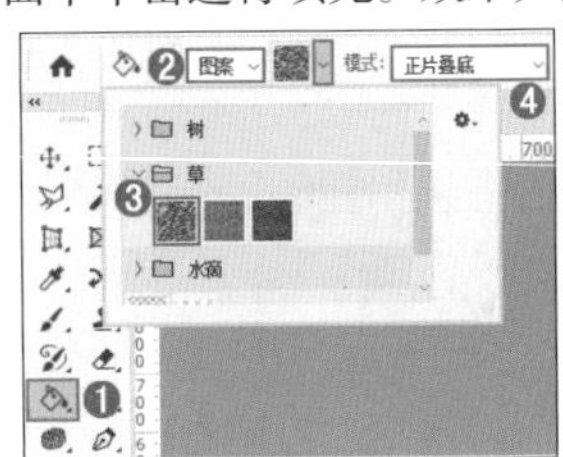

图 4-58

图 4-59

【重点】4.3.3 动手练:填充渐变

扫一扫，看视频

“渐变”是指多种颜色过渡而产生的一种效果。渐变是设计制图中非常常用的一种填充方式，不仅能够制作出缤纷多彩的颜色，也可以在整个文档或选区内填充渐变色，并且可以创建多种颜色间的混合效果。

1. 渐变工具的使用方法

（1）单击工具箱中的“渐变工具”按钮，然后单击选项栏中“渐变色条”右侧的按钮，在下拉面板有一些预设的渐变色，单击即可选中渐变色。单击选择后，渐变色条变为选择的颜色，用来预览。在不考虑选项栏中其他选项的情况下，就可以进行填充了。选择一个图层或者绘制一个选区，按住鼠标左键拖曳，如图 4-60 所示。松开鼠标完成填充操作。效果如图 4-61 所示。

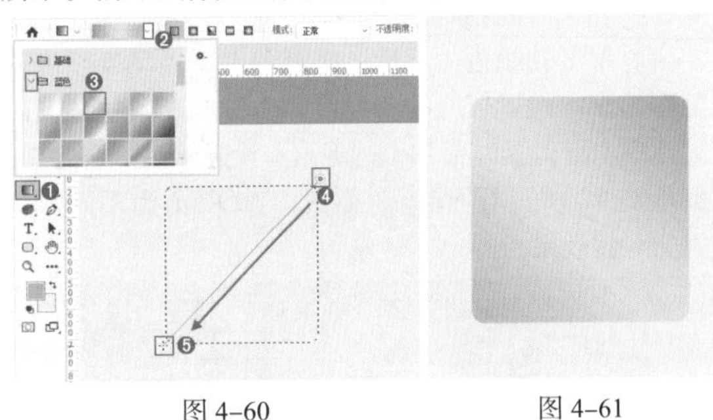

图 4-60　　图 4-61

（2）选择好渐变色后，需要在选项栏中设置渐变类型。选项栏中这 5 个选项是用来设置渐变类型。单击“线性渐变”按钮，以直线方式创建从起点到终点的渐变；单击“径向渐变”按钮，以圆形方式创建从起点到终点的渐变；单击“角度渐变”按钮，创建围绕起点以逆时针扫描方式的渐变；单击“对称渐变”按钮，使用均衡的线性渐变在起点的任意一侧创建渐变；单击“菱形渐变”按钮，以菱形方式从起点向外产生渐变，终点定义菱形的一个角，如图 4-62 所示。

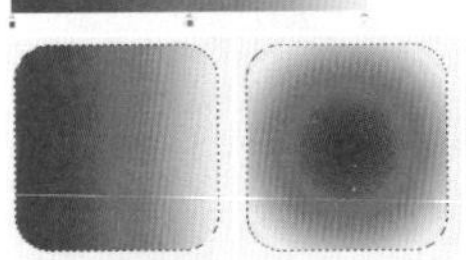

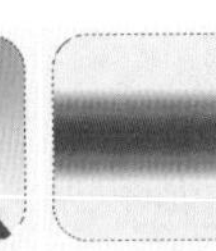

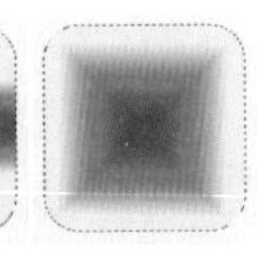

（a）线性渐变　（b）径向渐变　（c）角度渐变　（d）对称渐变　（e）菱形渐变

图 4-62

（3）“反向”选项用于转换渐变中的颜色顺序，以得到反方向的渐变结果，如图 4-63 所示分别是正常渐变和反向渐变效果。勾选“仿色”复选框时，可以使渐变效果更加平滑，此复选框主要用于防止打印时出现条带化现象，但在计算机屏幕上并不能明显地体现出来。

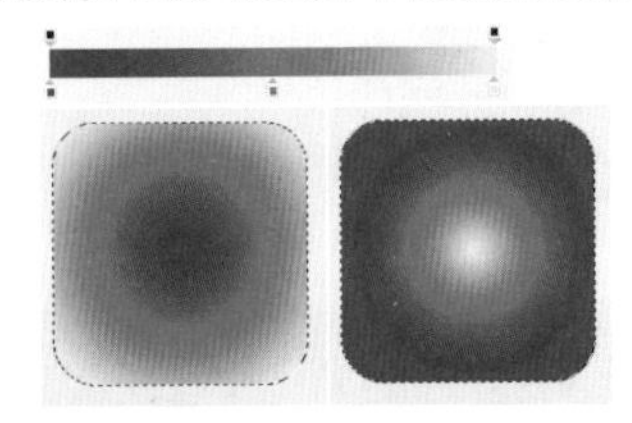

图 4-63

2. 编辑合适的渐变色

预设中的渐变色是远远不够用的，大多数时候需要通过“渐变编辑器”窗口自定义适合自己的渐变色。

（1）单击选项栏中的“渐变色条”，弹出“渐变编辑器”窗口，如图 4-64 所示。在“渐变编辑器”窗口的上半部分看到很多“预设”效果，单击即可选择某一种渐变效果。

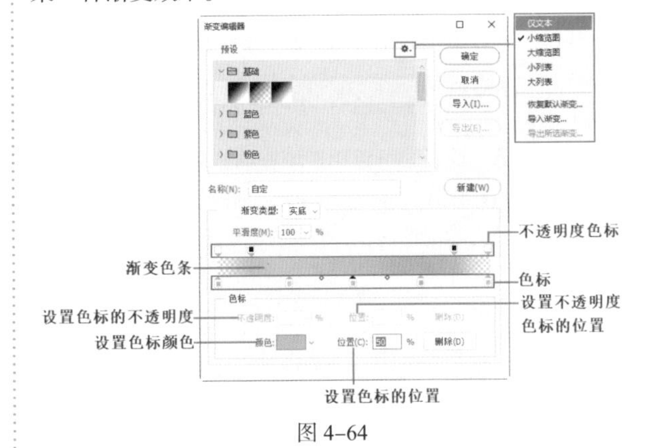

图 4-64

（2）如果没有适合的渐变效果，可以在下方渐变色条中编辑合适的渐变效果。双击渐变色条底部的色标按钮，在弹出的“拾色器”窗口中设置颜色，如图 4-65 所示。如果色标不够可以在渐变色条下方单击，添加更多的色标，如图 4-66 所示。

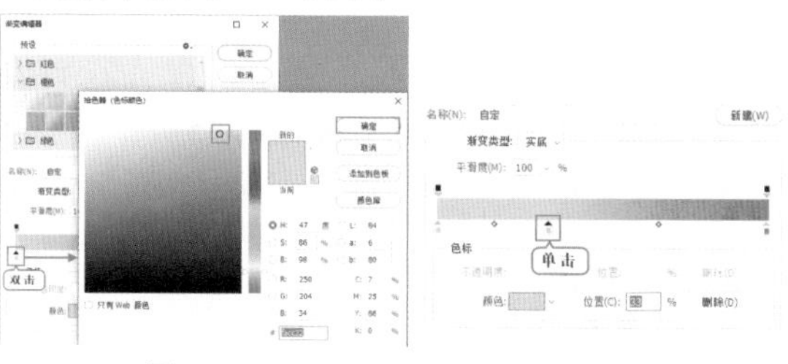

图 4-65　　　　图 4-66

（3）按住色标并左右拖动可以改变调色色标的位置，色标位置变化，填充的渐变色也会发生变化，如图 4-67 所示。

（4）拖曳◇滑块，可以调整两种颜色的过渡效果，如图 4-68 所示。

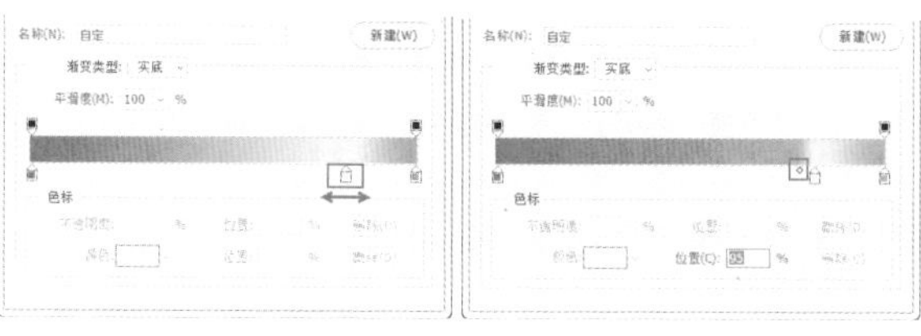

图 4-67　　　　图 4-68

（5）若要制作出带有透明效果的渐变颜色，可以单击渐变色条上方的不透明度色标，在“不透明度”数值框内设置参数，如图 4-69 所示。

（6）若要删除色标，可以选中色标后按住鼠标左键将其向渐变色条外侧拖曳，松开鼠标即可删除色标，如图 4-70 所示。

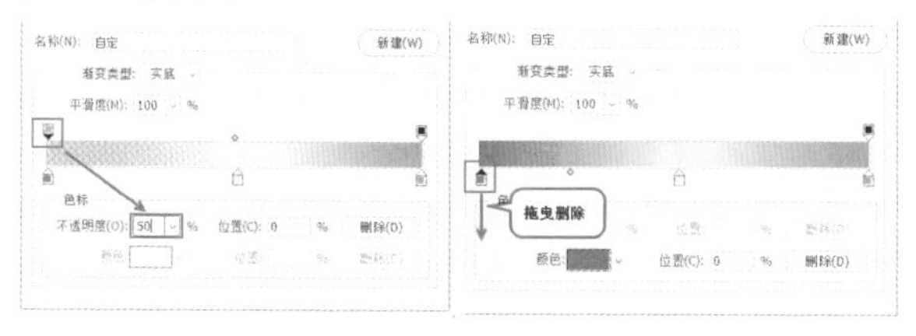

图 4-69　　　　图 4-70

（7）渐变分为杂色渐变与实色渐变两种，在此之前编辑的渐变颜色都为实色渐变，在“渐变编辑器”窗口中设置“渐变类型”为“杂色”，可以得到由大量色彩构成的渐变，如图 4-71 所示。

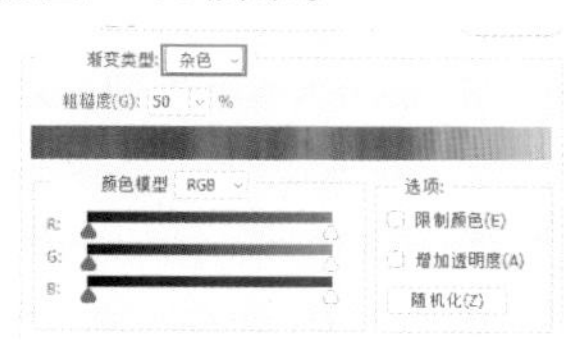

图 4-71

- 粗糙度：用来设置渐变的平滑程度，数值越高颜色层次越丰富，颜色之间的过渡效果越鲜明。如图 4-72 所示为不同参数的对比效果。

图 4-72

- 颜色模型：在下拉列表中选择一种颜色模型用来设置渐变，包括 RGB、HSB 和 Lab。接着拖曳滑块，可以调整渐变色。
- 限制颜色：将颜色限制在可以打印的范围内，以免颜色过于饱和。
- 增加透明度：可以向渐变中添加透明度像素。
- 随机化：单击该按钮可以生产一个新的渐变颜色。

4.4 综合实例：清新风格海报设计

文件路径	资源包 \ 第 4 章 \ 清新风格海报设计
难易指数	★★★★★
技术掌握	矩形选框工具、填充、描边

案例效果

案例效果如图 4-73 所示。

图 4-73

扫一扫，看视频

操作步骤

步骤 01 执行“文件 > 新建”命令，新建一个“宽度”为 1000 像素、“高度”为 1500 像素的空白文档。单击工具箱底部的“前景色”按钮，在弹出的“拾色器”窗口中设置颜色为粉色，设置完成后使用组合键 Alt+Delete 进行前景色填充，如图 4-74 所示。新建一个图层，选择工具箱中的“矩形选框工具”，在画面中间位置绘制选区，如图 4-75 所示。

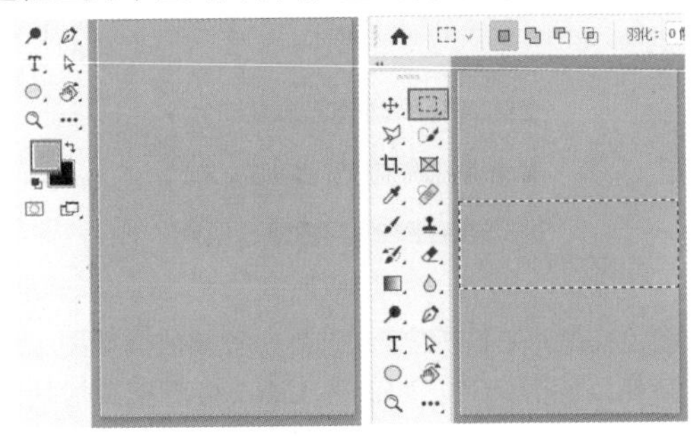

图 4-74　　图 4-75

步骤 02 设置“前景色”为淡红色，设置完成后使用组合键 Alt+Delete 进行前景色填充，如图 4-76 所示。操作完成后使用组合键 Ctrl+D 取消选区。

步骤 03 将素材置入画面中。执行“文件 > 置入嵌入对象”命令，选择素材 1.png，单击“置入”按钮将素材置入。然后调整大小放在画面中淡红色矩形上方，并将该图层进行栅格化处理，如图 4-77 所示。

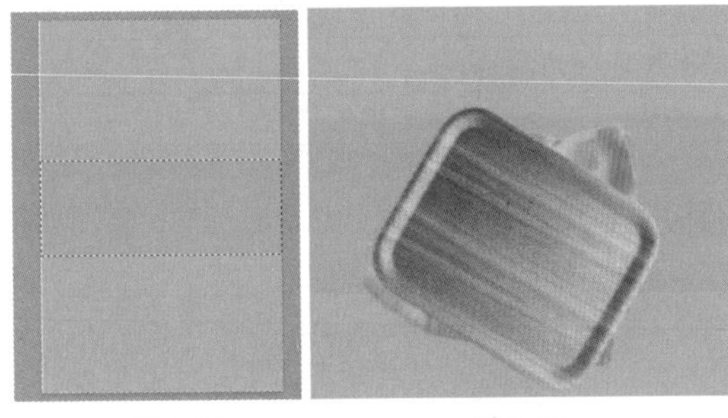

图 4-76　　图 4-77

步骤 04 选择工具箱中的“矩形选框工具”，在画面中绘制一个矩形选区，如图 4-78 所示。新建图层，然后执行“编辑 > 描边”命令，在弹出的“描边”窗口中设置“宽度”为 14 像素，“颜色”为白色，选中“内部”单选按钮，单击“确定”按钮，如图 4-79 所示。

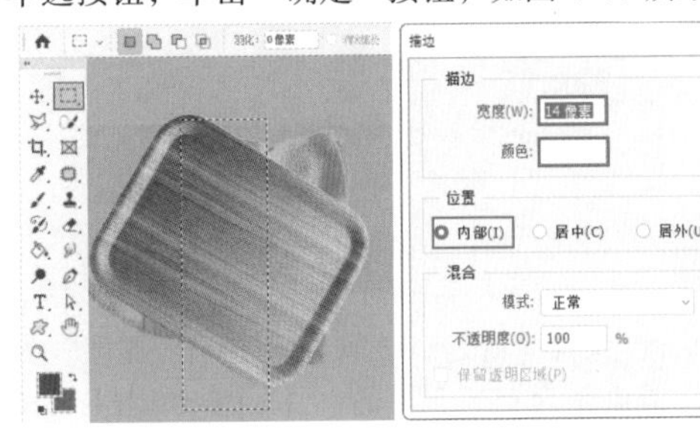

图 4-78　　图 4-79

步骤 05 使用快捷键 Ctrl+D 取消选区的选择，效果如图 4-80 所示。执行“文件 > 置入嵌入对象”命令，将素材 2.png 和 3.png 置入画面中，调整大小放在合适的位置，如图 4-81 所示。此时本案例制作完成。

图 4-80　　图 4-81

4.5 课后练习

扫一扫，看视频

作业要求

使用填充与描边制作剪贴画人像。

案例效果

案例效果如图 4-82 所示。

图 4-82

可用素材

可用素材如图 4-83 所示。

图 4-83

思路解析

（1）创建出合适大小的文档，置入人物素材，从人物素材吸取合适的前景色，将画面背景填充为粉色。

（2）使用“多边形套索工具”围绕人物周围绘制不规则的选区，在人物图层下方新建图层。

（3）吸取绿色作为前景色，在新建图层上填充颜色。

（4）继续为该选区进行描边操作。

扫一扫，看视频

文字

本章内容简介

文字是设计作品中常见的元素。文字不仅仅是用来表述信息的，很多时候也能起到美化版面的作用。在 Photoshop 中有着非常强大的文字创建与编辑功能，不仅有多种文字工具可供使用，更有多个参数设置面板可以用来修改文字的效果。本章主要讲解多种类型文字的创建以及文字属性的编辑方法。

重点知识掌握

- 熟练掌握文字工具的使用方法
- 熟练掌握创建点文字、段落文字的方法
- 熟练使用“字符”面板与“段落”面板进行文字属性的更改

5.1 创建文字

在 Photoshop 的工具箱中右击“横排文字工具” T. 按钮，打开文字工具组。其中包括 4 种工具，即“横排文字工具” T、“直排文字工具” ↓T、“直排文字蒙版工具” 和“横排文字蒙版工具” ，如图 5-1 所示。“横排文字工具”和“直排文字工具”主要用来创建实体文字，如点文字、段落文字、路径文字、区域文字，如图 5-2 所示；而“直排文字蒙版工具”和“横排文字蒙版工具”则是用来创建文字形状的选区，如图 5-3 所示。

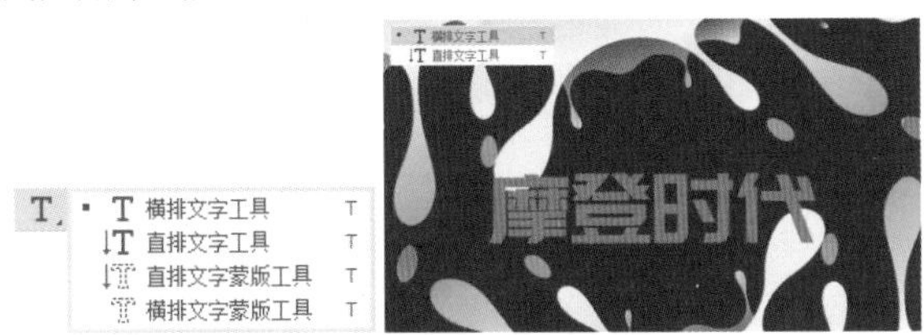

图 5-1　　图 5-2

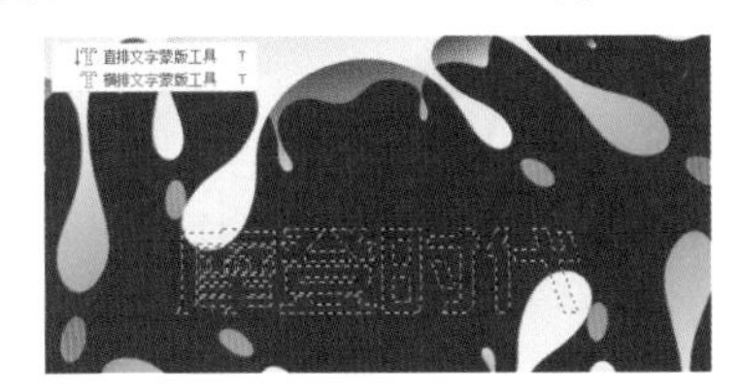

图 5-3

【重点】5.1.1 动手练：尝试创建点文本

扫一扫，看视频

“点文本”是最常用的文本形式。在点文本输入状态下输入的文字会一直沿着横向或纵向进行排列，如果输入过多超出画面显示区域时，需要按 Enter 键才能换行。点文本常用于较短文字的输入。

(1) 点文本的创建方法非常简单。单击工具箱中的“横排文字工具” T. 按钮，在其选项栏中设置字体、字号、颜色等文字属性。然后在画面中单击（单击处为文字的起点），如图 5-4 所示。

图 5-4

接着会显示占位符文本，如图 5-5 所示。占位符是用来展示文字效果的，可以根据占位符文字的效果进行设置，此时占位符处在选中的状态，设置完成后可以按 Backspace 键删除占位符然后输入文字。若要提交文字编辑操作，需要单击选项栏中的 ✓ 按钮（或按 Ctrl+Enter 组合键）完成文字的输入，如图 5-6 所示。由于此时输入的是点文本，所以在进行第二行文字输入时需要按 Enter 键换行。

图 5-5　　图 5-6

(2) 此时在“图层”面板中出现了一个新的文字图层。如果要修改整个文字图层的字体、字号等属性，可以在“图层”面板中选中该文字图层，如图 5-7 所示，然后在选项栏或“字符”面板、“段落”面板中更改文字属性，如图 5-8 所示。

图 5-7　　图 5-8

(3) 如果要修改部分字符的属性，先选择“横排文字工具”，然后在需要更改字符的左侧或右侧单击插入光标，如图 5-9 所示。接着按住鼠标左键拖动将文字选中，如图 5-10 所示。在选项栏可以更改文字参数属性，更改完成后单击选项栏中的 ✓ 按钮（或按 Ctrl+Enter 组合键）完成文字的输入，如图 5-11 所示。

图 5-9

图 5-10　　　　图 5-11

【重点】5.1.2　文字工具选项设置

“横排文字工具” T 和“直排文字工具” ↓T 的使用方法相同，区别在于输入文字的排列方式不同。“横排文字工具”输入的文字是横向排列的，是目前最为常用的文字排列方式，如图 5-12 所示；而“直排文字工具”输入的文字是纵向排列的，常用于古典感文字以及日文版面的编排，如图 5-13 所示。

图 5-12

图 5-13

在输入文字前，需要对文字的字体、大小、颜色等属性进行设置。这些设置都可以在文字工具的选项栏中进行。单击工具箱中的“横排文字工具”按钮，其选项栏如图 5-14 所示。

图 5-14

提示：设置文字选项

想要设置文字属性，可以先在选项栏中设置好合适参数，再输入文字。也可以在文字制作完成后，选中文字对象，然后在选项栏中更改参数。

- **更改文字方向** ↓T：单击该按钮，横向排列的文字将变为直排，直排文字将变为横排。如图 5-15 所示为对比效果。

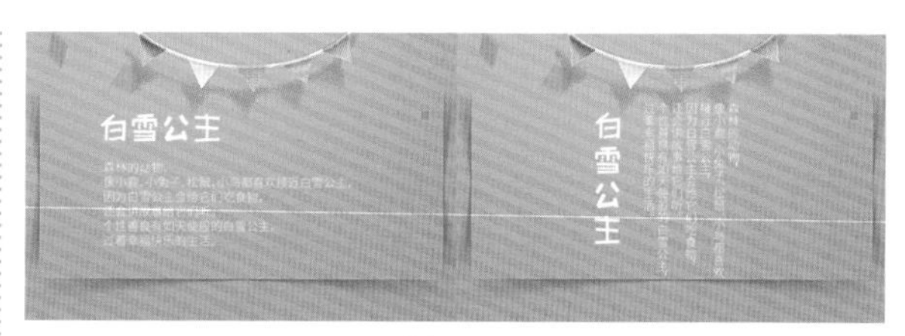

图 5-15

- **设置字体系列** Arial：在选项栏中单击“设置字体”下拉箭头，并在下拉列表中单击可选择合适的字体。如图 5-16 所示为不同字体的效果。

图 5-16

- **设置字体样式** Regular：字体样式只针对部分英文字体有效。输入字符后，可以在该下拉列表框中选择需要的字体样式，包含 Regular（规则）、Italic（斜体）、Bold（粗体）和 Bold Italic（粗斜体）。
- **设置字体大小** T 12点：若要设置文字的大小，可以直接输入数值，也可以在下拉列表框中选择预设的字体大小。如图 5-17 所示为不同大小文字的对比效果。若要改变部分字符的大小，则选中需要更改的字符后进行设置。

图 5-17

- **设置消除锯齿的方法** aa 锐利：输入文字后，可以在该下拉列表框中为文字指定一种消除锯齿的方法。选择“无”时，Photoshop 不会消除锯齿，文字的边缘会呈现出不平滑的效果。如图 5-18 所示为不同方式的对比效果。

（a）无　（b）锐利　（c）犀利　（d）浑厚　（e）平滑

图 5-18

- 设置文本对齐方式：根据输入字符时光标的位置来设置文本对齐方式。如图 5-19 所示为不同对齐方式的对比效果。

（a）左对齐　（b）居中对齐　（c）右对齐

图 5-19

- 设置文本颜色：单击该颜色块，在弹出的“拾色器”窗口中可以设置文字颜色。如果要修改已有文字的颜色，可以先在文档中选择文本，然后在选项栏中单击颜色块，在弹出的窗口中设置所需要的颜色。
- 创建文字变形：选中文本，单击该按钮，在弹出的窗口中可以为文本设置变形效果。
- 切换“字符”和“段落”面板：单击该按钮，可在“字符”面板或“段落”面板之间进行切换。
- 取消所有当前编辑 ⊘：在文本输入或编辑状态下显示该按钮，单击即可取消当前的编辑操作。
- 提交所有当前编辑 ✓：在文本输入或编辑状态下显示该按钮，单击即可确定并完成当前的文本输入或编辑操作。文本输入或编辑完成后，需要单击该按钮，或者按 Ctrl+Enter 组合键完成操作。
- 从文本创建 3D 3D：单击该按钮，可将文本对象转换为带有立体感的 3D 对象。

> **提示：“直排文字工具”选项栏**
>
> “直排文字工具”与“横排文字工具”的选项栏参数基本相同，区别在于“对齐方式”。其中，表示顶对齐文本；表示居中对齐文本；表示底对齐文本，如图 5-20 所示。
>
> 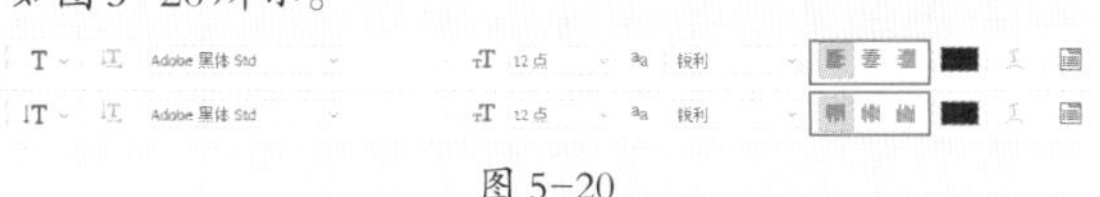
>
> 图 5-20

5.1.3 动手练：制作垂直排列的文字

扫一扫，看视频

单击工具箱中的“直排文字工具”按钮，在选项栏中设置合适的参数，然后在画面中单击插入光标，如图 5-21 所示。接着输入文字，文字会按照垂直方向排列，如图 5-22 所示。使用同样的方式添加一段字号稍小的直排文字，效果如图 5-23 所示。

图 5-21

图 5-22

图 5-23

【重点】5.1.4 动手练：创建段落文字

扫一扫，看视频

“段落文字”是一种用来制作大段文字的常用方式。“段落文字”可以使文字限定在一个矩形范围内，在这个矩形区域中文字会自动换行，而且文字区域的大小还可以方便地进行调整。配合对齐方式的设置，可以制作出整齐排列的效果。

（1）单击工具箱中的“横排文字工具”按钮，在其选项栏中设置合适的字体、字号、文字颜色、对齐方式，然后在画布中按住鼠标左键拖动，绘制出一个矩形的文本框，如图 5-24 所示。在其中输入文字，文字会自动排列在文本框中，如图 5-25 所示。

图 5-24

图 5-25

（2）如果要调整文本框的大小，可以将光标移动到文本框边缘处，按住鼠标左键拖动即可，如图 5-26 所示。随着文本框大小的改变，文字也会重新排列。当定界框较小而不能显示全部文字时，其右下角的控制点会变为形状，如图 5-27 所示。

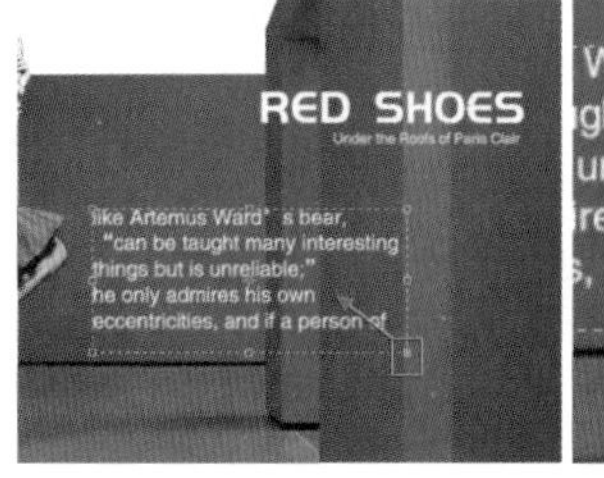

图 5-26

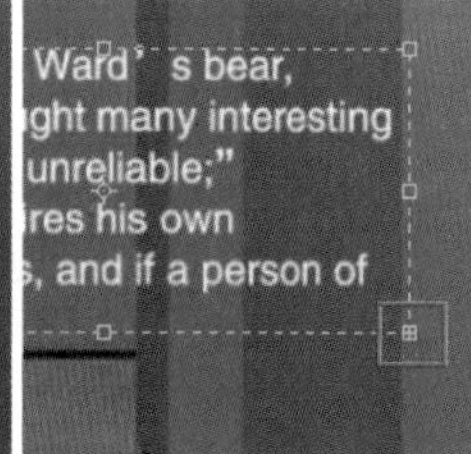

图 5-27

（3）文本框还可以进行旋转。将光标放在文本框一角处，当其变为弯曲的双向箭头 时，按住鼠标左键拖动，即可旋转文本框，文本框中的文字也会随之旋转（在旋转过程中如果按住 Shift 键，能够以 15°为增量进行旋转），如图 5–28 所示。单击工具选项栏中的 ✓按钮或者按 Ctrl+Enter 组合键完成文本编辑。如果要放弃对文本的修改，可以单击工具选项栏中的 ⊘按钮或者按 Esc 键。

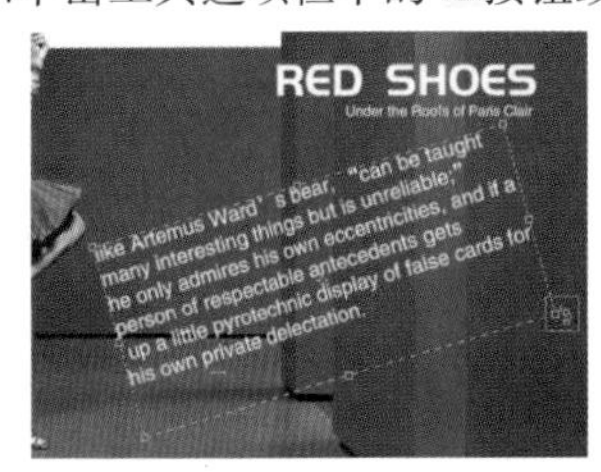

图 5–28

提示：点文本和段落文本的转换

如果当前选择的是点文本，执行“文字 > 转换为段落文本”命令，可以将点文本转换为段落文本；如果当前选择的是段落文本，执行“文字 > 转换为点文本”命令，可以将段落文本转换为点文本。

【重点】5.1.5 动手练：创建沿路径排列的文字

扫一扫，看视频

前面介绍的两种文字都是排列比较规则的，有时需要一些排列得不那么规则的文字效果。例如，使文字围绕在某个图形周围、使文字像波浪线一样排布。这时就要用到“路径文字”功能。“路径文字”比较特殊，它是使用“横排文字工具”或“直排文字工具”创建出的依附于“路径”上的一种文字类型。依附于路径上的文字会按照路径的形态进行排列。

（1）制作路径文字，需要先绘制路径，如图 5–29 所示。单击工具箱中的“横排文字工具”按钮，然后将光标移动至路径上方，光标变为 形状后单击，如图 5–30 所示。

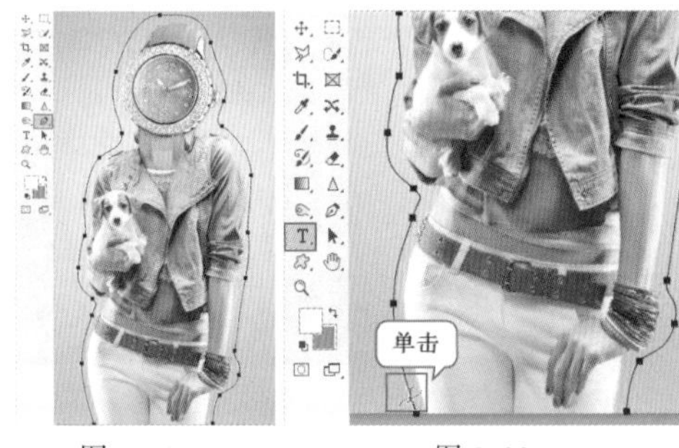

图 5–29　　图 5–30

（2）单击路径后，路径上方会显示闪烁的光标，接着输入文字，文字会沿着路径进行排列，如图 5–31 所示。改变路径形状时，文字的排列方式也会随之发生改变，如图 5–32 所示。

图 5–31

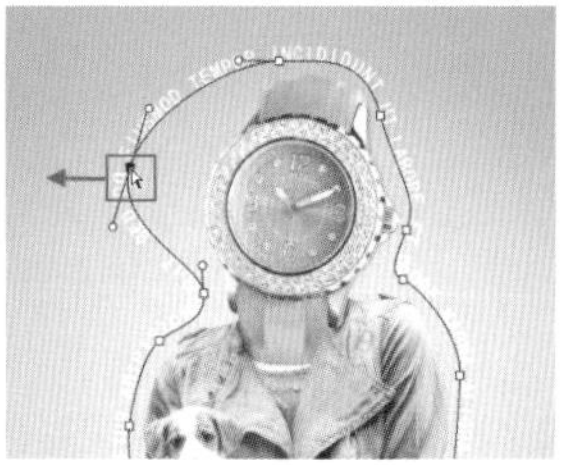

图 5–32

（3）在创建路径时，使用“横排文字工具”在路径上单击的位置为路径文字的起点位置，带有 标志；在路径的末端为路径文字的终点，带有 标志，如图 5–33 所示。如果要更改路径文字的起点和终点的位置，可以选择“直接选择工具”，光标放在起点或终点的位置。例如，放在起点位置，光标变为 形状后按住鼠标左键向后拖动即可更改路径文字的起点位置，如图 5–34 所示。

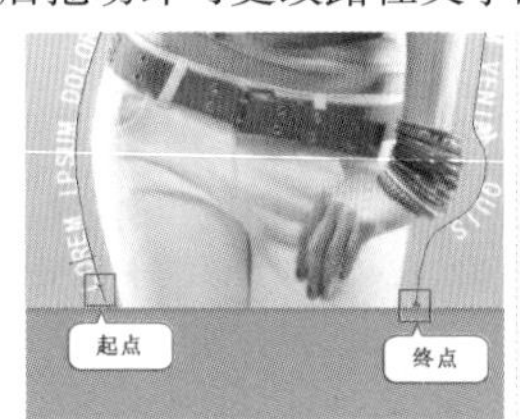

图 5–33

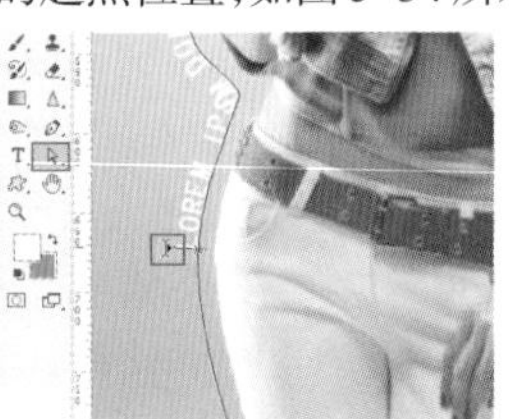

图 5–34

5.1.6 动手练：在特定区域内添加文字

扫一扫，看视频

“区域文字”与“段落文字”较为相似，都是被限定在某个特定的区域内。

（1）绘制一条闭合路径，如图 5–35 所示。然后单击工具箱中的“横排文字工具”按钮，在其选项栏中设置合适的字体、字号及文本颜色；将光标移动至路径内，当它变为 形状时，单击即可插入光标，如图 5–36 所示。

图 5–35　　图 5–36

（2）输入文字，可以看到文字只在路径内排列。文字输入完成后，单击选项栏中的“提交所有当前操作”✓按钮，完成区域文本的制作，如图 5–37 所示。单击其他图层即可隐藏路径，效果如图 5–38 所示。

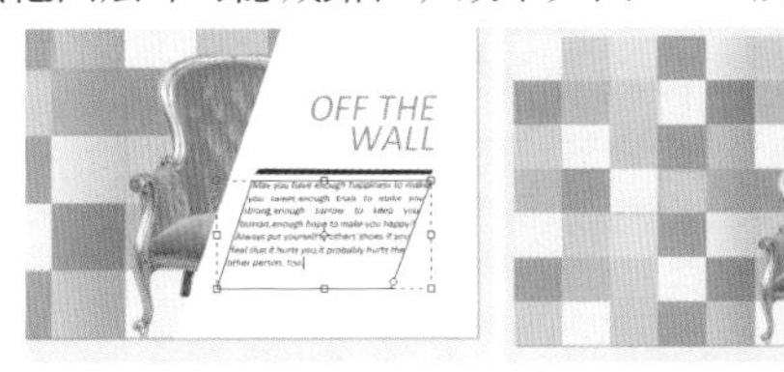

图 5–37　　图 5–38

5.1.7　动手练:规律的文字变形效果

在制作网店标志或者网页广告上的主题文字时，经常需要对文字进行变形。Photoshop 提供了对文字进行变形的功能。选中需要变形的文字图层；在使用文字工具的状态下，在选项栏中单击“创建文字变形”⌶按钮，如图 5–39 所示。

扫一扫，看视频

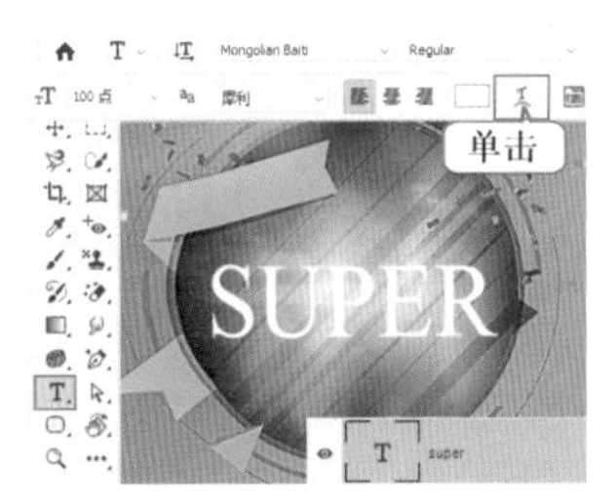

图 5–39

打开“变形文字”对话框，在该对话框中，从“样式”下拉列表框中选择一种变形文字的方式，分别设置文本扭曲的方向、“弯曲”“水平扭曲”“垂直扭曲”等参数，单击“确定”按钮，即可完成文字的变形，如图 5–40 所示。如图 5–41 所示为选择不同变形方式产生的文字效果。（使用了“仿粗体”样式的文字无法使用变形功能）

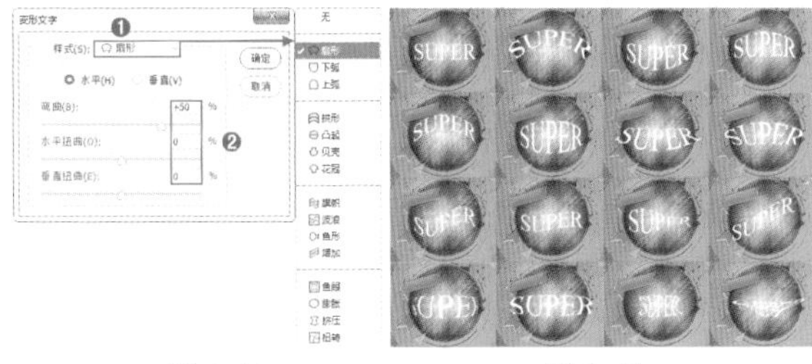

图 5–40　　图 5–41

- 水平 / 垂直：选中“水平”单选按钮时，文本扭曲的方向为水平方向，如图 5–42 所示；选中“垂直”单选按钮时，文本扭曲的方向为垂直方向，如图 5–43 所示。

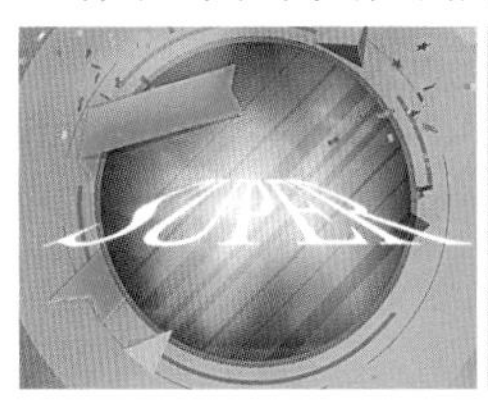

图 5–42　　图 5–43

- 弯曲：用来设置文本的弯曲程度。如图 5–44 所示为设置不同参数值时的变形效果。

（a）弯曲：100　　（b）弯曲：–100

图 5–44

- 水平扭曲：用来设置水平方向的透视扭曲变形的程度。如图 5–45 所示为设置不同参数值时的变形效果。

（a）水平扭曲：–100　　（b）水平扭曲：100

图 5–45

- 垂直扭曲：用来设置垂直方向的透视扭曲变形的程度。如图 5–46 所示为设置不同参数值时的变形效果。

（a）垂直扭曲：–100　　（b）垂直扭曲：100

图 5–46

5.1.8　动手练:制作文字形状的选区

“文字蒙版工具”主要用于创建文字的选区，而不是实体文字。

（1）使用“文字蒙版工具”创建文字选区的方法与使用“文字工具”创建文字对象

扫一扫，看视频

的方法基本相同，而且设置字体、字号等属性的方式也是相同的。Photoshop 中包含两种文字蒙版工具，分别是“横排文字蒙版工具”和“直排文字蒙版工具”。这两种工具的区别在于创建出的文字选区方向不同。

（2）下面以使用“横排文字蒙版工具”为例进行说明。单击工具箱中的“横排文字蒙版工具”，在其选项栏中进行字体、字号、对齐方式等设置，然后在画面中单击，画面被半透明的蒙版所覆盖，如图 5-47 所示。

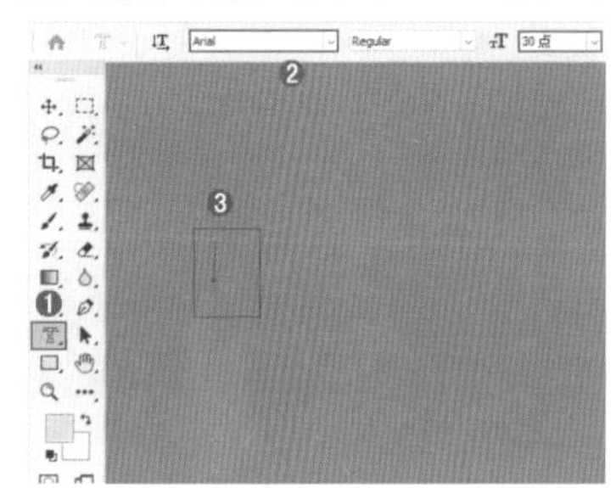

图 5-47

（3）输入文字，文字部分显现出原始图像内容，如图 5-48 所示。文字输入完成后，在选项栏中单击“提交所有当前编辑”按钮，文字将以选区的形式出现，如图 5-49 所示。

图 5-48　　图 5-49

5.2 编辑文字

【重点】5.2.1　动手练：编辑文字属性

扫一扫，看视频

虽然在“文字工具”选项栏中可以进行一些文字属性的设置，但并未包括所有的文字属性。执行“窗口 > 字符”命令，打开“字符”面板。该面板是专门用来定义页面中字符属性的。在“字符”面板中，除了能对常见的字体系列、字体样式、字体大小、文本颜色和消除锯齿的方法等进行设置外，也可以对行距、字距等字符属性进行设置，如图 5-50 所示。

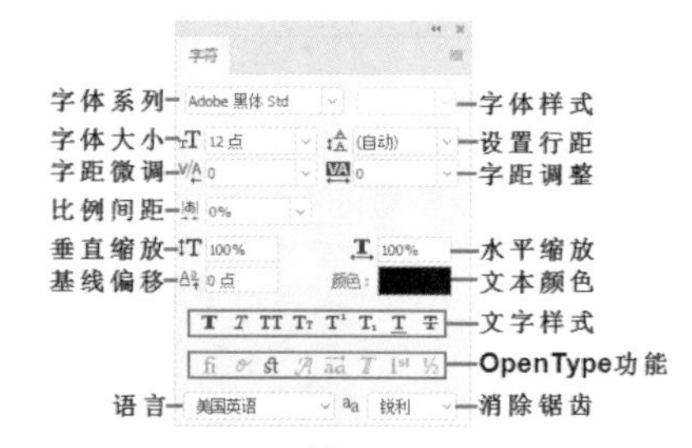

图 5-50

- 设置行距：行距就是上一行文字基线与下一行文字基线之间的距离。选择需要调整的文字图层，然后在“设置行距”文本框中输入行距值或在下拉列表框中选择预设的行距值，然后按 Enter 键即可。如图 5-51 所示为不同参数的对比效果。

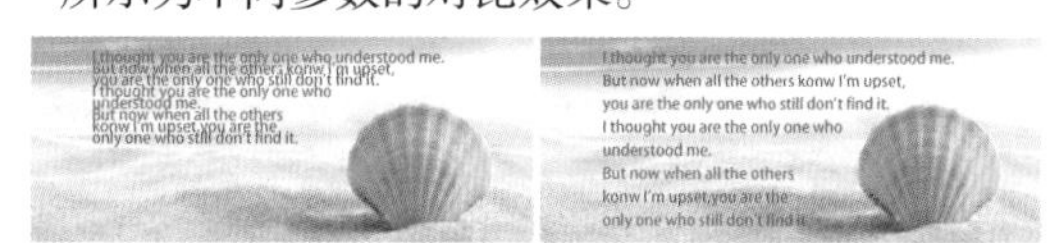

（a）行距：24 点　　（b）行距：48 点

图 5-51

- 字距微调：用于设置两个字符之间的字距微调。在设置时，先要将光标插入需要进行字距微调的两个字符之间，然后在该文本框中输入所需的字距微调数量（也可在下拉列表框中选择预设的字距微调数量）。输入正值时，字距会扩大；输入负值时，字距会缩小。如图 5-52 所示为不同参数的对比效果。

（a）字距微调：0　　（b）字距微调：150

图 5-52

- 字距调整：用于设置所选字符的字距调整。输入正值时，字距会扩大；输入负值时，字距会缩小。如图 5-53 所示为不同参数的对比效果。

（a）字距：-100　　（b）字距：0　　（c）字距：300

图 5-53

- 比例间距：比例间距是按指定的百分比来减少字符周围的空间，因此字符本身并不会被伸展或挤压，而是字符之间的间距被伸展或挤压了。如图 5-54 所示为不同参数的对比效果。

（a）比例间距：0

（b）比例间距：100

图 5-54

- 垂直缩放 / 水平缩放：用于设置文字的垂直或水平缩放比例，以调整文字的高度或宽度。
- 基线偏移：用于设置文字与文字基线之间的距离。输入正值时，文字会上移；输入负值时，文字会下移。如图 5-55 所示为不同参数的对比效果。

（a）基线偏移：0　（b）基线偏移：100　（c）基线偏移：50

图 5-55

- 文字样式：用于设置文字的特殊效果，仿粗体、仿斜体、全部大写字母TT、小型大写字母Tт、上标T¹、下标T₁、下划线T、删除线T，如图 5-56 所示。

Summer 仿粗体　Summer 上标
Summer 仿斜体　Summer 下标
SUMMER 全部大写字母　Summer 下画线
SUMMER 小型大写字母　Summer 删除线

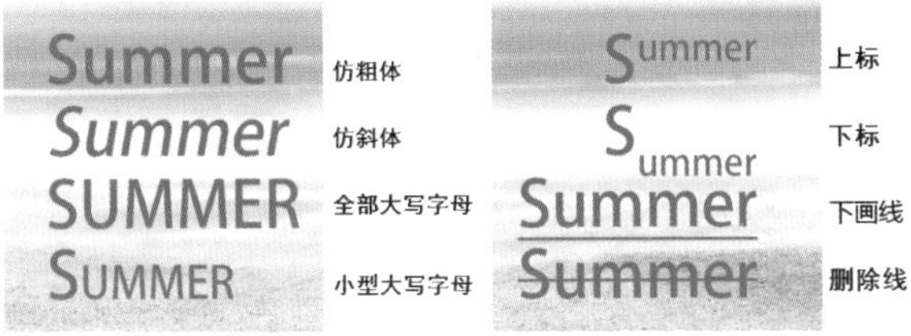

图 5-56

- Open Type 功能：包括标准连字fi、上下文替代字、自由连字st、花饰字、替代样式、标题替代字、序数字1st、分数字½。
- 语言：对所选字符进行有关联字符和拼写规则的语言设置。
- 消除锯齿：输入文字后，可以在该下拉列表框中为文字指定一种消除锯齿的方法。

“段落”面板用于设置文字段落的属性，如文本的对齐方式、缩进方式、避头尾法则设置、间距组合设置、连字等。在“文字工具”选项栏中单击“切换字符”和“段落”面板按钮或执行“窗口 > 段落”命令，打开“段落”面板，如图 5-57 所示。

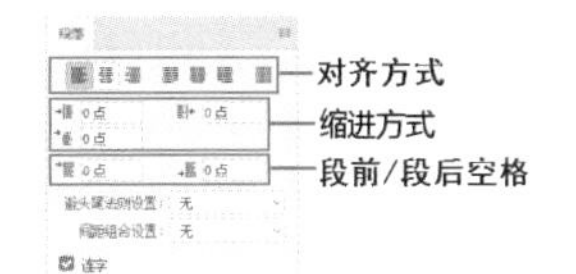

图 5-57

- 左对齐文本：文本左对齐，段落右端参差不齐，如图 5-58 所示。
- 居中对齐文本：文本居中对齐，段落两端参差不齐，如图 5-59 所示。
- 右对齐文本：文本右对齐，段落左端参差不齐，如图 5-60 所示。

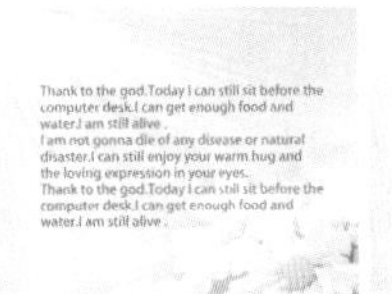

图 5-58 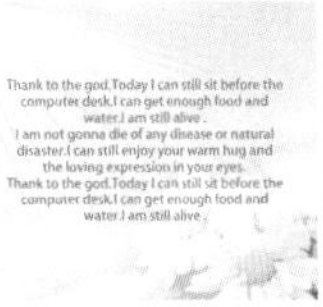　图 5-59 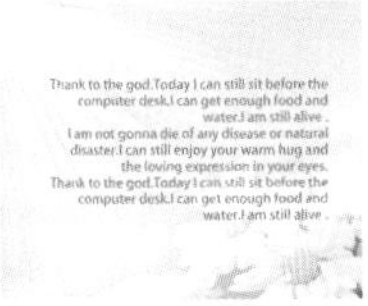　图 5-60

- 最后一行左对齐：最后一行左对齐，其他行左右两端强制对齐。段落文本、区域文字可用，点文本不可用，如图 5-61 所示。
- 最后一行居中对齐：最后一行居中对齐，其他行左右两端强制对齐。段落文本、区域文字可用，点文本不可用，如图 5-62 所示。

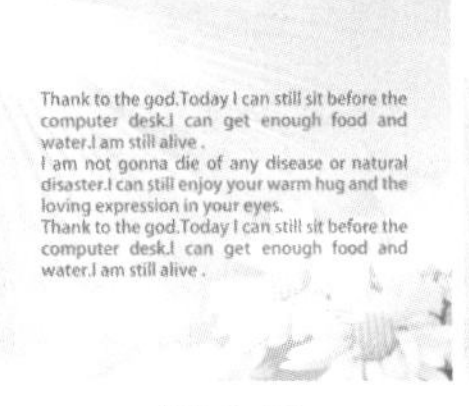

图 5-61 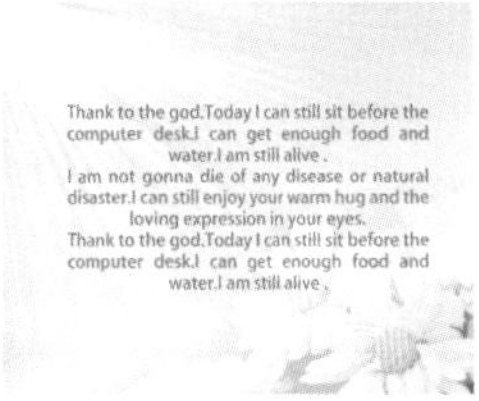　图 5-62

- 最后一行右对齐：最后一行右对齐，其他行左右两端强制对齐。段落文本、区域文字可用，点文本不可用，如图 5-63 所示。
- 全部对齐：在字符间添加额外的间距，使文本左右两端强制对齐。段落文本、区域文字、路径文字可用，点文本不可用，如图 5-64 所示。

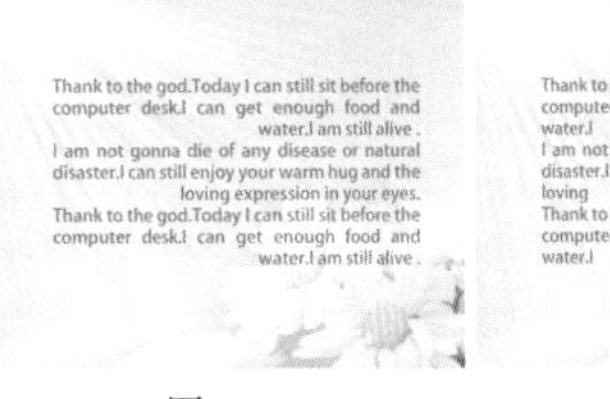

图 5-63 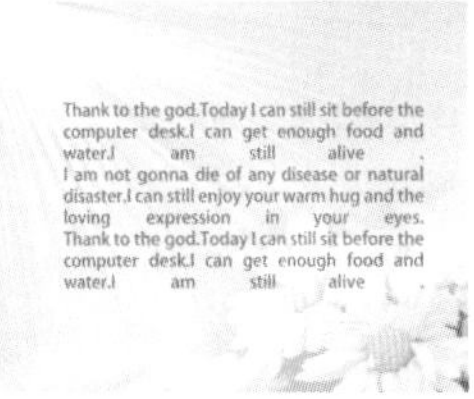　图 5-64

- 左缩进 ⇥≡：用于设置段落文本向右（横排文字）或向下（直排文字）的缩进量。
- 右缩进 ≡⇤：用于设置段落文本向左（横排文字）或向上（直排文字）的缩进量。
- 首行缩进 ：用于设置段落文本中每个段落的第1行文字向右（横排文字）或第1列文字向下（直排文字）的缩进量。
- 段前添加空格：设置光标所在段落与前一个段落之间的间隔距离。
- 段后添加空格：设置光标所在段落与后一个段落之间的间隔距离。
- 避头尾法则设置：在中文书写习惯中，标点符号通常不会位于每行文字的第一位（日文的书写也遵循相同的规则），在 Photoshop 中可以通过设置"避头尾法则设置"来设定不允许出现在行首或行尾的字符。
- 间距组合设置：为日语字符、罗马字符、标点、特殊字符、行开头、行结尾和数字的间距指定文本编排方式。
- 连字：勾选"连字"复选框后，在输入英文单词时，如果段落文本框的宽度不够，英文单词将自动换行，并在单词之间用连字符连接起来。

【重点】5.2.2 动手练：栅格化，文字对象变为普通图层

扫一扫，看视频

文字图层是比较特殊的对象，无法对其直接进行形状或者内部像素的更改。而想要进行这些操作，就需要将文字对象转换为普通图层。在"图层"面板中选择文字图层，然后在图层名称上右击，在弹出的快捷菜单中选择"栅格化文字"命令，如图5-65所示，就可以将文字图层转换为普通图层，如图5-66所示。

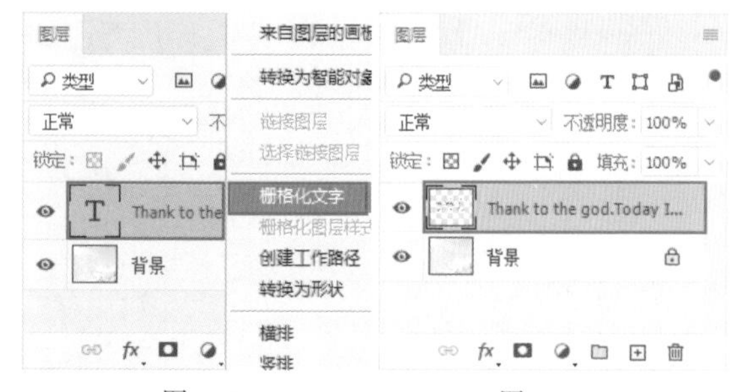

图 5-65　　图 5-66

练习实例：制作粉笔字

扫一扫，看视频

文件路径	资源包\第5章\制作粉笔字
难易指数	★★★★★
技术掌握	横排文字工具、栅格化文字、橡皮擦工具

案例效果

案例效果如图5-67所示。

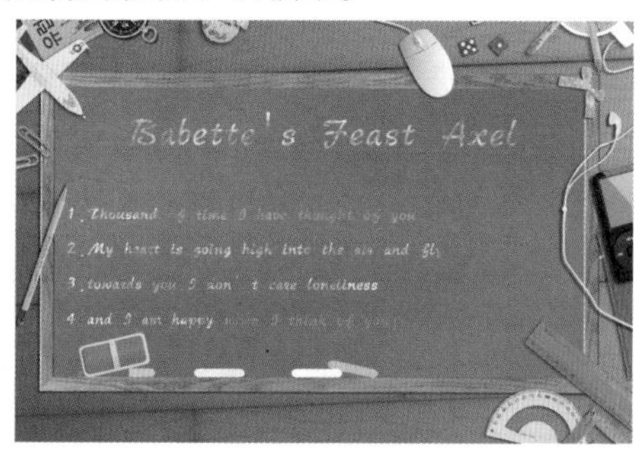

图 5-67

操作步骤

步骤 01 执行"文件 > 打开"命令，打开黑板素材1.jpg。单击工具箱中的"横排文字工具"按钮，在选项栏中设置合适的字体、字号，文字颜色设置为柠檬黄色，设置完毕在画面中合适的位置单击鼠标建立文字输入的起始点，如果出现占位符文字可以按 Delete 键删除，然后输入所需文字。文字输入完毕按组合键 Ctrl+Enter 完成操作，如图5-68所示。

图 5-68

步骤 02 在"图层"面板中选中文字图层，右击，在弹出的快捷菜单中执行"栅格化文字"命令，将文字图层转换为普通图层，如图5-69所示。

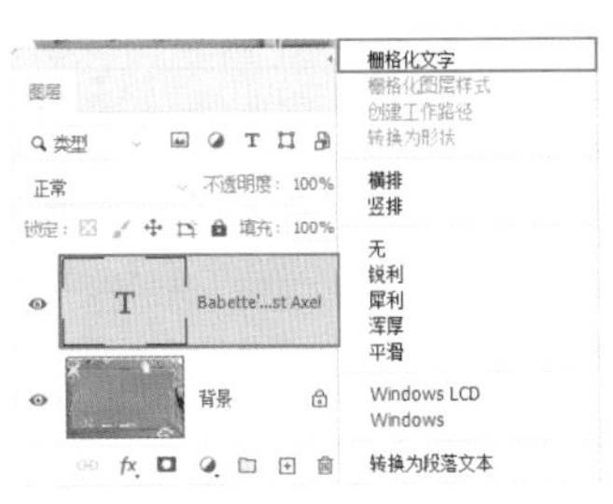

图 5-69

步骤 03 制作粉笔字的效果。选择文字图层，单击工具箱中的“橡皮擦工具”按钮，打开画笔预设选取器，接着打开“旧版画笔”，然后打开“湿介质画笔”，选择“粗糙纹理油彩笔”画笔，然后设置合适的笔尖大小，在文字上以单击的方式进行擦除，如图 5-70 所示。继续以相同的方式在其他文字上涂抹进行擦除，效果如图 5-71 所示（如果没有显示“旧版画笔”，可以在画笔预设选取器菜单中单击“旧版画笔”按钮，并将其载入）。

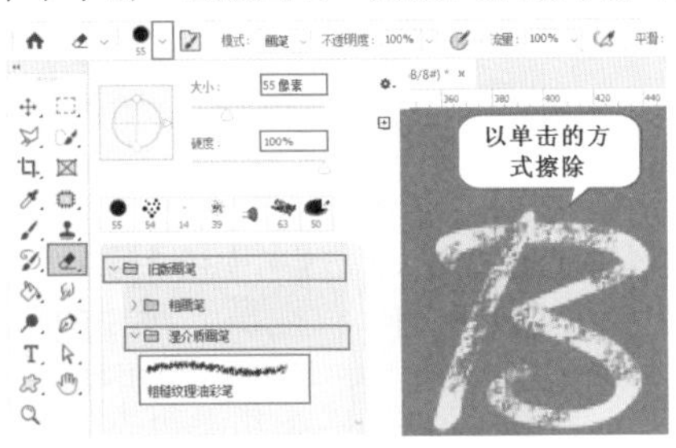

图 5-70

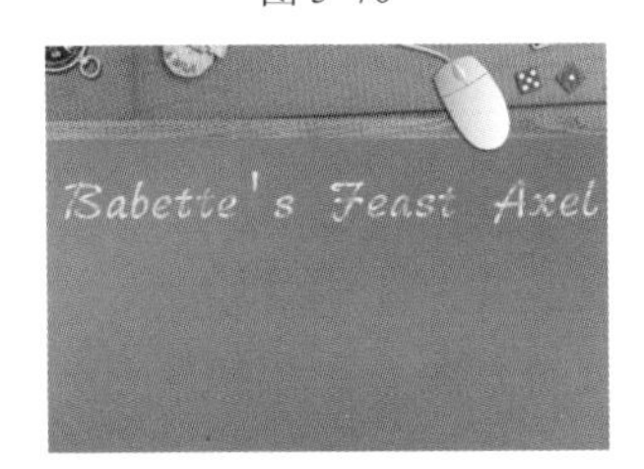

图 5-71

步骤 04 在“图层”面板中选中文字图层，然后将图层的不透明度设置为 80%，如图 5-72 所示。效果如图 5-73 所示。

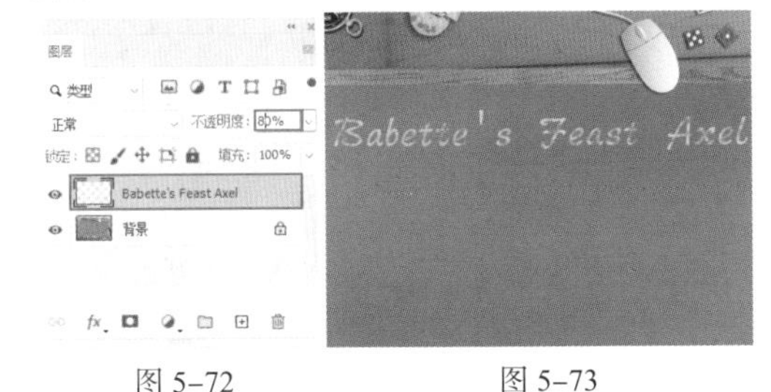

图 5-72　　图 5-73

步骤 05 使用“横排文字工具”在已有文字下方单击输入其他文字。效果如图 5-74 所示。

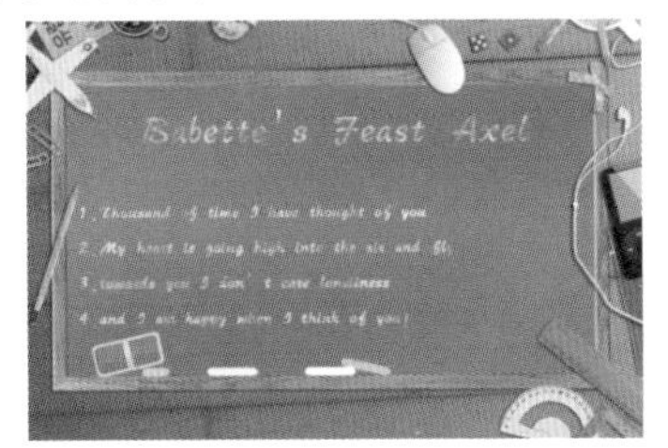

图 5-74

步骤 06 在文字输入状态下，在刚输入文字合适的位置单击鼠标插入光标，并按住鼠标拖动选中部分文字，如图 5-75 所示。然后在选项栏中设置“颜色”为红色，效果如图 5-76 所示。

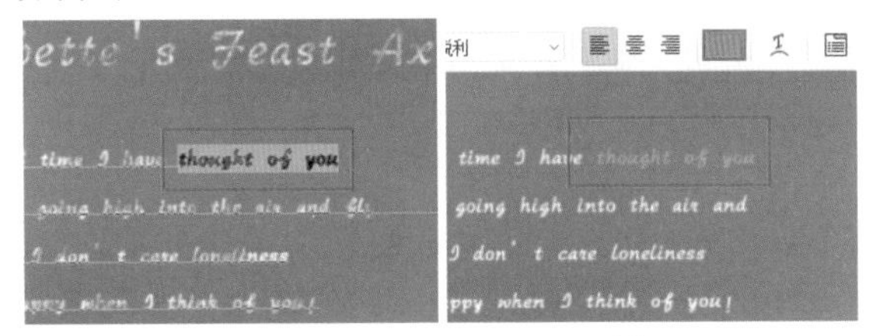
图 5-75　　图 5-76

步骤 07 使用同样的方法更改其他文字的颜色，如图 5-77 所示。然后使用同样的方法将这段文字栅格化，并使用橡皮擦擦除局部，制作出粉笔字效果。此时本案例制作完成，效果如图 5-78 所示。

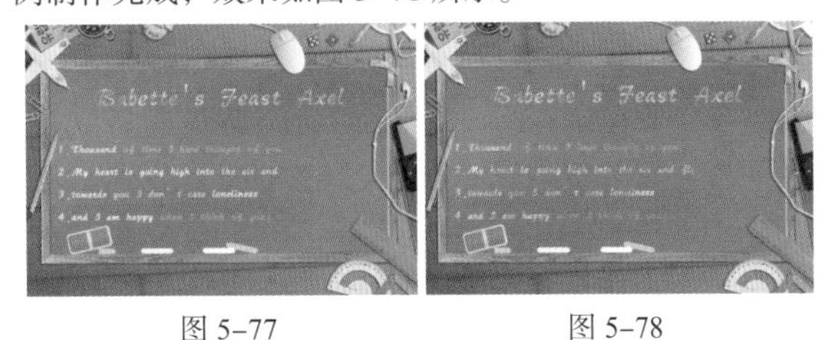

图 5-77　　图 5-78

5.2.3 动手练：将文字转化为形状后制作艺术字

“转换为形状”命令可以将文字对象转换为矢量的“形状图层”。转换为形状图层后，就可以使用钢笔工具组和选择工具组中的工具对文字的外形进行编辑。由于文字对象变为矢量对象，所以在变形的过程中，文字是不会变模糊的。通常在制作一些变形艺术字的时候，需要将文字对象转换为形状图层。

扫一扫，看视频

（1）选择文字图层，然后在图层名称上右击，在弹出的快捷菜单中执行“转换为形状”命令，如图 5-79 所示。文字图层就变为形状图层，此时文字上会显示出锚点，如图 5-80 所示。

图 5-79　　图 5-80

（2）选择工具箱中的“直接选择”工具，然后选中锚点，如图 5-81 所示。按住鼠标左键拖动调整锚点位置，从而改变文字形状，如图 5-82 所示。

图 5-81　　图 5-82

（3）继续对文字进行变形，并添加其他的文字。效果如图 5-83 所示。

图 5-83

5.2.4　动手练:创建文字路径

扫一扫，看视频

想要获取文字对象的路径，可以选中文字图层，右击，在弹出的快捷菜单中执行“创建工作路径”命令，如图 5-84 所示，即可得到文字的路径，如图 5-85 所示。得到了文字的路径后，可以对路径进行描边、填充或创建矢量蒙版等操作。

图 5-84　　图 5-85

5.3 综合实例：节日活动户外广告

文件路径	资源包 \ 第 5 章 \ 节日活动户外广告
难易指数	★★★★★
技术掌握	横排文字工具、“段落”面板、图层样式、混合模式

案例效果

案例效果如图 5-86 所示。

扫一扫，看视频

图 5-86

操作步骤

步骤 01 执行“文件 > 打开”命令，打开背景素材 1.jpg。单击工具箱中的“横排文字工具” T. 按钮，在选项栏中设置合适的“字体”“字号”，“文字颜色”为白色，然后在画面中间单击插入光标，输入文字，如图 5-87 所示。

图 5-87

步骤 02 为文字添加斜面和浮雕效果。选择文字图层，执行“图层 > 图层样式 > 斜面和浮雕”命令，在“斜面和浮雕”参数面板中，设置“斜面和浮雕”的“样式”为“内斜面”，“方法”为“平滑”，“深度”为100%，“方向”选中“上”单选按钮，“大小”为6像素，“软化”为2像素，如图5–88所示。

步骤 03 在“图层样式”列表中选择“投影”选项，然后设置“投影”的“混合模式”为“正常”，“颜色”为墨绿色，“不透明度”为75%，“角度”为81°，“距离”为8像素，“扩展”为20%，“大小”为20像素，设置完成后，单击“确定”按钮，如图5–89所示。效果如图5–90所示。

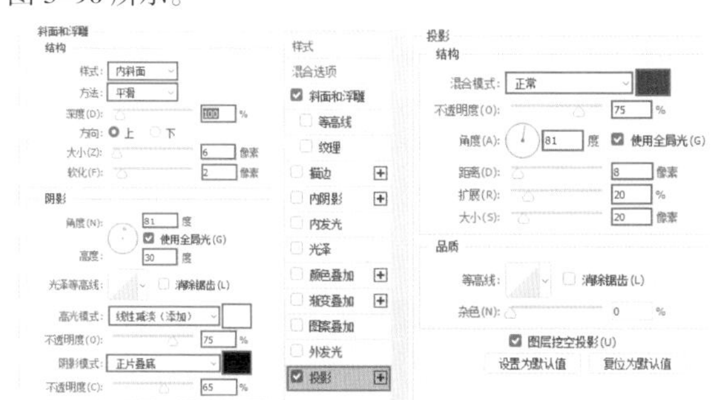

图 5–88　　图 5–89

图 5–90

步骤 04 单击工具箱中的“钢笔工具”按钮，设置绘制模式为“路径”，然后绘制一段与背景图形相似弧度的曲线路径，如图5–91所示。接着选择工具箱中的“横排文字工具”，在路径上单击创建路径文字，然后在选项栏中设置合适的“字体”“字号”,“文字颜色”为白色，输入文字，如图5–92所示。

图 5–91

图 5–92

步骤 05 在路径文字的下方添加一行文字，如图5–93所示。继续在下方添加一行黄色的文字，如图5–94所示。

图 5–93　　图 5–94

步骤 06 为日期文字添加投影效果。选择日期文字图层，执行“图层 > 图层样式 > 投影”命令，在“投影”参数面板中，设置投影的“混合模式”为“正片叠底”,“颜色”为黑色，“不透明度”为75%，“角度”为81°，“距离”为2像素，“扩展”为0%，“大小”为2像素，设置完成后，单击“确定”按钮，如图5–95所示。效果如图5–96所示。

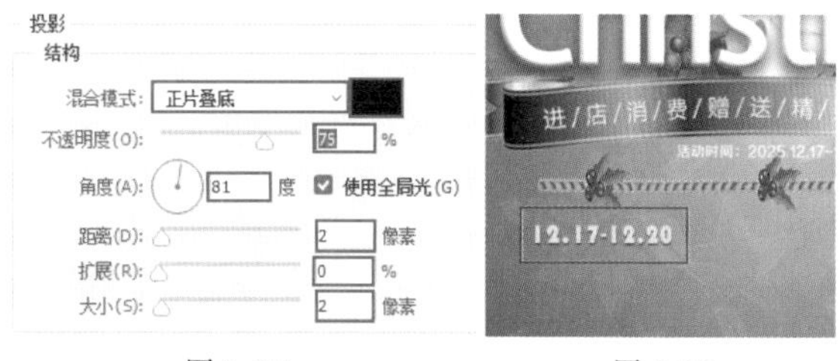

图 5–95　　图 5–96

步骤 07 复制日期文字图层，移动到右侧，并使用“横排文字工具”更改其中的数字，效果如图5–97所示。

步骤 08 创建段落文字。单击工具箱中的“横排文字工具”按钮，在选项栏中设置合适的“字体”“字号”，“文字颜色”为白色，设置“对齐方式”为“居中对齐”。然后在操作界面下方按住鼠标左键并拖曳创建文本框，如图5–98所示。

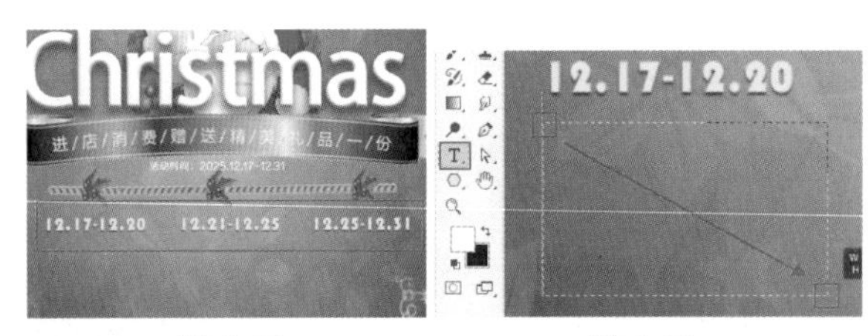

图 5-97　　图 5-98

步骤 09 在文本框中输入文字，如图 5-99 所示。复制该文字图层，移动到右侧，在保留文字属性的前提下更改文字内容，如图 5-100 所示。

图 5-99　　图 5-100

步骤 10 执行“文件 > 置入嵌入的对象”命令，将花边素材 2.png 置入画面内，按 Enter 键确认置入操作，如图 5-101 所示。

图 5-101

步骤 11 添加光效。将素材 3.jpg 置入文档中，将其移动到合适位置，按 Enter 键确定置入操作，然后图层栅格化，如图 5-102 所示。选择该图层，设置该图层的“混合模式”为“滤色”，如图 5-103 所示。此时效果如图 5-104 所示。

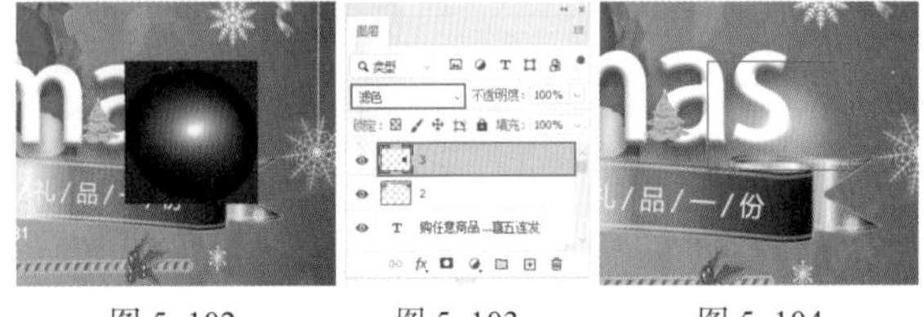

图 5-102　　图 5-103　　图 5-104

步骤 12 单击工具箱中的“移动工具”按钮，将光标移动至光效的位置，按住 Alt 键进行移动复制。将光效移动至字母 A 的上方松开鼠标完成移动并复制的操作，如图 5-105 所示。继续以同样的方式复制光效，案例完成效果如图 5-106 所示。

图 5-105　　图 5-106

5.4 课后练习

扫一扫，看视频

作业要求

使用“横排文字工具”制作男装宣传页。

案例效果

案例效果如图 5-107 所示。

图 5-107

可用素材

可用素材如图 5-108 所示。

图 5-108

思路解析

（1）创建出文档，并填充合适的颜色作为背景。

（2）使用“横排文字工具”在画面中添加右下角的标题文字。

（3）使用“横排文字工具”在画面中添加右下角的段落文字。

（4）输入的文字对象可以在“字符”面板和“段落”面板中设置参数。

扫一扫，看视频

图层样式与混合模式

本章内容简介

本章讲解的是图层的高级功能：图层的透明效果、混合模式与图层样式。这几项功能是设计制图中经常需要使用的功能，“不透明度”与“混合模式”使用方法非常简单，常用在多图层混合中。而“图层样式”则可以为图层添加描边、阴影、发光、颜色、渐变、图案以及立体感的效果，其参数可控性较强，能够轻松制作出各种各样的常见效果。

重点知识掌握

- 熟练掌握图层不透明度的设置
- 熟练掌握图层混合模式的设置
- 熟练掌握图层样式的使用方法

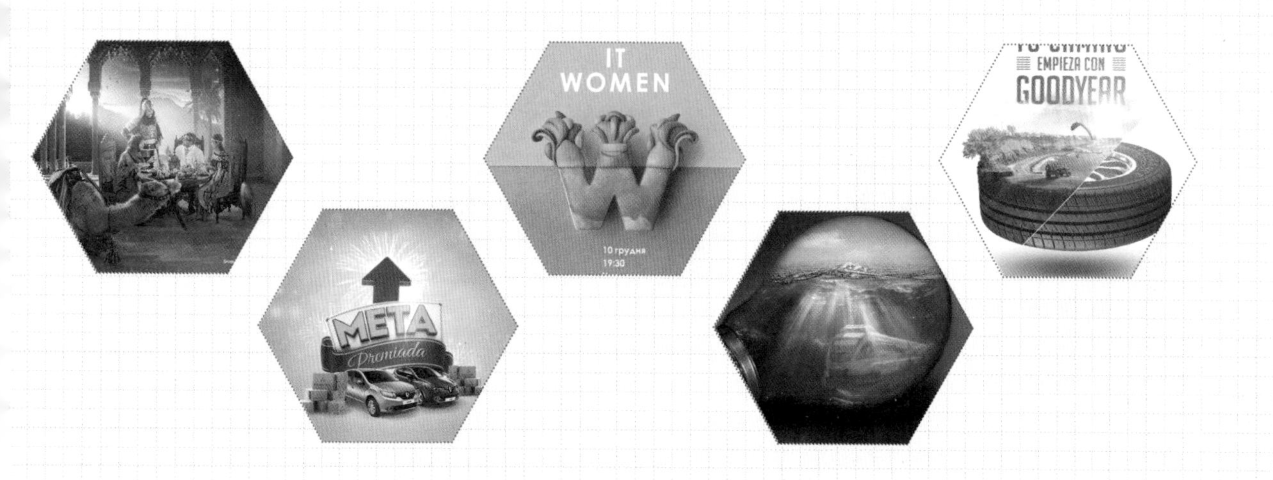

6.1 为图层添加样式

图层样式是一种附加在图层上的“特殊效果”，如浮雕、描边、光泽、发光、投影等。这些样式可以单独使用，也可以多种样式共同使用。图层样式在设计制图中应用非常广泛。例如，制作带有凸起感的艺术字、为某个图形添加描边、制作水晶质感的按钮、模拟向内凹陷的效果、制作带有凹凸纹理效果、为图层表面赋予某种图案、制作闪闪发光的效果等。

Photoshop 中共有 10 种“图层样式”，分别是斜面浮雕、描边、内阴影、内发光、光泽、颜色叠加、渐变叠加、图案叠加、外发光与投影。从名称中就能够猜到这些样式是用来制作什么效果的。如图 6–1 所示为没有添加样式的图层；如图 6–2 所示为这些图层样式单独使用的效果。

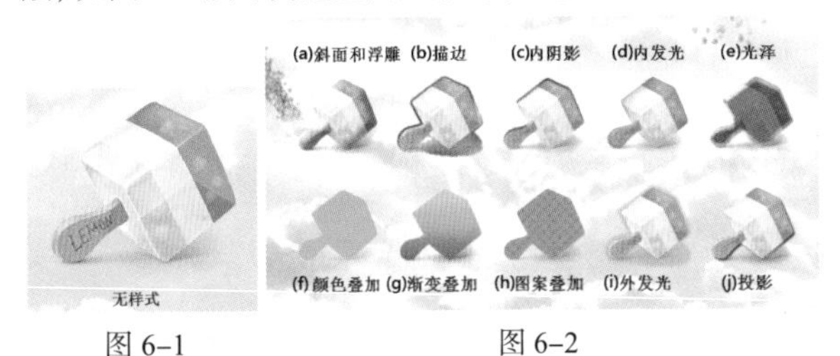

图 6–1　　图 6–2

【重点】6.1.1　动手练:为图层添加样式

扫一扫，看视频

1. 添加图层样式

（1）要使用图层样式，首先选中图层（不能是空图层），如图 6–3 所示。执行“图层 > 图层样式”命令，在子菜单中可以看到图层样式的名称以及图层样式的相关命令，如图 6–4 所示。单击某一项图层样式命令，即可弹出“图层样式”窗口。例如，执行“图层 > 图层样式 > 描边”命令。

图 6–3　　图 6–4

（2）“图层样式”窗口左侧区域为图层样式列表，样式名称前面的复选框内有 ☑ 标记，表示在图层中添加了该样式。在窗口中间位置进行参数的设置，如图 6–5 所示。在打开“图层样式”窗口的状态下，要添加并设置其他的图层样式，可以单击窗口左侧图层样式列表中的样式名称，会打开相应的选项进行参数的设置。例如，勾选“内阴影”复选框，可以切换到“内阴影”面板，如图 6–6 所示。

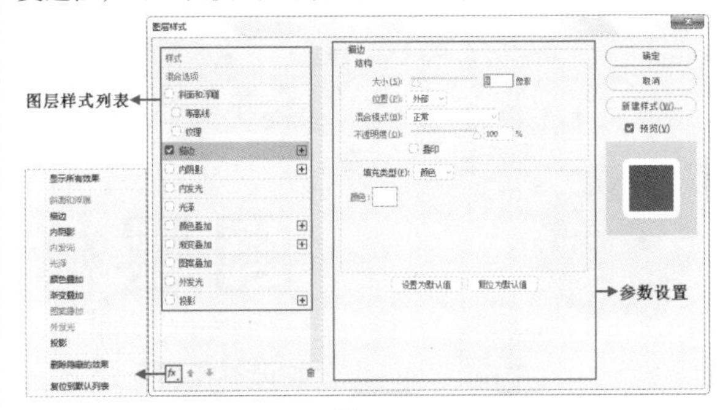

图 6–5

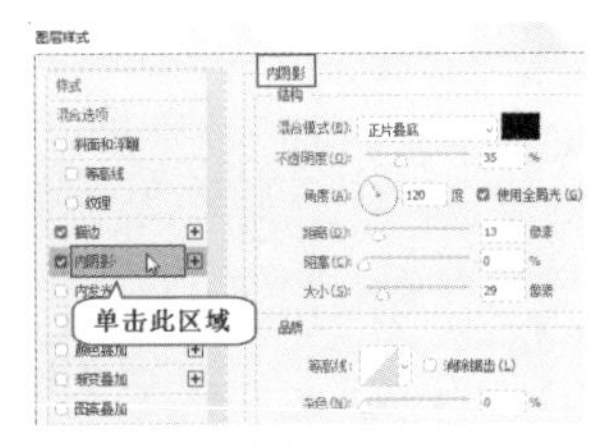

图 6–6

> **提示：显示所有效果**
>
> 如果“图层样式”窗口左侧的列表中只显示了部分样式，那么可以单击左下角的 fx 按钮，执行“显示所有效果”命令，如图 6–7 所示，即可显示其他未启用的命令，如图 6–8 所示。
>
> 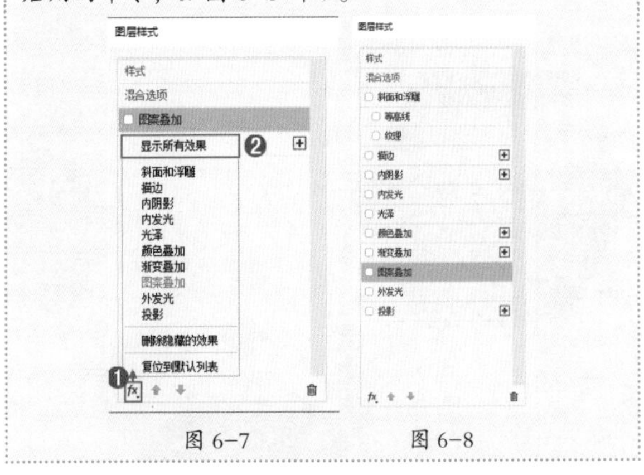
>
> 图 6–7　　图 6–8

（3）在设置参数的时候会勾选“预览”复选框，这样就能够在设置参数的同时观察到画面中的效果变化，如图 6–9 所示。

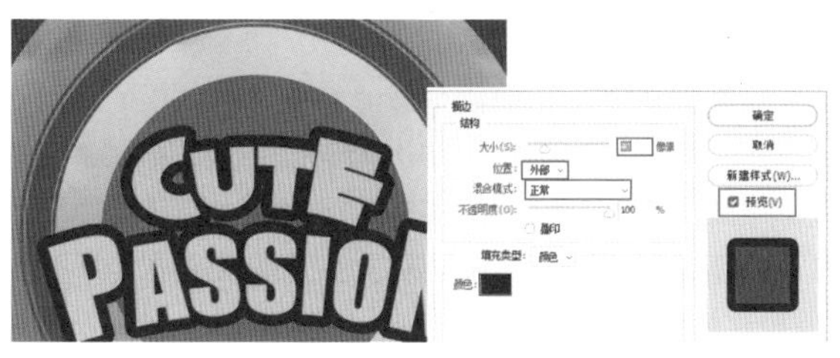

图 6-9

(4) 对同一个图层可以添加多个图层样式，在左侧图层列表中单击其他图层样式的名称，即可启用图层样式，如图 6-10 和图 6-11 所示。

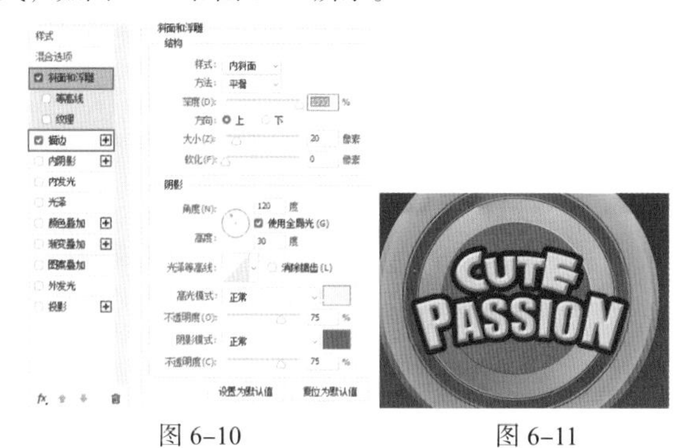

图 6-10　　图 6-11

(5) 在一些图层样式名称后有一个⊞按钮，这代表该图层样式能够添加多个相同的样式。例如，单击“描边”后侧的⊞按钮，即可添加一个新的描边，如图 6-12 所示。选择下方的“描边”样式，然后增加描边的大小，更改描边的颜色，如图 6-13 所示。此时选中的图层会同时显示两层描边，(如果上层描边尺寸大，下层描边尺寸小，则可能无法显示下层描边)。

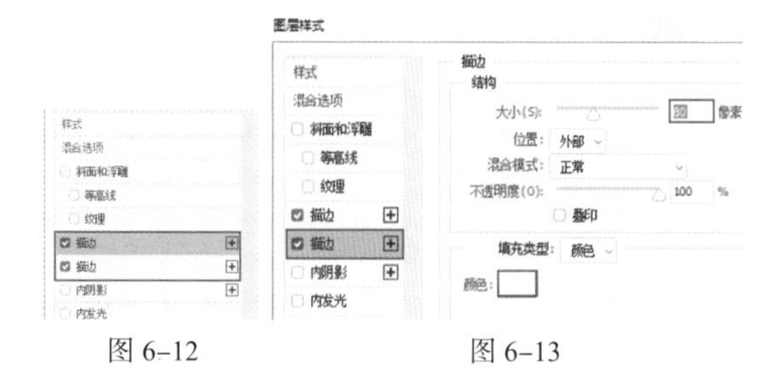

图 6-12　　图 6-13

提示：为图层添加样式的其他方法

也可以在选中图层后，单击“图层”面板底部的“添加图层样式”fx按钮，在弹出的快捷菜单中选择合适的样式，如图 6-14 所示，或在“图层”面板中双击需要添加样式的图层缩略图，也可以打开“图层样式”窗口。

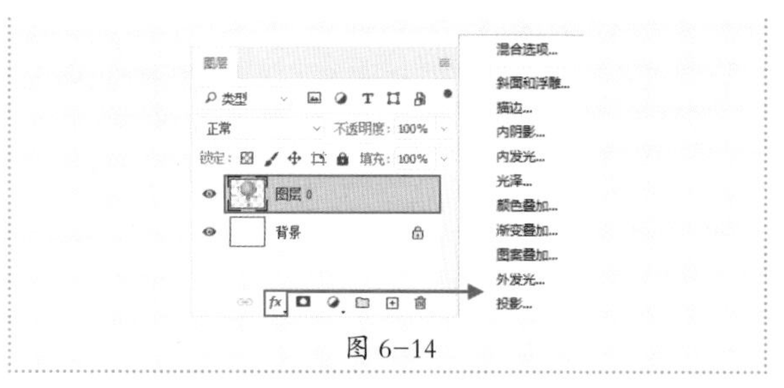

图 6-14

2. 编辑已添加的图层样式

为图层添加了图层样式后，在“图层”面板中该图层上会出现已添加的样式列表，单击向下的按钮即可展开图层样式堆叠，如图 6-15 所示。在“图层”面板中双击该样式的名称，弹出“图层样式”面板，进行参数的修改即可，如图 6-16 所示。

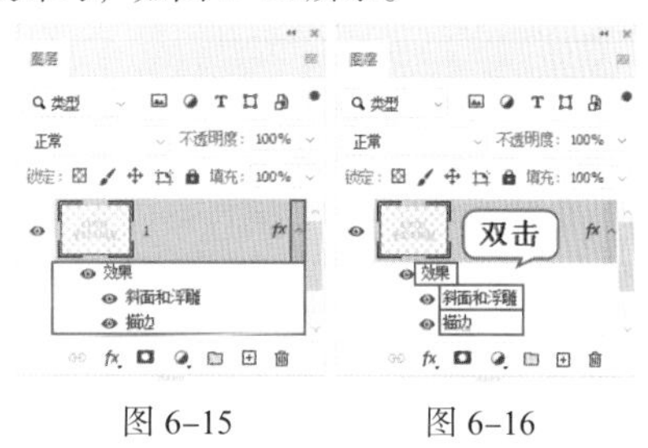

图 6-15　　图 6-16

3. 复制和粘贴图层样式

当已经制作好了一个图层的样式，而其他图层或者其他文件中的图层也需要使用相同的样式时，可以使用“拷贝图层样式”功能快速赋予该图层相同的样式。选择需要复制图层样式的图层，在图层名称上右击，在弹出的快捷菜单中执行“拷贝图层样式”命令，如图 6-17 所示。选择目标图层，右击，在弹出的快捷菜单中执行“粘贴图层样式”命令，如图 6-18 所示。此时另外一个图层也出现了相同的样式。

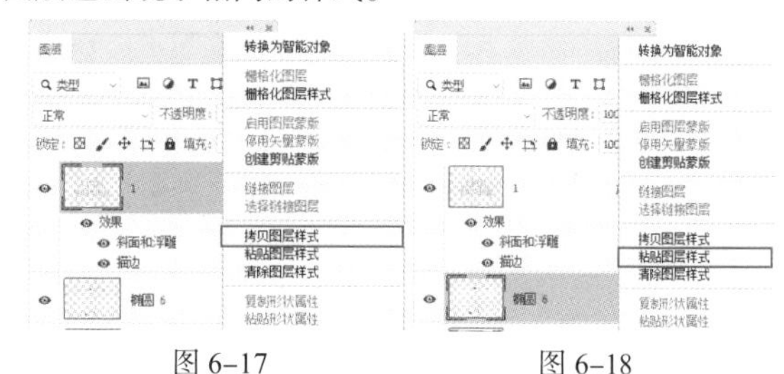

图 6-17　　图 6-18

4. 缩放图层样式

图层样式的参数大小很大程度上能够影响图层的显示效果。有时为一个图层赋予了某个图层样式后，可能会发现该样式的尺寸与本图层的尺寸不成比例，那么此时就可以对该图层样式进行“缩放”。展开图层样式列表，在图层样式上右击，在弹出的快捷菜单中执行“缩放效果”命令，如图 6-19 所示。在弹出的窗口中设置缩放数值，如图 6-20 所示。经过缩放的图层样式尺寸会产生相应的放大或缩小。

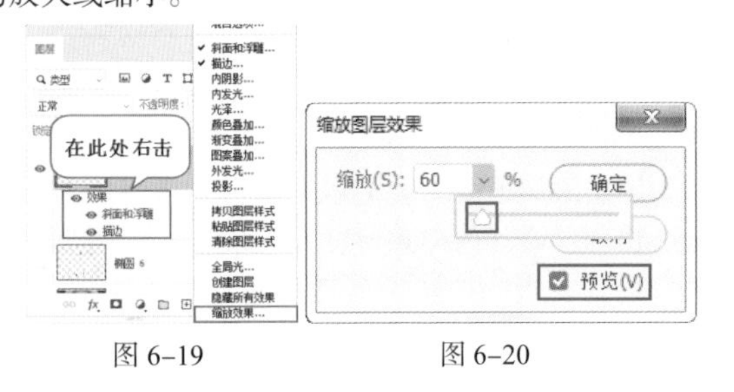

图 6-19　　图 6-20

5. 隐藏图层效果

展开图层样式列表，在每个图层样式前都有一个可用于切换显示或隐藏的图标。单击“效果”前的图标可以隐藏该图层的全部样式，如图 6-21 所示。单击单个样式前的图标，则可以只隐藏对应的样式。

图 6-21

> **提示：隐藏文档中的全部样式**
>
> 如果要隐藏整个文档中的图层样式，可以执行“图层 > 图层样式 > 隐藏所有效果”命令。

6. 去除图层样式

想要去除图层样式，可以在该图层上右击，在弹出的快捷菜单中执行“清除图层样式”命令，如图 6-22 所示。如果只想去除众多样式中的一种，可以展开样式列表，将某一样式拖曳到“删除图层”按钮上，此时即可删除该图层样式，如图 6-23 所示。

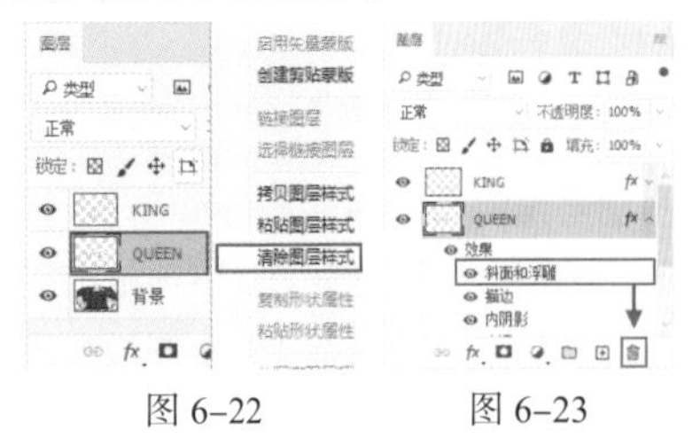

图 6-22　　图 6-23

7. 栅格化图层样式

与栅格化文字、栅格化智能对象、栅格化矢量图层相同，“栅格化图层样式”可以将“图层样式”变为普通图层的一个部分，使图层样式部分可以像普通图层中的其他部分一样进行编辑处理。在该图层上右击，执行“栅格化图层样式”命令，如图 6-24 所示。此时该图层的图层样式也出现在图层的本身内容中了，如图 6-25 所示。

图 6-24　　图 6-25

【重点】6.1.2　斜面和浮雕

使用“斜面和浮雕”样式可以为图层模拟从表面凸起的立体感。在“斜面和浮雕”样式中包含多种凸起效果，如“外斜面”“内斜面”“浮雕效果”“枕状浮雕”“描边浮雕”。“斜面和浮雕”样式主要通过为图层添加高光与阴影，使图像产生立体感，常用于制作立体感的文字或者带有厚度感的对象效果。选中图层，如图 6-26 所示。执行“图层 > 图层样式 > 斜面和浮雕”命令，打开“斜面和浮雕”参数设置面板，如图 6-27 所示。所选图层会产生凸起效果，如图 6-28 所示。

图 6-26　　图 6-27

图 6-28

- 样式：从列表中选择斜面和浮雕的样式，其中包括“外斜面”“内斜面”“浮雕效果”“枕状浮雕”“描边浮雕”。如图 6–29 所示为不同样式的效果。

（a）外斜面（b）内斜面（c）浮雕效果（d）枕状浮雕（e）描边浮雕

图 6–29

- 方法：用来选择创建浮雕的方法。选择“平滑”，可以得到比较柔和的边缘；选择“雕刻清晰”，可以得到最精确的浮雕边缘；选择“雕刻柔和”，可以得到中等水平的浮雕效果。如图 6–30 所示为不同方法的效果。

（a）平滑　（b）雕刻清晰　（c）雕刻柔和

图 6–30

- 深度：用来设置斜面和浮雕的应用深度，该值越高，浮雕的立体感越强。如图 6–31 所示为不同参数的效果。

（a）深度：200%　（b）深度：1000%

图 6–31

- 方向：用来设置高光和阴影的位置，该选项与光源的角度有关。
- 大小：该选项表示斜面和浮雕的阴影面积的大小。如图 6–32 所示为不同参数的效果。

（a）大小：10 像素（b）大小：50 像素

图 6–32

- 软化：用来设置斜面和浮雕的平滑程度。如图 6–33 所示为不同参数的效果。

（a）软化：0 像素（b）软化：15 像素

图 6–33

- 角度：用来设置光源的发光角度。如图 6–34 所示为不同参数的效果。

（a）角度：150°　（b）角度：–50°

图 6–34

- 高度：用来设置光源的高度。
- 使用全局光：如果勾选该复选框，那么所有浮雕样式的光照角度都将保持在同一个方向。
- 光泽等高线：选择不同的等高线样式，可以为斜面和浮雕的表面添加不同的光泽质感，也可以自己编辑等高线样式。如图 6–35 所示为不同类型的等高线效果。

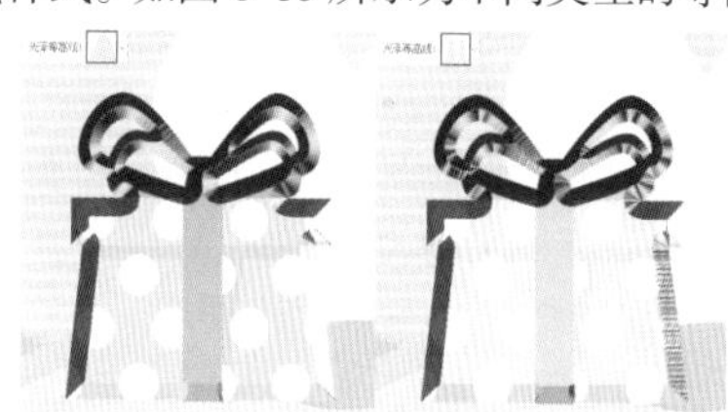

图 6–35

- 消除锯齿：当设置了光泽等高线时，斜面边缘可能会产生锯齿，勾选该复选框可以消除锯齿。
- 高光模式 / 不透明度：这两个选项用来设置高光的混合模式和不透明度，后面的色块用于设置高光的颜色。
- 阴影模式 / 不透明度：这两个选项用来设置阴影的混合模式和不透明度，后面的色块用于设置阴影的颜色。

1. 等高线

在图层样式列表“斜面和浮雕”样式下方还有另外两个样式，分别是“等高线”和“纹理”。勾选“斜面和浮雕”样式下面的“等高线”复选框，启用该样式，并单击切换到“等高线”设置面板，如图 6–36 所示。使用“等高线”可以在浮雕中创建凹凸起伏的效果，如图 6–37 所示。

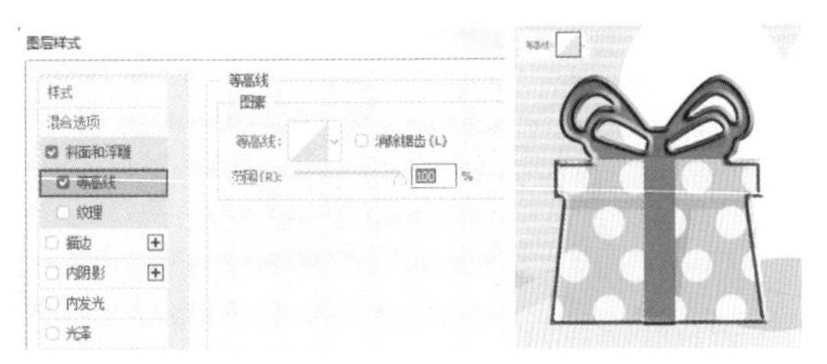

图 6-36　　图 6-37

2. 纹理

勾选图层样式列表中的“纹理”复选框，启用该样式，单击并切换到“纹理”设置面板，如图 6-38 所示。“纹理”样式可以根据纹理图案的黑白关系，为图层表面模拟凹凸效果，如图 6-39 所示。

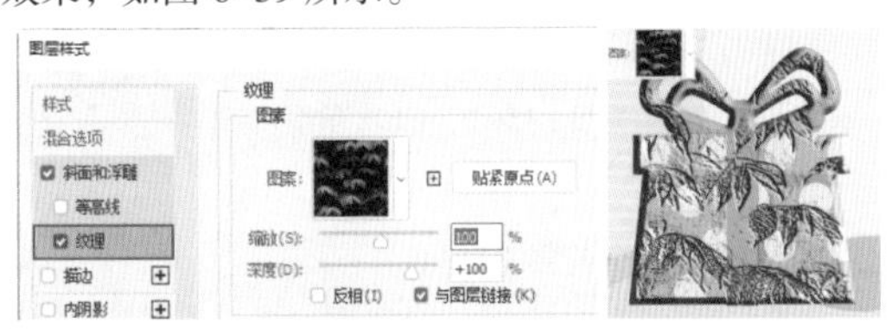

图 6-38　　图 6-39

- 图案：单击“图案”按钮，可以在弹出的“图案”拾色器中选择一个图案，并将其应用到斜面和浮雕上。
- 从当前图案创建新的预设：单击该按钮，可以将当前设置的图案创建为一个新的预设图案，同时新图案会保存在“图案”拾色器中。
- 贴紧原点：将原点对齐图层或文档的左上角。
- 缩放：用来设置图案的大小。
- 深度：用来设置图案纹理的使用程度。
- 反相：勾选该复选框以后，可以反转图案纹理的凹凸方向。
- 与图层链接：勾选该复选框以后，可以将图案和图层链接在一起，这样在对图层进行变换等操作时，图案也会跟着一同变换。

【重点】6.1.3　描边

“描边”样式能够在图层的边缘处添加纯色、渐变色以及图案的边缘。通过参数设置可以使描边处于图层边缘以内的部分、图层边缘以外的部分，或者使描边出现在图层边缘内外。

（1）选中图层，如图 6-40 所示。执行“图层 > 图层样式 > 描边”命令，在“描边”参数设置面板中可以对描边大小、位置、混合模式、不透明度、填充类型以及填充内容进行设置，如图 6-41 所示。在设置“描边”图层样式时，“填充类型”是一个很重要的选项，单击“填充类型”按钮，在下拉列表中有“颜色”“渐变”和“图案”三个选项。

图 6-40　　图 6-41

（2）当“填充类型”设置为“颜色”时，可以以纯色进行描边。单击“颜色”按钮可以打开“拾色器”窗口，在“拾色器”窗口中可以进行颜色的设置，如图 6-42 所示。设置完成后描边效果如图 6-43 所示。

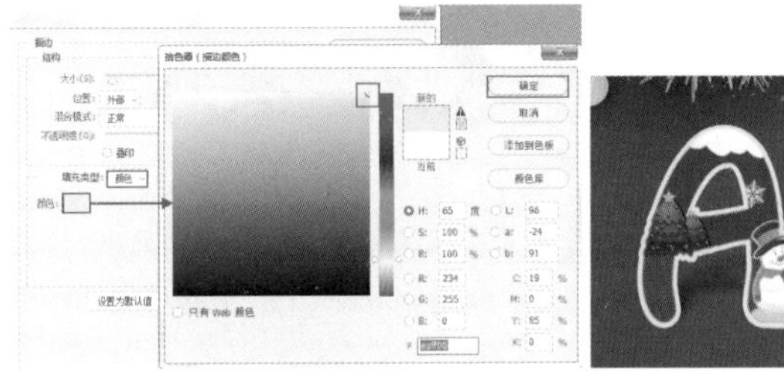

图 6-42　　图 6-43

（3）当“填充类型”设置为“渐变”时，单击渐变色条可以打开“渐变编辑器”窗口，然后进行渐变色的编辑操作，如图 6-44 所示。图 6-45 所示为渐变描边效果。

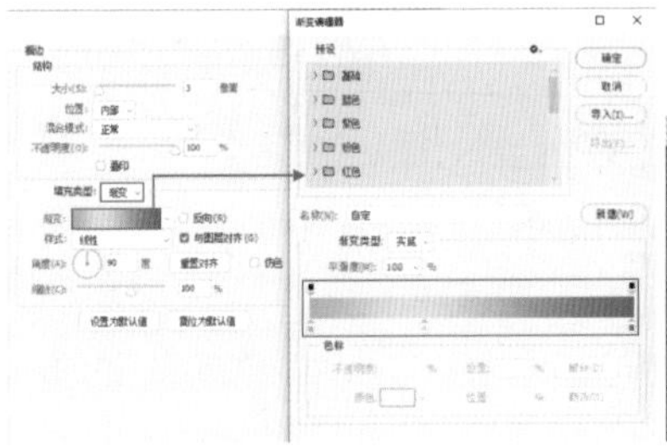

图 6-44　　图 6-45

（4）当“填充类型”设置为“图案”时，单击“图案”选项右侧的倒三角按钮，在下拉面板中选择图案，如图 6-46 所示。如图 6-47 所示为图案描边效果。

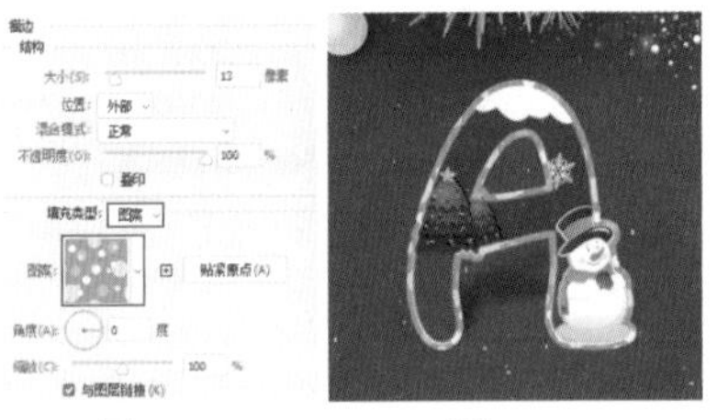

图 6-46　　图 6-47

- 大小：用于设置描边的粗细。数值越大，描边越粗。
- 位置：用于设置描边与对象边缘的相对位置。
- 混合模式：用于设置描边内容与底部图层或本图层的混合方式。
- 不透明度：用于设置描边的不透明度。数值越小，描边越透明。
- 叠印：勾选此复选框，描边的不透明度和混合模式会应用于原图层内容表面。
- 填充类型：在列表中可以选择描边的类型，包括“渐变”“颜色”“图案”。选择不同方式，下方的参数设置也不相同。
- 颜色：当“填充类型”为“颜色”时，可以在此处设置描边的颜色。

6.1.4 内阴影

“内阴影”样式可以为图层添加从边缘向内产生的阴影样式，这种效果会使图层内容产生凹陷效果。选中图层，如图 6–48 所示。执行“图层 > 图层样式 > 内阴影”命令，在“内阴影”参数面板中可以对“内阴影”的结构以及品质进行设置，如图 6–49 所示。如图 6–50 所示为添加了“内阴影”样式后的效果。

图 6–48　　图 6–49　　图 6–50

- 混合模式：用来设置内阴影与图层的混合方式。默认设置为“正片叠底”模式。
- 阴影颜色：单击“混合模式”选项右侧的颜色块，可以设置内阴影的颜色。
- 不透明度：设置内阴影的不透明度。数值越低，内阴影越淡。
- 角度：用来设置内阴影应用于图层时的光照角度，指针方向为光源方向，相反方向为投影方向。
- 使用全局光：当勾选该复选框时，可以保持所有光照的角度一致；取消勾选该选项时，可以为不同的图层分别设置光照角度。
- 距离：用来设置内阴影偏移图层内容的距离。
- 阻塞：可以在模糊之前收缩内阴影的边界。“大小”选项与“阻塞”选项是相互关联的，“大小”数值越高，可设置的“阻塞”范围就越大。
- 大小：用来设置投影的模糊范围。数值越高，模糊范围越广；反之内阴影越清晰。
- 等高线：调整曲线的形状来控制内阴影的形状，可以手动调整曲线形状，也可以选择内置的等高线预设。
- 消除锯齿：混合等高线边缘的像素，使投影更加平滑。该选项对于尺寸较小且具有复杂等高线的内阴影比较实用。
- 杂色：用来在投影中添加杂色的颗粒感效果。数值越大，颗粒感越强。

练习实例：戒指刻字

文件路径	资源包 \ 第 6 章 \ 戒指刻字
难易指数	★★★★★
技术掌握	横排文字工具、“内阴影”图层样式

案例效果

案例效果如图 6–51 所示。

扫一扫，看视频

图 6–51

操作步骤

步骤 01 执行“文件 > 打开”命令，将背景素材 1.jpg 打开。

步骤 02 在画面中添加文字。单击工具箱中的“横排文字工具”按钮，在选项栏中设置合适的字体、字号和颜色，设置完成后在画面中添加文字。文字输入完成后按 Ctrl+Enter 组合键完成操作，如图 6–52 所示。

图 6–52

步骤 03 选择文字图层，执行“窗口 > 字符”命令，在弹出的“字符”面板中设置“字符间距”为 100，如图 6–53 所示。效果如图 6–54 所示。

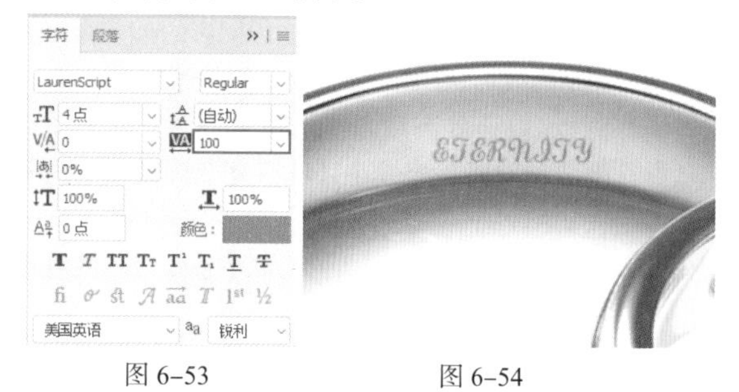

图 6–53　　图 6–54

步骤 04 在“横排文字工具”被选中的状态下，在选项栏中单击“创建文字变形”按钮，在弹出的“变形文字”窗口中“样式”选择“扇形”，设置“弯曲”为 +12%，设置完成后单击“确定”按钮完成操作，如图 6–55 所示。

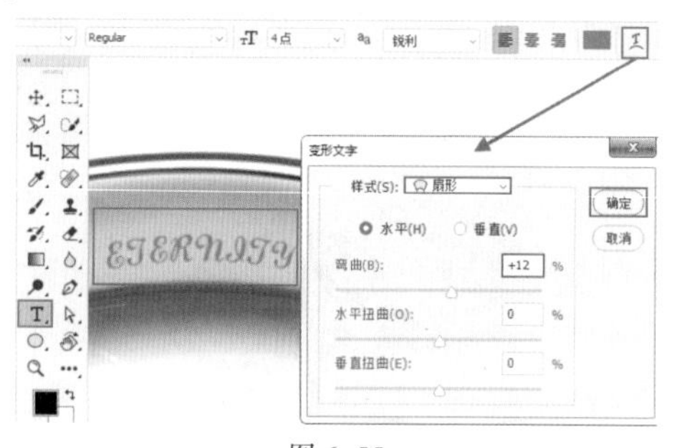

图 6–55

步骤 05 为该文字添加“内阴影”的图层样式，增加立体效果。选择该文字图层，执行“图层 > 图层样式 > 内阴影”命令，在“内阴影”参数面板中设置“混合模式”为“正片叠底”，“颜色”为黑色，“不透明度”为 70%，“角度”为 30 度，“大小”为 1 像素，设置完成后单击“确定”按钮完成操作，如图 6–56 所示。效果如图 6–57 所示。

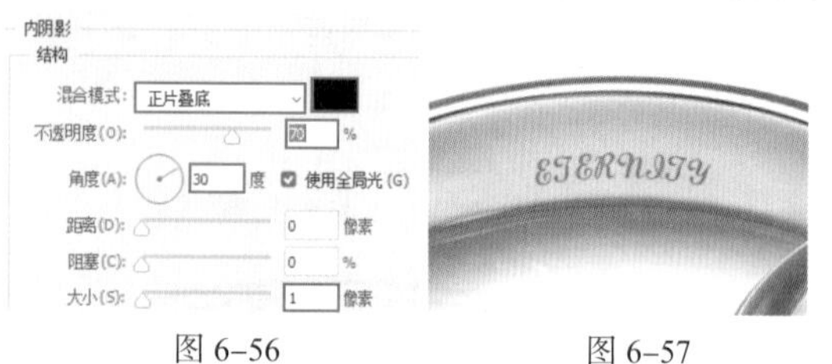

图 6–56　　图 6–57

步骤 06 选择该文字图层，使用组合键 Ctrl+J 将其复制一份。使用自由变换组合键 Ctrl+T 调出定界框，将文字移动至右边戒指上方，如图 6–58 所示。然后将光标放在定界框外按住鼠标左键进行旋转，使其与戒指的弯曲弧度相吻合，如图 6–59 所示。按 Enter 键完成操作。

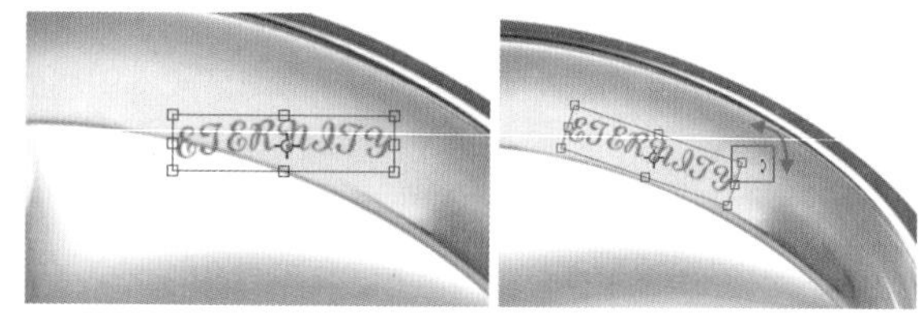

图 6–58　　图 6–59

步骤 07 在“横排文字工具”被选中的状态下，在文字最左边单击插入光标，按住鼠标左键拖动将文字全选，如图 6–60 所示。然后对文字进行更改，按组合键 Ctrl+Enter 完成操作。此时本案例制作完成。效果如图 6–61 所示。

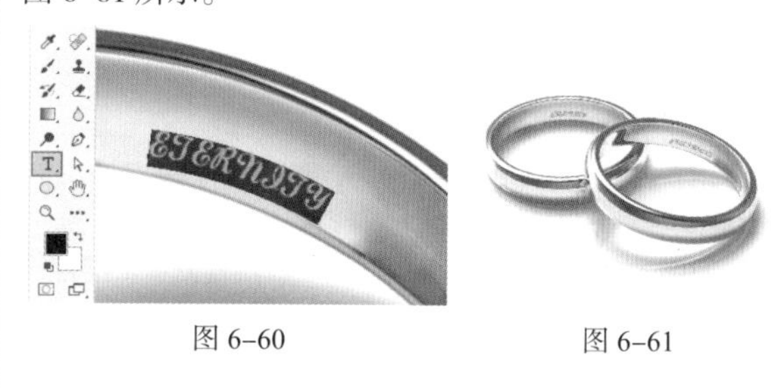

图 6–60　　图 6–61

6.1.5 内发光

“内发光”样式主要用于产生从图层边缘向内发散的光亮效果。

（1）选中图层，执行“图层 > 图层样式 > 内发光”命令，如图 6–62 所示。在“内发光”参数面板中可以对“内发光”的结构、图素以及品质进行设置，如图 6–63 所示。

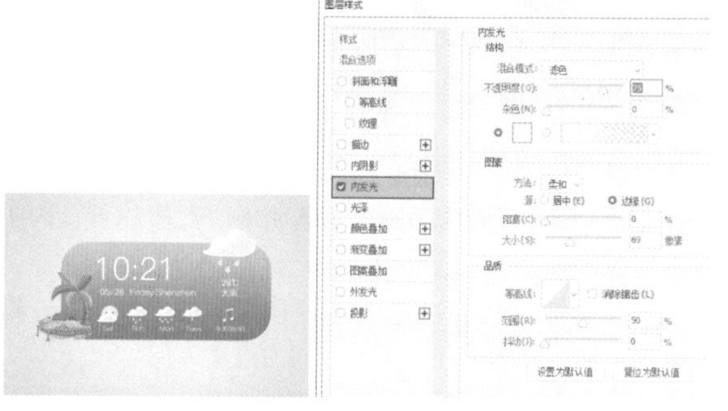

图 6–62　　图 6–63

（2）在设置“内发光”图层样式时，发光颜色的设置比较特殊。单击“颜色”按钮，可以打开“拾色器”窗口，在“拾色器”窗口中可以设置内发光的颜色。效果如图 6–64 所示。

图 6-64

（3）若要单击后侧的渐变色条可以打开“渐变编辑器”，在“渐变编辑器”窗口中编辑渐变颜色，如图 6-65 所示。效果如图 6-66 所示。

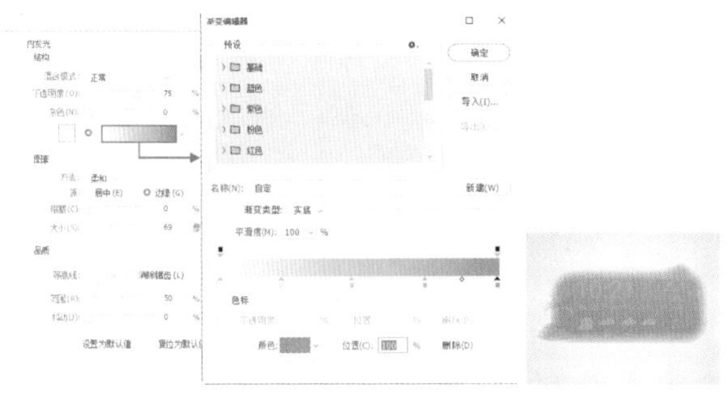

图 6-65　图 6-66

- 混合模式：设置发光效果与下面图层的混合方式。
- 不透明度：设置发光效果的不透明度。
- 杂色：在发光效果中添加随机的杂色效果，使光晕产生颗粒感。
- 发光颜色：单击“杂色”选项下面的颜色块，可以设置发光颜色；单击颜色块后面的渐变条，可以在“渐变编辑器”窗口中选择或编辑渐变色。
- 方法：用来设置发光的方式。选择“柔和”选项，发光效果比较柔和；选择“精确”选项，可以得到精确的发光边缘。
- 源：控制光源的位置。
- 阻塞：用来在模糊或清晰之前收缩内发光的边界。
- 大小：设置光晕范围的大小。
- 等高线：使用等高线可以控制发光的形状。
- 范围：控制发光中作为等高线目标的部分或范围。
- 抖动：改变渐变的颜色和不透明度的应用。

6.1.6　光泽

“光泽”样式可以为图层添加受到光线照射后，表面产生的映射效果。“光泽”通常用来制作具有光泽质感的按钮和金属。选中图层，如图 6-67 所示。执行“图层 > 图层样式 > 光泽”命令，如图 6-68 所示。在“光泽”参数面板中可以对“光泽”的颜色、混合模式、不透明度、角度、距离、大小、等高线进行设置，如图 6-69 所示。

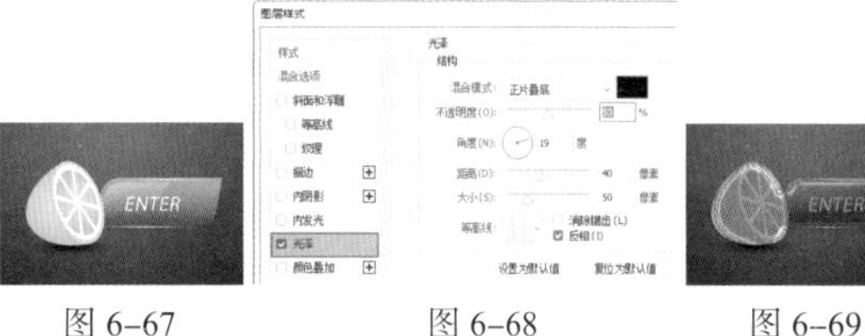

图 6-67　图 6-68　图 6-69

6.1.7　颜色叠加

“颜色叠加”样式可以为图层整体赋予某种颜色。选中图层，如图 6-70 所示。执行“图层 > 图层样式 > 颜色叠加”命令，在选项窗口中可以通过调整颜色的混合模式与不透明度来调整该图层的效果，如图 6-71 所示。效果如图 6-72 所示。

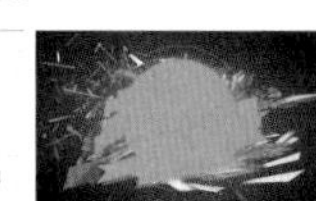

图 6-70　图 6-71　图 6-72

6.1.8　渐变叠加

“渐变叠加”样式与“颜色叠加”样式非常接近，都是以特定的混合模式与不透明度使某种色彩混合于所选图层，但是“渐变叠加”样式是以渐变色对图层进行覆盖。所以该样式主要用于使图层产生某种渐变色的效果。选中图层，如图 6-73 所示，执行“图层 > 图层样式 > 渐变叠加”命令，如图 6-74 所示。“渐变叠加”不仅能够制作带有多种颜色的对象，更能够通过巧妙的渐变色设置制作出凸起、凹陷等三维效果以及带有反光的质感效果。在“渐变叠加”参数面板中可以对“渐变叠加”的渐变色、混合模式、角度、缩放等参数进行设置。效果如图 6-75 所示。

图 6-73

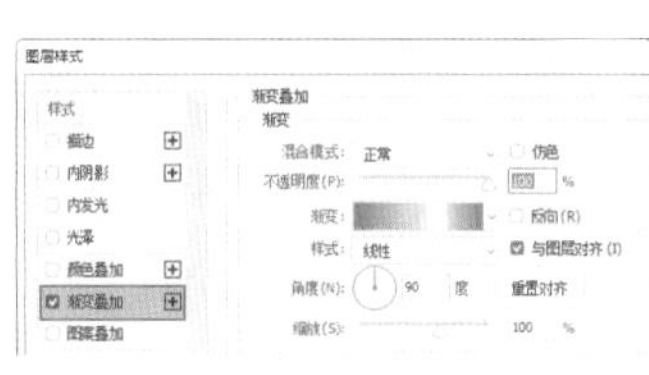

图 6-74　图 6-75

6.1.9 图案叠加

“图案叠加”样式与前两种叠加样式的原理相似，“图案叠加”样式可以在图层上叠加图案。选中图层，如图 6–76 所示，执行“图层 > 图层样式 > 图案叠加”命令，如图 6–77 所示。在“图案叠加”参数面板中对“图案叠加”的图案、混合模式、不透明度等参数进行设置。效果如图 6–78 所示。

图 6–76

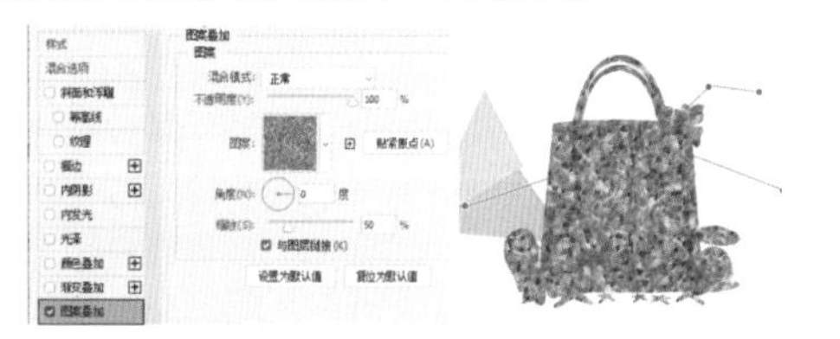
图 6–77　　图 6–78

【重点】6.1.10 外发光

“外发光”样式与“内发光”样式非常相似，使用“外发光”样式可以沿图层内容的边缘向外创建发光效果。选中图层，如图 6–79 所示，执行“图层 > 图层样式 > 外发光”命令，如图 6–80 所示。在“外发光”参数面板中可以对“外发光”的结构、图素以及品质进行设置。效果如图 6–81 所示。“外发光”效果可用于制作自发光效果，以及人像或者其他对象的梦幻般的光晕效果。

图 6–79

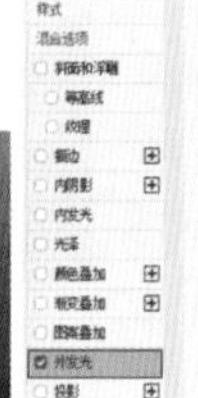
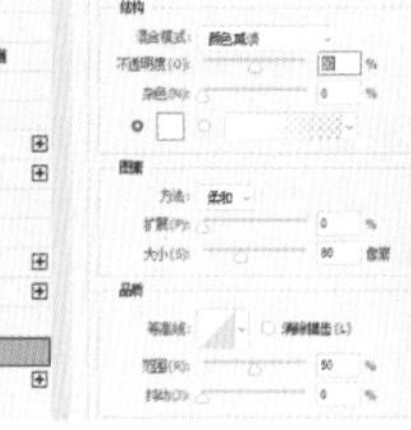
图 6–80

图 6–81

【重点】6.1.11 投影

“投影”样式与“内阴影”样式比较相似，“投影”样式是用于制作图层边缘向后产生的阴影效果。选中图层，如图 6–82 所示。执行“图层 > 图层样式 > 投影”命令，如图 6–83 所示。接着可以通过设置“投影”面板参数来增强某部分层次感以及立体感。效果如图 6–84 所示。

图 6–82

图 6–83

图 6–84

- 混合模式：用来设置投影与下面图层的混合方式，默认设置为“正片叠底”模式。
- 阴影颜色：单击“混合模式”选项右侧的颜色块，可以设置阴影的颜色。如图 6–85 所示为不同颜色的对比效果。

图 6–85

- 不透明度：设置投影的不透明度。数值越低，投影越淡。
- 角度：用来设置投影应用于图层时的光照角度。指针方向为光源方向，相反方向为投影方向。如图 6–86 所示为不同角度的对比效果。

（a）角度：150°　（b）角度：30°

图 6–86

- 使用全局光：当勾选该复选框时，可以保持所有光照的角度一致；当取消勾选该复选框时，可以为不同的图层分别设置光照角度。
- 距离：用来设置投影偏移图层内容的距离。
- 大小：用来设置投影的模糊范围。该值越高，模糊范围越广；反之投影越清晰。
- 扩展：用来设置投影的扩展范围。注意，该值会受到“大小”选项的影响。
- 等高线：以调整曲线的形状来控制投影的形状，可以手动调整曲线形状，也可以选择内置的等高线预设。如图 6–87 所示为不同等高线的对比效果。

图 6-87

- 消除锯齿:混合等高线边缘的像素,使投影更加平滑。该选项对于尺寸较小且具有复杂等高线的投影比较实用。
- 杂色:用来在投影中添加杂色的颗粒感效果,数值越大,颗粒感越强。
- 图层挖空投影:用来控制半透明图层中投影的可见性。勾选该复选框后,如果当前图层的“填充”数值小于100%,则半透明图层中的投影不可见。

练习实例:使用图层样式制作APP启动界面

文件路径	资源包\第6章\使用图层样式制作APP启动界面
难易指数	★★★★★
技术掌握	图层样式、圆角矩形、横排文字工具、椭圆工具

案例效果

扫一扫,看视频

案例效果如图6-88所示。

图 6-88

操作步骤

步骤 01 执行“文件 > 新建”命令,在弹出的“新建文档”窗口中单击“移动设备”按钮,选择iPhone 8/7/6 Plus的预设文档,然后单击“创建”按钮创建一个该尺寸的空白文档,如图6-89所示。

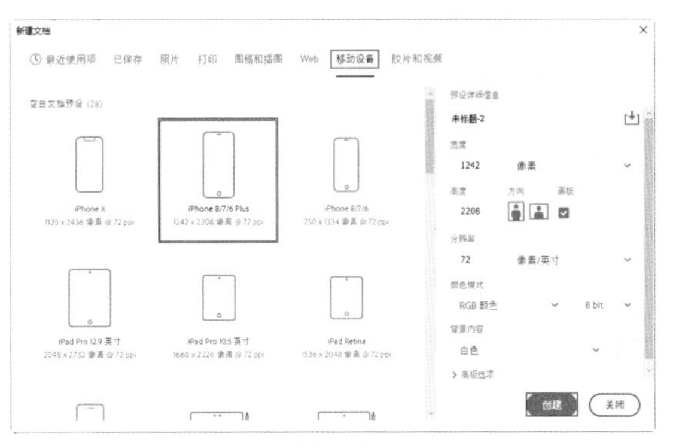

图 6-89

步骤 02 将背景填充为浅蓝色。执行“文件 > 置入嵌入对象”命令,将素材1.jpg置入画面中,如图6-90所示。按Enter键完成操作,并将该图层进行栅格化处理。通过操作置入的素材上方与背景的蓝色整体不协调,需要将素材顶部的部分区域进行隐藏。选择素材图层,为该图层添加图层蒙版,如图6-91所示。

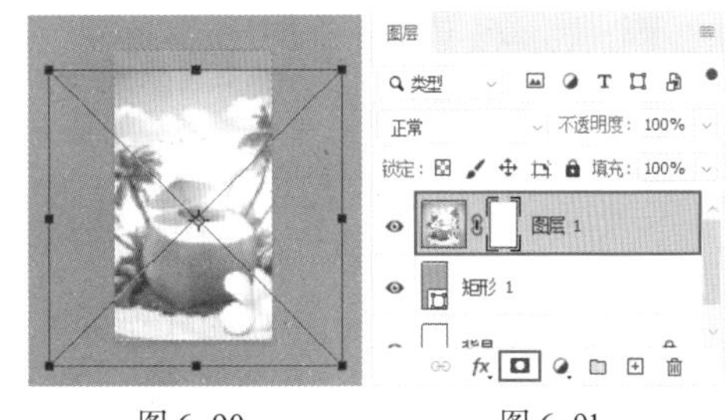

图 6-90　　图 6-91

步骤 03 在图层蒙版中自上而下填充从黑到白的渐变。效果如图6-92所示。

步骤 04 在画面中添加文字。选择工具箱中的“横排文字工具”按钮,在选项栏中设置合适的字体、字号和颜色,设置完成后在画面中单击输入文字。文字输入完成后按Ctrl+Enter组合键完成操作,如图6-93所示。

图 6-92　　图 6-93

步骤 05 选择文字图层,右击,在弹出的快捷菜单中执行“栅格化文字”命令,将文字图层转换为普通图层。接着执行“编辑 > 变换 > 变形”命令,在选项栏中设置

“变形”方式为“扇形”,设置“弯曲”为 28%,如图 6-94 所示。按 Enter 键完成操作，并将文字向下移动。

图 6-94

步骤 06 按住 Ctrl 键的同时单击该文字图层的缩略图载入文字选区，然后设置“前景色”为绿色，新建图层，使用组合键 Alt+Delete 进行前景色填充，如图 6-95 所示。操作完成后使用组合键 Ctrl+D 取消选区。

图 6-95

步骤 07 使用同样的方式再次制作一份文字图层，将颜色更改为稍浅一些的绿色。并将该文字适当地移动，使下方的文字显示出制作立体文字效果，如图 6-96 所示。接着调整图层顺序，并将文字进行移动，将原始文字显示出来。效果如图 6-97 所示。

图 6-96　　图 6-97

步骤 08 选择原始文字图层，执行“图层 > 图层样式 > 斜面和浮雕”命令，在打开的“斜面和浮雕”参数面板中设置“样式”为“内斜面”,“方法”为“平滑”,“深度”为 100%,“大小”为 18 像素,“高光模式”为“滤色”,“颜色”为黄色,“不透明度”为 75%,“阴影模式”为“正片叠底”,“颜色”为淡绿色,“不透明度”为 75%, 设置完成后单击“确定”按钮完成操作，如图 6-98 所示。效果如图 6-99 所示。

图 6-98　　图 6-99

步骤 09 继续使用“横排文字工具”，在已有文字下方单击输入文字，然后使用同样的方式对文字进行操作。效果如图 6-100 所示。

步骤 10 置入素材 2.png，摆放在合适位置上，最终效果如图 6-101 所示。

图 6-100　　图 6-101

6.2 “样式”面板：快速应用样式

执行“窗口 > 样式”命令，打开“样式”面板。在“样式”面板中可以进行载入、删除、重命名等操作，如图 6-102 所示。

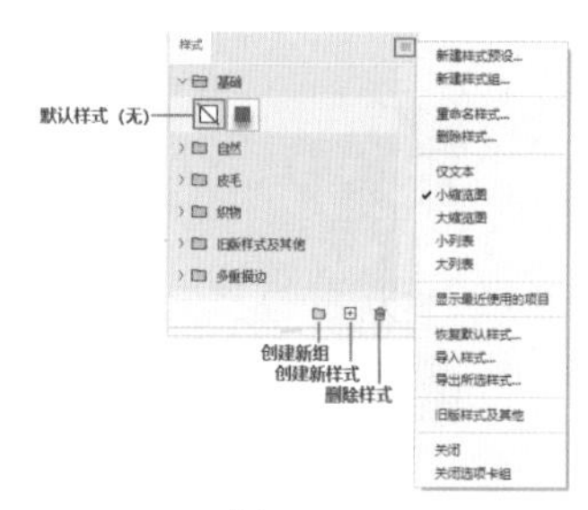

图 6-102

【重点】6.2.1 动手练：为图层快速赋予样式

扫一扫，看视频

选中一个图层，如图 6-103 所示。执行“窗口 > 样式”命令，打开“样式”面板，其中包括多个样式组，展开样式组，在其中单击一个图层样式，如图 6–104 所示。此时该图层上就会出现相应的图层样式，如图 6–105 所示。

图 6–103

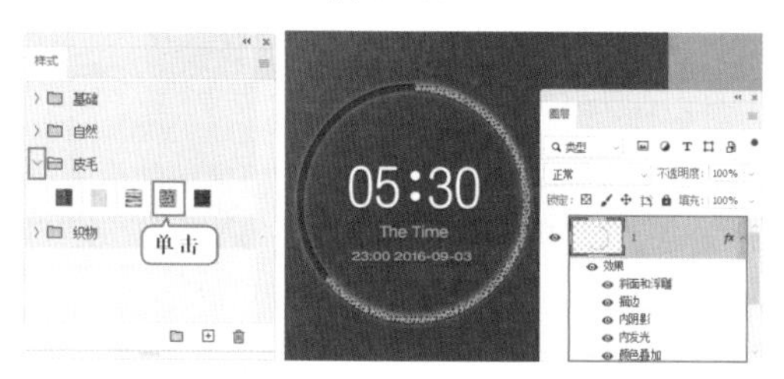

图 6–104　　图 6–105

6.2.2 创建新样式

对于一些比较常用的样式效果，可以将其存储在“样式”面板中以备调用。首先选中制作好的带有图层样式的图层，在“样式”面板下单击“创建新样式”按钮。在弹出的“新建样式”窗口中为样式设置一个名称。单击“确定”按钮后，新建的样式会保存在“样式”面板中。

6.3 为图层设置透明效果

由于透明效果是应用于图层本身的，所以在设置透明度之前需要在“图层”面板中选中需要设置的图层，此时在“图层”面板的顶部可以看到“不透明度”和“填充”这两个选项，默认数值为 100%，表示图层完全不透明，如图 6–106 所示。数值越大图层越不透明；数值越小图层越透明，如图 6–107 所示。

图 6–106

（a）不透明度：100%　（b）不透明度：50%　（c）不透明度：0%

图 6–107

【重点】6.3.1 动手练：设置图层不透明度

扫一扫，看视频

不透明度作用于整个图层（包括图层本身的形状内容、像素内容、图层样式、智能滤镜等）的透明属性，包括图层中的形状、像素以及图层样式。

（1）例如，对一个带有图层样式的图层设置不透明度，如图 6–108 所示。单击图层面板中的该图层，单击不透明度数值后方的下拉箭头，可以通过移动滑块来调整透明效果，如图 6–109 所示。还可以将光标定位在“不透明度”文字上，按住鼠标左键并向左右拖动，也可以调整不透明度效果。

图 6–108　　图 6–109

（2）要想设置精确的透明参数，也可以直接设置数值，如图 6–110 所示设置为 50%。此时图层本身以及图层的描边样式等属性也都变成半透明效果，如图 6–111 所示。

图 6–110　　图 6–111

6.3.2 填充：设置图层本身的透明效果

与不透明度相似，填充也可以使图层产生透明效果。

但是设置“填充”不透明度只影响图层本身内容，对附加的图层样式等效果部分没有影响。例如，将“填充”数值调整为10%，图层本身内容变透明了，而描边等的图层样式还完整显示着，如图 6–112 和图 6–113 所示。

图 6–112　　图 6–113

6.4 图层的混合效果

图层混合模式是指当前图层中的像素与下方图像之间像素的颜色混合方式。图层混合模式的设置主要用于多张图像的融合、使画面同时具有多个图像中的特质、改变画面色调、制作特效等情况。

【重点】6.4.1 动手练:如何设置混合模式

扫一扫，看视频

想要设置图层混合模式，需要在“图层”面板中进行。当文档中存在两个或两个以上的图层时（只有一个图层时设置混合模式没有效果），选中图层（背景图层以及锁定全部的图层无法设置混合模式），然后单击混合模式列表下拉按钮 ⌄，选中某一个，接着当前画面效果将会发生变化。在下拉列表中可以看到，很多种混合模式被分为 6 组，如图 6–114 所示。

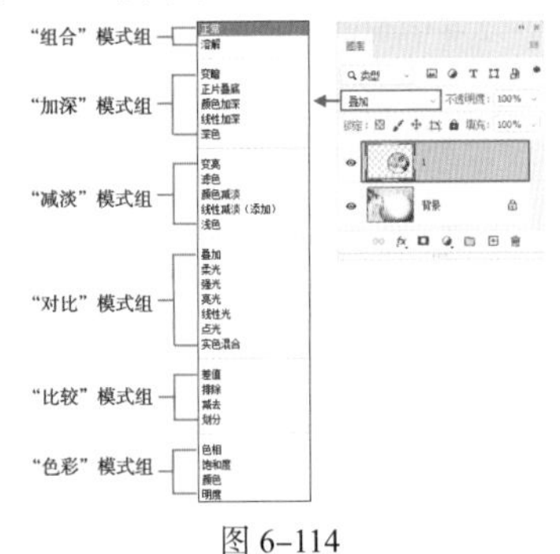

图 6–114

6.4.2 认识各种混合模式

（1）“组合”模式组包括两种混合模式，分别是正常和溶解。

- “正常”：默认情况下，新建的图层或置入的图层模式均为“正常”，这种模式下“不透明度”为100%时则完全遮挡下方图层，如图 6–115 和图 6–116 所示。降低该图层不透明度可以隐约显露出下方图层，如图 6–117 所示。

图 6–115　　图 6–116　　图 6–117

- “溶解”：该模式会使图像中透明度区域的像素产生离散效果。“溶解”模式在降低图层的“不透明度”或“填充”数值时效果更明显，如图 6–118 所示。

（a）不透明度：50%　　（b）不透明度：80%

图 6–118

（2）“加深”模式组中的混合模式可以使当前图层的白色像素被下层较暗的像素替代，使图像产生变暗效果。

- 变暗：比较每个通道中的颜色信息，并选择基色或混合色中较暗的颜色作为结果色，同时替换比混合色亮的像素，而比混合色暗的像素保持不变，如图 6–119 所示。
- 正片叠底：任何颜色与黑色混合产生黑色，任何颜色与白色混合保持不变，如图 6–120 所示。
- 颜色加深：通过增加上下层图像之间的对比度来使像素变暗，与白色混合后不产生变化，如图 6–121 所示。

图 6–119　　图 6–120　　图 6–121

- 线性加深：通过减小亮度使像素变暗，与白色混合不产生变化，如图 6–122 所示。
- 深色：通过比较两个图像的所有通道数值的总和，然后显示数值较小的颜色，如图 6–123 所示。

图 6–122　图 6–123

（3）“减淡”模式组中的模式会使图像中黑色的像素被较亮的像素替换，而任何比黑色亮的像素都可能提亮下层图像。所以“减淡”模式组中的模式会使图像变亮。

- 变亮：比较每个通道中的颜色信息，并选择基色或混合色中较亮的颜色作为结果色，同时替换比混合色暗的像素，而比混合色亮的像素保持不变，如图 6–124 所示。
- 滤色：与黑色混合时颜色保持不变，与白色混合时产生白色，如图 6–125 所示。
- 颜色减淡：通过减小上下层图像之间的对比度来提亮底层图像的像素，如图 6–126 所示。

图 6–124　图 6–125　图 6–126

- 线性减淡（添加）：与“线性加深”模式产生的效果相反，可以通过提高亮度来减淡颜色，如图 6–127 所示。
- 浅色：比较两个图像的所有通道数值的总和，然后显示数值较大的颜色，如图 6–128 所示。

图 6–127　图 6–128

（4）“对比”模式组中的混合模式可以使图像中 50% 的灰色完全消失，亮度值高于 50% 灰色的像素都提亮下层的图像；亮度值低于 50% 灰色的像素则使下层图像变暗，以此加强图像的明暗差异。

- 叠加：对颜色进行过滤并提亮上层图像，具体取决于底层颜色，同时保留底层图像的明暗对比，如图 6–129 所示。
- 柔光：使颜色变暗或变亮，具体取决于当前图像的颜色。如果上层图像比 50% 灰色亮，则图像变亮；如果上层图像比 50% 灰色暗，则图像变暗，如图 6–130 所示。
- 强光：对颜色进行过滤，具体取决于当前图像的颜色。如果上层图像比 50% 灰色亮，则图像变亮；如果上层图像比 50% 灰色暗，则图像变暗，如图 6–131 所示。

图 6–129　图 6–130　图 6–131

- 亮光：通过增加或减小对比度来加深或减淡颜色，具体取决于上层图像的颜色。如果上层图像比 50% 灰色亮，则图像变亮；如果上层图像比 50% 灰色暗，则图像变暗，如图 6–132 所示。
- 线性光：通过减小或增加亮度来加深或减淡颜色，具体取决于上层图像的颜色。如果上层图像比 50% 灰色亮，则图像变亮；如果上层图像比 50% 灰色暗，则图像变暗，如图 6–133 所示。

图 6–132　图 6–133

- 点光：根据上层图像的颜色来替换颜色。如果上层图像比 50% 灰色亮，则替换较暗的像素；如果上层图像比 50% 灰色暗，则替换较亮的像素，如图 6–134 所示。
- 实色混合：将上层图像的 RGB 通道值添加到底层图像的 RGB 值。如果上层图像比 50% 灰色亮，则使底层图像变亮；如果上层图像比 50% 灰色暗，则使底层图像变暗，如图 6–135 所示。

图 6–134　图 6–135

（5）“比较”模式组中的混合模式可以对比当前图像与下层图像的颜色差别。将颜色相同的区域显示为黑色，不同的区域显示为灰色或彩色。如果当前图层中包含白色，那么白色区域会使下层图像反相，而黑色不会对下层图像产生影响。

- 差值：上层图像与白色混合将反转底层图像的颜色，与黑色混合则不产生变化，如图 6–136 所示。
- 排除：创建一种与“差值”模式相似，但对比度更低的混合效果，如图 6–137 所示。

图 6–136

图 6–137

- 减去：从目标通道中相应的像素上减去源通道中的像素值，如图 6–138 所示。
- 划分：比较每个通道中的颜色信息，然后从底层图像中划分上层图像，如图 6–139 所示。

图 6–138

图 6–139

（6）“色彩”模式组中的混合模式会自动识别图像的颜色属性（色相、饱和度和亮度）。然后将其中的一种或两种应用在混合后的图像中。

- 色相：用底层图像的明亮度和饱和度以及上层图像的色相来创建结果色，如图 6–140 所示。
- 饱和度：用底层图像的明亮度和色相以及上层图像的饱和度来创建结果色，在饱和度为 0 的灰度区域应用该模式不会产生任何变化，如图 6–141 所示。

图 6–140

图 6–141

- 颜色：用底层图像的明亮度以及上层图像的色相和饱和度来创建结果色，这样可以保留图像中的灰阶，对于为单色图像上色或给彩色图像着色非常有用，如图 6–142 所示。
- 明度：用底层图像的色相和饱和度以及上层图像的明亮度来创建结果色，如图 6–143 所示。

图 6–142

图 6–143

练习实例：使用混合模式制作杯中风景

文件路径	资源包 \ 第 6 章 \ 使用混合模式制作杯中风景
难易指数	★★★★★
技术掌握	混合模式

案例效果

案例效果如图 6–144 所示。

扫一扫，看视频

图 6–144

操作步骤

步骤 01 执行“文件 > 打开”命令，将背景素材 1.jpg 打开，如图 6–145 所示。接着执行“文件 > 置入嵌入对象”命令，将素材 2.jpg 置入画面中。调整大小放在杯子上方并将该图层进行栅格化处理，如图 6–146 所示。

图 6–145

图 6–146

步骤 02 选择素材 2.jpg 图层，设置"混合模式"为"叠加"，如图 6-147 所示。效果如图 6-148 所示。

图 6-147　　图 6-148

步骤 03 此时素材 2.jpg 边缘有多余出来的部分，需要将其隐藏。选择该图层，单击"图层"面板底部的"添加图层蒙版"按钮为该图层添加图层蒙版。然后选择工具箱中的"画笔工具"，在选项栏中设置大小合适的柔边圆画笔，设置前景色为黑色，设置完成后在画面中涂抹，将不需要的部分隐藏，如图 6-149 所示。此时本案例制作完成。效果如图 6-150 所示。

图 6-149　　图 6-150

练习实例：设置混合模式制作撞色版式

文件路径	资源包\第 6 章\设置混合模式制作撞色版式
难易指数	★★★★★
技术掌握	混合模式

案例效果

案例效果如图 6-151 所示。

扫一扫，看视频

图 6-151

操作步骤

步骤 01 执行"文件 > 打开"命令，将人物素材 1.jpg 打开。单击工具箱中的"钢笔工具"按钮，在选项栏中设置"绘制模式"为"形状"，"填充"为紫色，"描边"为无，设置完成后在画面左侧绘制形状，如图 6-152 所示。接着设置"混合模式"为"正片叠底"。效果如图 6-153 所示。

图 6-152　　图 6-153

步骤 02 选择该形状图层，使用组合键 Ctrl+J 将其复制一份。然后选择复制得到的图层，使用自由变换组合键 Ctrl+T 调出定界框，右击，在弹出的快捷菜单中执行"水平翻转"命令，将该图形进行水平翻转并移动至画面右边位置，如图 6-154 所示。按 Enter 键完成操作。

图 6-154

步骤 03 继续在画面的顶部绘制一个三角形，并设置"填充"为黄色，如图 6-155 所示。然后设置图层的"混合模式"为"正片叠底"。效果如图 6-156 所示。

图 6-155　　图 6-156

步骤 04 单击工具箱中的"椭圆工具"按钮，在画面中按住 Shift 键的同时按住鼠标左键拖动绘制不同颜色的正圆，并设置相同的混合模式。效果如图 6–157 和图 6–158 所示。

图 6–157　　图 6–158

步骤 05 在画面中添加文字。单击工具箱中的“横排文字工具”按钮，在选项栏中设置合适的字体、字号和颜色，设置完成后在画面中单击输入文字，文字输入完成后按 Ctrl+Enter 组合键完成操作，如图 6–159 所示。使用同样的方式在画面的其他位置单击输入文字。此时本案例制作完成。效果如图 6–160 所示。

图 6–159　　图 6–160

6.5 综合实例：趣味立体卡片

文件路径	资源包 \ 第 6 章 \ 趣味立体卡片
难易指数	★★★★★
技术掌握	图层样式、混合模式

案例效果

案例效果如图 6–161 所示。

扫一扫，看视频

图 6–161

操作步骤

步骤 01 执行“文件 > 打开”命令，打开背景素材 1.jpg，如图 6–162 所示。执行“文件 > 置入嵌入对象”命令，然后将素材 2.jpg 置入文档内，按 Enter 键确定置入操作，如图 6–163 所示。选择该图层，然后右击，在弹出的快捷菜单中执行“栅格化图层”命令，将智能图层转换为普通图层。

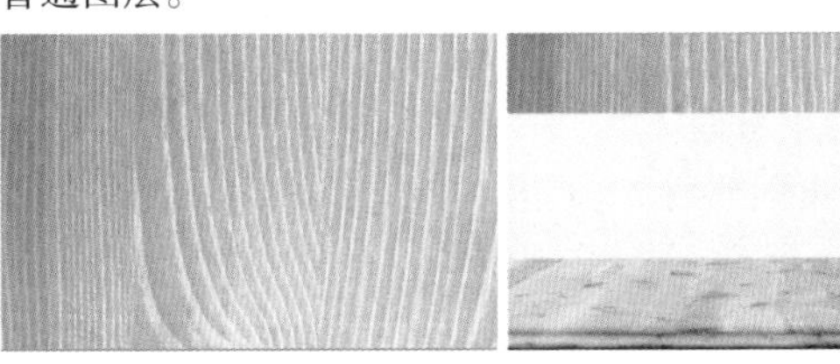

图 6–162　　图 6–163

步骤 02 选择该素材 2.jpg 图层，单击“图层”面板底部的“添加图层蒙版” 按钮，为该图层添加图层蒙版，然后选择工具箱中的“矩形选框工具”，在白色背景位置按住鼠标左键拖动绘制选区，如图 6–164 所示。选择图层蒙版，将前景色设置为黑色，使用“前景色填充”组合键 Alt+Delete 进行填充，此时白色背景部分将被隐藏，如图 6–165 所示。最后使用组合键 Ctrl+D 取消选区。

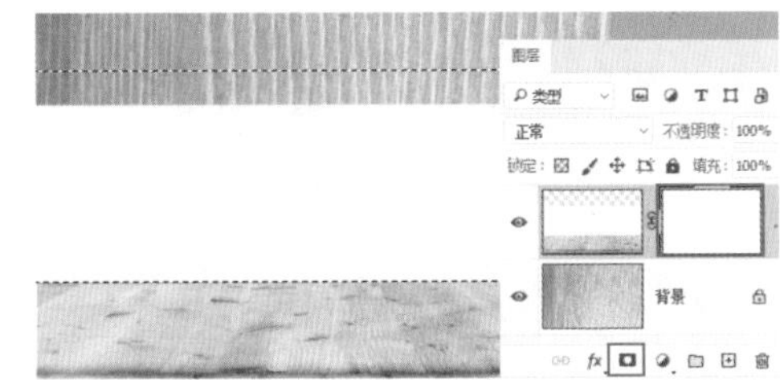

图 6–164

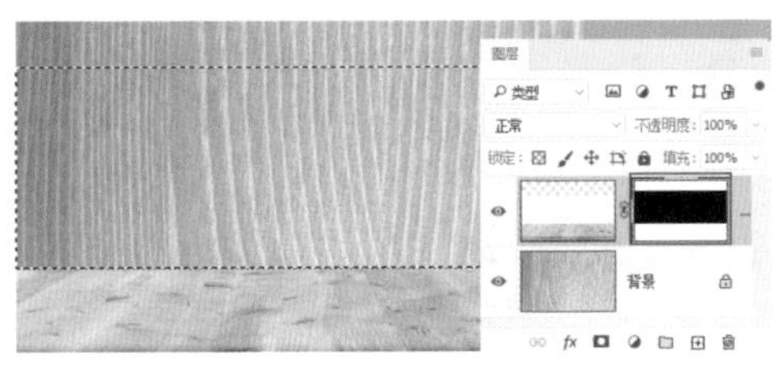

图 6–165

步骤 03 将素材 3.jpg 置入文档内，将图层栅格化。选择该图层，执行“图层 > 图层样式 > 投影”命令，在弹出的“图层样式”窗口中勾选“预览”复选框，在“投影”参数面板中设置“混合模式”为“正常”，“阴影颜色”为黑色，“不透明度”为 70%，“角度”为 94°，勾选“使用全局光”复选框，设置“距离”为 10 像素，“扩展”为 10%,“大小”为 32 像素,设置完成后,单击“确定”按钮,如图 6–166 所示。此时画面效果如图 6–167 所示。

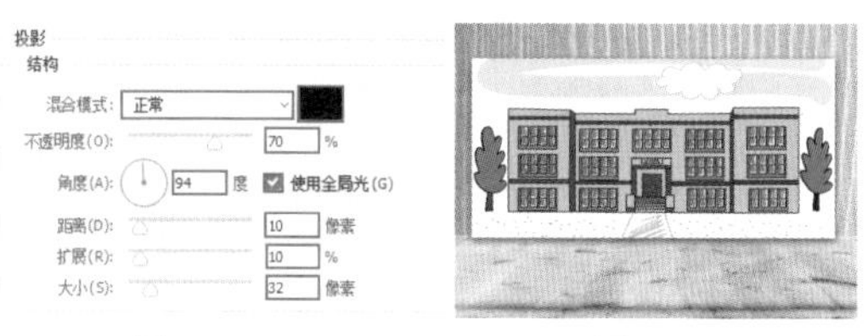

图 6–166　　　　图 6–167

步骤 04 在画面上绘制胶带的效果。单击工具箱中的“钢笔工具”按钮,在选项栏中设置“绘制模式”为“形状”,“填充”为深灰色,“描边”为无,然后在画面的左上角绘制一个四边形,如图 6–168 所示。在“图层”面板中选择该图层,并设置该图层的“混合模式”为“线性减淡(添加)”,如图 6–169 所示。

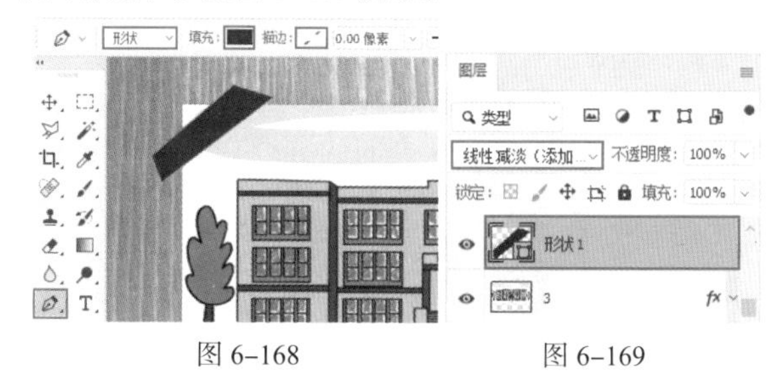

图 6–168　　　　图 6–169

步骤 05 此时画面效果如图 6–170 所示。使用同样的方式在卡通画的右上角制作相同效果的“胶带”效果,如图 6–171 所示。

图 6–170　　　　图 6–171

步骤 06 新建图层,单击工具箱中的“矩形选框”工具按钮,在卡通画的左侧画出一个适当大小的矩形选区。然后选择工具箱中的“渐变工具”按钮,使用由黑色到白色的渐变,在选项栏中设置“渐变模式”为“线性渐变”,然后在矩形选区内按住鼠标左键由右至左拖动进行填充,如图 6–172 所示。

步骤 07 使用组合键 Ctrl+D 将选区取消。在“图层”面板中设置该图层的“混合模式”为“正片叠底”,“不透明度”为 30%,如图 6–173 所示。

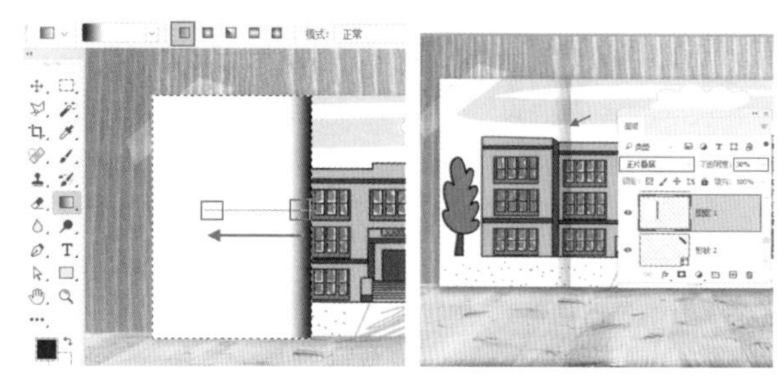

图 6–172　　　　图 6–173

步骤 08 使用同样的方式在右侧相应位置绘制矩形选区并填充黑白色系的渐变颜色,如图 6–174 所示,然后设置“混合模式”为“正片叠底”,“不透明度”为 15%。效果如图 6–175 所示。

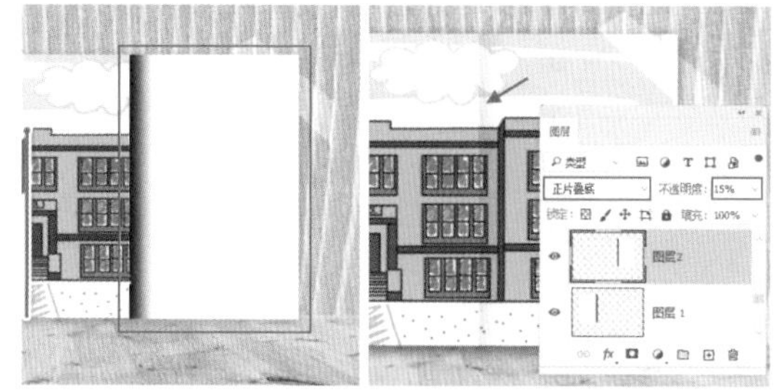

图 6–174　　　　图 6–175

步骤 09 将素材 4.png 置入文档内。选择该图层,执行“图层 > 图层样式 > 投影”命令,在弹出的“投影”参数面板中设置“混合模式”为“正常”,“阴影颜色”为黑色,“不透明度”为 66%,“角度”为 94°,勾选“使用全局光”复选框,“距离”为 20 像素,“扩展”为 10%,“大小”为 32 像素,设置“等高线”为“线性”,“杂色”为 0%。设置完成后单击“确定”按钮,如图 6–176 所示。此时的画面效果如图 6–177 所示。

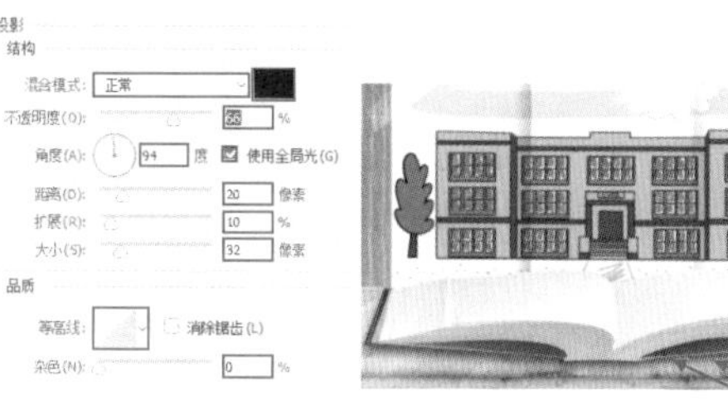

图 6–176　　　　图 6–177

步骤 10 单击工具箱中的“钢笔工具”按钮,在选项栏中设置“绘制模式”为“形状”,“填充”为白色,“描边”为灰色,“描边宽度”为 12 点,设置“形状描边类型”为“实线”,设置完成后在画面的左上方绘制云朵的形状,如图 6–178 所示。

图 6–178

步骤 11 选择该图层，执行“图层 > 图层样式 > 投影”命令，在弹出的“投影”参数面板中设置“混合模式”为“正常”，“阴影颜色”为黑色，“不透明度”为 30%，“角度”为 94°，勾选“使用全局光”复选框，“距离”为 10 像素，“扩展”为 10%，“大小”为 32 像素，设置完成后单击“确定”按钮，如图 6–179 所示。效果如图 6–180 所示。

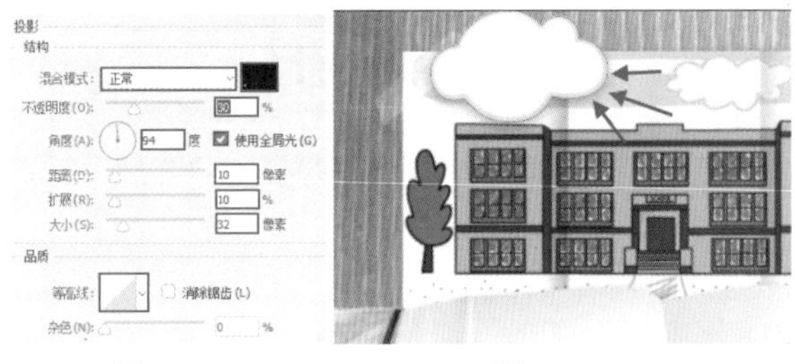

图 6–179　　图 6–180

步骤 12 在工具箱中单击“横排文字工具” T.按钮，在选项栏中设置合适的“字体”“字号”，“文字颜色”为绿色，“对齐方式”为“居中对齐文本”，接着在云朵上面单击插入光标，输入文字，如图 6–181 所示。

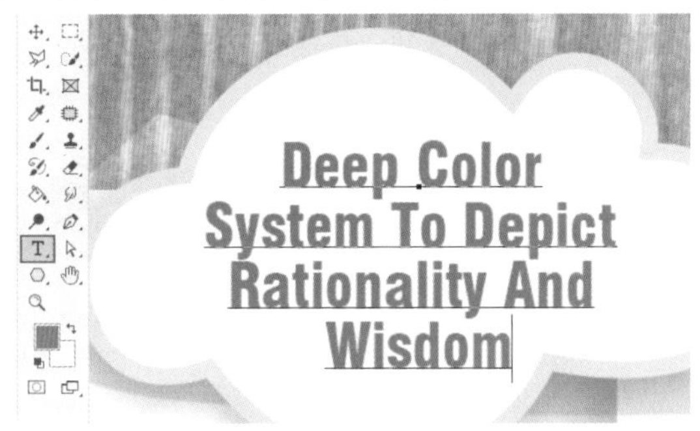

图 6–181

步骤 13 执行“文件 > 置入嵌入对象”命令，将素材 5.png 置入其中，摆放在合适位置上。最终效果如图 6–182 所示。

图 6–182

6.6 课后练习

扫一扫，看视频

作业要求

使用图层样式制作金属质感的文字。

案例效果

案例效果如图 6–183 所示。

图 6–183

可用素材

可用素材如图 6–184 所示。

图 6–184

思路解析

（1）使用“横排文字工具”在画面中输入文字。

（2）为第一行文字图层添加多种图层样式。

（3）复制第一行的文字样式，粘贴到第二行图层上，并适当缩放该图层样式的比例。

Chapter 07

第7章

扫一扫，看视频

矢量绘图

本章内容简介

绘图是 Photoshop 的一项重要功能。除了使用“画笔工具”进行绘图外，矢量绘图也是一种常用的方式。矢量绘图是一种风格独特的插画，画面内容通常由颜色不同的图形构成，图形边缘锐利，形态简洁明了，画面颜色鲜艳动人。在 Photoshop 中有两大类可以用于矢量绘图的工具:“钢笔工具”和“形状工具”。“钢笔工具”主要用于绘制不规则的形态，而“形状工具”则用于绘制规则的几何图形。例如，椭圆形、矩形、多边形等。

重点知识掌握

- 认识不同类型的矢量绘制模式
- 熟练掌握使用“形状工具”绘制图形
- 熟练掌握钢笔绘图操作

7.1 动手练:矢量绘图的基础知识

扫一扫，看视频

“画笔工具”绘制出的内容为“像素”，是一种典型的位图绘图方式。而使用“钢笔工具”或“形状工具”绘制出的内容为路径和填色，是一种质量不受画面尺寸影响的矢量绘图方式。

Photoshop 的矢量绘图工具包括“钢笔工具”和“形状工具”。“钢笔工具”主要用于绘制不规则的图形，而“形状工具”则是通过选取内置的图形样式绘制较为规则的图形。

7.1.1 矢量图与位图

矢量图的颜色与分辨率无关，图形被缩放时，对象能够维持原有的清晰度和弯曲度，颜色和外形也都不会发生偏差与变形。所以，矢量图经常用于户外大型喷绘或巨幅海报等印刷尺寸较大的项目中，如图 7–1 所示。

图 7–1

与矢量图相对应的是“位图”。位图是由一个一个的像素点构成，将画面放大到一定比例，就可以看到“小方块”，每个“小方块”都是一个“像素”。通常所说的图片的尺寸为 500 像素 ×500 像素，就表明画面的长度和宽度上均有 500 个这样的“小方块”。位图的清晰度与尺寸和分辨率有关，如果强行将位图尺寸增大，会使图像变模糊，影响质量，如图 7–2 所示。

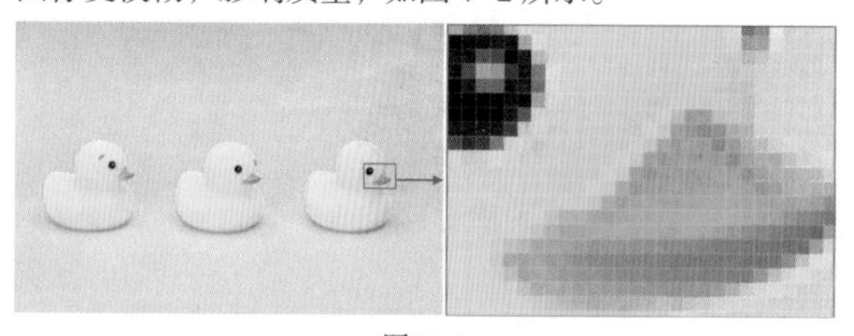

图 7–2

7.1.2 构成矢量图的路径与锚点

在矢量制图的过程中，图形都是由路径和颜色构成的。那么什么是路径呢？路径是由锚点及锚点之间的连接线构成。两个锚点就可以构成一条路径，而三个锚点可以定义一个面。锚点的位置决定着连接线的动向，所以说矢量图的创作过程就是创作路径、编辑路径的过程。

路径上的转角有的是平滑的，有的是尖锐的。转角的平滑或尖锐是由转角处的锚点类型构成的。锚点包含“平滑点”和“尖角点”两种类型，如图 7–3 所示。每个锚点都有控制棒，控制棒决定锚点的弧度，同时决定了锚点两边的线段弯曲度，如图 7–4 所示。

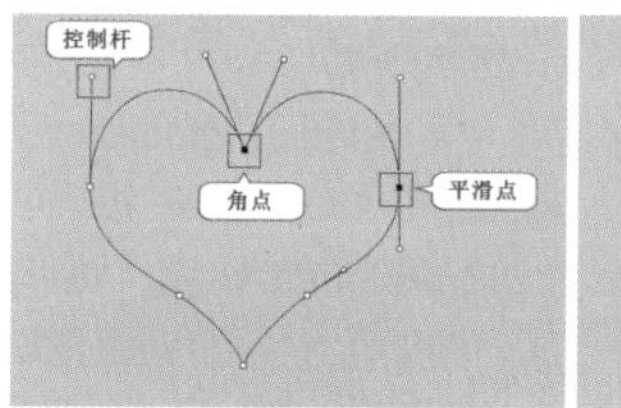

图 7–3

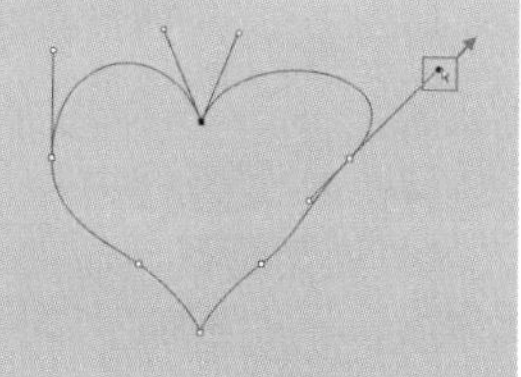

图 7–4

提示：锚点与路径之间的关系

平滑锚点能够连接曲线，还可以连接转角曲线和直线，如图 7–5 所示。

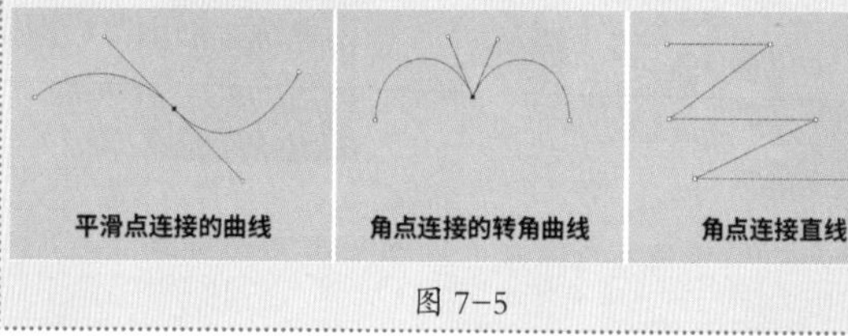

图 7–5

路径有的是断开的，有的是闭合的，还有的由多个部分构成。这些路径可以被概括为三种类型：两端具有端点的开放路径、首尾相接的闭合路径以及由两个或两个以上路径组成的复合路径，如图 7–6 所示。

图 7–6

重点 7.2 不同的矢量绘图模式

在使用“钢笔工具”或“形状工具”绘图前，首先要在工具选项栏中选择绘图模式，绘图模式有“形状”“路径”“像素”三种，如图 7–7 所示。如图 7–8 所示为三种绘图模式。注意，“像素”模式无法在“钢笔工具”状态下启用。

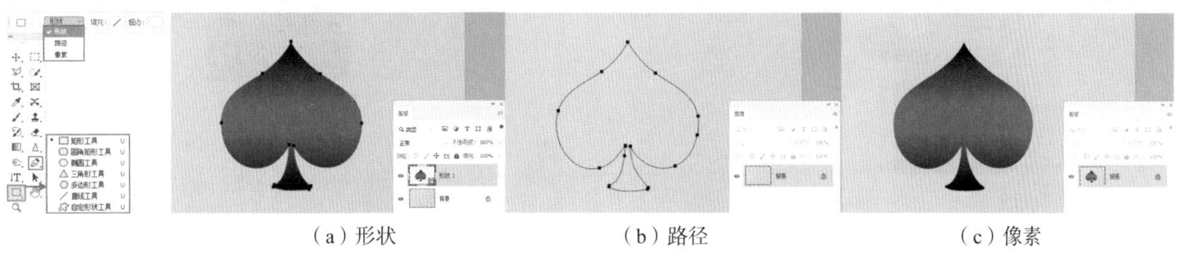

（a）形状　　（b）路径　　（c）像素

图 7–7　　图 7–8

矢量绘图时经常使用“形状”模式进行绘制，因为可以方便、快捷地在选项栏中设置填充与描边属性。“路径”模式常用来创建路径后转换为选区，而“像素”模式则用于快速绘制常见的几何图形。

总结几种绘图模式的特点如下。

- 形状：带有路径，可以设置填充与描边。绘制时自动新建形状图层，绘制出的是矢量对象。“钢笔工具”与“形状工具”皆可使用此模式。
- 路径：只能绘制路径，不具有颜色填充属性。无须选中图层，绘制出的是矢量路径，无实体，打印输出不可见，可以转换为选区后填充。“钢笔工具”与“形状工具”皆可使用此模式。
- 像素：没有路径，以前景色填充绘制的区域。需要选中图层，绘制出的对象为位图对象。“形状工具”可使用此模式，“钢笔工具”不可使用。

7.2.1 使用“形状”模式绘图

在使用形状工具组中的工具或“钢笔工具”时，都可将“绘制模式”设置为“形状”。在“形状”绘制模式下可以设置形状的填充，将其填充为“纯色”“渐变”“图案”或者无填充，还可以设置描边的颜色、粗细以及描边样式，如图 7–9 所示。

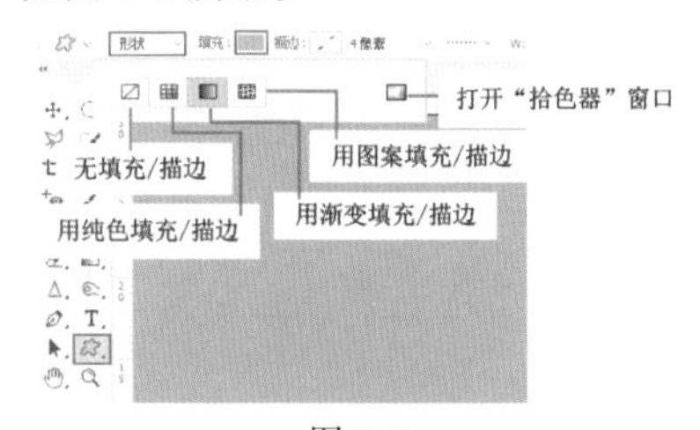

图 7–9

（1）下面以“矩形工具”使用该模式进行绘图。选择工具箱中的“矩形工具”，在选项栏中设置“绘制模式”为“形状”，然后单击“填充”下拉面板的“无”按钮，设置“描边”为“无”。“描边”下拉面板与“填充”下拉面板是相同的，如图 7–10 所示。然后按住鼠标左键拖曳图形。效果如图 7–11 所示。

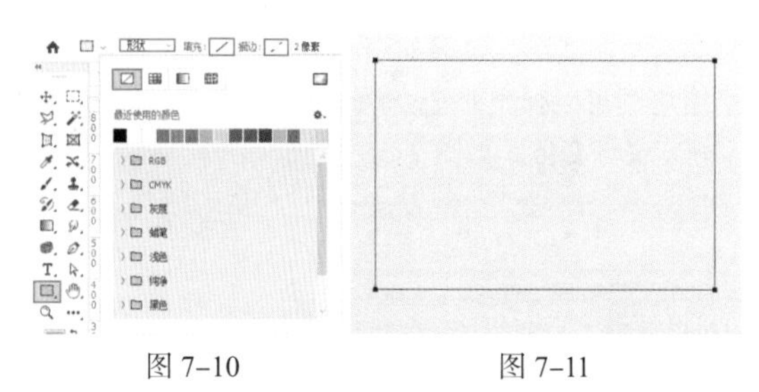

图 7–10　　图 7–11

（2）按组合键 Ctrl+Z 进行撤销。单击“填充”按钮，在“填充”下拉面板中单击“纯色”按钮，然后在该下拉面板中可以看到多个颜色组，单击 › 按钮展开颜色组，然后单击色块即可选中相应的颜色，如图 7–12 所示。接着绘制图形，就会被填充该颜色，如图 7–13 所示。

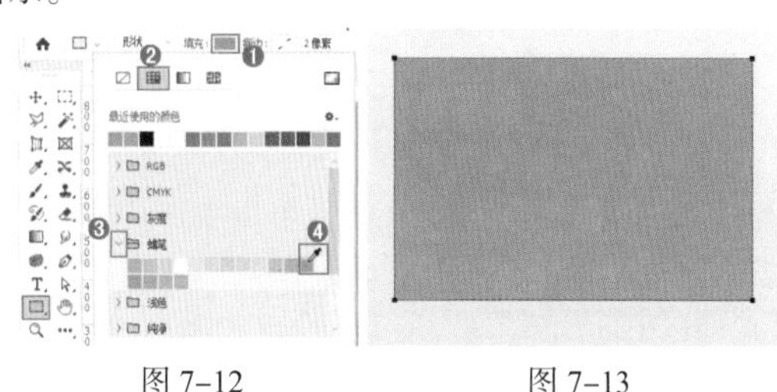

图 7–12　　图 7–13

（3）单击“拾色器”按钮，打开“拾色器”窗口，自定义颜色，如图 7–14 所示。图像绘制完成后，还可以双击形状图层的缩略图，在弹出的“拾色器”窗口中定义颜色，如图 7–15 所示。

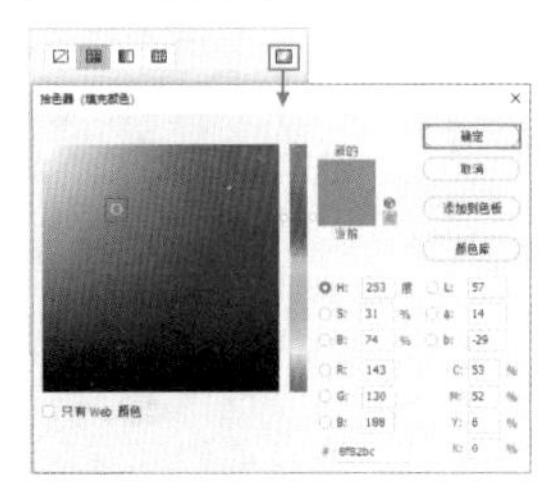

图 7–14

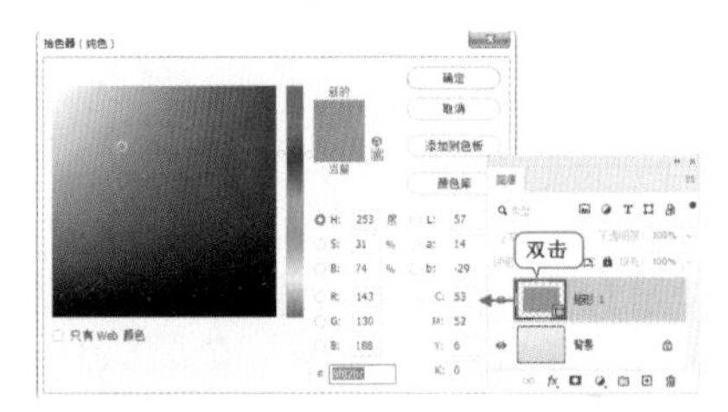

图 7–15

（4）如果想要设置填充为渐变色，可以单击“填充”按钮，在“填充”下拉面板中单击“渐变”按钮，然后在该下拉面板中编辑渐变色，如图 7–16 所示。渐变编辑完成后绘制图形。效果如图 7–17 所示。此时双击形状图层缩略图可以弹出“渐变填充”窗口，在该窗口中可以重新定义渐变色，如图 7–18 所示。

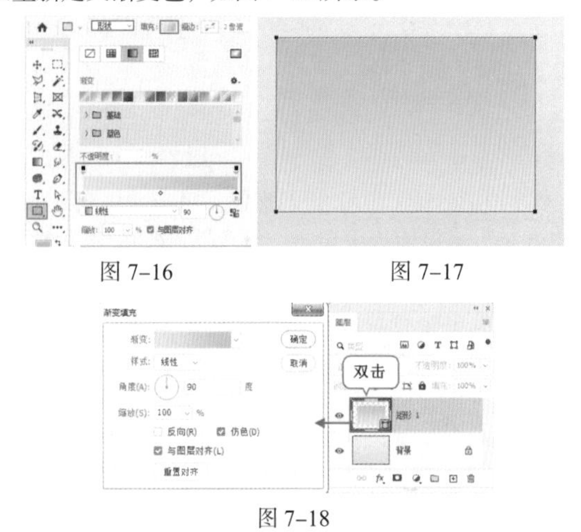

图 7–16　　图 7–17

图 7–18

（5）如果要设置填充为图案，可以单击“填充”按钮，在“填充”下拉面板中单击“图案”按钮，然后在下拉面板中打开图案组，单击选择一个图案，如图 7–19 所示。接着绘制图形。该图形效果如图 7–20 所示。双击形状图层缩略图可以打开“图案填充”窗口，在该窗口中可以重新选择图案，如图 7–21 所示。

图 7–19　　图 7–20　　图 7–21

提示：使用“形状工具”绘制时需要注意的小状况

当先绘制一个形状，需要绘制第二个不同属性的形状时，如果直接在选项栏中设置参数，可能会把第一个形状图层的属性更改了。这时可以在更改属性之前，在“图层”面板中的空白位置单击，取消对任何图层的选择。然后在属性栏中设置参数，进行第二个图形的绘制。

（6）设置描边颜色，调整描边粗细，如图 7–22 所示。单击“描边”，在下拉列表中可以选择一种描边线条的样式，如图 7–23 所示。

图 7–22

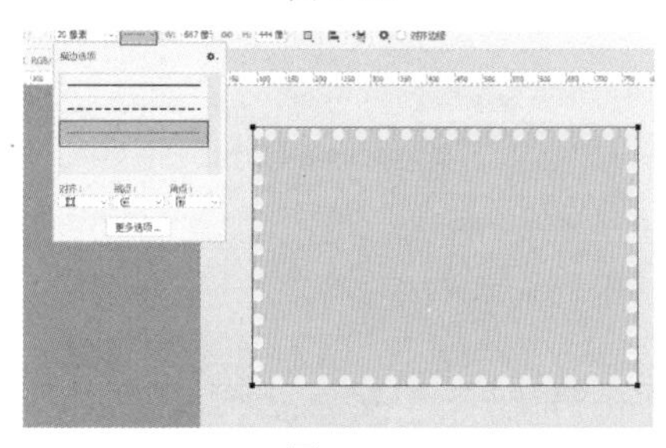

图 7–23

（7）在“对齐”选项中可以设置描边的位置，分别有“内部”、“居中”和“外部”三个选项，如图 7–24 所示。“端点”选项可以用来设置开放路径描边端点位置的类型，有“端面”、“圆形”和“方形”三种，如图 7–25 所示。“角点”选项可以用来设置路径转角处的转折样式，有“斜接”、“圆形”和“斜面”三种，如图 7–26 所示。

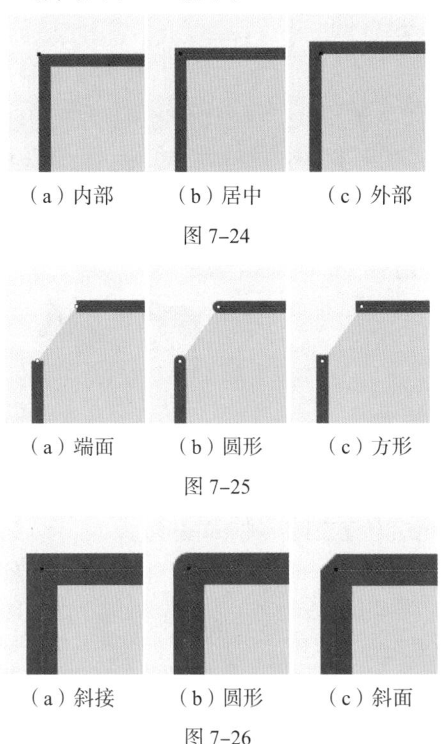

（a）内部　（b）居中　（c）外部

图 7–24

（a）端面　（b）圆形　（c）方形

图 7–25

（a）斜接　（b）圆形　（c）斜面

图 7–26

（8）单击“更多选项”按钮，会弹出“描边”窗口。在该窗口中，可以对“描边”选项进行设置。还可以勾选“虚线”复选框，在“虚线”与“间隙”数值框内设置虚线的间距，如图 7–27 所示。效果如图 7–28 所示。

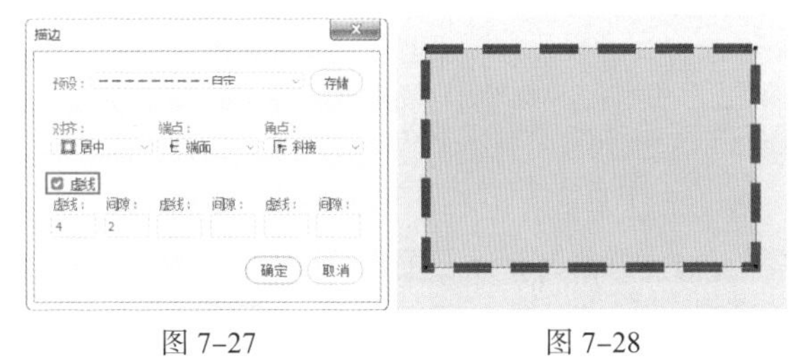

图 7–27　　图 7–28

提示：编辑形状图层

形状图层带有标志，它具有填充、描边等属性。在形状绘制完成后，还可以进行修改。选择形状图层，接着单击工具箱中的“直接选择工具”、“路径选择工具”、“钢笔工具”或者形状工具组中的工具，随即会在选项栏中显示当前形状的属性，接着在选项栏中进行修改即可。

7.2.2　使用“路径”模式绘图

（1）选择工具箱中的“矩形工具”，在选项栏中设置“绘制模式”为“路径”，然后在画面中按住鼠标左键拖动绘制，即可得到一个矩形路径，如图 7–29 所示。

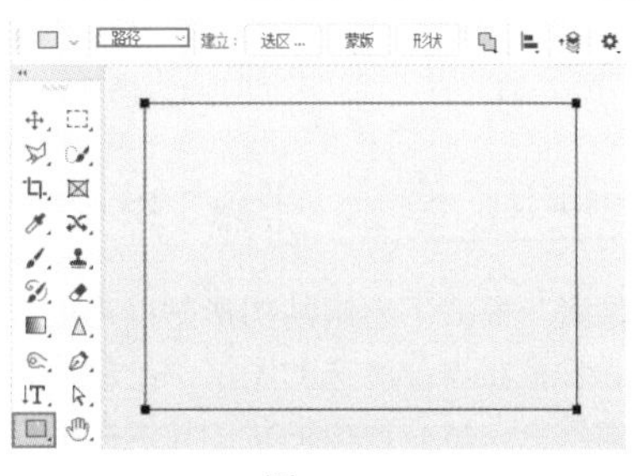

图 7–29

（2）单击选项栏中的“选区”按钮，在弹出的“建立选区”窗口中设置“羽化半径”，然后单击“确定”按钮，即可将路径转换为选区，如图 7–30 所示。选区效果如图 7–31 所示。在路径的状态下使用 Ctrl+Enter 组合键可以快速地将路径转换为选区。

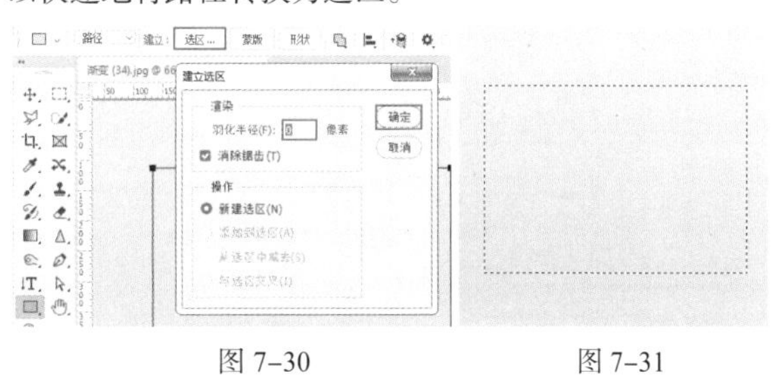

图 7–30　　图 7–31

（3）绘制得到的路径还可以用于为图层创建“矢量蒙版”，单击“蒙版”按钮，即可为所选图层创建矢量蒙版，如图 7–32 所示。

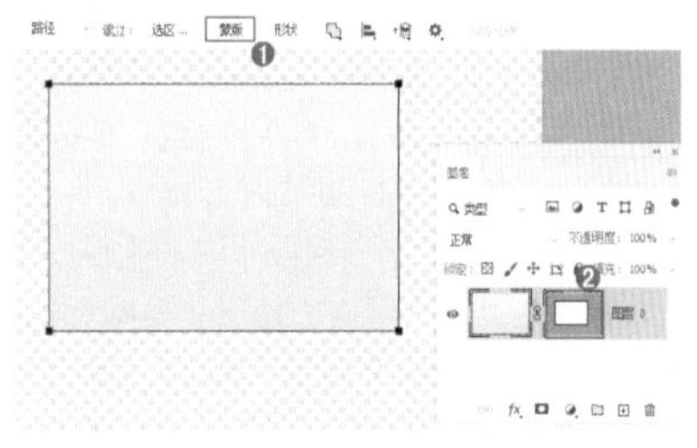

图 7–32

（4）若单击“形状”按钮，即可将路径转换为形状，在“图层”面板中会得到一个形状图层，如图 7–33 所示。在选项栏中将“绘制模式”设置为“形状”，即可设置填充、描边等参数选项，如图 7–34 所示。

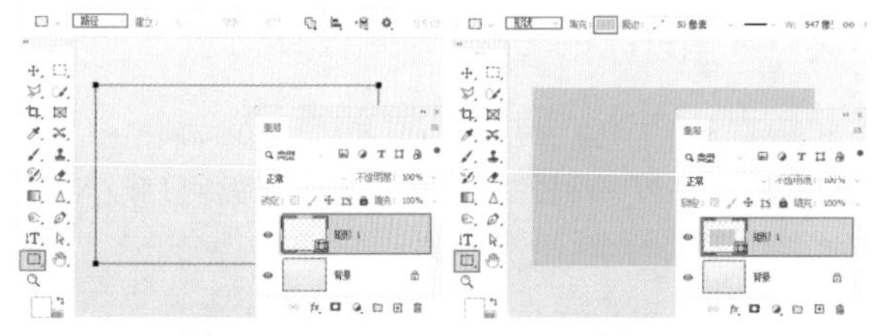

图 7-33　　图 7-34

7.2.3 使用“像素”模式绘图

在“像素”模式下绘制的图形是以当前的前景色进行填充，并且是在当前所选的图层中绘制。首先设置一个合适的前景色，然后选择形状工具组中的任意一个工具，接着在选项栏中设置“绘制模式”为“像素”，设置合适的“混合模式”与“不透明度”。然后选择一个图层，按住鼠标左键拖曳进行绘制，如图 7-35 所示。绘制完成后只有一个纯色的图形，没有路径，也没有新出现的图层，如图 7-36 所示（“钢笔工具”无法使用“像素”模式进行绘制）。

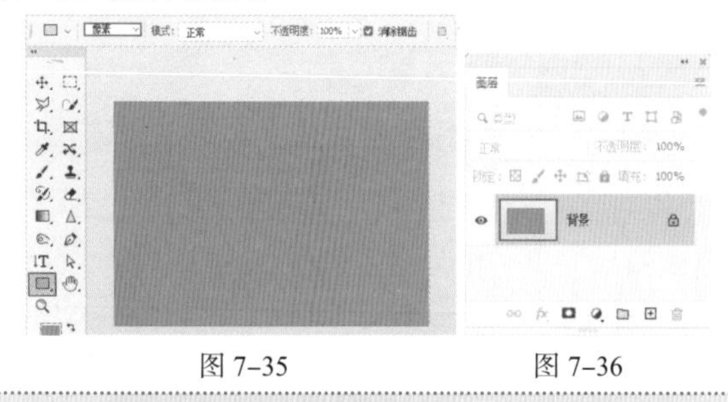

图 7-35　　图 7-36

提示：什么时候需要使用矢量绘图

由于矢量工具包括几种不同的绘图模式，不同的工具在使用不同绘图模式时的用途也不相同。

- **抠图 / 绘制精确选区**：钢笔工具 +“路径”模式。绘制出精确的路径后，转换为选区可以进行抠图或者以局部选区对画面细节进行编辑。
- **需要打印的大幅面设计作品**：钢笔工具 +“形状”模式、形状工具 +“形状”模式。由于平面设计作品经常需要进行打印或印刷，如果需要将作品尺寸增大，以矢量对象存在的元素，不会因为增大图像尺寸而影响质量，所以最好使用矢量元素进行绘图。
- **绘制矢量插画**：钢笔工具 +“形状”模式、形状工具 +“形状”模式。使用“形状”模式进行插画绘制，既可方便地设置颜色，又可进行重复编辑。

7.3 动手练：使用形状工具组

扫一扫，看视频

右击工具箱中的形状工具组按钮，在弹出的工具组中可以看到 7 种形状工具，如图 7-37 所示。使用这些形状工具可以绘制出各种各样的常见形状，如图 7-38 所示。

矩形工具 U
圆角矩形工具 U
椭圆工具 U
三角形工具 U
多边形工具 U
直线工具 U
自定形状工具 U

图 7-37　　图 7-38

【重点】7.3.1 形状工具的基本使用方法

1. 使用绘图工具绘制简单图形

这些绘图工具虽然能够绘制出不同类型的图形，但是它们的使用方法是比较接近的。首先单击工具箱中的相应工具按钮，以使用“矩形工具”为例。右击工具箱中的形状工具组按钮，在工具列表中单击“矩形工具”按钮。在选项栏里设置绘制模式以及描边填充等属性，设置完成后在画面中按住鼠标左键并拖曳，如图 7-39 所示。释放鼠标后得到一个矩形，如图 7-40 所示。

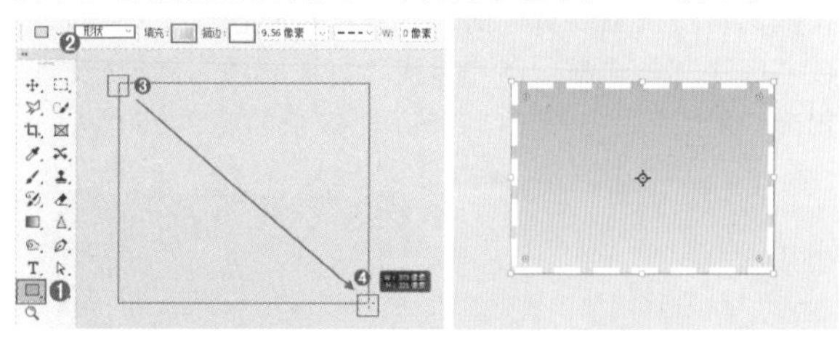

图 7-39　　图 7-40

此时图形四周会自动出现类似“自由变换”命令的界定框，在一角处拖动可以对图形进行放大或缩小，如图 7-41 和图 7-42 所示。

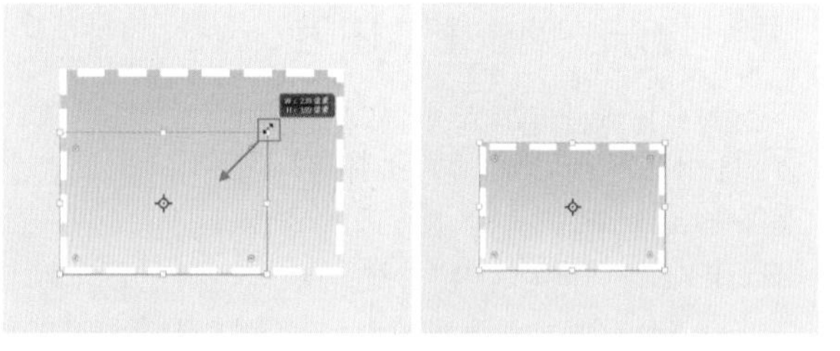

图 7-41　　图 7-42

将光标定位到界定框以外，光标变为带有弧线的双箭头时，按住鼠标左键并拖动即可对图形进行旋转，如图 7–43 和图 7–44 所示。按下 Enter 键即可去除界定框，并结束变换状态。

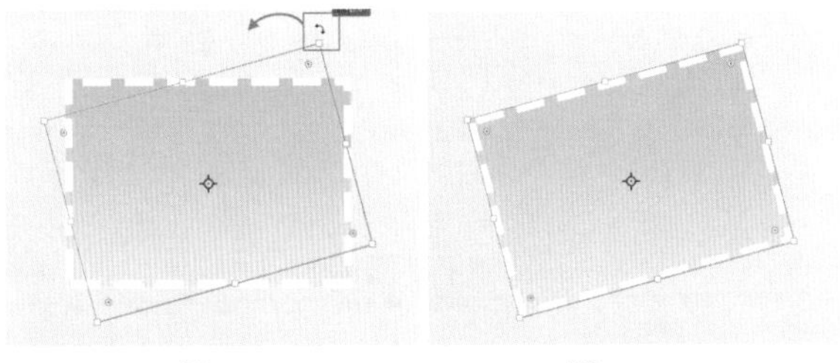

图 7–43　　　　图 7–44

当绘制出的图形带有尖角，且尖角内侧出现 ◎ 时，按住并拖动该图标，即可使尖角变为平滑的角，如图 7–45 和 7–46 所示。

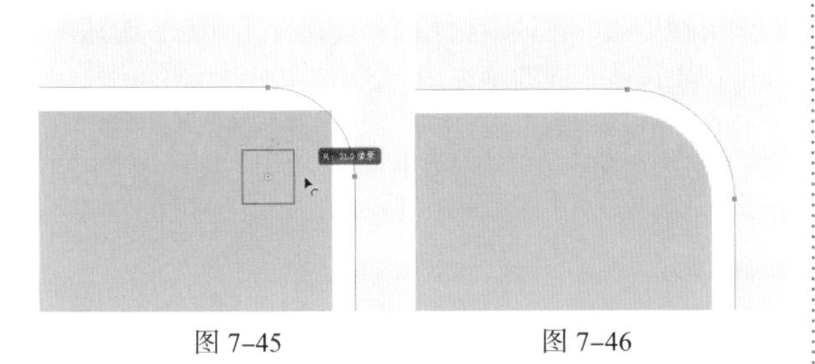

图 7–45　　　　图 7–46

2. 绘制精确尺寸的图形

上面学习的绘制方法属于比较“随意”的绘制方式，如果想要得到精确尺寸的图形，那么可以使用图形绘制工具在画面中单击，然后会弹出一个用于设置精确选项数值的窗口，参数设置完毕后单击“确定”按钮，如图 7–47 所示。即可得到一个精确尺寸的图形，如图 7–48 所示。

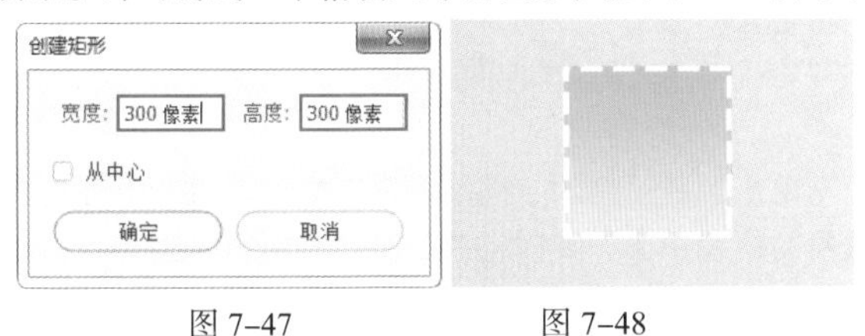

图 7–47　　　　图 7–48

【重点】7.3.2　矩形工具

使用“矩形工具”可以绘制出标准的矩形对象和正方形对象。单击工具箱中的“矩形工具” 按钮，在画面中按住鼠标左键拖曳，释放鼠标后即可完成一个矩形对象的绘制，如图 7–49 和图 7–50 所示。在选项栏中单击 按钮，打开“矩形工具”的设置选项，如图 7–51 所示。

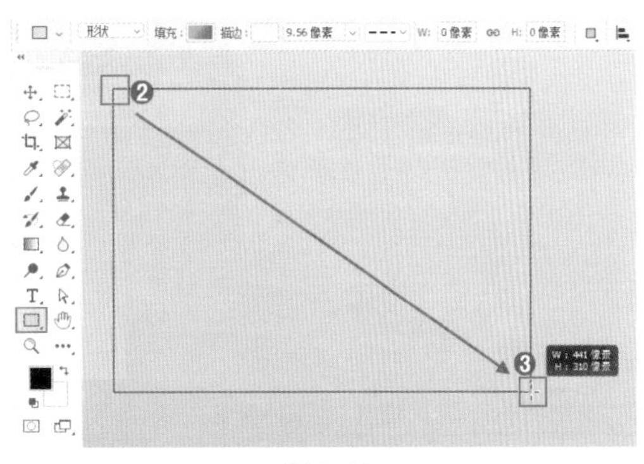

图 7–49

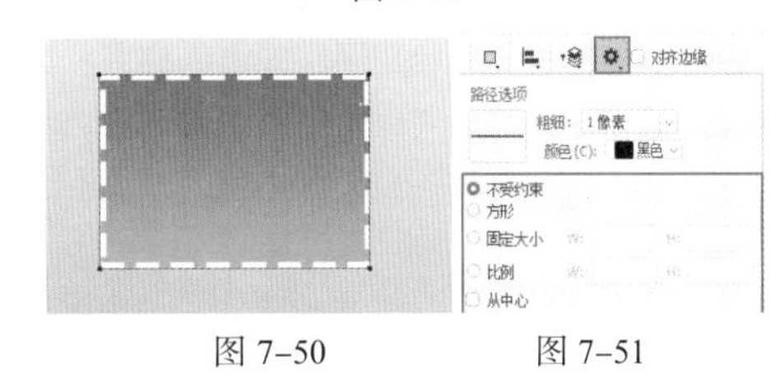

图 7–50　　　　图 7–51

- 不受约束：选中该单选按钮后，可以绘制出任意大小的矩形。
- 方形：选中该单选按钮后，可以绘制出任意大小的正方形。
- 固定大小：选中该单选按钮后，可以在其后面的数值输入框中输入宽度（W）和高度（H），然后在图像上单击即可创建出矩形。
- 比例：选中该单选按钮后，可以在其后面的数值输入框中输入宽度（W）和高度（H），此后创建的矩形始终保持这个比例。
- 从中心：以任何方式创建矩形时，选中该单选按钮，鼠标单击点即为矩形的中心。

在绘制过程中，按住 Shift 键拖曳鼠标，可以绘制正方形，如图 7–52 所示。按住 Alt 键拖曳鼠标可以绘制由鼠标落点为中心点向四周延伸的矩形，如图 7–53 所示。同时按住 Shift 键和 Alt 键拖曳鼠标，可以绘制由鼠标落点为中心的正方形，如图 7–54 所示。

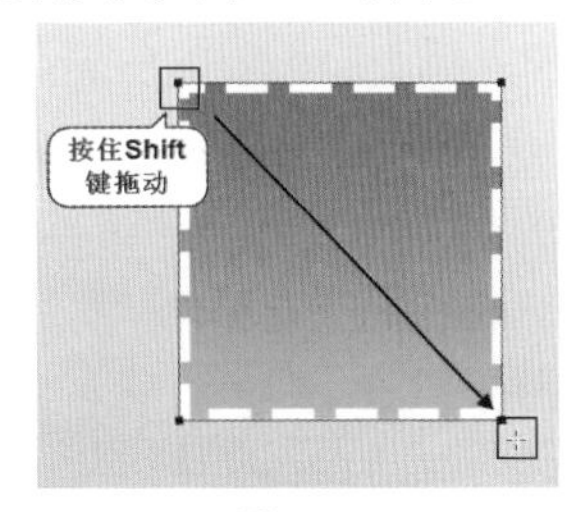

图 7–52

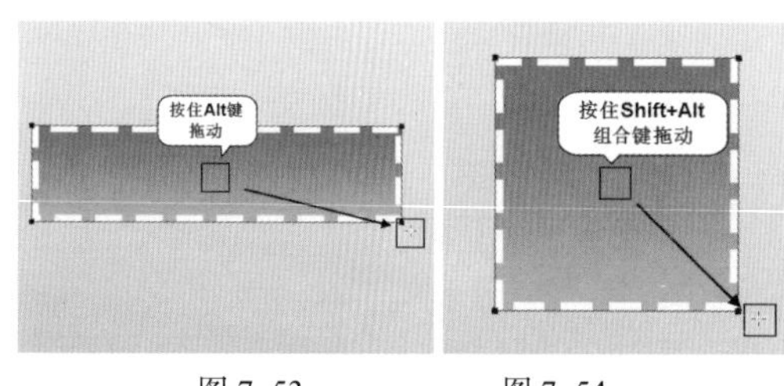

图 7-53　　图 7-54

【重点】7.3.3　圆角矩形工具

圆角矩形在设计中应用非常广泛，它不似矩形那样锐利、棱角分明，给人一种圆润、光滑的感觉，所以也就变得富有亲和力。使用“圆角矩形工具”可以绘制出标准的圆角矩形对象和圆角正方形对象。

“圆角矩形工具” 的使用方法与“矩形工具”一样，右击形状工具组，在弹出的快捷菜单中执行“圆角矩形工具”命令。在选项栏中对“半径”进行设置，数值越大圆角越大。设置完成后在画面中按住鼠标左键拖曳，如图 7-55 所示。拖曳到理想大小后释放鼠标绘制完成，如图 7-56 所示。如图 7-57 所示为不同“半径”的对比效果。

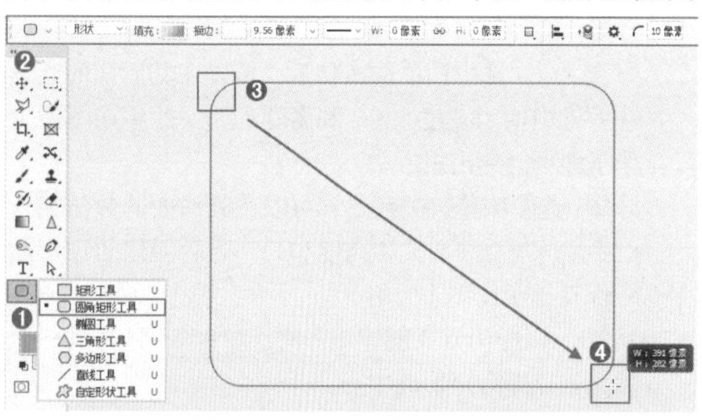

图 7-55

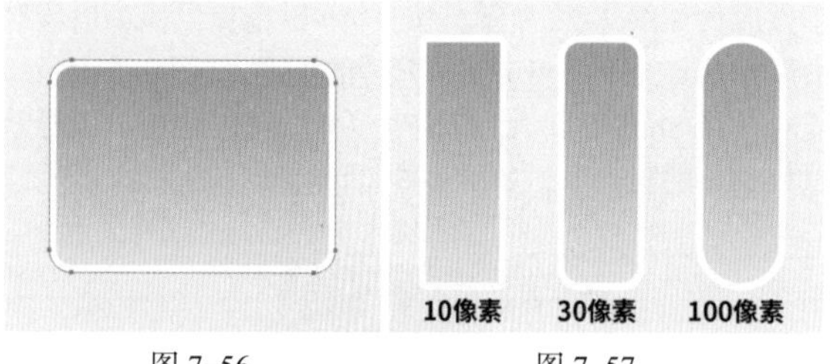

图 7-56　　图 7-57

在圆角矩形绘制完成后会弹出“属性”面板，在该面板中可以对图像的大小、位置、填充、描边等选项进行设置，还可以设置“半径”参数，如图 7-58 所示。

当处于“链接”状态时，“链接”按钮为深灰色 。此时在数值框内输入数值，按 Enter 键确定操作，此时圆角半径的 4 个角都将改变。单击“链接”按钮取消链接状态，可以更改单个圆角的参数。

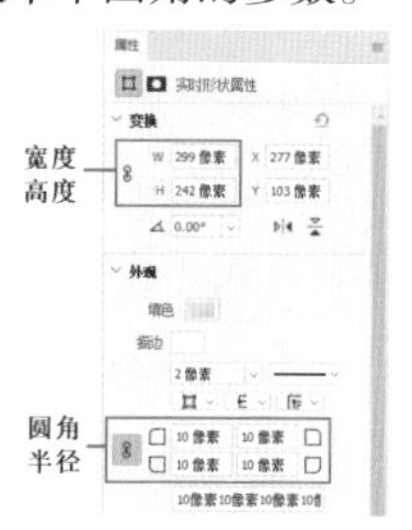

图 7-58

【重点】7.3.4　椭圆工具

使用“椭圆工具”可以绘制出椭圆形和正圆形。虽然圆形在生活中比较常见，但只要在设计中赋予其创意，就能产生截然不同的感觉。

在形状工具组上右击，在弹出的快捷菜单中选择“椭圆工具” 。如果要创建椭圆形，可以在画面中按住鼠标左键并拖动，如图 7-59 所示。松开光标即可创建出椭圆形，如图 7-60 所示。如果要创建正圆形，可以按住 Shift 键或组合键 Shift+Alt（以鼠标单击点为中心）进行绘制。

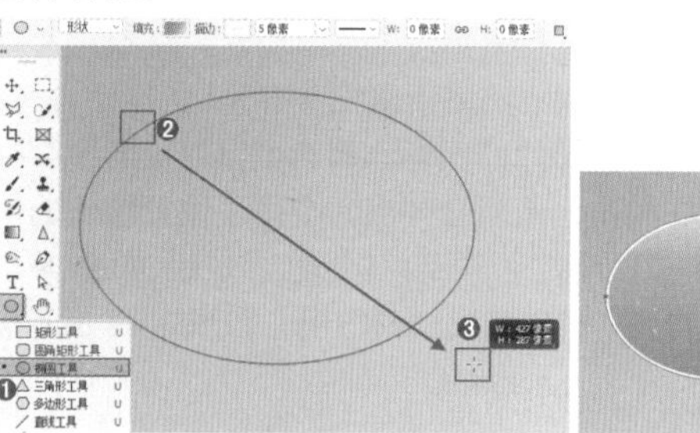

图 7-59　　图 7-60

单击工具箱中的“椭圆工具”按钮，在要绘制椭圆对象的位置单击，此时会弹出“创建椭圆”窗口。在该窗口中进行相应设置，单击“确定”按钮即可创建精确尺寸的椭圆形对象，如图 7-61 和图 7-62 所示。

图 7-61　　图 7-62

7.3.5　三角形工具

使用“三角形工具”可以绘制出尖角三角形以及圆角三角形。

在形状工具组上右击,在弹出的快捷菜单中选择“三角形工具”，在画面中按住鼠标左键并拖动，即可绘制出三角形,如图 7–63 所示。如果按住 Shift 键进行绘制，则可以绘制出等边三角形，如图 7–64 所示。

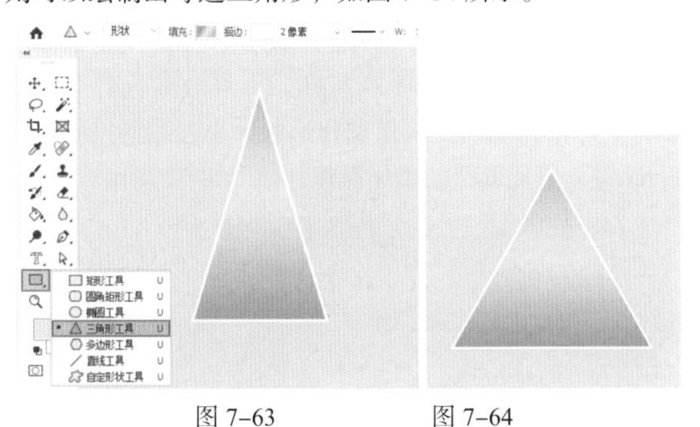

图 7–63　　　图 7–64

如果在选项栏中进行圆角的设置，则可以绘制出圆角的三角形，如图 7–65 所示。圆角数值为 0 时，绘制出的为尖角三角形。

图 7–65

7.3.6　多边形工具

使用“多边形工具”可以创建出各种边数的多边形（最少为三条）以及星形。多边形可以用在很多方面，例如，标志设计、海报设计等。

在形状工具组上右击,在弹出的快捷菜单中选择“多边形工具”。在选项栏中可以设置“边”数，还可以在“多边形工具”选项中设置半径、平滑拐点、星形等参数，如图 7–66 所示。设置完毕在画面中按住鼠标左键拖曳，松开鼠标完成绘制操作，如图 7–67 所示。

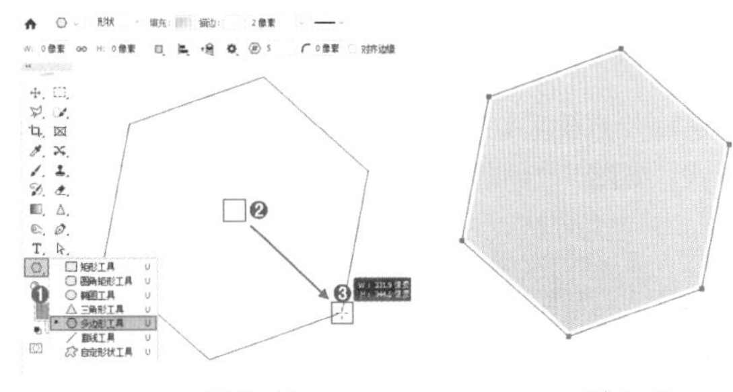

图 7–66　　　图 7–67

- 边 5 ：设置多边形的边数。边数设置为 3 时，可以绘制出三角形; 设置为 5 时，可以绘制出五边形; 设置为 8 时，可以绘制出八边形，如图 7–68 所示。

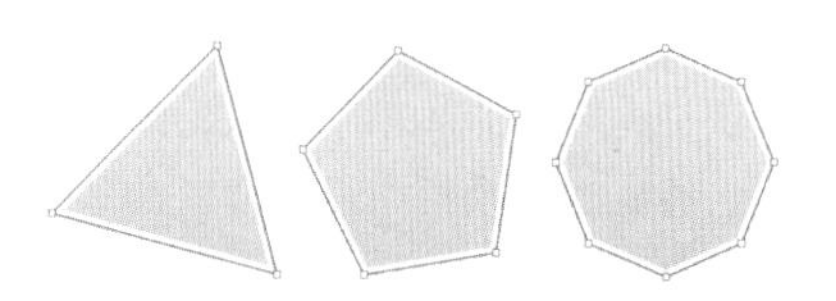

（a）边数：3　（b）边数：5　（c）边数：8

图 7–68

- 设置圆角的半径 0 像素：当数值为 0 时，多边形的角为尖角,增大数值多边形的角为圆角,如图 7–69 所示。

（a）圆角的半径：0 像素　（b）圆角的半径：30 像素

图 7–69

- 星形比例:单击选项栏中的按钮，在下拉菜单中通过设置“星形比例”可以绘制出星形。数值为 100% 时，绘制出的是多边形。减小数值，则可绘制出星形。数值越小，星形的角越尖锐，如图 7–70 所示。

（a）星形比例：0%　（b）星形比例：8%　（c）星形比例：50%

图 7–70

第7章　矢量绘图

7.3.7 直线工具

使用“直线工具” 可以创建出直线和带有箭头的形状，如图 7-71 所示。

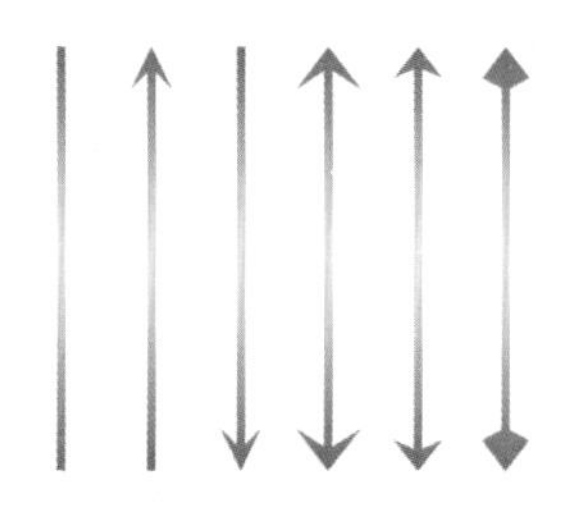

图 7-71

右击形状工具组，在弹出的快捷菜单中选择“直线工具”选项，首先在选项栏中设置合适的填充、描边。调整“粗细”数值，设置合适的直线宽度，然后按住鼠标左键拖曳进行绘制，如图 7-72 所示。“直线工具”还能够绘制箭头。单击 按钮，在下拉面板中能够设置箭头的起点、终点、宽度、长度和凹度等参数。设置完成后按住鼠标左键拖曳绘制，即可绘制箭头形状，如图 7-73 所示。

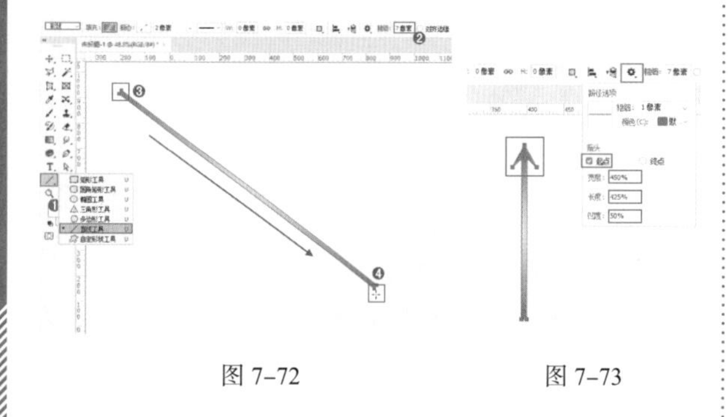

图 7-72　　图 7-73

7.3.8 自定形状工具

使用“自定形状工具” 可以创建出非常多的形状。右击工具箱中的形状工具组，在弹出的快捷菜单中选择“自定形状工具”选项。在选项栏中单击“形状” 按钮，在下拉面板中展开形状组，单击选择一种形状，然后在画面中按住鼠标左键拖曳进行绘制，如图 7-74 所示。

执行“窗口 > 形状”命令，打开“形状”面板，如图 7-75 所示。

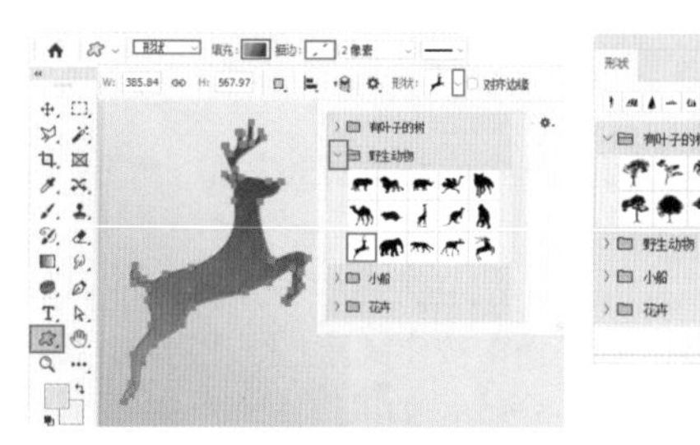

图 7-74　　图 7-75

在“形状”面板中选择一个形状，然后按住鼠标左键向画面内拖动，如图 7-76 所示，释放鼠标后形状会带有定界框，拖动控制点调整形状大小，调整完成后按 Enter 键，完成形状的添加操作，如图 7-77 所示。

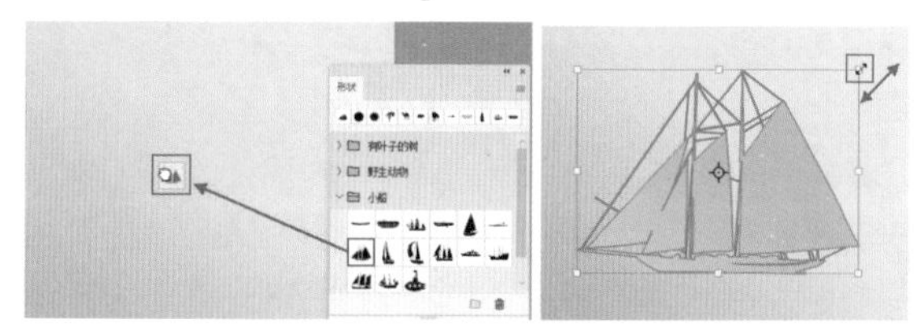

图 7-76　　图 7-77

单击形状面板菜单按钮，执行“旧版形状及其他”命令，如图 7-78 所示。随即可将“旧版形状及其他”形状组载入形状面板中，如图 7-79 所示。

图 7-78　　图 7-79

重点 7.4 编辑路径形态

7.4.1 动手练：选择路径、移动路径

扫一扫，看视频

单击工具箱中的“路径选择工具” 按钮，在需要选中的路径上单击，路径上出现锚点，表明该路径处于选中状态，如图 7-80 所示。按住鼠标左键拖曳，即可移动该路径，如图 7-81 所示。如果要删除路径，可以使用“路径选择工具”选择需要删除的路径，接着按 Delete 键即可删除。

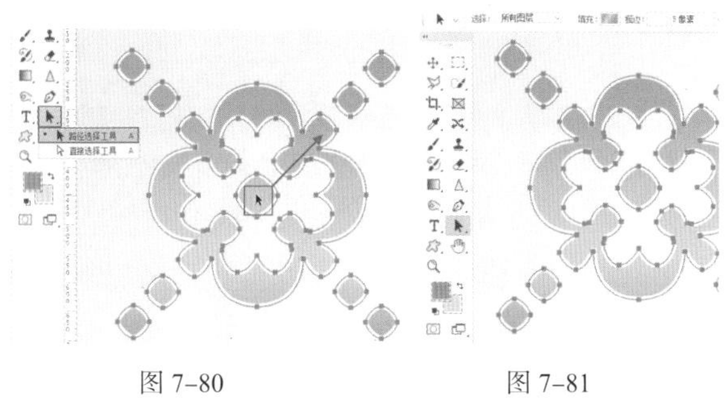

图 7-80　　图 7-81

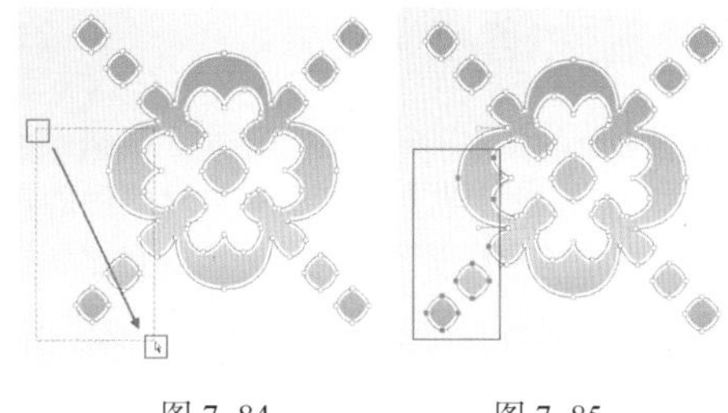

图 7-84　　图 7-85

提示："路径选择工具"使用技巧

如果要移动形状对象中的一个路径，也需要使用"路径选择工具"。按住Shift键单击可以选择多条路径。按住Ctrl键并单击可以将"路径选择工具"切换为"直接选择工具"。

7.4.2　选择锚点、移动锚点

在选择工具组中单击"直接选择工具"按钮，在路径上单击即可显示锚点，接着在锚点上选中锚点，被选中的锚点会变为实心，并且显示控制杆，如图 7-82 所示。然后按住鼠标左键拖动移动锚点的位置，此时可以看到路径发生的变化，如图 7-83 所示。

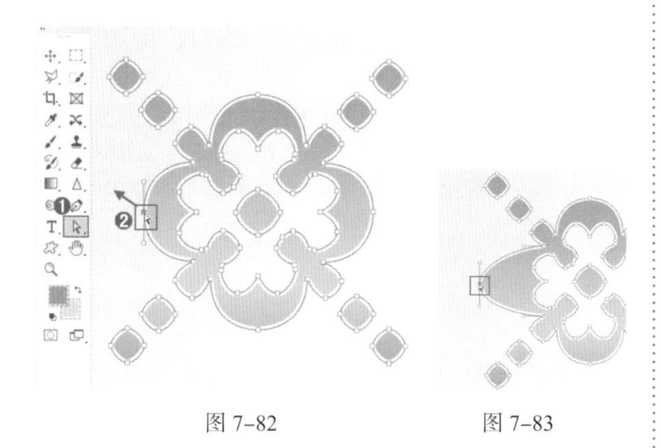

图 7-82　　图 7-83

锚点可以进行加选和框选。在路径上方按住鼠标左键拖曳，如图 7-84 所示。松开鼠标，该区域内的锚点都会被选中，如图 7-85 所示。或者按住 Shift 键在锚点上单击加选多个锚点。选中多个锚点后可进行一同移动等操作。

提示：快速切换"直接选择工具"

在使用"钢笔工具"状态下，按住 Ctrl 键可以快速切换为"直接选择工具"。

7.4.3　添加锚点

如果路径上的锚点较少，细节就无法精细地刻画。此时可以使用"添加锚点工具"在路径上添加锚点。右击钢笔工具组按钮，在弹出的快捷菜单中选择"添加锚点工具"选项。将光标移动到路径上，当它变成形状时单击，如图 7-86 所示。随即可添加一个锚点，添加了锚点后，就可以使用"直接选择工具"调整锚点位置了，如图 7-87 所示。如果选项栏中勾选了"自动添加 / 删除"复选框，在使用"钢笔工具"状态下，将光标放在路径上，光标也会变成形状，单击即可添加一个锚点，如图 7-88 所示。

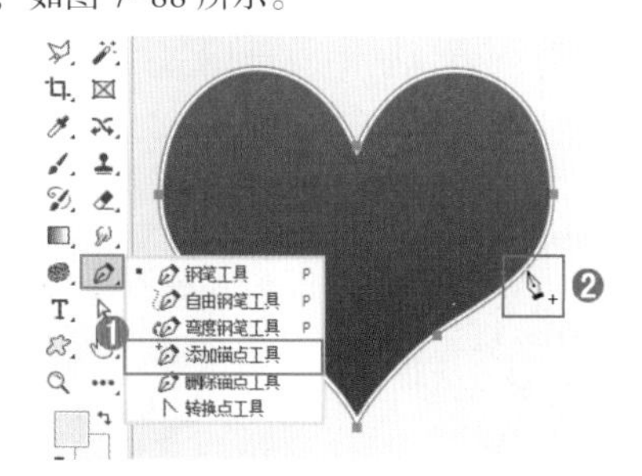

图 7-86

图 7-87　　图 7-88

7.4.4 删除锚点

要删除多余的锚点，可以使用钢笔工具组中的“删除锚点工具” 来完成。右击钢笔工具组中的任一工具按钮，在弹出的快捷菜单中选择“删除锚点工具”按钮，将光标放在锚点上单击，即可删除锚点，如图 7–89 和图 7–90 所示。在使用“钢笔工具”状态下，直接将光标移动到锚点上，当它变为 形状时，单击也可以删除锚点。

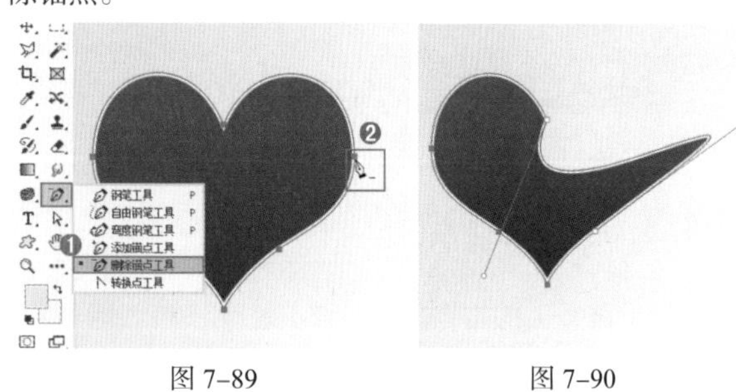

图 7–89　　图 7–90

7.4.5 转换锚点类型

“转换点工具” 可以将锚点在尖角锚点与平滑锚点之间进行转换。右击钢笔工具组中的任一工具按钮，在弹出的快捷菜单中单击“转换点工具” 按钮，将光标移至角点上方按住鼠标左键拖动可以将角点转换为平滑点，如图 7–91 所示。若在平滑点上方单击，则可以将平滑点转换为角点，如图 7–92 所示。在使用“钢笔工具”状态下，按住 Alt 键可以切换为“转换点工具”，松开 Alt 键会变回“钢笔工具”。

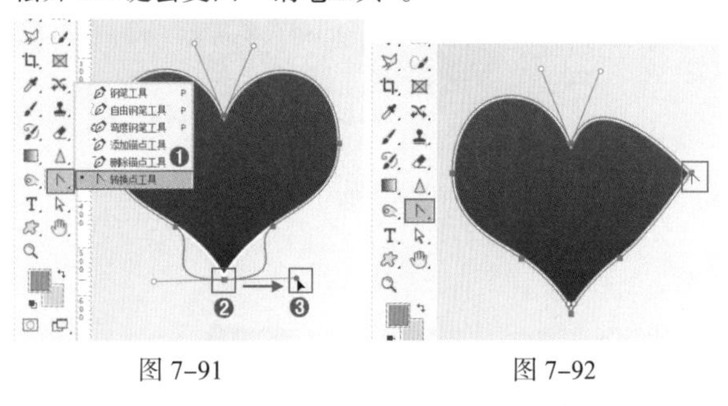

图 7–91　　图 7–92

7.5 “钢笔工具”绘图

“钢笔工具”是一种矢量工具，它的应用范围可以归纳为两种情况：一种是绘制图形；另一种是用来抠图。

7.5.1 认识“钢笔工具”

使用“钢笔工具”时会发现，该工具的“绘制模式”只有“路径”和“形状”两种模式，如图 7–93 所示。

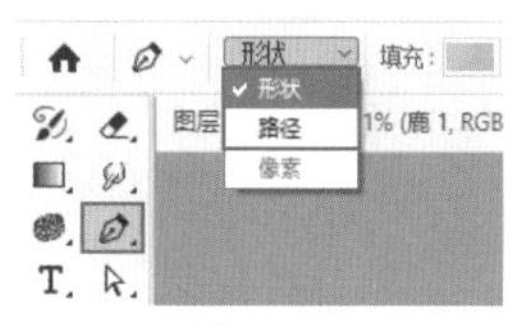

图 7–93

其中，“路径”模式允许使用“钢笔工具”绘制出矢量的路径，使用“钢笔工具”绘制的路径可控性极强，而且可以在绘制完毕后进行重复修改，所以非常适合绘制精细而复杂的路径，而且“路径”可以转换为“选区”，有了选区就可以为选区中填充颜色以完成绘图操作（当然有了选区也可以轻松完成抠图操作），如图 7–94 所示。

(a) 绘制路径　(b) 转换选区　(c) 填充选区　(d) 抠图后合成

图 7–94

“形状”模式则可以绘制出带有填充颜色或者描边颜色的图形，首先在选项栏中将“绘制模式”设置为“形状”，接着设置合适的填充色和描边色，在画面中进行绘制，即可得到带有填充色和描边色的图形，如图 7–95 所示。无论使用哪种绘图模式，其绘图的方式都是相同的。为了便于观察绘制的方式，后面的学习将使用“路径”模式进行绘制。

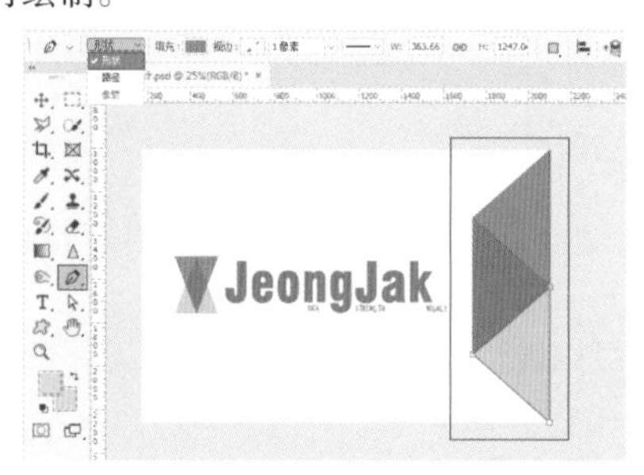

图 7–95

在使用“钢笔工具”进行绘图的过程中，要用到钢笔工具组和选择工具组。其中，包括“钢笔工具”“自由钢笔工具”“弯度钢笔工具”“添加锚点工具”“删除锚点工具”“转换点工具”，如图 7–96 所示。

其中，“钢笔工具”“自由钢笔工具”“弯度钢笔工具”用于绘制路径，而其他工具都是用于调整路径的形态。对于初学者来说，一次性使用“钢笔工具”绘制出完美的图形是非常难的，通常会使用“钢笔工具”尽可能准确地绘制出路径，然后使用其他工具进行细节形态的调整。

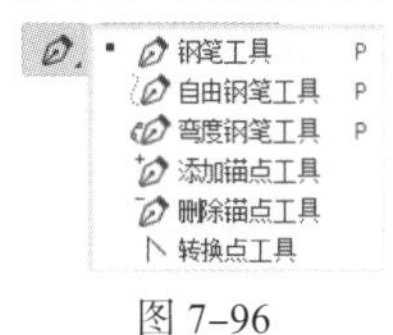

图 7–96

【重点】7.5.2 动手练：使用“钢笔工具”绘制精确路径

1. 绘制直线 / 折线路径

扫一扫，看视频

单击工具箱中的“钢笔工具”按钮，在其选项栏中设置“绘制模式”为“路径”。在画面中单击，画面中出现一个锚点，这是路径的起点，如图 7–97 所示。接着在下一个位置单击，在两个锚点之间可以生成一段直线路径，如图 7–98 所示。继续以单击的方式进行绘制，可以绘制出折线路径，如图 7–99 所示。

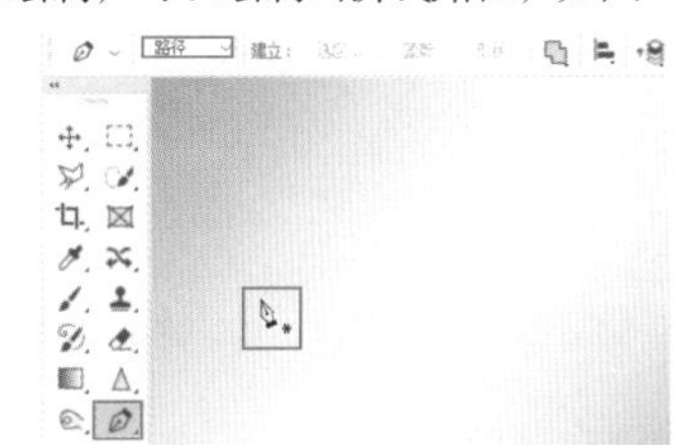

图 7–97

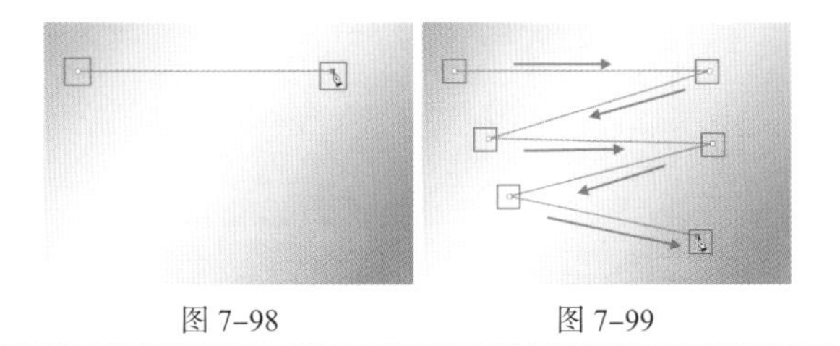

图 7–98　　图 7–99

> **提示：终止路径的绘制**
>
> 如果要终止路径的绘制，可以在使用“钢笔工具”的状态下按Esc键；单击工具箱中的其他任意一个工具，也可以终止路径的绘制。

2. 绘制曲线路径

曲线路径由平滑的锚点组成。使用“钢笔工具”直接在画面中单击，创建出的是尖角的锚点。想要绘制平滑的锚点，需要按住鼠标左键拖动，此时可以看到按下鼠标左键的位置生成了一个锚点，而拖曳的位置显示了方向线，如图 7–100 所示。此时可以按住鼠标左键，同时上、下、左、右拖曳方向线，调整方向线的角度，曲线的弧度也随之发生变化，如图 7–101 所示。

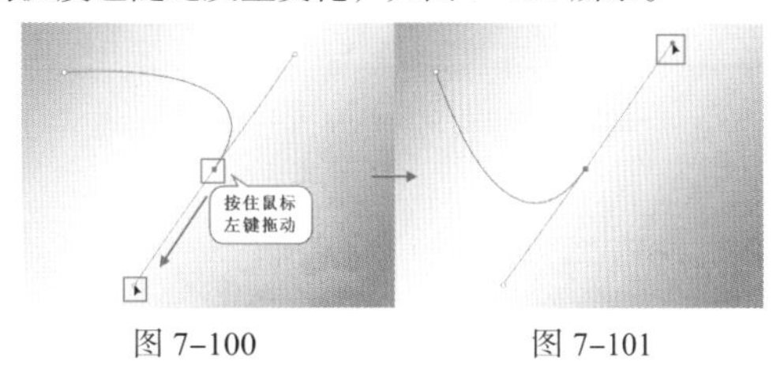

图 7–100　　图 7–101

3. 绘制闭合路径

路径绘制完成后，将“钢笔工具”光标定位到路径的起点处，当它变为形状时，如图 7–102 所示。单击即可闭合路径，如图 7–103 所示。

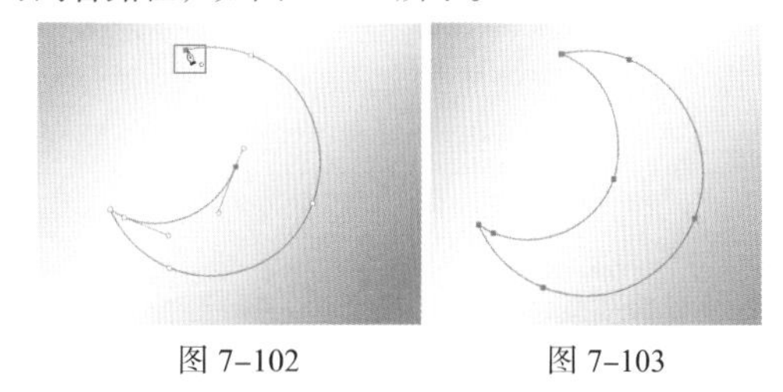

图 7–102　　图 7–103

4. 继续绘制未完成的路径

对于未闭合的路径，如要继续绘制，可以将“钢笔工具”光标移动到路径的一个端点处，当它变为形状时，单击该端点，如图 7–104 所示。接着将光标移动到其他位置进行绘制，可以看到在当前路径上向外产生了延伸的路径，如图 7–105 所示。

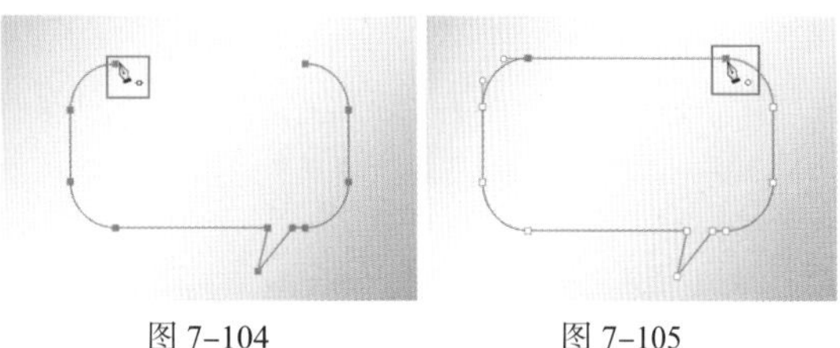

图 7–104　　图 7–105

> **提示：继续绘制路径时的注意事项**
>
> 如果光标变为形状，那么此时绘制的是一条新的路径，而不是在之前路径的基础上继续绘制。

7.5.3 动手练：使用“自由钢笔工具”绘制随意路径 / 图形

扫一扫，看视频

“自由钢笔工具”也是一种绘制路径的工具，但并不适合绘制精确的路径。在使用“自由钢笔工具”状态下，在画面中按住鼠标左键随意拖动，光标经过的区域即可形成路径。

右击钢笔工具组中的任一工具按钮，在弹出的快捷菜单中选择“自由钢笔工具” ，在画面中按住鼠标左键拖动，如图 7–106 所示，即可自动添加锚点，绘制出路径，如图 7–107 所示。

图 7–106

图 7–107

“曲线拟合”选项控制绘制路径的精度。数值越大，路径上的锚点越少，路径越平滑；数值越小，路径上的锚点越多，路径越精确，如图 7–108 所示。

（a）曲线拟合：10　　（b）曲线拟合：1

图 7–108

提示：删除路径

路径绘制完成后，如果需要删除路径，可以在使用“钢笔工具”的状态下右击，在弹出的快捷菜单中执行“删除路径”命令。

7.5.4 动手练：弯度钢笔工具

扫一扫，看视频

“弯度钢笔工具”能够通过三个点确定一段曲线。选择工具箱中的“弯度钢笔工具”，然后在画面中单击，接着在下一个位置单击，如图 7–109 所示。然后将光标移动至第三个位置，此时会形成一段曲线的路径，先拖动光标调整路径的位置，调整完成后左击确定路径的绘制操作，如图 7–110 所示。

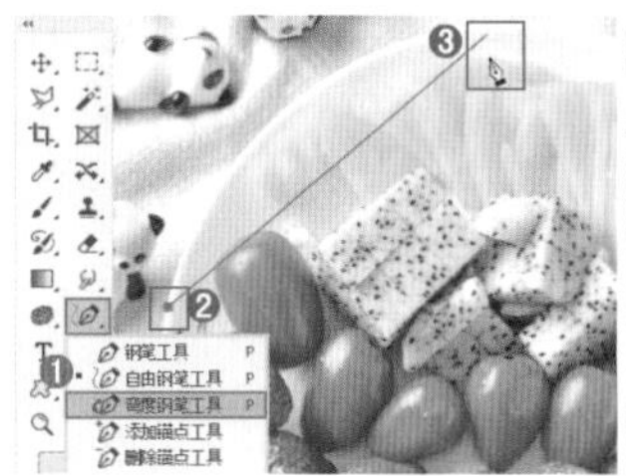

图 7–109

图 7–110

练习实例：图形感海报

扫一扫，看视频

文件路径	资源包 \ 第 7 章 \ 图形感海报
难易指数	★★★★★
技术掌握	钢笔工具、混合模式、矩形工具

案例效果

案例效果如图 7–111 所示。

图 7–111

操作步骤

步骤 01 执行“文件 > 打开”命令，将背景素材 1.jpg 打开，如图 7–112 所示。接着执行“文件 > 置入嵌入对象”命令，将素材 2.jpg 置入画面中。调整大小放在背景的相框中并将该图层进行栅格化处理，如图 7–113 所示。

图 7-112　　图 7-113

步骤 02 单击工具箱中的“钢笔工具”按钮，在选项栏中设置“绘制模式”为“形状”，“填充”为红色，“描边”为无，设置完成后在画面中绘制形状，如图 7-114 所示。接着选择该形状图层，右击，在弹出的快捷菜单中执行“创建剪贴蒙版”命令，创建剪贴蒙版，将不需要的部分隐藏。效果如图 7-115 所示。

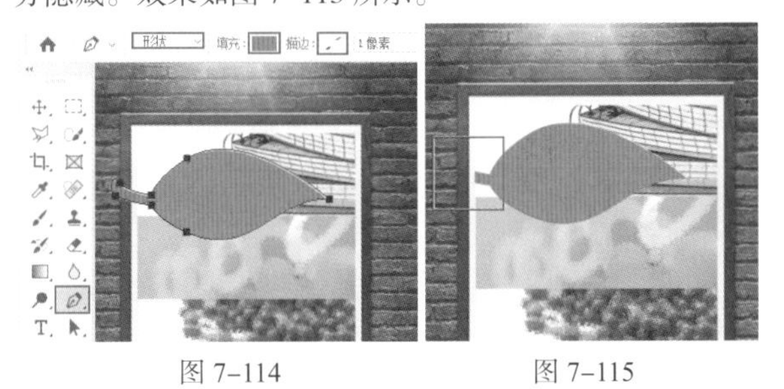

图 7-114　　图 7-115

步骤 03 选择绘制的形状图层，使用组合键 Ctrl+J 将其复制一份。选择复制得到的图层，在绘制状态下将“填充”更改为白色，如图 7-116 所示。然后使用自由变换组合键 Ctrl+T 调出定界框，右击，在弹出的快捷菜单中执行“旋转 180 度”命令，将图形旋转 180°，并将图形适当地缩小放在画面右侧，如图 7-117 所示。操作完成后按 Enter 键完成操作。继续创建剪贴蒙版。

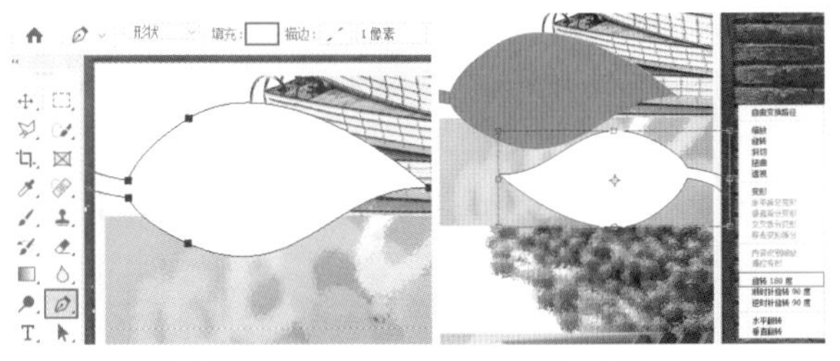

图 7-116　　图 7-117

步骤 04 继续将红色和白色图形进行复制，调整大小放在已有形状下方位置，如图 7-118 所示。然后选择原始的绘制形状图层将其复制一份，将“填充”更改为黑色。使用自由变换组合键 Ctrl+T 调出定界框，右击，在弹出的快捷菜单中执行“水平翻转”命令，将该图层进行水平翻转并调整大小与位置，如图 7-119 所示。操作完成后按 Enter 键完成操作。然后创建剪贴蒙版。

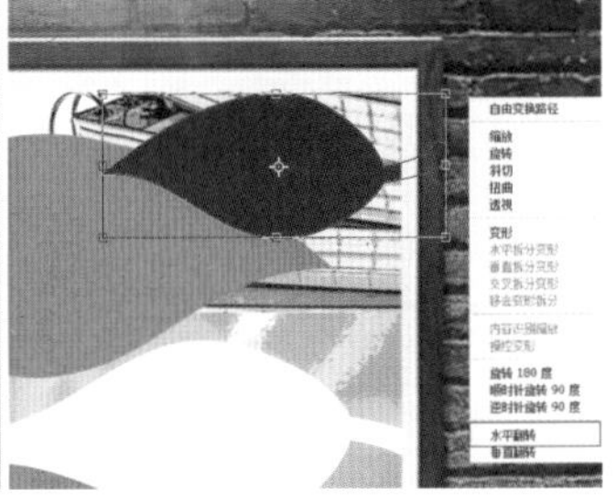

图 7-118　　图 7-119

步骤 05 使用同样的方式制作另外两个黑色图形，并设置不同的透明度。上面的图形设置“不透明度”为 64%，下面的图形设置“混合模式”为“正片叠底”。效果如图 7-120 所示。接着制作另外一个白色图形，设置“混合模式”为“柔光”。效果如图 7-121 所示。在操作时注意调整图层顺序，并且创建剪贴蒙版。

图 7-120　　图 7-121

步骤 06 执行“文件 > 置入嵌入对象”命令，将文字素材 3.png 置入画面中。调整大小放在画面中并将该图层进行栅格化处理，如图 7-122 所示。

图 7-122

步骤 07 在画面中添加细节，让整体效果更加丰富。选择工具箱中的“矩形工具”,在选项栏中设置“绘制模式”为“形状”,“填充”为白色,“描边”为无,设置完成后在画面中绘制形状,如图7-123所示。然后继续使用“矩形工具”绘制其他小矩形,如图7-124所示。

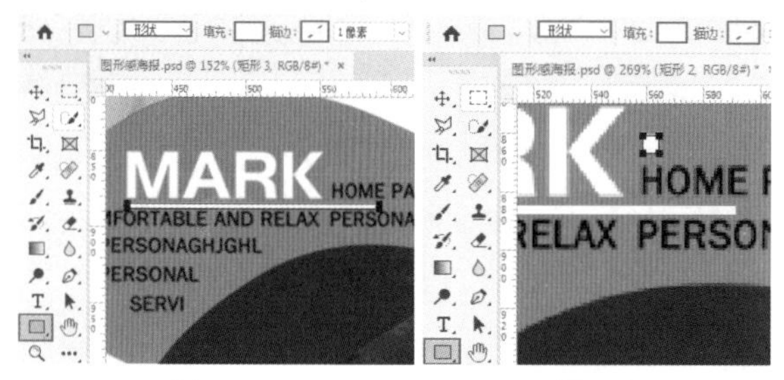

图 7-123　　图 7-124

步骤 08 选择绘制的小矩形,使用组合键Ctrl+J将其复制两份。然后调整位置放在已有矩形右边位置,如图7-125所示。此时本案例制作完成。效果如图7-126所示。

图 7-125　　图 7-126

7.6 矢量对象的编辑操作

【重点】7.6.1 动手练:将路径转换为选区

扫一扫,看视频

路径已经绘制完了,但是单纯的路径对象是无法被人看到的。所以想要进行颜色的填充或者抠图操作,最重要的一个步骤就是将路径转换为选区。在使用“钢笔工具”状态下,在路径上右击,在弹出的快捷菜单中执行“建立选区”命令,在弹出的“建立选区”窗口中可以进行“羽化半径”的设置,如图7-127所示。“羽化半径”为0像素时,选区边缘清晰、明确;羽化半径越大,选区边缘越模糊。

按Ctrl+Enter组合键,可以迅速将路径转换为选区,此时选区不带有任何羽化效果。

图 7-127

【重点】7.6.2 路径操作

想要使路径/形状进行“相加”“相减”,需要在绘制之前就在选项栏中设置好“路径操作”的方式,然后进行绘制(在绘制第一个路径/形状时,选择任何方式都会以“新建图层”的方式进行绘制。在绘制第二个图形时,才会以选定的方式进行运算)。

(1)单击选项栏中的“路径操作”按钮,选择“新建图层”,然后绘制一个图形,如图7-128所示。在“新建图层”状态下绘制下一个图形,则会生成一个新图层,如图7-129所示。

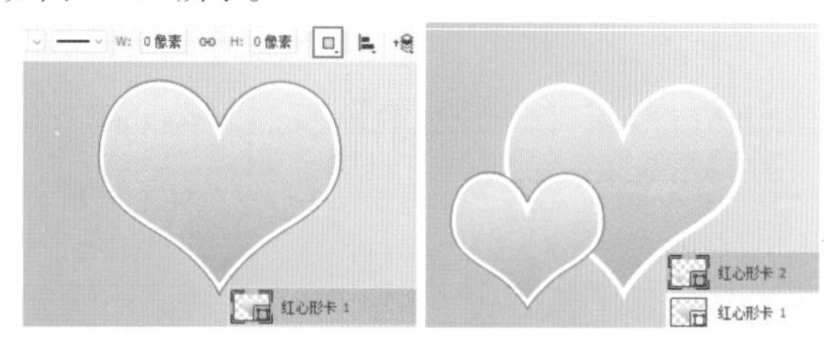

图 7-128　　图 7-129

(2)若设置“路径操作”为“合并形状”,然后绘制图形,新绘制的图形将被添加到原有的图形中,如图7-130所示。若设置“路径操作”为“减去顶层形状”(设置之前不要选中任何形状图层),然后绘制图形,可以从原有的图形中减去新绘制的图形,如图7-131所示。

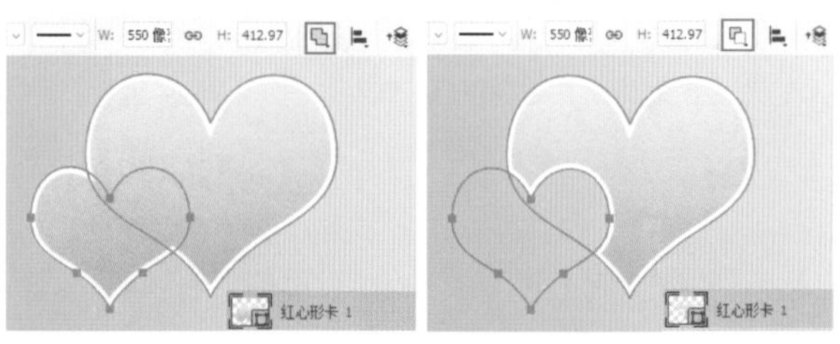

图 7-130　　图 7-131

(3)若设置“路径操作”为“与形状区域交叉”,然后绘制图形,可以得到新图形与原有图形的交叉区域,如图7-132所示。若设置“路径操作”为“排除重叠形状”，然后绘制图形，可以得到新图形与原有图形重叠部分以外的区域，如图 7–133 所示。

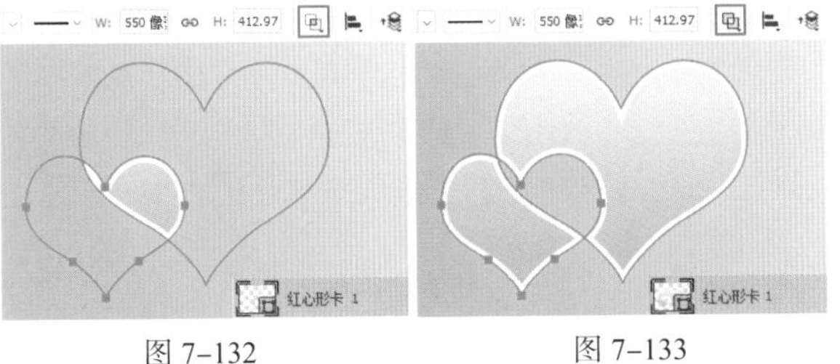

图 7–132　　图 7–133

（4）选中多条路径，如图 7–134 所示。接着选择“合并形状组件” 即可将多条路径合并为一条路径，如图 7–135 所示。

（5）如果选中了矢量对象，如图 7–136 所示。然后设置“路径操作”为“减去顶层形状”，即可得到反方向的内容，如图 7–137 所示。

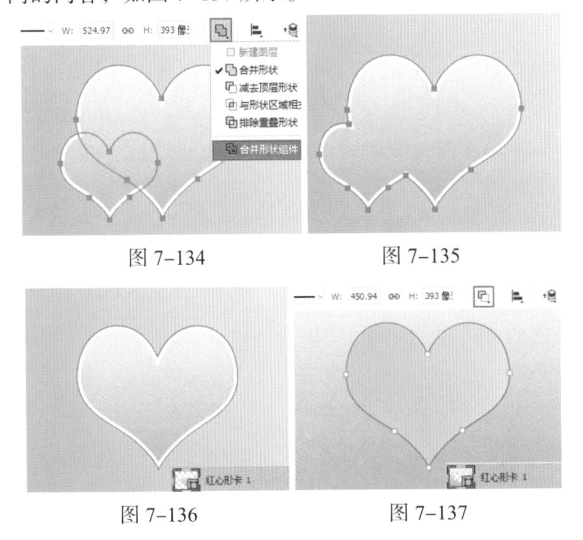

图 7–134　　图 7–135

图 7–136　　图 7–137

7.6.3　变换路径

变换路径与变换图像的使用方法是相同的。选择路径或形状对象，使用组合键 Ctrl+T 调出定界框，接着可以进行变换。还可以执行“编辑 > 变换路径”命令对其进行相应的变换。

7.6.4　对齐、分布路径

使用“路径选择工具” 选择多条路径（如果是形状中的路径，则需要所有路径在一个图层内），然后单击选项栏中的“路径对齐方式”按钮，在弹出的快捷菜单中可以对所选路径进行对齐、分布，如图 7–138 所示。路径的对齐与分布和图层的对齐分布的使用方法是一样的。

图 7–138

7.6.5　调整路径排列方式

当文档中包含多条路径，或者一个形状图层中包括多条路径时，可以调整这些路径的上下排列顺序，不同的排列顺序会影响到路径运算的结果。选择路径，单击属性栏中的“路径排列方法” 按钮，在下拉列表中单击并执行相关命令，可以将选中的路径的层级关系进行相应排列，如图 7–139 所示。

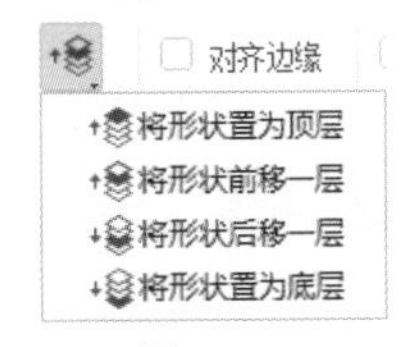

图 7–139

7.6.6　描边路径

“描边路径”命令能够以设置好的绘画工具沿路径的边缘创建描边，如使用画笔、铅笔、橡皮擦、仿制图章等进行路径描边。

（1）设置绘图工具。单击工具箱中的“画笔工具”按钮，设置合适的前景色和笔尖大小，如图 7–140 所示。选择一个图层，使用“钢笔工具”，设置“绘制模式”为“路径”，然后绘制路径。路径绘制完成后按鼠标右键，在弹出的快捷菜单中执行“描边路径”命令，如图 7–141 所示。

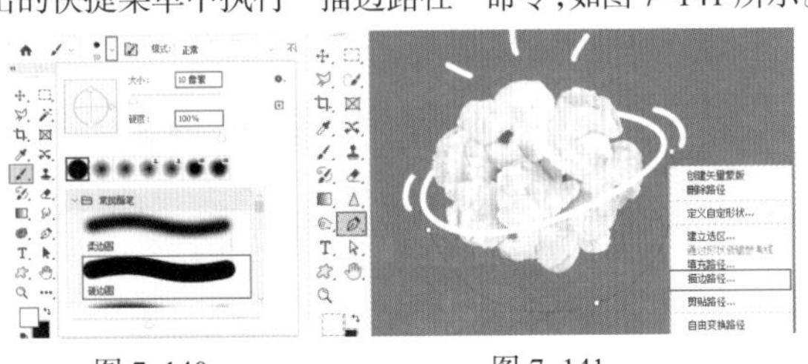

图 7–140　　图 7–141

（2）在弹出的“描边路径”窗口中，单击工具按钮

在下拉列表中可以看到多种绘图工具。在这里选择“画笔”选项，如图 7-142 所示。此时单击“确定”按钮。描边效果如图 7-143 所示。

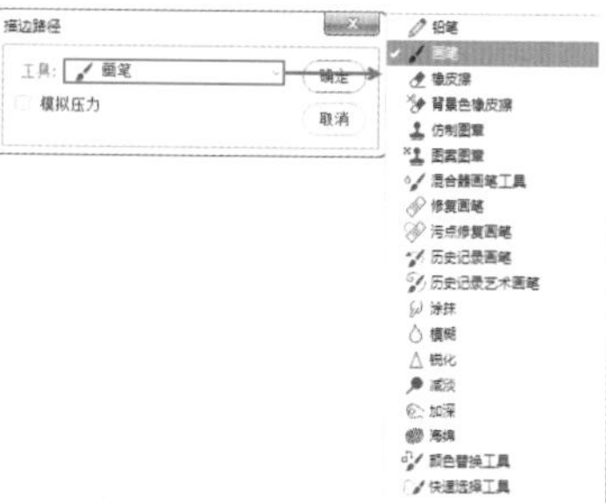

图 7-142

图 7-143

（3）“模拟压力”复选框用来控制描边路径的渐隐效果，若取消勾选该复选框，描边为线性、均匀的效果。“模拟压力”复选框可以模拟手绘描边效果。若勾选“模拟压力”复选框，需要在设置“画笔工具”时，勾选“画笔”面板中的“形状动态”复选框，并设置“控制”为“钢笔压力”，如图 7-144 所示。接着在“描边路径”窗口中设置“工具”为“画笔”，勾选“模拟压力”复选框。效果如图 7-145 所示。

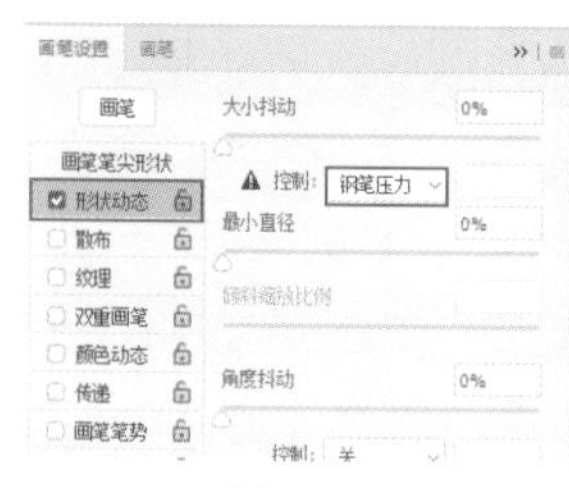

图 7-144

图 7-145

提示：快速描边路径

设置好画笔的参数以后，在使用画笔状态下按 Enter 键可以直接为路径描边。

7.7 综合实例：撞色锁屏界面

扫一扫，看视频

文件路径	资源包 \ 第 7 章 \ 撞色锁屏界面
难易指数	★★★★★
技术掌握	钢笔工具、自定形状工具

案例效果

案例效果如图 7-146 所示。

图 7-146

操作步骤

步骤 01 执行“文件 > 新建”命令，在弹出的“新建文档”窗口中单击“移动设备”按钮，选择“iPhone x”，然后单击“创建”按钮，创建一个该尺寸的空白文档。

步骤 02 设置“前景色”为黄色，“背景色”为橘色，然后选择工具箱中的“渐变工具”，单击选项栏中渐变色条右侧的⌄按钮，在下拉面板中展开“基础”渐变组，单击选择“前景色到背景色渐变”。单击“线性渐变”按钮，设置完成后在背景中拖曳光标填充渐变，如图 7-147 所示。

步骤 03 设置“前景色”为青色，“背景色”为紫色，然后选择工具箱中的“钢笔工具”，在选项栏中设置“绘制模式”为“形状”，“填充”为“渐变”，并选择从前景色到背景色的渐变，“描边”为无，设置完成后在画面中绘制形状，将画面分为两个部分，如图 7-148 所示。

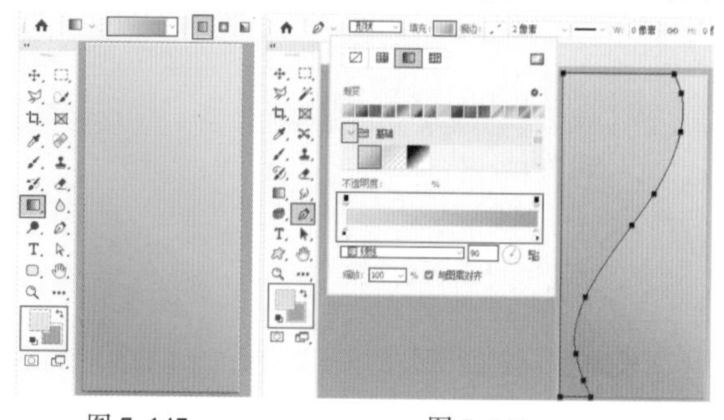

图 7-147　　图 7-148

步骤 04 单击工具箱中的“椭圆工具”按钮，在选项栏中设置“绘制模式”为“形状”，“填充”为无，“描边”为白色，“大小”为 8 点，“描边类型”为虚线，设置完成后在画面中按住 Shift 键的同时按住鼠标左键拖动绘制一个正圆，如图 7-149 所示。然后右击，在弹出的快捷菜单中执行“栅格化图层”命令，将该图层进行栅格化处理。

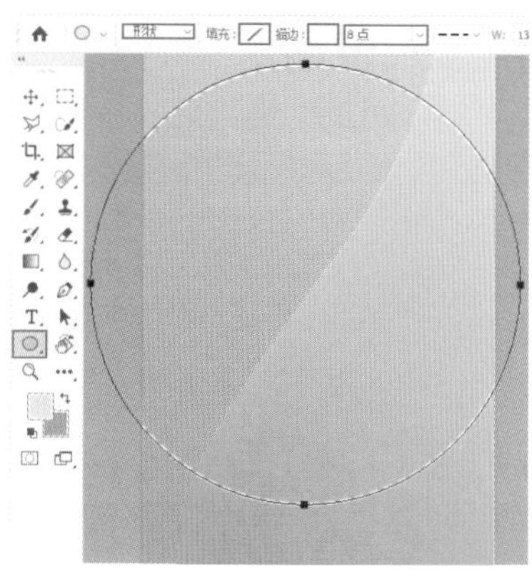

图 7-149

步骤 05 选择正圆图层，接着单击工具箱中的“矩形选框工具”按钮，在画面中绘制选区，如图 7-150 所示。然后基于当前选区为该图层添加图层蒙版，将正圆的下半部分隐藏，如图 7-151 所示。

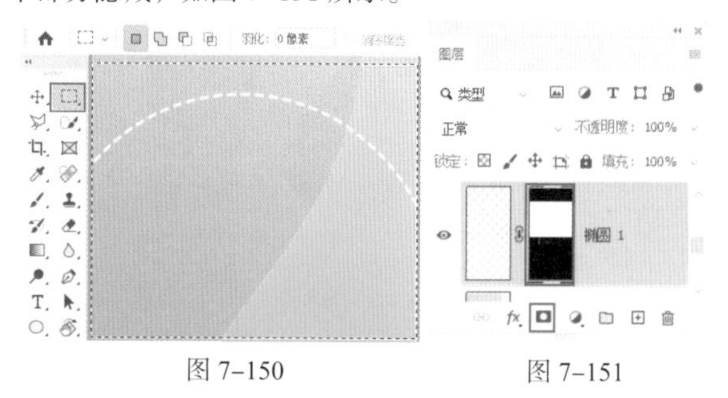

图 7-150　　图 7-151

步骤 06 选择该图层蒙版，设置“前景色”为黑色，使用半透明的柔边圆画笔，在蒙版两侧涂抹，使两侧产生渐变的效果。然后设置该图层的“不透明度”为 20%，如图 7-152 所示。效果如图 7-153 所示。

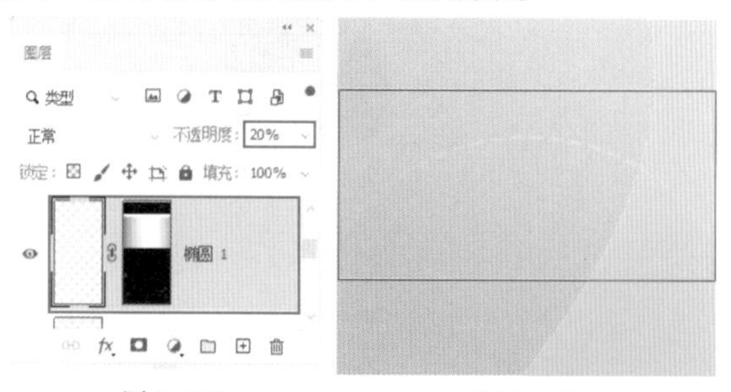

图 7-152　　图 7-153

步骤 07 在画面中添加文字。单击工具箱中的“横排文字工具”按钮，在选项栏中设置合适的“字体”“字号”“颜色”，设置完成后在画面单击添加文字，如图 7-154 所示。然后使用同样的方式继续单击输入文字。效果如图 7-155 所示。

步骤 08 在画面中添加一些装饰性的图形，让画面中效果更加丰富。首先执行“窗口 > 形状”命令，打开“形状”面板，在面板菜单中执行“旧版形状及其他”命令，载入“旧版形状”。如图 7-156 所示。

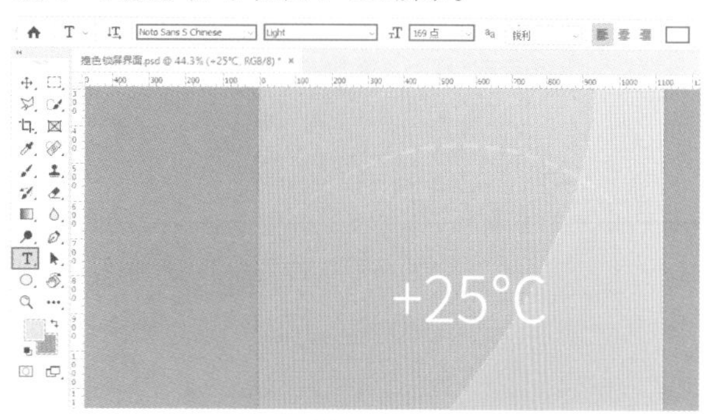

图 7-154

图 7-155　　图 7-156

步骤 09 单击工具箱中的“自定形状工具”按钮，在选项栏中设置“绘制模式”为“形状”,“填充”为无,“描边”为白色，“大小”为 3 像素。在“形状”下拉菜单中展开“旧版形状及其他 - 所有旧版形状 - 自然”组，选择一种合适的形状。设置完成后在文字上方绘制形状，如图 7-157 所示。

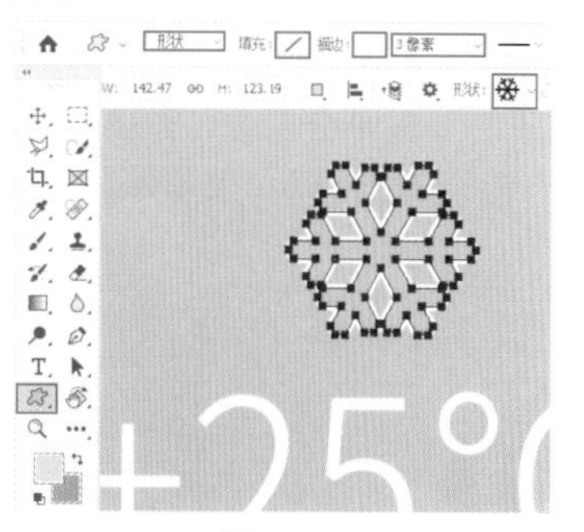

图 7-157

步骤 10 使用同样的方式绘制其他形状。效果如图 7-158 所示。执行“文件 > 置入嵌入对象”命令，将状态栏素材 1.png 置入画面中。调整大小放在画面的最上方位置，并将该图层进行栅格化处理。此时撞色锁屏界面的平面效果图制作完成。效果如图 7–159 所示。然后执行“文件 > 存储为”命令，将其存储为 JPEG 格式以备后面操作使用。

图 7–158　　图 7–159

步骤 11 执行“文件 > 打开”命令，将背景素材 2.jpg 打开。然后执行“文件 > 置入嵌入对象”命令，将存储为 JPEG 格式的平面效果图置入画面中。调整大小放在画面中手机的上方位置，并将该素材进行栅格化处理，如图 7–160 所示。

步骤 12 将平面效果图层隐藏，然后选择背景图层，接着单击工具箱中的“魔棒工具”按钮，然后在屏幕白色的区域单击，得到屏幕部分选区，如图 7–161 所示。

图 7–160　　图 7–161

步骤 13 将界面平面图所在图层显示出来，然后选择平面效果图层。在当前选区状态下，为该图层添加图层蒙版，将不需要的部分隐藏，如图 7–162 所示。此时撞色锁屏界面的立体展示效果制作完成，效果如图 7–163 所示。

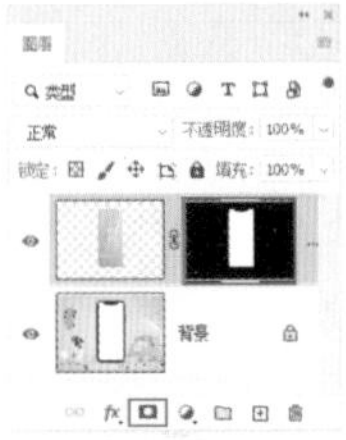

图 7–162　　图 7–163

7.8 课后练习

作业要求

扫一扫，看视频

使用“直线工具”“钢笔工具”“矩形工具”等矢量工具制作家居产品主图。

案例效果

案例效果如图 7–164 所示。

图 7–164

可用素材

可用素材如图 7–165 所示。

图 7–165

思路解析

(1) 使用“钢笔工具”“直线工具”“矩形工具”绘制背景中的矢量图。

(2) 置入人物素材，利用“钢笔工具”进行抠图。

(3) 使用“横排文字工具”制作主图中的文字。

扫一扫，看视频

图像细节修饰

本章内容简介

在 Photoshop 图像处理领域，细节的修饰一直是非常重要的部分。可用于图像细节修饰的工具较多，可以分为两大类:“仿制图章工具”“修补工具”“污点修复画笔工具”“修复画笔工具”等工具主要是用于去除画面中的瑕疵;而“模糊工具”“锐化工具”“涂抹工具”“加深工具”“减淡工具”“海绵工具”则是用于图像局部的模糊、锐化、加深、减淡等美化操作。

重点知识掌握

- 熟练掌握画面瑕疵的去除方式
- 熟练掌握对画面局部进行加深、减淡、模糊、锐化的方法

8.1 瑕疵修复

修图一直是 Photoshop 最为人所熟知的强项之一。通过其强大的功能，Photoshop 可以轻松去除人物面部的斑斑点点、环境中的杂乱物体，甚至想要“偷天换日”也不在话下。更重要的是，这些工具的使用方法非常简单，只需我们熟练掌握，并且多练习就可以实现这些神奇的效果，如图 8–1 和图 8–2 所示。下面就来学习一下这些功能吧！

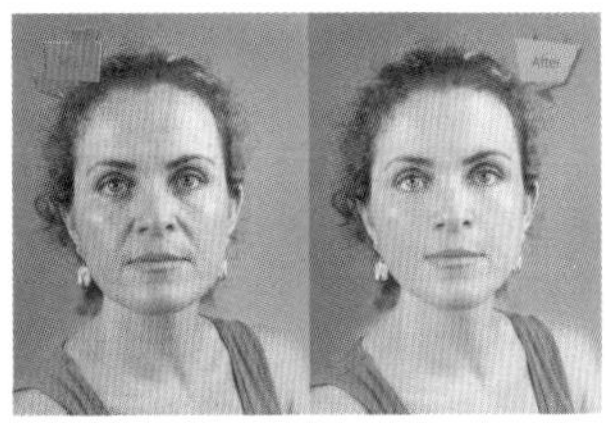

图 8–1

图 8–2

【重点】8.1.1 动手练：污点修复画笔工具，快速去除小瑕疵

扫一扫，看视频

使用“污点修复画笔工具” 可以消除图像中的小面积的瑕疵，或者去除画面中看起来比较“特殊的”对象。例如，去除人物面部的斑点、皱纹、凌乱发丝，或者去除画面中细小的杂物等。“污点修复画笔工具”不需要设置取样点，因为它可以自动从所修饰区域的周围进行取样。

（1）打开一张图片，仔细观察可以看到照片中海滩和近海的位置有些杂乱，如图 8–3 所示。可以通过“污点修复画笔工具”进行修复。在“修补工具组”上右击，在工具列表中选择“污点修复画笔工具” 。在选项栏中设置合适的笔尖大小，设置“模式”为“正常”，“类型”为“内容识别”，然后在需要去除的位置按住鼠标左键拖曳，如图 8–4 所示。

图 8–3

图 8–4

（2）松开鼠标后可以看到涂抹位置的瑕疵消失了，如图 8–5 所示。同样的方法，去除画面中其他位置的瑕疵。效果如图 8–6 所示。

图 8–5

图 8–6

- 模式：用来设置修复图像时使用的混合模式。除“正常”“正片叠底”等常用模式以外，还有一个“替换”模式，这个模式可以保留画笔描边的边缘处的杂色、胶片颗粒和纹理。
- 类型：用来设置修复的方法。选择“近似匹配”选项时，可以使用选区边缘周围的像素来查找要用作选定区域修补的图像区域；选择“创建纹理”选项时，可以使用选区中的所有像素创建一个用于修复该区域的纹理；选择“内容识别”选项时，可以使用选区周围的像素进行修复。

【重点】8.1.2 动手练：仿制图章工具，像素覆盖

扫一扫，看视频

“仿制图章工具” 可以将图像的一部分通过涂抹的方式，“复制”到图像中的另一个位置上。“仿制图章工具”常用来去除水印、消除人物脸部斑点皱纹、去除背景部分不相干的杂物、填补图片空缺等。

（1）打开一张需要修复的图片，如图 8–7 所示。在工具箱中单击“仿制图章工具”按钮，接着设置合适的笔尖大小，然后按 Alt 键并在正确的像素区域（也就是可以用于覆盖瑕疵区域的图像部分）单击，进行像素样本的拾取，如图 8–8 所示。

图 8–7

图 8–8

- 对齐：勾选该复选框以后，可以连续对像素进行取样，即使释放鼠标以后，也不会丢失当前的取样点。

- 样本：从指定的图层中进行数据取样。

（2）将光标移动至瑕疵位置的像素上方，然后按住鼠标左键拖动涂抹，用拾取的像素覆盖住瑕疵位置的像素，如图 8–9 所示。继续进行修复操作，因为要考虑到图像周围的环境，所以要根据实际情况随时拾取像素，并进行覆盖，使效果更加自然。最终效果如图 8–10 所示。

图 8–9　　图 8–10

【重点】8.1.3　动手练：修补工具，特定区域修瑕

“修补工具” 可以利用画面中的部分内容作为样本，修复所选图像区域中不理想的部分。

扫一扫，看视频

（1）在修补工具组上方右击，在弹出的工具列表中单击“修补工具”按钮。“修补工具”的操作是在选区的基础上，所以在选项栏中有一些关于选区运算的操作按钮。在选项栏中设置“修补模式”为“内容识别”，其他参数保持默认。将光标移动至缺陷的位置，按住鼠标左键拖曳沿着缺陷边缘进行绘制，如图 8–11 所示。松开鼠标得到一个选区，将光标放置在选区内，向其他位置拖曳，拖曳的位置是将选区中像素替代的位置，如图 8–12 所示。

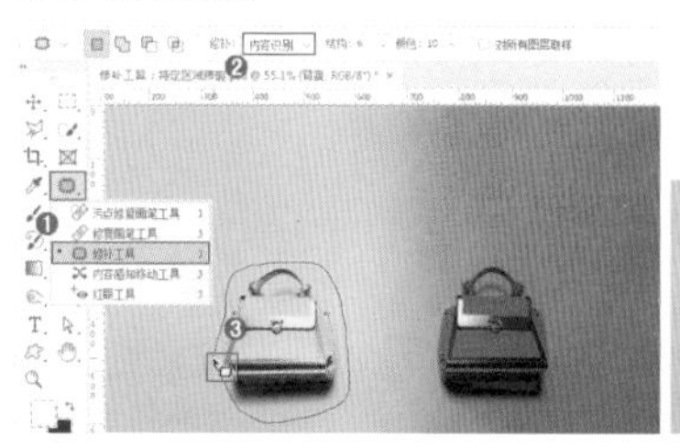

图 8–11　　图 8–12

（2）移动到目标位置后松开鼠标，稍等片刻就可以查看到修补效果，如果要取消选区的选择可以使用组合键 Ctrl+D，如图 8–13 所示。此时可以看到画面中的瑕疵并没有修复干净，这时可以重复上一步操作继续修复。效果如图 8–14 所示。

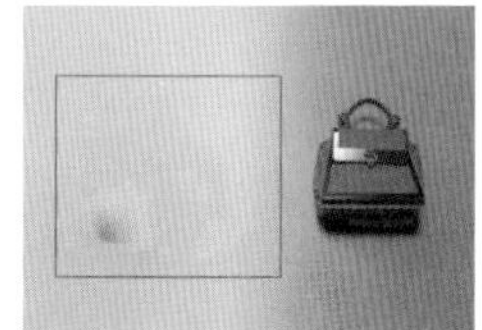

图 8–13　　图 8–14

【重点】8.1.4　动手练：修复画笔工具，智能修复

“修复画笔工具” 也可以用图像中的像素作为样本进行绘制，来修复画面中的瑕疵。

扫一扫，看视频

（1）拍摄照片时，难免会有一些小的缺陷，如图 8–15 所示。通过“修复画笔工具”可以进行修复。在修复工具组上右击，在弹出的工具组列表中选择“修复画笔工具”选项，接着设置合适的笔尖大小，在选项栏中设置“源”为“取样”，接着在没有瑕疵的位置按住 Alt 键单击取样，如图 8–16 所示。

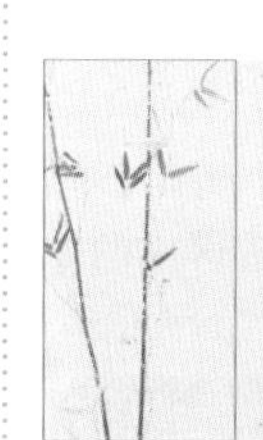

图 8–15　　图 8–16

（2）在缺陷位置单击或按住鼠标左键拖曳进行涂抹，松开鼠标此处会被自动修复，如图 8–17 所示。继续进行涂抹，完成修复操作。效果如图 8–18 所示。

- 源：设置用于修复像素的源。选择“取样”选项时，可以使用当前图像的像素来修复图像；选择“图案”选项时，可以使用某个图案作为取样点。
- 对齐：勾选该复选框以后，可以连续对像素进行取样，即使释放鼠标也不会丢失当前的取样点；取消勾选“对齐”复选框以后，则会在每次停止并重新开始绘制时使用初始取样点中的样本像素。

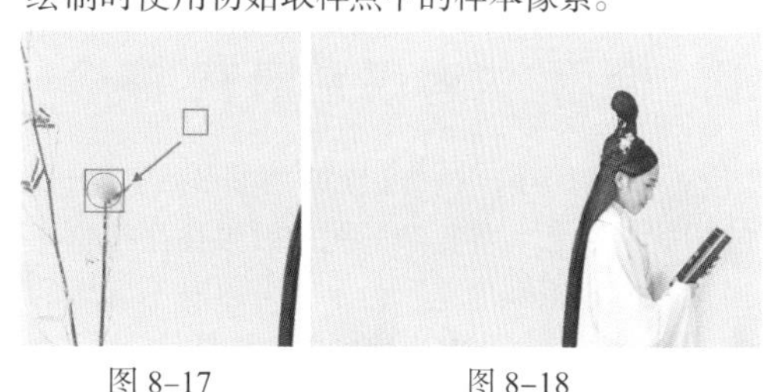

图 8–17　　图 8–18

- 样本：用来设置指定图层中进行数据取样。选择“当

前和下方图层”，可从当前图层以及下方的可见图层中取样；选择“当前图层”，仅从当前图层中进行取样；选择“所有图层”，则可以从可见图层中取样。

【重点】8.1.5 动手练：使用“内容识别”去除局部元素

扫一扫，看视频

“填充”命令中的“内容识别”方式可以由软件自动分析需要去除的元素周围图像的特点，将图像进行拼接组合后填充在该区域并进行融合，从而达到快速无缝拼接的效果。

图 8-19

打开一张图片，然后在需要填充的位置绘制选区，如图 8-19 所示。接着执行“编辑 > 填充”命令或者使用组合键 Shift+F5 打开“填充”窗口，接着设置“内容”为“内容识别”，然后单击“确定”按钮，如图 8-20 所示。此时选区内的像素会被选区周围相似的像素填充。效果如图 8-21 所示。

图 8-20

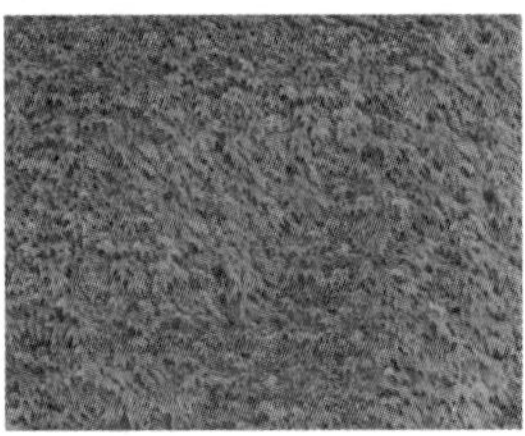

图 8-21

提示：快速使用内容识别的方法

当所选图层为背景图层时，直接按 Delete 键就会自动弹出“填充”窗口，接着在窗口中设置内容为“内容识别”即可。

8.1.6 使用“内容识别填充”命令

“填充”窗口中的“内容识别”功能虽然方便且实用，但不够智能，对于一些复杂的图片效果往往很难让人满意。通过“内容识别填充”命令，可以对不满意的位置进行进一步的调整，让内容识别更加智能。

（1）选择工具箱中的“套索工具”，在需要填充的位置绘制选区，如图 8-22 所示。接着执行“编辑 > 内容识别填充”命令，进入“内容识别填充”界面。在该窗口中左侧为填充区域缩览图，此时有绿色的遮罩，遮罩覆盖的范围为填充取样的区域；中间位置为预览效果；最右侧为参数设置界面。此时通过预览区域可以看到选区中的内容被内容识别填充了，如图 8-23 所示。

图 8-22

图 8-23

（2）如果当前的填充效果并不完美，很可能是由于用于填充的取样区域不适合。可以选择工具箱中的“取样画笔工具”，单击选项栏中的“从叠加区域中减去”按钮，然后在“大小”选项中设置合适的笔尖大小，接着在窗口左侧缩览图中擦除产生干扰的区域，如图 8-24 所示。

图 8-24

（3）若此时画面中有其他区域需要填充，可以选择工具箱中的“套索工具”，在选项栏中单击“添加到选区”

按钮，然后在需要填充的位置绘制选区，在预览窗口中可以看到填充效果。同理可以进行填充区域的减选，如图 8-25 所示。通过预览图观察填充效果继续进行进一步的调整。效果如图 8-26 所示。

图 8-25

图 8-26

（4）填充效果满意后可以进行输出，单击“输出到”按钮，在下拉菜单中选择“新建图层”选项，然后单击“确定”按钮，如图 8-27 所示。最后可以看到填充选区的像素出现在一个新的图层中。效果如图 8-28 所示。

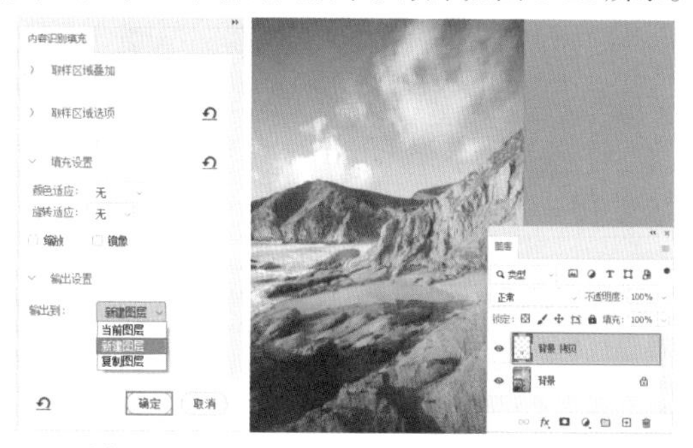

图 8-27　　图 8-28

- 取样区域叠加：用来设置取样区域遮罩的颜色、透明度、指示区域和是否显示取样区域。
- 取样区域选项：用来设置取样的区域，有“自动”“矩形”“自定”三种。选择“自动”选项可以智能选择取样范围；选择“矩形”选项取样范围为矩形，选择“自定”选项后可以使用“取样画笔工具”在取样位置绘制取样区域，如图 8-29 所示。

（a）自动

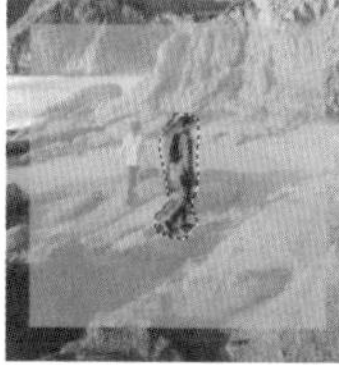

（b）矩形

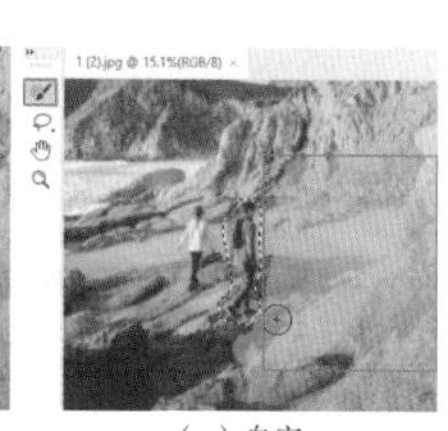

（c）自定

图 8-29

- 填充设置：用来设置填充的效果。
- 输出设置：用来填充的输出方式。

8.1.7　动手练：内容感知移动工具，元素移位

使用“内容感知移动工具”移动选区中的对象时，被移动的对象将会自动将影像与四周的景物融合在一块儿，而对原始的区域则会进行智能填充。在需要改变画面中某一对象的位置时，可以尝试使用该工具。

扫一扫，看视频

（1）在工具箱中右击，在弹出的快捷菜单中单击“修复工具组”，在工具组列表中选择“内容感知移动工具”，在选项栏中单击“新选区”按钮，设置“模式”为“移动”，“结构”为 4，在植物边缘按住鼠标左键进行拖动，当所画的线首尾相接时便会形成选区，如图 8-30 所示。将光标放在选区内部，按住鼠标左键向左拖动，移动到适当的位置后松开鼠标左键，然后单击选项栏中的“提交变换”✓按钮，如图 8-31 所示。

图 8-30

图 8-31

（2）此时可以看到原位置植物消失，新位置出现了植物，使用组合键 Ctrl+D 取消选区。效果如图 8-32 所示。如果在选项栏中设置“模式”为“扩展”，移动时则会将选区中的内容复制一份，并融入画面中。效果如图 8-33 所示。

图 8-32

图 8-33

8.1.8　动手练：红眼工具，去除红眼

“红眼”是指在暗光时拍摄人物、动物，瞳孔会放大让更多的光线通过，当闪光灯照射到人眼、动物眼的时候，瞳孔会出现变红的现象。使用“红眼工具”可以去除“红眼”

扫一扫，看视频

现象。打开带有“红眼”问题的图片，在修复工具组上右击，在弹出的工具列表中选择“红眼工具”选项。使用选项栏中的默认值即可，接着将光标移动至眼睛的上方单击，即可去除“红眼”，如图 8-34 所示。在另外一只眼睛上单击，完成去“红眼”的操作。效果如图 8-35 所示。

图 8-34

图 8-35

8.1.9 动手练：使用“图案图章工具”画出图案

扫一扫，看视频

右击仿制工具组，在弹出的工具列表中选择“图案图章工具”选项，该工具可以使用“图案”进行绘画。在选项栏中设置合适的笔尖大小，选择一个合适的图案，如图 8-36 所示。接着在画面中按住鼠标左键涂抹，随即可以看到绘制效果，如图 8-37 和图 8-38 所示。

图 8-36

图 8-37

图 8-38

• 对齐：勾选该复选框以后，可以保持图案与原始起点的连续性，即使多次单击鼠标也不例外；取消勾选该复选框时，则每次单击鼠标都重新应用图案，如图 8-39 所示。

（a）勾选“对齐”

（b）未勾选“对齐”

图 8-39

• 印象派效果：勾选该复选框以后，可以模拟出印象派效果的图案。图 8-40 所示为勾选该复选框的涂抹效果。

图 8-40

8.1.10 动手练：使用“颜色替换工具”更改局部颜色

扫一扫，看视频

“颜色替换工具”能够以涂抹的形式更改画面中的部分颜色。“颜色替换工具”位于画笔工具组中，在工具箱中右击“画笔工具”按钮，在弹出的工具组列表中可看到“颜色替换工具”。“颜色替换工具”的原理是用前景色替换图像中指定的像素，所以需要设置合适的前景色。接着在选项栏中设置“模式”为“色相”，单击“取样：连续”按钮，设置“限制”为“连续”，接着在需要替换颜色的位置按住鼠标左键涂抹即可进行颜色的替换，如图 8-41 所示。继续进行涂抹。效果如图 8-42 所示。

图 8-41

图 8-42

- 模式：在选项栏中的“模式”列表下选择前景色与原始图像相混合的模式。其中，包括“色相”“饱和度”“颜色”“明度”，如图 8-43 所示。

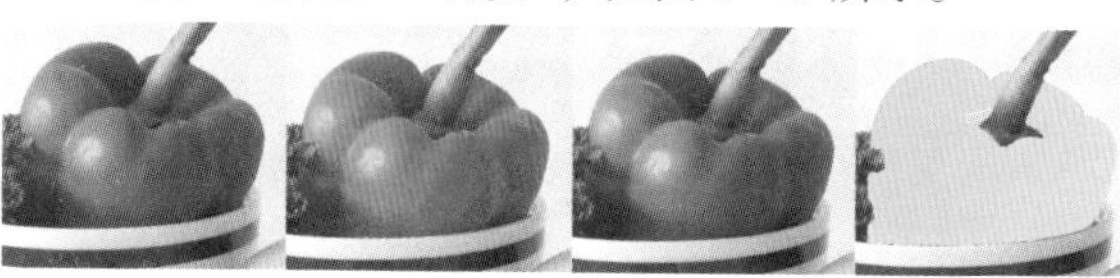

（a）色相　（b）饱和度　（c）颜色　（d）明度

图 8-43

- 取样方式：“取样：连续”可以在拖移时对颜色连续取样，是最常用的一种方式；“取样：一次”只替换第一次点按的颜色所在区域中的目标颜色；单击“取样：背景色板”，在画面中涂抹时只替换包含当前背景色的区域。
- 限制：选择“不连续”能够替换出现在指针下任何位置的样本颜色；选择“邻近”能够替换与紧挨在指针下的颜色邻近的颜色；选择“查找边缘”能够替换包含样本颜色的相连区域，同时更好地保留形状边缘的锐化程度。
- 容差：控制可替换的颜色区域的大小，容差值越大，可替换的颜色范围越大，如图 8-44 所示。
- 消除锯齿：勾选该复选框后可以平滑涂抹区域的边缘。

图 8-44

8.2 历史记录画笔工具组

历史记录画笔工具组中有两个工具，分别是“历史记录画笔工具”和“历史记录艺术画笔工具”，这两个工具是以“历史记录”面板中“标记”的步骤作为“源”，然后在画面中绘制。绘制出的部分会呈现出标记的历史记录的状态。“历史记录画笔工具”会完全真实地呈现历史效果，而“历史记录艺术画笔工具”则会将历史效果进行一定的“艺术化”，从而呈现出一种非常有趣的艺术绘画效果。

【重点】8.2.1 动手练：历史记录画笔工具

扫一扫，看视频

“历史记录画笔工具”则是以“历史记录”为“颜料”在画面中绘画，被绘制的区域就会回到历史操作的状态下。

执行“窗口 > 历史记录”命令，打开“历史记录”面板，在想要作为绘制内容的步骤前单击，使之出现即可完成历史记录的设定，如图 8-45 所示。然后单击工具箱中的“历史记录画笔工具”按钮，适当调整画笔大小，在画面中进行适当涂抹（绘制方法与“画笔工具”相同），被涂抹的区域将还原为被标记的历史记录效果，如图 8-46 所示。

图 8-45　图 8-46

8.2.2 动手练：历史记录艺术画笔工具

扫一扫，看视频

“历史记录艺术画笔工具”可以将标记的历史记录状态或快照用作源数据，然后以一定的“艺术效果”对图像进行修改。

在工具箱中选择“历史记录艺术画笔工具”，在选项栏中先对笔尖大小、样式、不透明度进行设置。接着单击“样式”，在下拉列表中选择一个样式。“区域”用来设置绘画描边所覆盖的区域，数值越高覆盖的区域越大，描边的数量也越多。“容差”限定可应用绘画描边的区域，如图 8-47 所示。设置完毕在画面中进行涂抹。效果如图 8-48 所示。

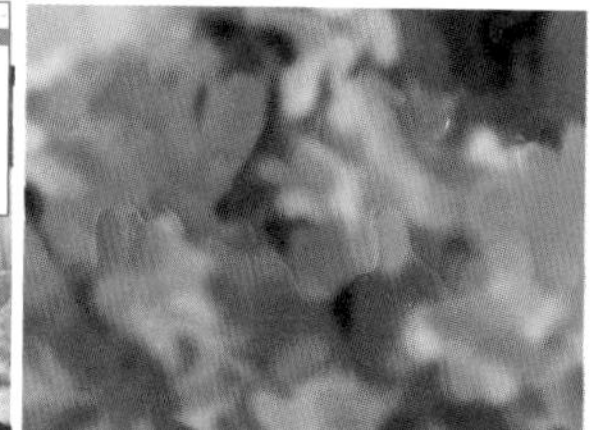

图 8-47　图 8-48

- 样式：选择一个选项来控制绘画描边的形状，包括“绷紧短”“绷紧中”“绷紧长”等，如图 8-49 所示。图 8-50 所示分别是“轻涂”和“松散卷曲”效果。

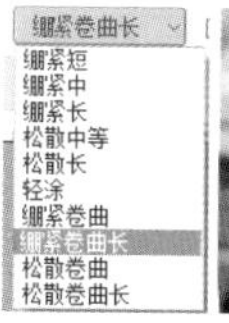

图 8-49

（a）轻涂　（b）松散卷曲

图 8-50

8.3 图像的细节调整

在 Photoshop 中可用于图像局部润饰的工具有“模糊工具”、“锐化工具”和“涂抹工具”，这些工具从名称上就能看出来对应的功能，可以对图像进行模糊、锐化和涂抹处理；“减淡工具”、“加深工具”和“海绵工具”可以对图像局部的明暗、饱和度等进行处理。这些工具位于工具箱的两个工具组中，如图 8-51 所示。这些工具的使用方法非常简单，都是在画面中按住鼠标左键并拖动（就像使用“画笔工具”一样）即可。想要对工具的强度等参数进行设置，需要在选项栏中调整。这些工具能制作出的效果如图 8-52 所示。

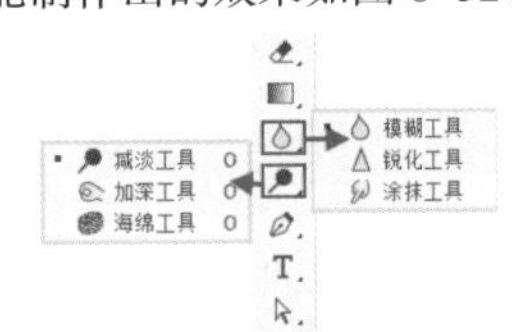

图 8-51

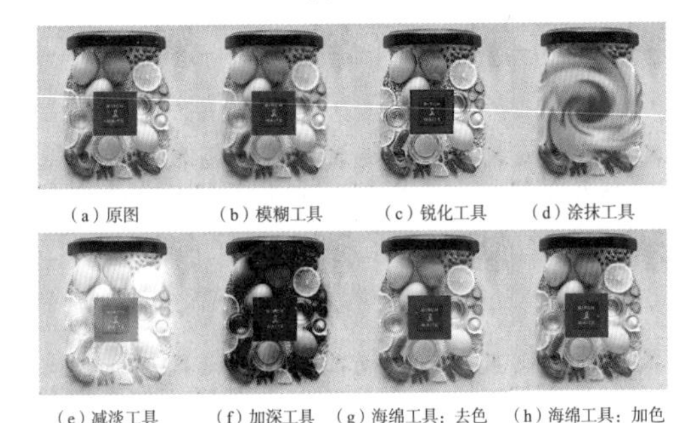

（a）原图　（b）模糊工具　（c）锐化工具　（d）涂抹工具

（e）减淡工具　（f）加深工具　（g）海绵工具：去色　（h）海绵工具：加色

图 8-52

【重点】8.3.1 动手练：模糊环境突出主体

扫一扫，看视频

利用“模糊工具”可以轻松对画面局部进行模糊处理。单击工具箱中的“模糊工具”按钮，接着在选项栏中可以设置工具的“模式”和“强度”，“模式”包括“正常”“变暗”“变亮”“色相”“饱和度”“颜色”“明度”。如果仅需要使画面局部模糊一些，那么选择“正常”即可。选项栏中的“强度”选项是比较重要的选项，该选项用来设置“模糊工具”的模糊强度，如图 8-53 所示。

设置完成后在需要模糊的位置涂抹，进行模糊操作，若要强化模糊效果可以在一个区域反复地涂抹。通过对画面的模糊处理可以发现主体图形在整个环境中更加突出。效果如图 8-54 所示。

图 8-53　　图 8-54

【重点】8.3.2 动手练：锐化

扫一扫，看视频

“锐化工具”可以通过增强图像中相邻像素之间的颜色对比来提高图像的清晰度。

右击工具组按钮，在弹出的工具列表中选择工具箱中的“锐化工具”。在选项栏中设置“模式”与“强度”，勾选“保护细节”复选框后，在进行锐化处理时，将对图像的细节进行保护。接着在画面中按住鼠标左键涂抹锐化。涂抹的次数越多，锐化效果越强烈，如图 8-55 所示。继续进行涂抹锐化，如图 8-56 所示为锐化前后细节的对比效果。

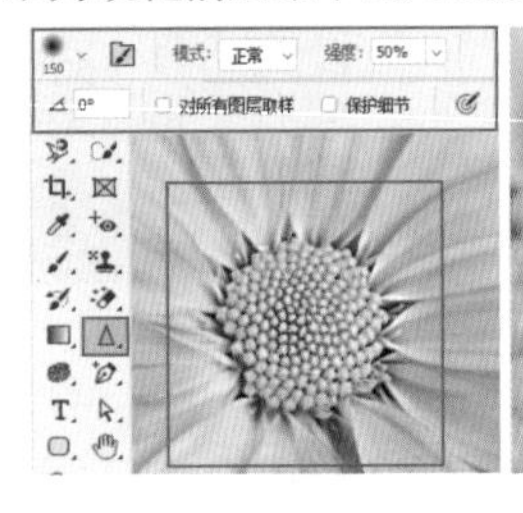

图 8-55

（a）锐化前　（b）锐化后

图 8-56

提示：锐化产生的杂色

通过锐化能够使图像变得清晰，如果锐化过度会出现过多的杂点，这也是锐化的“副作用”。因为锐化只是加强了相邻像素的对比度，而不是把一张模糊的照片还原成清晰的图像，所以在锐化的过程中要适度。图 8-57 所示为锐化过度的效果。

图 8-57

8.3.3 动手练:涂抹

扫一扫，看视频

“涂抹工具” 可以模拟手指划过湿油漆时所产生的效果。选择工具箱中的“涂抹工具”,其选项栏与“模糊工具”选项栏相似,设置合适的“模式”和“强度”，如图 8-58 所示。接着在需要变形的位置按住鼠标左键拖曳进行涂抹，光标经过的位置，图像发生了变形，如图 8-59 所示。若在选项栏中勾选“手指绘图”复选框，可以使用前景色进行涂抹绘制，如图 8-60 所示。

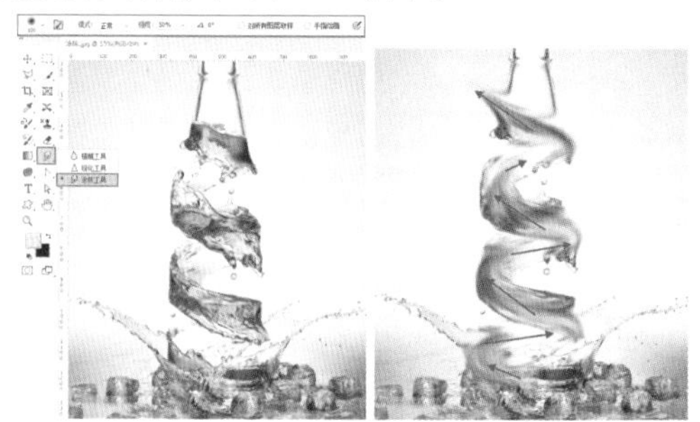

图 8-58　　图 8-59

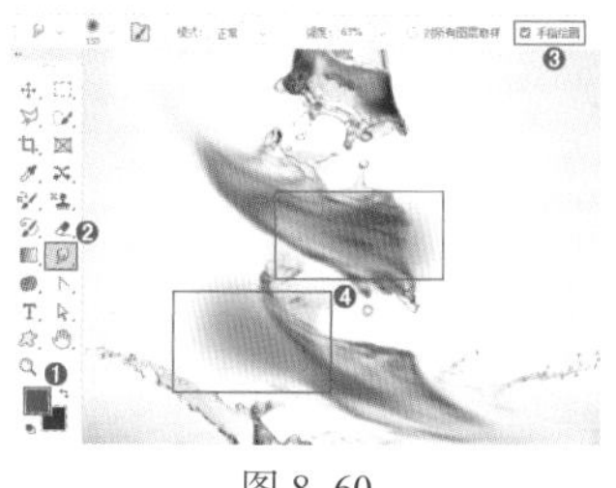

图 8-60

【重点】8.3.4 动手练:减淡

扫一扫，看视频

“减淡工具” 可以对图像“亮部”“中间调”“阴影”分别进行减淡处理。选择工具箱中的“减淡工具”,在选项栏中单击“范围”按钮，可以选择需要减淡处理的范围，有“高光”“中间调”“阴影”三个选项,如图 8-61 所示。

图 8-61

因为需要调整人物肤色，人物肤色在画面中亮度适中,所以设置“范围”为“中间调”。接着设置“曝光度”,“曝光度”是用来设置减淡的强度。首先提亮皮肤高光的位置，所以可以将“曝光度”数值设置稍大些，然后在高光的位置涂抹,提高此区域的亮度,如图 8-62 所示。接着将笔尖调大些，然后降低曝光度数值，在皮肤阴影的位置进行大面积的涂抹以提高亮度，效果如图 8-63 所示。如果勾选“保护色调”复选框，则可以保护图像的色调不受影响。

图 8-62　　图 8-63

【重点】8.3.5 动手练:加深画面局部

扫一扫，看视频

与“减淡工具”相反,“加深工具” 可以对图像进行加深处理。使用“加深工具”,在画面中按住鼠标左键并拖动，光标移动过的区域颜色会加深。

若要将偏暗的背景处理为黑色，可以单击工具箱中的“加深工具”按钮，在选项栏中选择一个“柔边圆”画笔，在选项栏中设置“范围”为“阴影”,“曝光度”为 100%,取消勾选“保护色调”复选框,如图 8-64 所示。设置完毕将光标移动到画面中，针对画面背景进行涂抹，可以看到背景逐渐变为黑色。效果如图 8-65 所示。

图 8-64

图 8-65

【重点】8.3.6 动手练:加色 / 去色

扫一扫，看视频

“海绵工具” 可以增加或降低彩色图像中布局内容的饱和度。如果是灰度图像，使用该工具则可以增加或降低图像的对比度。

右击该工具组，在工具列表中选择“海绵工具”。在选项栏中单击“模式”按钮，有“加色”与“去色”两个模式，当要降低颜色饱和度时选择“去色”；当需要提高颜色饱和度时选择“加色”。设置“流量”，流量数值越大加色或去色的效果越明显，如图 8–66 所示。当设置“去色”模式时在需要降低饱和度的区域涂抹降低颜色饱和度，如图 8–67 所示。当设置“加色”模式时，在需要增加饱和度的区域涂抹可以提高颜色的饱和度。效果如图 8–68 所示。

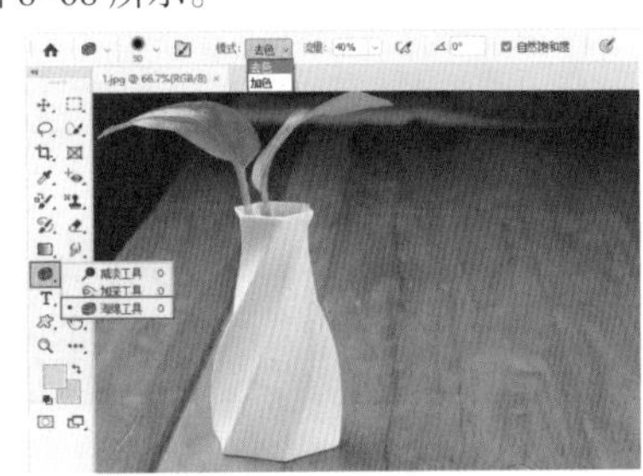

图 8–66

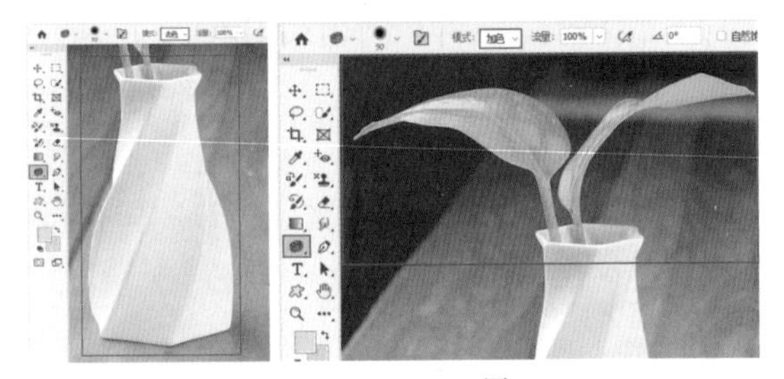

图 8–67　　图 8–68

若勾选“自然饱和度”复选框，可以在增加饱和度的同时防止颜色过度饱和而产生溢色现象；如果要将颜色变为黑白，那么需要取消勾选该复选框。如图 8–69 所示为勾选与未勾选“自然饱和度”进行去色的对比效果。

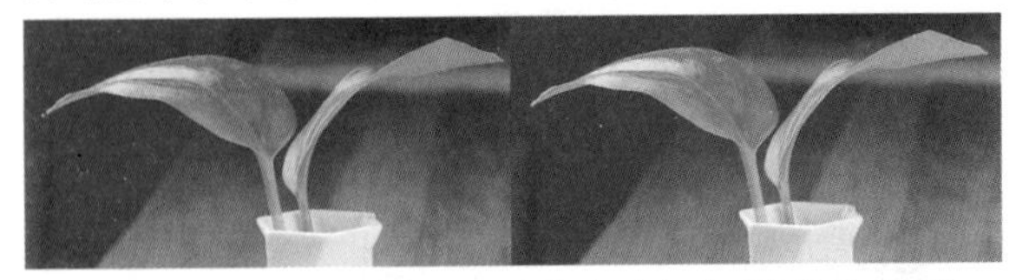

（a）勾选“自然饱和度”　（b）未勾选“自然饱和度”

图 8–69

重点 8.4 动手练：液化，调整细节形态

扫一扫，看视频

“液化”滤镜主要是制作图形的变形效果，在“液化”滤镜中的图片就如同刚画好的油画，用手指“推”一下画面中的油彩，就能使图像内容发生变形。“液化”滤镜主要应用两个方向：一个是更改图形的形态；另一个就是修饰人像面部和身形，如图 8–70 和图 8–71 所示。

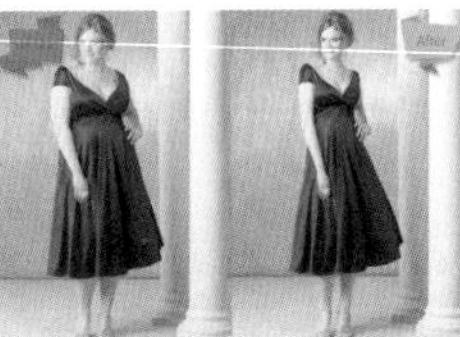

图 8–70　　图 8–71

打开一张图片，执行“滤镜 > 液化”命令，打开“液化”窗口，如图 8–72 所示。“液化”命令的窗口中主要包含左右两个功能区，左侧区域为液化的工具列表，其中包含多种可对图像进行变形操作的工具。这些工具的操作方法非常简单，只需在画面中按住鼠标左键并拖动即可观察到效果，而其中的“蒙版工具”并不是用于变形，而是用于保护画面部分区域不受液化影响。调整完成后单击“确定”按钮完成操作。

图 8–72

提示：液化工具选项设置

右侧区域则为属性设置区域，其中“画笔工具”选项是用于工具大小、压力等参数设置的；“人脸识别液化”选项组是针对五官及面部轮廓的各个部分进行设置；“载入网格”选项是将当前液化变形操作以网格的形式进行存储，或者调用之前存储的液化网格；“蒙版”选项是进行蒙版的显示、隐藏以及反相等的设置；“视图选项”是设置当前画面的显示方式；“画笔重建”选项是将图层恢复到之前的效果。

- 向前变形工具：使用该工具按住鼠标左键并拖动，可以向前推动像素。在变形时可以遵守“少量多次”的原则，保证变形效果更加自然。对比效果如图 8–73 和图 8–74 所示。

图 8-73

图 8-74

• 重建工具：用于恢复变形的图像。在变形区域单击或拖曳鼠标进行涂抹时，可以使变形区域的图像恢复到原来的效果。

• 平滑工具：“平滑工具”可以对变形的像素进行平滑处理，如图 8-75 和图 8-76 所示。

图 8-75

图 8-76

• 顺时针旋转扭曲工具：“顺时针旋转扭曲工具”可以旋转像素。将光标移至画面中，按住鼠标左键拖曳即可进行顺时针旋转像素，如图 8-77 所示。如果按住 Alt 键进行操作，则可以逆时针旋转像素，如图 8-78 所示。

图 8-77

图 8-78

• 褶皱工具：“褶皱工具”可以使像素向画笔区域的中心移动，使图像产生内缩效果，如图 8-79 所示。

• 膨胀工具：可以使像素向画笔区域中心以外的方向移动，使图像产生向外膨胀的效果，如图 8-80 所示。

图 8-79

图 8-80

• 左推工具：使用“左推工具”按住鼠标左键从上至下拖曳时，像素会向右移动，如图 8-81 所示；反之，像素则向左移动，如图 8-82 所示。

图 8-81

图 8-82

• 冻结蒙版工具：如果需要对某个区域进行处理，并且不希望操作影响到其他区域，可以使用该工具绘制出冻结区域（该区域将受到保护而不会发生变形），如图 8-83 所示。例如，在画面上绘制出冻结区域，然后使用“向前变形工具”处理图像，被冻结起来的像素就不会发生变形，如图 8-84 所示。

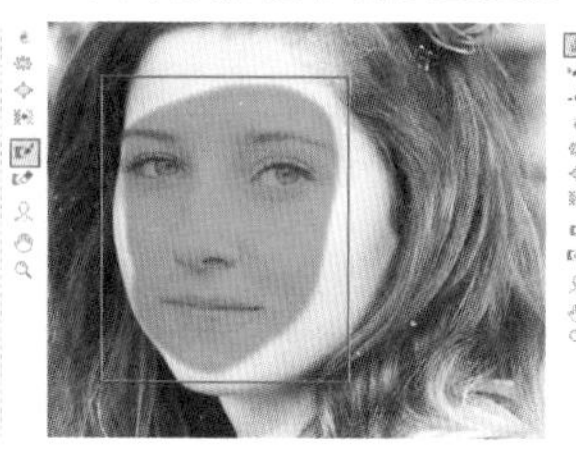

图 8-83

图 8-84

• 解冻蒙版工具：使用该工具在冻结区域涂抹，可以将其解冻，如图 8-85 所示。

• 脸部工具：单击该按钮，进入面部编辑状态，软件会自动识别人物的五官，并在面部添加一些控制点，可以通过拖动控制点调整面部五官的形态，如图 8-86 所示。也可以在右侧参数列表中进行调整，如图 8-87 所示。

图 8-85

图 8-86

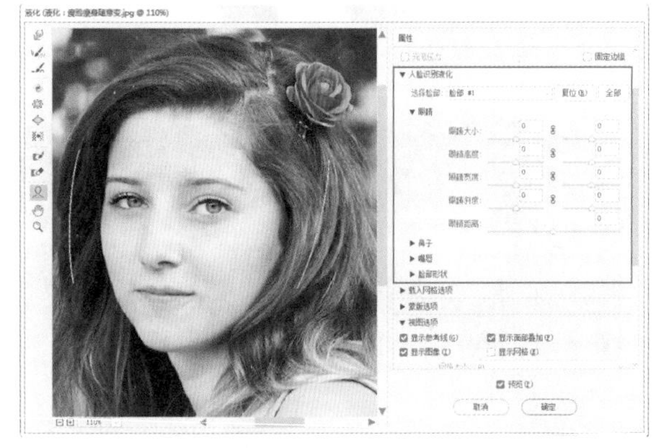

图 8-87

• 抓手工具 / 缩放工具：这两个工具的使用方法与工具箱中的相应工具完全相同。

8.5 综合实例：简单美化人物照片

文件路径	资源包 \ 第 8 章 \ 简单美化人物照片
难易指数	★★★★★
技术掌握	修补工具、加深工具、减淡工具、海绵工具、液化

案例效果

案例对比效果如图 8-88 和图 8-89 所示。

扫一扫，看视频

图 8-88

图 8-89

操作步骤

步骤 01 执行"文件 > 打开"命令，打开素材 1.jpg。从图中可以看到一些比较明显的问题。例如，背景中杂乱的文字，地面比较脏，宝宝头饰存在不美观的元素，宝宝两眼大小不统一，如图 8-90 所示。

图 8-90

步骤 02 将图片上方的红色文字和红色图案去掉。选择背景图层，使用组合键 Ctrl+J 将背景图层复制一份。然后选择复制得到的图层，单击工具箱中的"修补工具"按钮，按住鼠标左键在画面的左上角位置将红色图案圈起来，显示出框选的选区，如图 8-91 所示。将光标放在框选的选区内，按住鼠标左键向下拖动，如图 8-92 所示。

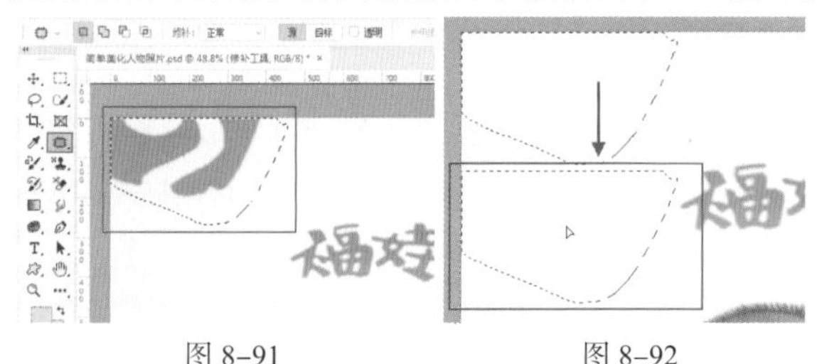

图 8-91　　图 8-92

步骤 03 松开鼠标即将红色图案去除，操作完成后使用组合键 Ctrl+D 取消选区。效果如图 8-93 所示。接着用同样的方式将红色文字去除。效果如图 8-94 所示。

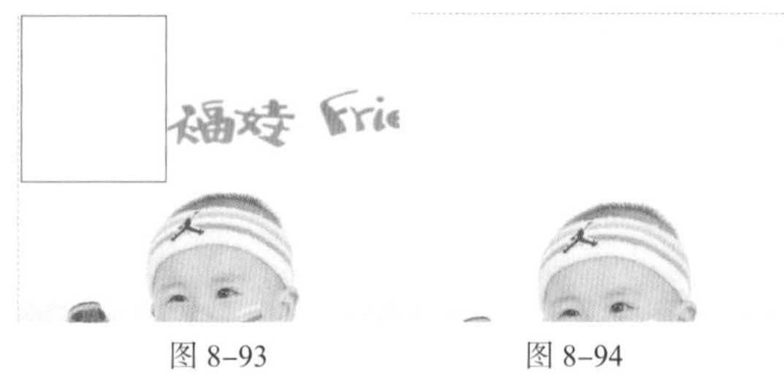

图 8-93　　图 8-94

步骤 04 画面中宝宝下方的背景颜色较脏，需要将其处理掉。选择复制得到的图层，单击工具箱中的"减淡工具"

按钮，在选项栏中设置大小合适的柔边圆画笔，设置“范围”为“中间调”，“曝光度”为40%，设置完成后对画面中背景进行涂抹将背景颜色减淡，如图8–95所示。

图 8–95

步骤 05 将宝宝头部发带上的图案去掉，这部分可以使用复制相似内容的方法进行覆盖。选择该图层，单击工具箱中的“套索工具”，在发带图案右边位置绘制选区，如图8–96所示。然后使用组合键Ctrl+J将选区内的图形复制到单独的图层，如图8–97所示。

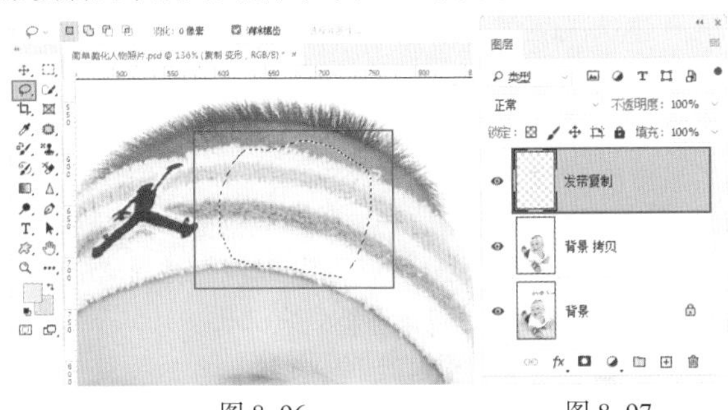

图 8–96　　图 8–97

步骤 06 选择复制的部分发带图案图层，将其向左移动到发带图案上方位置，如图8–98所示。使用自由变换组合键Ctrl+T调出定界框，将光标放在定界框外按住鼠标左键旋转到合适的位置，如图8–99所示。按Enter键完成操作。

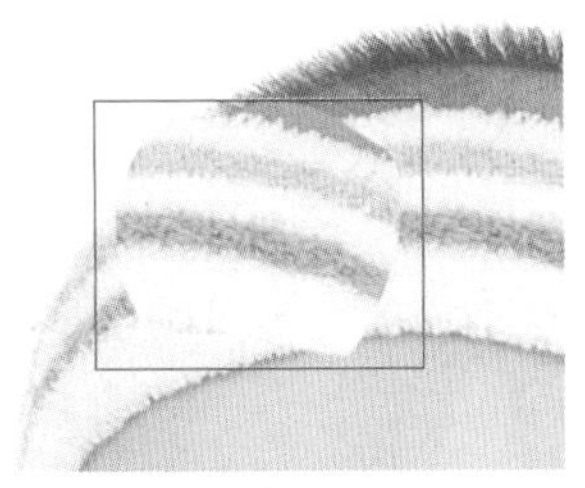

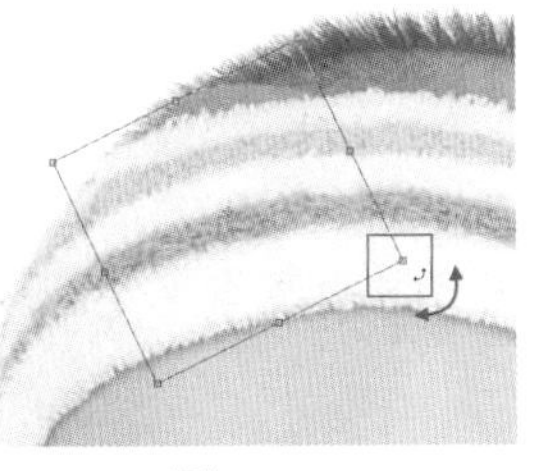

图 8–98　　图 8–99

步骤 07 通过操作，复制的发带图形上方有多余出来的部分，需要将其去除。旋转复制得到的发带图层，单击工具箱中的“橡皮擦工具”按钮，在选项栏中设置大小合适的笔尖，硬度为0，设置完成后将多余出来的部分擦除，如图8–100所示。

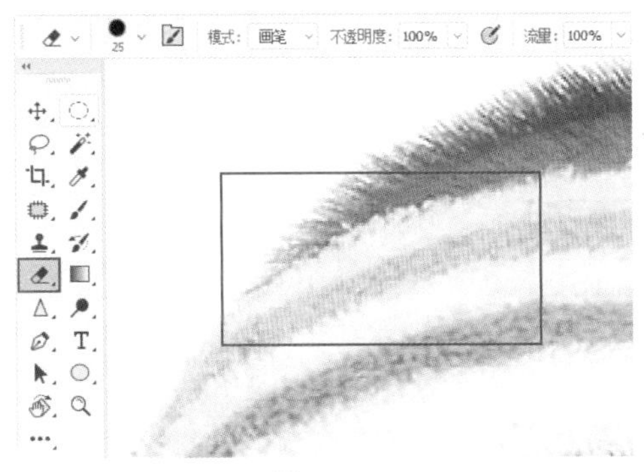

图 8–100

步骤 08 按住Ctrl键依次加选复制得到的背景图层和发带复制图层，如图8–101所示。使用组合键Ctrl+E将其合并为一个图层并命名为“合并”，如图8–102所示。

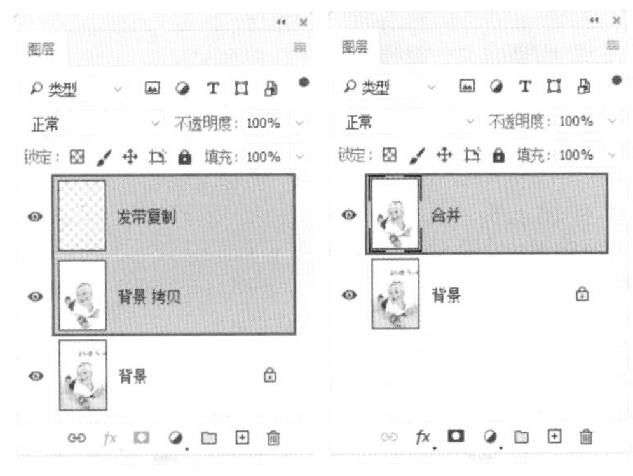

图 8–101　　图 8–102

步骤 09 此时画面中发带的颜色较深，需要将颜色减淡。选择合并图层，单击工具箱中的“减淡工具”按钮，在选项栏中设置大小合适的柔边圆画笔，设置“范围”为“中间调”，“曝光度”为20%，设置完成后在发带位置按住鼠标左键进行涂抹，如图8–103所示。

步骤 10 发带中绿色和黄色的颜色饱和度较低，需要提高颜色的饱和度。选择合并图层，单击工具箱中的“海绵工具”，在选项栏中设置大小合适的柔边圆画笔，“模式”选择“加色”，设置“流量”为50%，设置完成后在发带的绿色和黄色位置进行涂抹，提高颜色的饱和度，如图8–104所示。

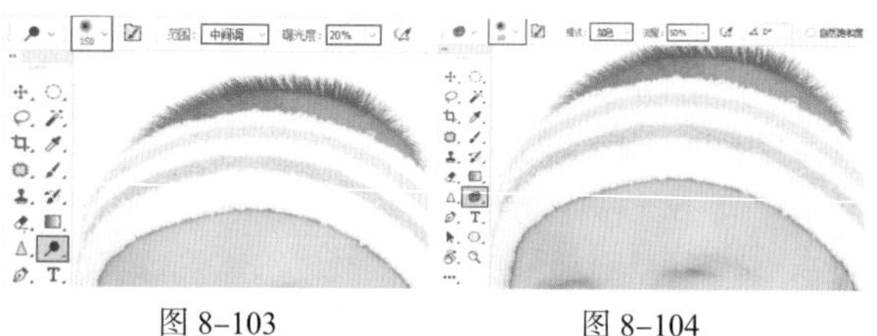

图 8-103　　图 8-104

步骤 11 此时画面中宝宝的皮肤颜色较暗，需要提高亮度。选择合并图层，单击工具箱中的“减淡工具”，在选项栏中设置大小合适的柔边圆画笔，“范围”选择“高光”，“曝光度”为 6%，过高的曝光度会让皮肤失真，勾选“保护色调”复选框，是为了让皮肤的颜色在操作中不改变，设置完成后在宝宝露出的皮肤位置涂抹，将宝宝的皮肤颜色提亮，如图 8-105 所示。

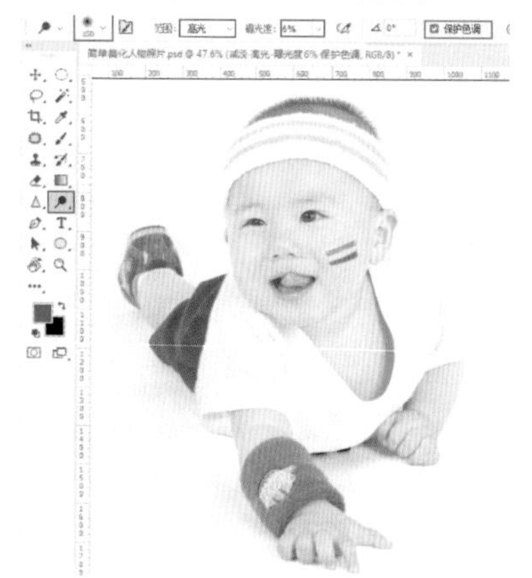

图 8-105

步骤 12 画面中宝宝的两只眼睛大小不一致，需要将左边眼睛变大。选择合并图层，执行“滤镜 > 液化”命令，在弹出的“液化”窗口中单击“膨胀工具”按钮，在右边的“属性”面板中设置大小合适的画笔，设置完成后在宝宝左眼位置单击将眼睛变大。操作完成后，单击“确定”按钮，如图 8-106 所示。

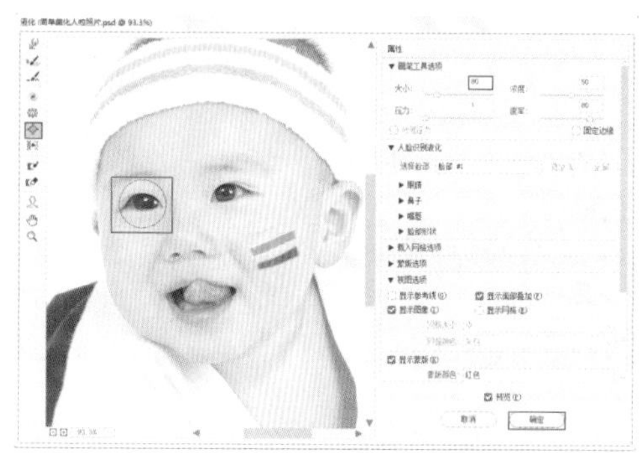

图 8-106

步骤 13 将宝宝的眼睛提亮，让眼睛更加有神。首先需要提亮眼白部分，选择合并图层，单击工具箱中的“减淡工具”按钮，在选项栏中设置较小笔尖的柔边圆画笔，“范围”选择“中间调”，设置“曝光度”为 20%，设置完成后在眼睛的眼白位置涂抹，提高眼白的亮度，如图 8-107 所示。

步骤 14 加深黑眼球的颜色。选择合并图层，单击工具箱中的“加深工具”按钮，在选项栏中设置大小合适的柔边圆画笔，“范围”选择“阴影”，“曝光度”为 10%，设置完成后在眼睛的黑眼球位置稍作涂抹，加深黑眼球的颜色，如图 8-108 所示。

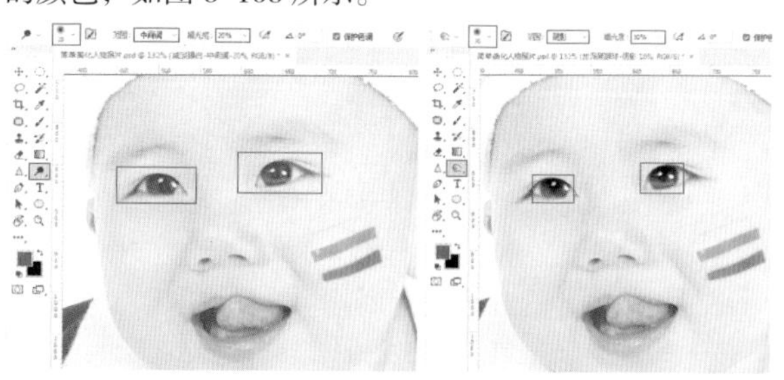

图 8-107　　图 8-108

步骤 15 画面中宝宝裤子的颜色太深，需要更换一种艳丽一些的颜色。选择合并图层，设置“前景色”为蓝色，然后单击工具箱中的“颜色替换工具”按钮，在选项栏中设置大小合适的笔尖，“模式”选择“颜色”，“限制”选择“不连续”，设置“容差”为 60%，设置完成后在宝宝裤子部位涂抹，将裤子的颜色更改为蓝色，如图 8-109 所示。此时需注意在涂抹时应保持画笔中间的“+”始终在宝宝裤子内，不然会将颜色涂抹到裤子外。美化操作完成。效果如图 8-110 所示。

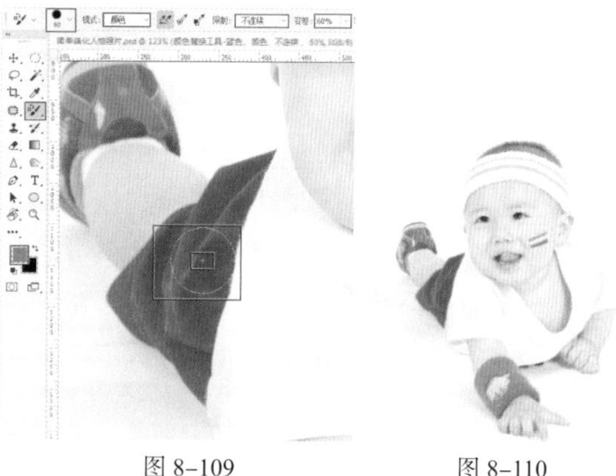

图 8-109　　图 8-110

8.6 课后练习

作业要求

使用“减淡工具”“修补工具”“海绵工具”等净化照片的背景。

扫一扫，看视频

案例效果

案例效果如图 8–111 所示。

图 8–111

可用素材

可用素材如图 8–112 所示。

图 8–112

思路解析

（1）使用“减淡工具”将画面四周提亮。

（2）使用“修补工具”修补右上角的空缺，并去除画面左侧的多余物体。

（3）使用“海绵工具”降低画面部分的颜色饱和度。

扫一扫，看视频

图像调色

本章内容简介

调色是数码照片编修以及平面设计中非常重要的部分，图像的色彩在很大程度上决定图像的“好坏”，与图像主题相匹配的色彩才能够正确传达图像的内涵。对于设计作品也是一样，正确地使用色彩对设计作品而言也是非常重要的。不同的颜色往往带有不同的情感倾向，对于消费者心理产生的影响也不相同。在 Photoshop 中不仅要学习如何使画面的色彩“正确”，还可以通过调色技术，制作各种各样风格化的色彩。

重点知识掌握

- 熟练掌握“调色”命令与调整图层的方法
- 熟练调整图像明暗、对比度问题
- 熟练掌握图像色彩倾向的调整

9.1 调色基础知识

Photoshop 的“调色”功能非常强大，不仅可以对错误的颜色（即色彩方面不正确的问题。例如，曝光过度、亮度不足、画面偏灰、色调偏色等）进行校正，而且能够通过“调色”功能的使用增强画面视觉效果，丰富画面情感，打造出风格化的色彩。

9.1.1 调色基本思路

执行“图像 > 调整”命令可以看到多个调色命令，如图 9–1 所示。通过名称可以大致猜到这些命令的作用。所谓的“调色”是通过对图像的明暗（亮度）、对比度、曝光度、饱和度、色相、色调等几大方面进行调整，从而实现图像整体颜色的改变。但如此多的调色命令，在真正调色时要从何处入手呢？很简单，只要把握住以下几点即可。

图 9–1

1. 校正画面整体的颜色错误

处理一张照片时，通过对图像整体的观察，最先考虑到的就是图像整体的颜色有没有“错误”。例如，偏色（画面过于偏向暖色调 / 冷色调，偏紫色、偏绿色等）、画面太亮（曝光过度）、太暗（曝光不足）、偏灰（对比度低，整体看起来灰蒙蒙的）、明暗反差过大等。如果出现这些问题，首先要对以上问题进行处理，使图像变为一张曝光正确、色彩正常的图像，如图 9–2 和图 9–3 所示。

图 9–2

图 9–3

如果在对新闻图片进行处理时，可能无须对画面进行美化，需要最大限度地保留画面真实度，那么图像的调色可能到这里就结束了。如果想要进一步美化图像，接下来再进行其他处理。

2. 细节美化

通过第一步整体的处理，已经得到了一张“正常”的图像。虽然这些图像是基本“正确”的，但是仍然可能存在一些不尽如人意的细节。例如，照片背景颜色不美观，如图 9–4 所示。

图 9–4

想要制作同款产品的不同颜色的效果图，如图 9–5 所示，或改变头发、嘴唇、瞳孔的颜色，如图 9–6 所示。

图 9–5

图 9–6

3. 帮助元素融入画面

在制作一些平面设计作品或者创意合成作品时，经常需要在原有的画面中添加一些其他元素。例如，在版面中添加主体人像；为人物添加装饰物；为海报中的产品周围添加一些陪衬元素；为整个画面更换一个新背景等。当后添加的元素出现在画面中时，可能会感觉合成得很“假”，或颜色看起来很奇怪。除去元素内容、虚实程度、大小比例、透视角度等问题，最大的可能性就是新元素与原始图像的“颜色”不统一。例如，环境中的元素均为偏冷的色调，而人物则偏暖，如图 9–7 所示。这时就需要对色调倾向不同的内容进行调色操作了。

图 9–7

4. 强化气氛，辅助主题表现

通过前面几个步骤，画面整体、细节以及新增的元素的颜色都被处理“正确”了。但是单纯“正确”的颜色是不够的，很多时候我们想要使自己的作品脱颖而出，需要的是超越其他作品的“视觉感受”。所以，我们需要对图像的颜色进行进一步的调整，而这里的调整考虑的是与图像主题相契合。如图 9–8 和图 9–9 所示为表现不同主题的不同色调作品。

图 9–8

图 9–9

【重点】9.1.2 动手练：使用调色命令调色

扫一扫，看视频

（1）调色命令的种类虽然很多，但是其使用方法都比较相似。首先选中需要操作的图层，如图 9–10 所示。单击“图像”按钮，将光标移动到“调整”命令上，在子菜单中可以看到很多调色命令。例如，“色相 / 饱和度”，如图 9–11 所示。

图 9–10　　图 9–11

（2）执行大部分调色命令都会弹出参数设置窗口，在此窗口中可以进行参数选项的设置（反向、去色、色调均化命令没有参数调整窗口）。如图 9–12 所示为“色相 / 饱和度”窗口，在此窗口中可以看到很多滑块，尝试拖动滑块的位置，画面颜色产生了变化，如图 9–13 所示。

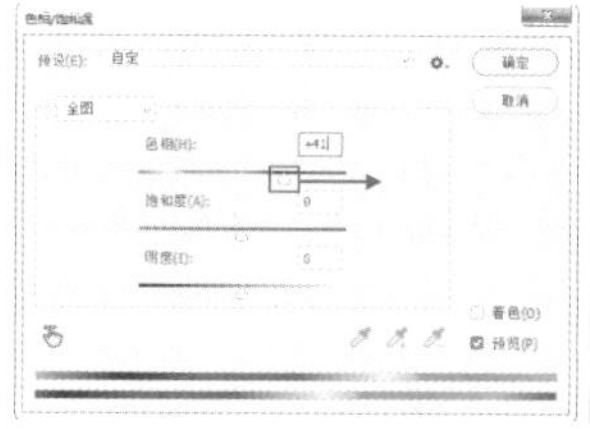

图 9–12

图 9–13

（3）很多“调整”命令中有“预设”，所谓“预设”就是软件内置的一些设置好的参数效果。可以通过在预设列表中选择某一种预设，快速为图像施加效果。例如，在“色相 / 饱和度”窗口中单击“预设”按钮，在预设列表中单击某一项，即可观察到效果，如图 9–14 和图 9–15 所示。

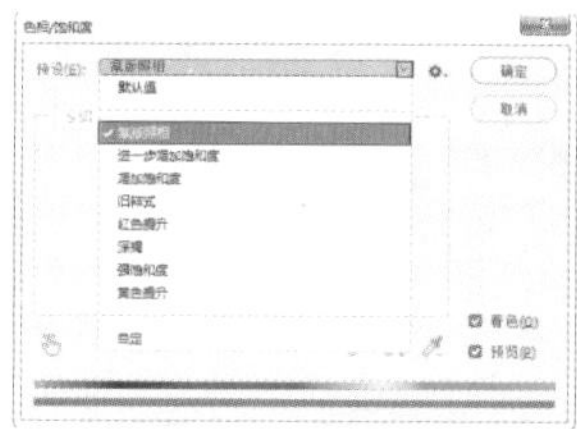

图 9–14

图 9–15

（4）很多调色命令都有“通道”列表、“颜色”列表可供选择。例如，默认情况下显示的是 RGB，此时调整的是整个画面的效果。如果单击列表会看到红、绿、蓝，选择某一项，即可针对这种颜色进行调整，如图 9–16 和图 9–17 所示。

图 9–16

图 9–17

> **提示：快速还原默认参数**
>
> 使用图像“调整”命令时，如果在修改参数之后，还想将参数还原成默认数值，可以按住 Alt 键，窗口中的“取消”按钮会变为“复位”按钮，单击“复位”按钮即可还原原始参数。

【重点】9.1.3 动手练:使用调整图层调色

扫一扫，看视频

“调整”命令与调整图层能够起到的调色效果是相同的，但是“调整”命令是直接作用于原图层的，而调整图层则是将调色操作以“图层”的形式,存在于“图层”面板中。

调整图层具有以下几个特点：可以随时隐藏或显示调色效果；可以通过蒙版控制调色影响的范围；可以创建剪贴蒙版；可以调整透明度以减弱调色效果；可以随时调整图层所处的位置；可以随时更改调色的参数。

（1）选中一个需要调整的图层，如图 9–18 所示。执行“图层 > 新建调整图层”命令，在子菜单中可以看到很多命令，执行其中某一项，如图 9–19 所示。

图 9–18　　图 9–19

提示：使用“调整”面板

执行“窗口 > 调整”命令，打开“调整”面板，在“调整”面板中排列的图标，与“图层 > 新建调整图层”菜单中的命令是相同的。可以在这里单击“调整”面板中的按钮创建调整图层，如图 9–20 所示。

另外，在“图层”面板底部单击“创建新的填充或调整图层”按钮，然后在弹出的快捷菜单中选择相应的调整命令，如图 9–21 所示。

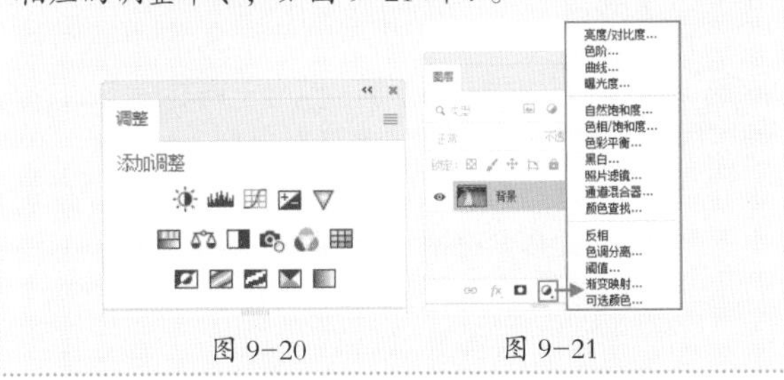

图 9–20　　图 9–21

（2）弹出一个新建图层的窗口，在此处可以设置调整图层的名称，单击“确定”按钮即可，如图 9–22 所示。接着在“图层”面板中可以看到新建的调整图层，如图 9–23 所示。

图 9–22　　图 9–23

（3）与此同时“属性”面板中会显示当前调整图层的参数设置（如果没有出现“属性”面板，双击该调整图层的缩略图，即可重新弹出“属性”面板），随意调整参数，如图 9–24 所示。此时画面颜色发生了变化，如图 9–25 所示。

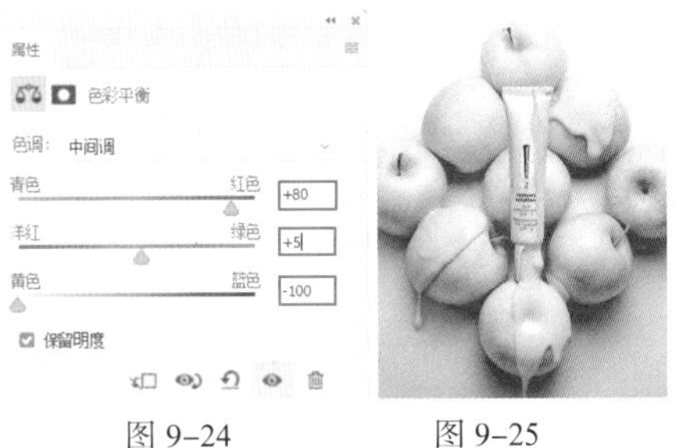

图 9–24　　图 9–25

（4）在“图层”面板中能够看到每个调整图层都自动带有一个图层蒙版。在调整图层蒙版中可以使用黑、白色来控制受影响的区域。白色为受影响，黑色为不受影响，灰色为受到部分影响。

例如，想要使刚才创建的“色彩平衡”调整图层只对画面中的部分区域起作用，那么则需要在蒙版中使用黑色画笔涂抹不想要受影响的部分。选中“色彩平衡”调整图层的蒙版，然后设置“前景色”为黑色，单击“画笔工具”,设置合适的大小,在蒙版中涂抹黑色,如图 9–26 所示。被涂抹的区域变为调色之前的效果，如图 9–27 所示。

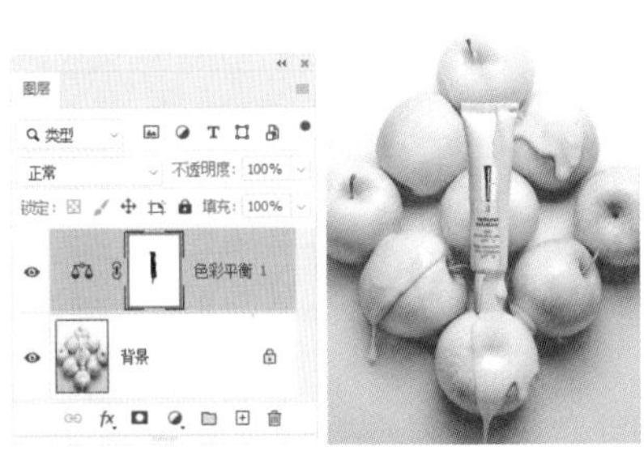

图 9–26　　图 9–27

9.2 调整图像的明暗、对比度

在“图像 > 调整”菜单中有很多种调色命令，其中一部分调色命令主要针对图像的明暗进行调整。

提高图像的明度可以使画面变亮，降低图像的明度可以使画面变暗；增强亮部区域的明亮程度并降低画面暗部区域的亮度则可以增强画面对比度；反之则会降低画面对比度

9.2.1 动手练:自动对比度

扫一扫，看视频

“自动对比度”命令常用于校正图像对比过低的问题。打开一张对比度偏低的图像，画面看起来有些“灰”，如图 9–28 所示。执行“图像 > 自动对比度”命令，“偏灰”的图像会被自动提高对比度，效果如图 9–29 所示。

图 9–28

图 9–29

【重点】9.2.2 动手练:亮度/对比度

扫一扫，看视频

“亮度 / 对比度”命令常用于使图像变得更亮、变暗一些、校正“偏灰”（对比度过低）的图像、增强对比度使图像更“抢眼”或弱化对比度使图像柔和。

打开一张图像，如图 9–30 所示。执行“图像 > 调整 > 亮度 / 对比度”命令，在打开的“亮度 / 对比度”窗口中进行参数的调整，如图 9–31 所示。调整参数可以观察到画面变化，设置完成后单击“确定”按钮，效果如图 9–32 所示。执行“图层 > 新建调整图层 > 亮度 / 对比度”命令，可创建一个“亮度 / 对比度”调整图层。

图 9–30

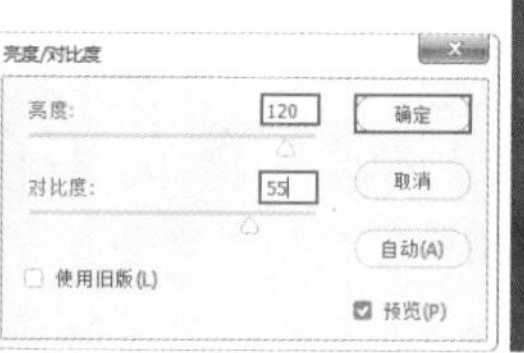

图 9–31

图 9–32

- 亮度：用来设置图像的整体亮度。例如，数值由小到大变化，为负值时，表示降低图像的亮度；为正值时，表示提高图像的亮度，如图 9–33 所示。

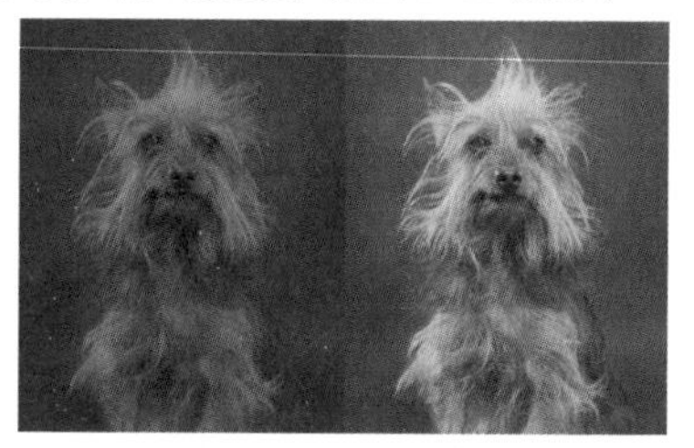

（a）亮度：–50　（b）亮度：50

图 9–33

- 对比度：用于设置图像亮度对比的强烈程度。例如，数值由小到大变化，为负值时，图像对比度会减弱；为正值时，图像对比度会增强，如图 9–34 所示。

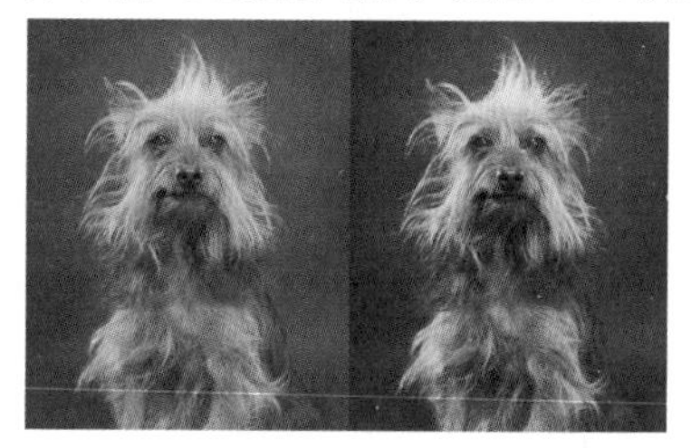

（a）对比度：10　（b）对比度：80

图 9–34

- 预览：勾选该复选框后，在“亮度 / 对比度”窗口中调节参数时，可以在文档窗口中观察到图像的亮度变化。
- 使用旧版：勾选该复选框后，可以得到与 Photoshop CS3 以前的版本相同的调整结果。
- 自动：单击“自动”按钮，Photoshop 会自动根据画面进行调整。

【重点】9.2.3 动手练:色阶

扫一扫，看视频

“色阶”命令主要用于调整画面的明暗程度以及增强或降低对比度。“色阶”命令的优势在于可以单独对画面的阴影、中间调、高光以及亮部、暗部区域进行调整，而且可以对各个颜色通道进行调整，以实现色彩调整的目的。

执行“图像 > 调整 > 色阶”命令（组合键是 Ctrl+L），可打开“色阶”窗口，如图 9–35 所示。执行“图层 > 新建调整图层 > 色阶”命令，可创建一个“色阶”调整图层，如图 9–36 所示。

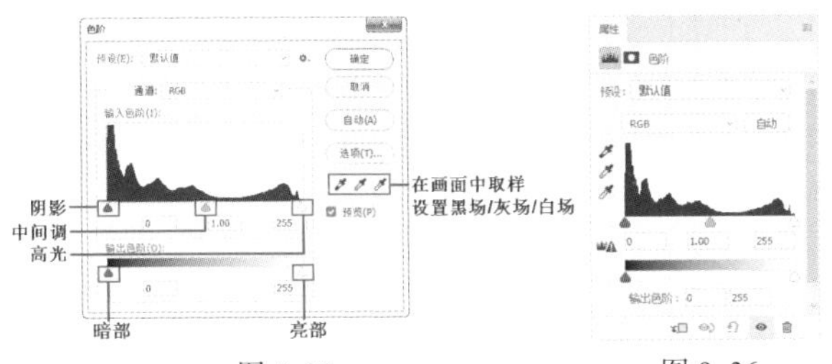

图 9-35　　图 9-36

（1）打开一张图像，如图 9-37 所示。执行“图像 > 调整 > 色阶”命令，在“色阶”选项区域可以通过拖曳滑块来调整图像的阴影、中间调和高光，同时可以直接在对应的输入框中输入数值。向右移动“阴影”滑块，画面暗部区域会变暗，如图 9-38 和图 9-39 所示。

图 9-37

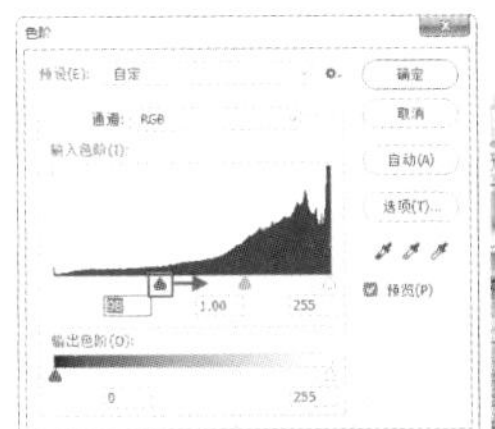

图 9-38　　图 9-39

（2）尝试向左移动“高光”滑块，画面亮部区域变亮，如图 9-40 和图 9-41 所示。

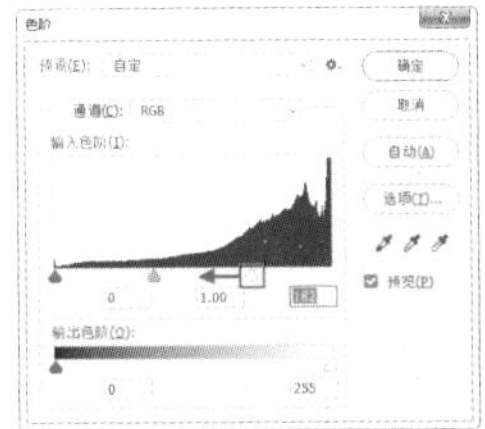

图 9-40　　图 9-41

（3）向左移动“中间调”滑块，画面中间调区域会变亮，受之影响，画面大部分区域会变亮，如图 9-42 和图 9-43 所示。

图 9-42　　图 9-43

（4）向右移动“中间调”滑块，画面中间调区域会变暗，受之影响，画面大部分区域会变暗，如图 9-44 和图 9-45 所示。

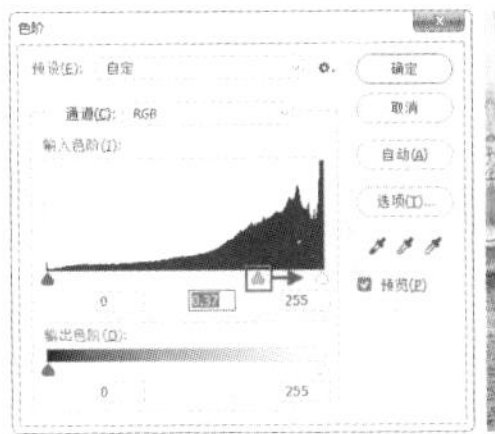

图 9-44　　图 9-45

（5）在“输出色阶”窗口区域可以设置图像的亮度范围，从而降低对比度。向右移动“暗部”滑块，画面暗部区域会变亮，画面会产生“变灰”的效果，如图 9-46 和图 9-47 所示。

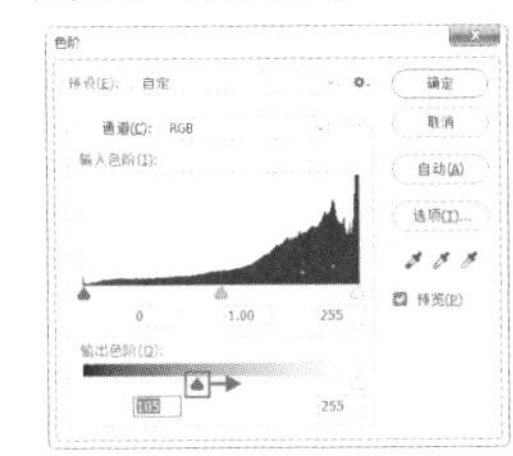

图 9-46　　图 9-47

（6）向左移动“亮部”滑块，画面亮部区域会变暗，画面同样会产生“变灰”的效果，如图 9-48 和图 9-49 所示。

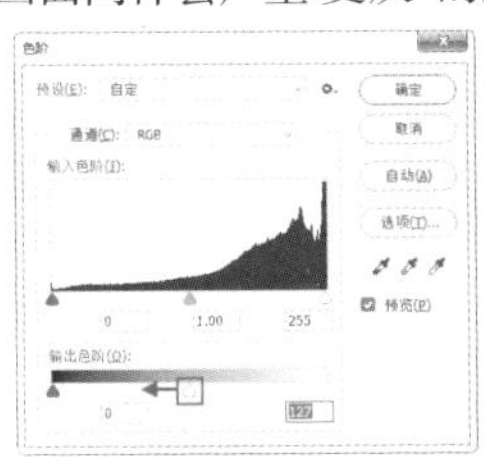

图 9-48　　图 9-49

（7）使用“在图像中取样以设置黑场”吸管在图像中单击取样，可以将单击点处的像素调整为黑色，同时图像中比该单击点暗的像素也会变成黑色，如图 9-50 和图 9-51 所示。

图 9-50　　图 9-51

（8）使用“在图像中取样以设置灰场”吸管在图像中单击取样，可以根据单击点像素的亮度来调整其他中间调的平均亮度，如图 9–52 和图 9–53 所示。

图 9–52　　　　图 9–53

（9）使用“在图像中取样以设置白场”吸管在图像中单击取样，可以将单击点处的像素调整为白色，同时图像中比该单击点亮的像素也会变成白色，如图 9–54 和图 9–55 所示。

图 9–54　　　　图 9–55

（10）如果想要使用“色阶”命令对画面颜色进行调整，则可以在“通道”列表中选择某个通道，然后对该通道进行明暗调整，使某个通道变亮，如图 9–56 所示。画面则会更倾向于该颜色，如图 9–57 所示。而使某个通道变暗，则会减少画面中该颜色的成分，而使画面倾向于该通道的补色。

图 9–56　　　　图 9–57

【重点】9.2.4　动手练：曲线

扫一扫，看视频

“曲线”命令既可用于对画面的明暗和对比度进行调整，又常用于校正画面偏色问题以及调整出独特的色调效果。

执行“图像 > 调整 > 曲线”命令（组合键是 Ctrl+ M），打开“曲线”窗口，如图 9–58 所示。在“曲线”窗口中左侧为曲线调整区域，在这里可以通过改变曲线的形态，调整画面的明暗程度。

曲线上半部分控制画面的亮部区域；曲线中间段部分控制画面的中间调区域；曲线下半部分控制画面的暗部区域。在曲线上单击即可创建一个点，然后通过按住并拖动曲线点的位置调整曲线形态。将曲线上的点向左上移动则会使图像变亮，将曲线点向右下移动可以使图像变暗。

执行“图层 > 新建调整图层 > 曲线”命令，创建一个“曲线”调整图层，同样能够进行相同效果的调整，如图 9–59 所示。

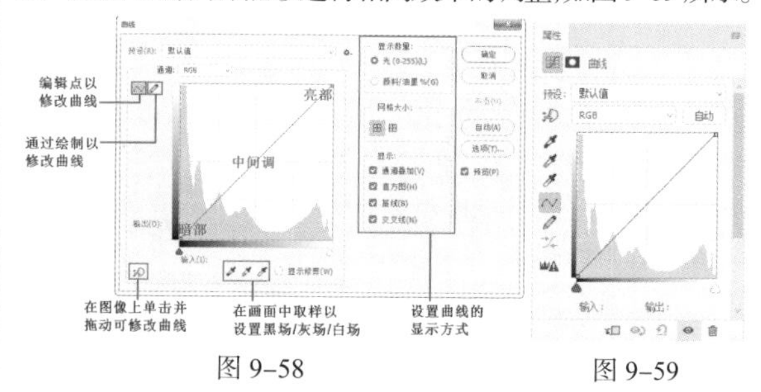

图 9–58　　　　图 9–59

1. 使用“预设”的曲线效果

在“预设”下拉列表中共有 9 种曲线预设效果。如图 9–60 和图 9–61 所示分别为原图与 9 种预设效果。

图 9–60　　　　图 9–61

2. 提亮画面

预设并不一定适合所有情况，所以通常需要我们自己对曲线进行调整。例如，想让画面整体变亮一些，可以选择在曲线的中间调区域按住鼠标左键，并向左上拖动，如图 9–62 所示。此时画面就会变亮，如图 9–63 所示。因为通常情况下，中间调区域控制的范围较大，所以想要对画面整体进行调整时，大多会选择在曲线中间段部分进行调整。

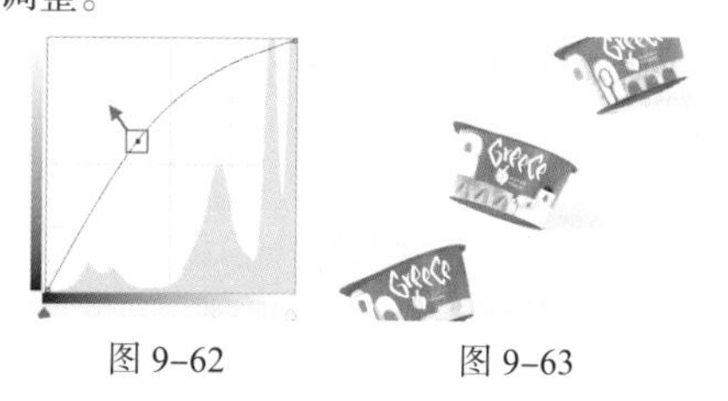

图 9–62　　　　图 9–63

3. 压暗画面

想要使画面整体变暗一些，可以在曲线中间调的区域按住鼠标左键并向右下移动曲线，如图 9–64 所示。

效果如图 9-65 所示。

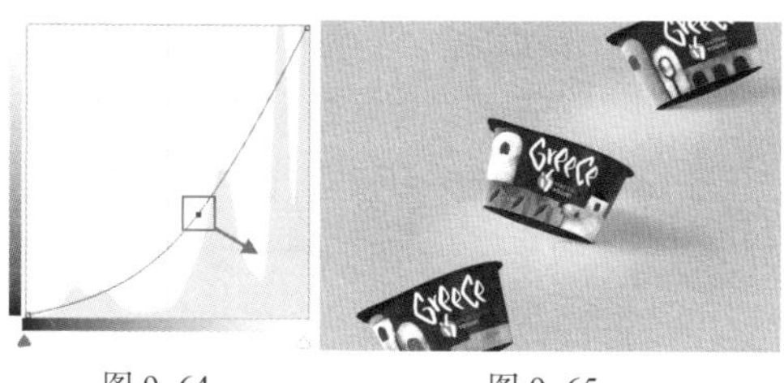

图 9-64　　图 9-65

4. 调整图像对比度

想要增强画面对比度，则需要使画面亮部变得更亮，而暗部变得更暗，那么需要将曲线调整为 S 形，在曲线上半段添加点向左上移动，在曲线下半段添加点向右下移动，如图 9-66 所示。反之想要使图像对比度降低，则需要将曲线调整为 Z 形，如图 9-67 所示。

图 9-66

图 9-67

5. 调整图像的颜色

使用曲线可以校正偏色情况，也可以使画面产生各种各样的颜色倾向。例如，要增加画面中的蓝色，可以在通道列表中选择“蓝”，然后在曲线上添加一个控制点，向上拖动控制点能够增加画面中蓝色的含量，如图 9-68 所示。向下拖动控制点能够减少画面中蓝色的含量，如图 9-69 所示。

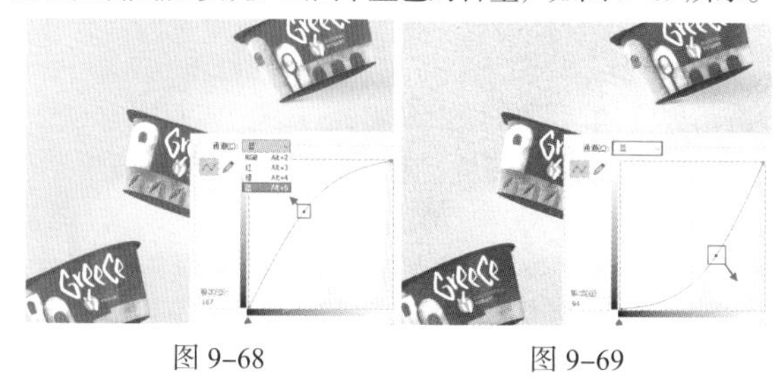

图 9-68　　图 9-69

练习实例：使用“曲线”命令使食物更美味

文件路径	资源包 \ 第 9 章 \ 使用“曲线”命令使食物更美味
难易指数	★★★★★
技术掌握	“曲线”命令

扫一扫，看视频

案例效果

案例对比效果如图 9-70 和图 9-71 所示。

图 9-70

图 9-71

操作步骤

步骤 01 执行“文件 > 打开”命令，将背景素材 1.jpg 打开，如图 9-72 所示。该素材图片颜色暗淡且对比度不强，本案例通过“曲线”命令提高图片亮度并增强对比度，制作出颜色鲜亮、极具食欲感的美食图片。

图 9-72

步骤 02 执行“图层 > 新建调整图层 > 曲线”命令，在弹出的“新建图层”窗口中单击“确定”按钮创建一个“曲线”调整图层。在“属性”面板的曲线中段单击添加控制点，然后按住鼠标左键向左上角拖动，提高画面的亮度。调整完成后在曲线上下两端继续单击添加控制点，上端的点向左上移动，下端的点向右下移动，增加画面的对比度，如图 9-73 所示。效果如图 9-74 所示。

图 9-73　　图 9-74

【重点】9.2.5　动手练：曝光度

“曝光度”命令主要用来校正图像曝光不足或曝光过度而产生的画面偏亮或者偏暗的问题。如图 9-75 所示为不同曝光度的图像。

扫一扫，看视频

（a）曝光过低　　（b）曝光正常　　（c）曝光过高

图 9-75

打开一张图像，如图 9-76 所示。执行“图像 > 调整 > 曝光度”命令，打开“曝光度”窗口，如图 9-77 所示（或执行“图层 > 新建调整图层 > 曝光度”命令，创建一个“曝光度”调整图层，如图 9-78 所示）。在这里通过对曝光度数值进行设置，以使图像变亮或者变暗。例如，适当增大“曝光度”数值，可以使原本偏暗的图像变亮一些，如图 9-79 所示。

图 9-76

图 9-77

图 9-78

图 9-79

- 曝光度：向左拖曳滑块，可以降低曝光效果；向右拖曳滑块，可以增强曝光效果。如图 9-80 所示为不同参数的对比效果。

（a）曝光度：-2　　（b）曝光度：1

图 9-80

- 位移：该选项主要对阴影和中间调起作用。减小数值可以使其阴影和中间调区域变暗，但对高光基本不会产生影响。如图 9-81 所示为不同参数的对比效果。

（a）位移：-0.2　　（b）位移：0.2

图 9-81

- 灰度系数校正：使用一种乘方函数来调整图像灰度系数。滑块向左调整增大数值，滑块向右调整减小数值。如图 9-82 所示为不同参数的对比效果。

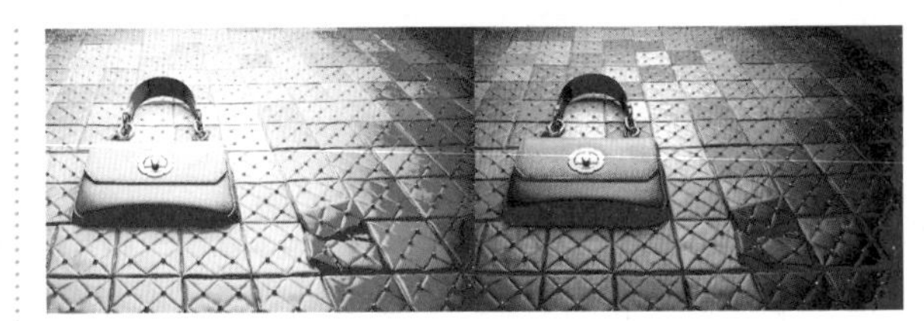

（a）灰度系数校正：2　　（b）灰度系数校正：0.3

图 9-82

【重点】9.2.6　动手练：阴影/高光还原画面细节

扫一扫，看视频

“阴影 / 高光”命令可以单独对画面中的阴影区域以及高光区域的明暗进行调整。“阴影 / 高光”命令常用于恢复由于图像过暗造成的暗部细节缺失，以及图像过亮导致的亮部细节不明确等问题，如图 9-83 和图 9-84 所示。

图 9-83

图 9-84

（1）打开一张图像，如图 9-85 所示。执行“图像 > 调整 > 阴影 / 高光”命令，打开“阴影 / 高光”窗口，默认情况下只显示“阴影”和“高光”两个数值，如图 9-86

所示。增大阴影数值可以使画面暗部区域变亮，如图 9–87 所示。

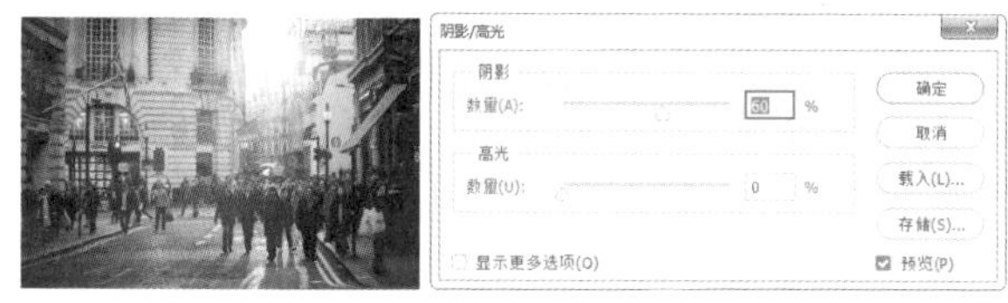

图 9–85　　图 9–86

图 9–87

（2）而增大“高光”数值则可以使画面亮部区域变暗，如图 9–88 和图 9–89 所示。

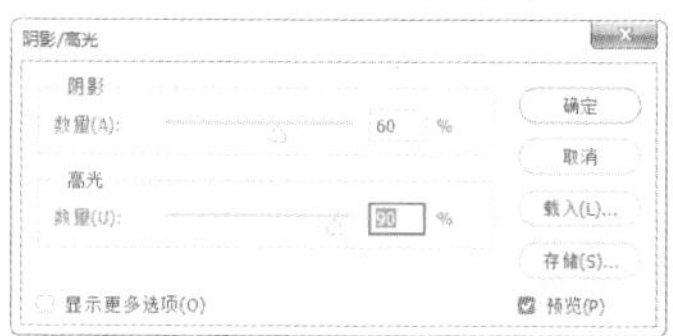

图 9–88　　图 9–89

（3）“阴影 / 高光”命令可设置的参数并不只是这两个，勾选“显示更多选项”复选框，弹出对话框以后，可以显示“阴影 / 高光”命令的完整选项，如图 9–90 所示。[阴影] 选项组与 [高光] 选项组的参数是相同的。

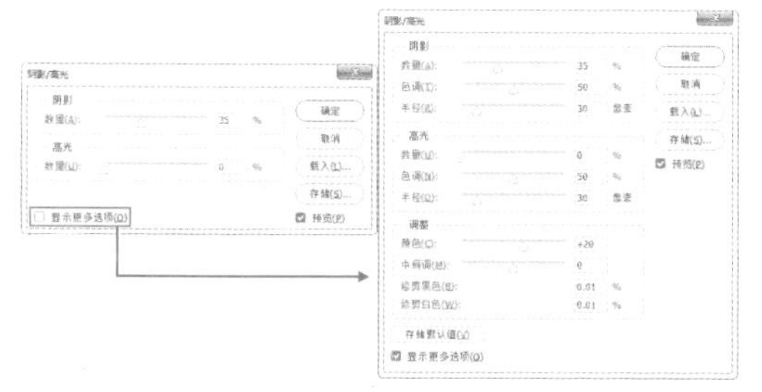

图 9–90

- 数量：“数量”选项用来控制阴影 / 高光区域的亮度。阴影的“数值”越大，阴影区域就越亮。高光的“数值”越大，高光越暗，如图 9–91 所示。

（a）阴影数量：10　　（b）阴影数量：100

图 9–91

（c）高光数量：10　　（d）高光数量：100

图 9–91（续）

- 色调：用来控制色调的修改范围，值越小，修改的范围越小。
- 半径：用于控制每个像素周围的局部相邻像素的范围大小。相邻像素用于确定像素是在阴影还是在高光中。数值越小，范围越小。
- 颜色：用于控制画面颜色感的强弱，数值越小，画面饱和度越低；数值越大，饱和度越高，如图 9–92 所示。

（a）颜色：–100　　（b）颜色：0　　（c）颜色：100

图 9–92

- 中间调：用来调整中间调的对比度，数值越大，中间调的对比度越强，如图 9–93 所示。

（a）中间调：–100　　（b）中间调：0　　（c）中间调：100

图 9–93

- 修剪黑色：该选项可以将阴影区域变为纯黑色，数值的大小用于控制变化为黑色阴影的范围。数值越大，变为黑色的区域越大，画面整体越暗。最大数值为 50%，过大的数值会使图像丧失过多细节，如图 9–94 所示。

（a）修剪黑色：0.01%　（b）修剪黑色：30%　（c）修剪黑色：50%

图 9–94

- 修剪白色：该选项可以将高光区域变为纯白色，数值的大小用于控制变化为白色高光的范围。数值越大，变为白色的区域越大，画面整体越亮。最大数值为 50%，过大的数值会使图像丧失过多细节，如图 9–95 所示。

(a) 修剪白色：0.01%　(b) 修剪白色：30%　(c) 修剪白色：50%

图 9-95

- 存储默认值：如果要将窗口中的参数设置存储默认值，可以单击该按钮。存储为默认值以后，再次打开“阴影 / 高光”窗口时，就会显示该参数。

9.3 调整图像的色彩

对图像“调色”，一方面是针对画面明暗的调整；另一方面是针对画面“色彩”的调整。在“图像 > 调整”命令中有十几种可以针对图像色彩进行调整。通过使用这些命令既可以校正偏色的问题，又能够为画面打造出各具特色的色彩风格，如图 9-96 和图 9-97 所示。

图 9-96

图 9-97

提示：学习调色时要注意的问题

调色命令虽然很多，但并不是每一种都常用。或者说，并不是每一种都适合自己使用。其实在实际调色过程中，想要实现某种颜色效果，往往是既可以使用这种命令，又可以使用那种命令。这时千万不要纠结于书中或者教程中使用的某个特定命令，而去使用这个命令。只需选择自己习惯使用的命令就可以。

9.3.1 动手练：自动色调

扫一扫，看视频

“自动色调”命令常用于校正图像常见的偏色问题。打开一张略微有些偏色的图像，画面看起来有些偏黄，如图 9-98 所示。执行“图像 > 自动色调”命令，过多的黄色成分被去除了。效果如图 9-99 所示。

图 9-98

图 9-99

9.3.2 动手练：自动颜色

扫一扫，看视频

“自动颜色”命令主要用于校正图像中颜色的偏差。对比效果如图 9-100 和图 9-101 所示。

图 9-100

图 9-101

【重点】9.3.3 动手练：自然饱和度

扫一扫，看视频

“自然饱和度”命令可以增加或减少画面颜色的鲜艳程度。“自然饱和度”命令常用于使照片更加明艳动人，或者打造出复古怀旧的低彩效果。

打开图像文件，如图 9-102 所示。执行“图像 > 调整 > 自然饱和度”命令，打开“自然饱和度”窗口，在这里可以对“自然饱和度”和“饱和度”数值进行调整，如图 9-103 所示。效果如图 9-104 所示。

图 9-102

图 9-103

图 9-104

- 自然饱和度：向左拖曳滑块，可以降低所有颜色的饱和度；向右拖曳滑块，可以增加所有颜色的饱和度，如图 9-105 所示。

（a）自然饱和度：-50　　（b）自然饱和度：50

图 9-105

- 饱和度：向左拖曳滑块，可以增加所有颜色的饱和度；向右拖曳滑块，可以降低所有颜色的饱和度，如图 9-106 所示。

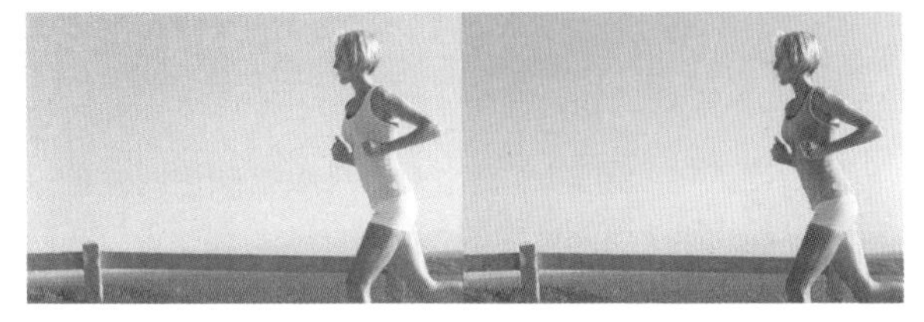

（a）饱和度：-50　　（b）饱和度：50

图 9-106

提示："自然饱和度"与"色相/饱和度"的区别

在"色相/饱和度"命令中也可以增加或降低画面的饱和度，但是与之相比，"自然饱和度"的数值调整更加柔和，不会因为饱和度过高而产生纯色，也不会因为饱和度过低而产生完全灰度的图像。所以"自然饱和度"命令非常适合用于数码照片的调色。

【重点】9.3.4　动手练：色相/饱和度

扫一扫，看视频

用"色相/饱和度"命令可以对图像整体或者局部的色相、饱和度以及明度进行调整，还可以对图像中的各种颜色（红色、黄色、绿色、青色、蓝色、洋红）的色相、饱和度、明度分别进行调整。"色相/饱和度"命令常用于更改画面局部的颜色，或用于增强画面饱和度。

打开一张图像，如图 9-107 所示。执行"图像 > 调整 > 色相/饱和度"命令（组合键是 Ctrl+U），打开"色相/饱和度"窗口。默认情况下，可以对整个图像的色相、饱和度、明度进行调整。例如，调整色相滑块，如图 9-108 所示（执行"图层 > 新建调整图层 > 色相/饱和度"命令，可以创建"色相/饱和度"调整图层，如图 9-109 所示）。画面的颜色发生了变化，如图 9-110 所示。

图 9-107

图 9-108

图 9-109　图 9-110

- 预设：在"预设"下拉列表中提供了 8 种色相/饱和度预设，如图 9-111 所示。

（a）黑版照片（b）进一步增加饱和度（c）增加饱和度（d）旧样式

（e）红色提升　（f）深褐　（g）强饱和度　（h）黄色提升

图 9-111

- 全图 通道下拉列表：如果想要调整画面某一种颜色的色相、饱和度、明度，可以在"颜色通道"列表中选择某一种颜色，然后进行调整。
- 色相：调整滑块可以更改画面各个部分或者某种颜色的色相，如图 9-112 所示。

（a）色相：-110　（b）色相：130

图 9-112

- 饱和度：调整饱和度数值可以增强或减弱画面整体或某种颜色的鲜艳程度。数值越大，颜色越艳丽，如图 9–113 所示。

（a）饱和度：-50（b）饱和度：50

图 9–113

- 明度：调整明度数值可以使画面整体或某种颜色的明亮程度增加。数值越大越接近白色，数值越小越接近黑色，如图 9–114 所示。

（a）明度：-50 （b）明度：50

图 9–114

- 在图像上单击并拖动可修改饱和度：使用该工具在图像上单击设置取样点，如图 9–115 所示。然后向左拖曳鼠标可以降低图像的饱和度，向右拖曳鼠标可以增加图像的饱和度，如图 9–116 所示。

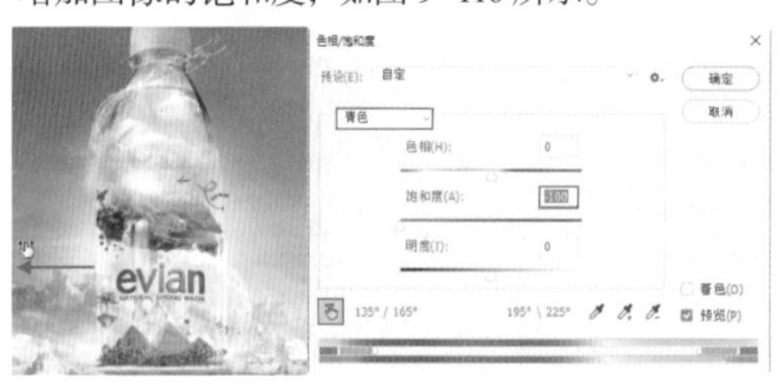

图 9–115

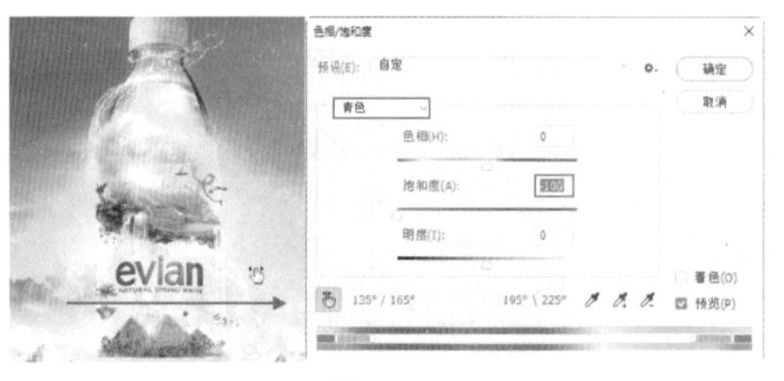

图 9–116

- 着色：勾选该复选框以后，图像会整体偏向于单一的色调。通过拖曳三个滑块可以调节图像的色调，如图 9–117 所示。

图 9–117

【重点】9.3.5 动手练:色彩平衡

扫一扫，看视频

“色彩平衡”命令是根据颜色的补色原理，控制图像颜色的分布。根据颜色之间的互补关系，要减少某种颜色就增加这种颜色的补色。所以可以利用“色彩平衡”命令进行偏色问题的校正。

打开一张图像，如图 9–118 所示。执行“图像 > 调整 > 色彩平衡”命令(组合键是 Ctrl+B)，打开“色彩平衡”窗口。首先设置“色调平衡”，选择需要处理的部分包括阴影区域、中间调区域和高光区域。接着可以对应在上方调整各个色彩的滑块，如图 9–119 所示。

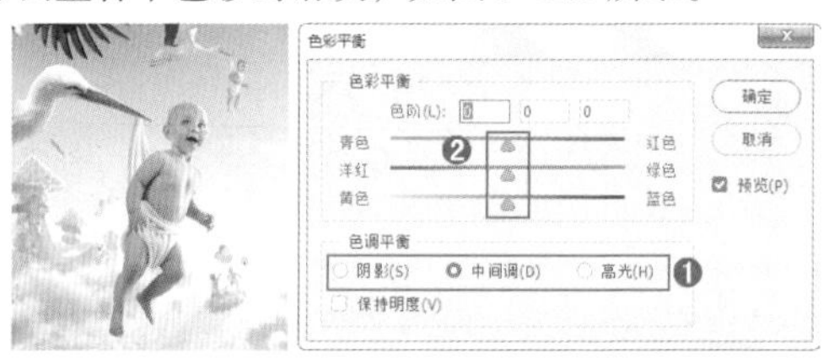

图 9–118　　图 9–119

- 色彩平衡：用于调整“青色–红色”“洋红–绿色”“黄色–蓝色”在图像中所占的比例。例如，向左拖曳“青色–红色”滑块，可以在图像中增加青色，同时减少其补色红色，如图 9–120 所示；向右拖曳“青色–红色”滑块，可以在图像中增加红色，同时减少其补色青色，如图 9–121 所示。

图 9–120　　图 9–121

- 色调平衡：选择调整色彩平衡的方式，包含“阴影”“中间调”“高光”三个选项。如图 9-122 所示分别是向“阴影”“中间调”“高光”添加蓝色以后的效果。

（a）阴影　　（b）中间调　　（c）高光

图 9-122

- 保持明度：勾选“保持明度”复选框，可以保持图像的色调不变，以防止亮度值随着颜色的改变而改变。如图 9-123 所示为对比效果。

（a）未勾选“保持明度”　　（b）勾选“保持明度”

图 9-123

【重点】9.3.6　动手练：黑白

扫一扫，看视频

“黑白”命令可以去除画面中的色彩，将图像转换为黑白效果，在转换为黑白效果后还可以对画面中每种颜色的明暗程度进行调整。“黑白”命令常用于将彩色图像转换为黑白效果，也可以使用“黑白”命令制作单色图像，如图 9-124 所示。

图 9-124

（1）打开一张图像，如图 9-125 所示。执行“图像 > 调整 > 黑白”命令（组合键为 Alt+Shift+Ctrl+B），打开“黑白”窗口，在该窗口中会有一系列的默认数值，如图 9-126 所示。勾选“预览”复选框，可以看到图像变为黑白色调，如图 9-127 所示。

图 9-125

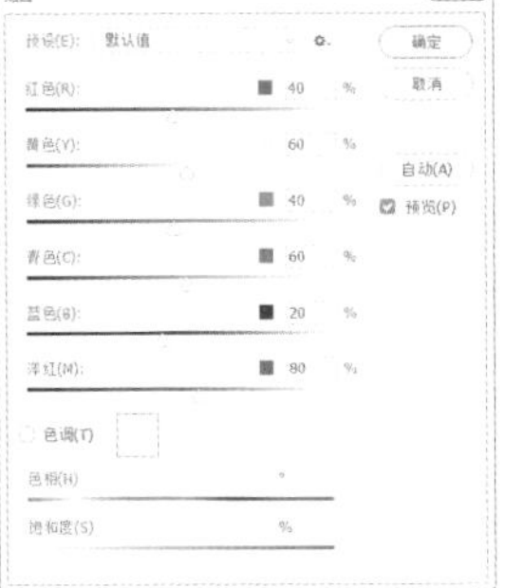

图 9-126

图 9-127

（2）在“黑白”窗口中还可以对各种颜色的数值进行调整，以设置各种颜色转换为灰度后的明暗程度。例如，皮肤和壁纸黄色的位置想要作为画面中的亮部区域，那么向右拖动黄色和红色滑块增加数值，如图 9-128 所示。数值增加后高光区域的亮度被提高了。效果如图 9-129 所示。

图 9-128

图 9-129

（3）此时画面中阴影的位置还不够暗，画面明暗对比不够强烈。画面阴影的颜色为青色调，所以向右拖动“青色”“蓝色”“洋红”滑块降低数值（其中“青色”数值应该最小），参数设置如图 9-130 所示。画面效果如图 9-131 所示。

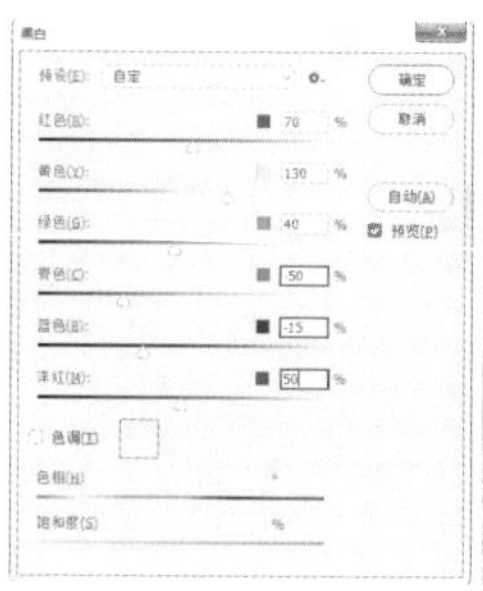

图 9-130

图 9-131

（4）勾选“色调”复选框，单击后侧的色块，可以弹出“拾色器”窗口,然后选择颜色,单击“确定”按钮，如图 9-132 所示。此时可以制作出单色图像的效果，如图 9-133 所示。

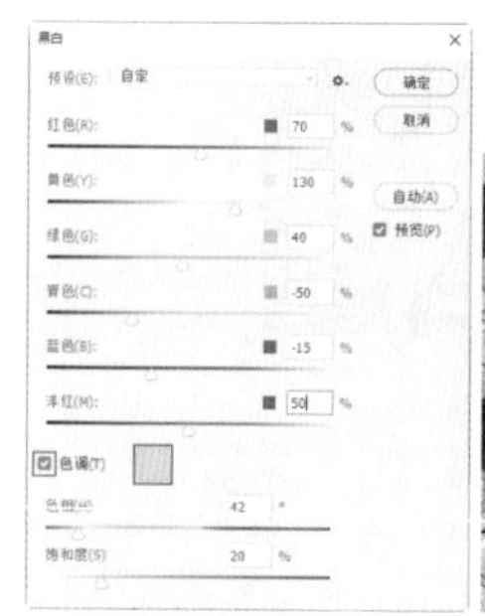

图 9-132

图 9-133

练习实例：梦幻感多彩效果

扫一扫，看视频

文件路径	资源包 \ 第 9 章 \ 梦幻感多彩效果
难易指数	☆☆☆☆☆
技术掌握	黑白、渐变工具、混合模式

案例效果

案例对比效果如图 9-134 和图 9-135 所示。

图 9-134

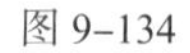

图 9-135

操作步骤

步骤 01 执行“文件 > 打开”命令，打开背景素材 1.jpg。本案例使用“黑白”命令将彩色照片转化为黑白的效果。然后选择“渐变工具”在人物周围绘制渐变，并通过设置混合模式，将渐变颜色与画面进行混合，呈现梦幻的多彩效果。

步骤 02 执行“图层 > 新建调整图层 > 黑白”命令，在弹出的“新建图层”窗口中，单击“确定”按钮，得到调整图层。此时画面效果如图 9-136 所示，在“图层”面板上选择该调整图层，然后设置该图层的“不透明度”为 80%。此时画面效果如图 9-137 所示。

图 9-136

图 9-137

步骤 03 新建图层。单击工具箱中的“渐变工具”按钮，在选项栏中单击“渐变色条”按钮，然后在弹出的“渐变编辑器”窗口中编辑一个由绿色到透明的渐变，设置完成后单击“确定”按钮，在选项栏中设置“渐变类型”为“线性渐变”。然后在画面左下角按住鼠标左键并沿着中心点进行拖动。画面效果如图 9-138 所示。

图 9-138

步骤 04 在“图层”面板中选择渐变图层，并设置该图层的“混合模式”为“强光”。画面效果如图 9-139 所示。

图 9-139

步骤 05 继续新建图层。单击工具箱中的“渐变工具”按钮，在选项栏中单击“渐变色条”按钮，然后在打开的“渐变编辑器”窗口中编辑一个粉色系渐变，设置完成后单击“确定”按钮，在选项栏中设置“渐变类型”为“线性渐变”。然后在画面左上角按住鼠标左键并沿着中心点进行拖动，在“图层”面板中选中该渐变图层，并设置该图层的“混合模式”为“强光”。画面效果如图 9–140 所示。

图 9–140

步骤 06 继续添加渐变色。新建图层，使用同样的方式在画面的右上角添加一个紫色系的渐变颜色，并将其“混合模式”设置为“强光”。效果如图 9–141 所示。新建图层，使用同样的方式在画面的右下角添加一个蓝色系的渐变颜色，并将其“混合模式”设置为“强光”。最终画面效果如图 9–142 所示。

图 9–141　　图 9–142

9.3.7　动手练:照片滤镜

“照片滤镜”命令与摄影师经常使用的“彩色滤镜”命令效果非常相似，可以为图像“蒙”上某种颜色，以使图像产生明显的颜色倾向。“照片滤镜”命令常用于制作冷调或暖调的图像。

扫一扫，看视频

（1）打开一张图像，如图 9–143 所示。执行“图像 > 调整 > 照片滤镜”命令，打开“照片滤镜”窗口。在“滤镜”下拉列表中可以选择一种预设的效果应用到图像中。例如，选择“加温滤镜”，如图 9–144 所示，此时图像变为暖调，如图 9–145 所示。

图 9–143

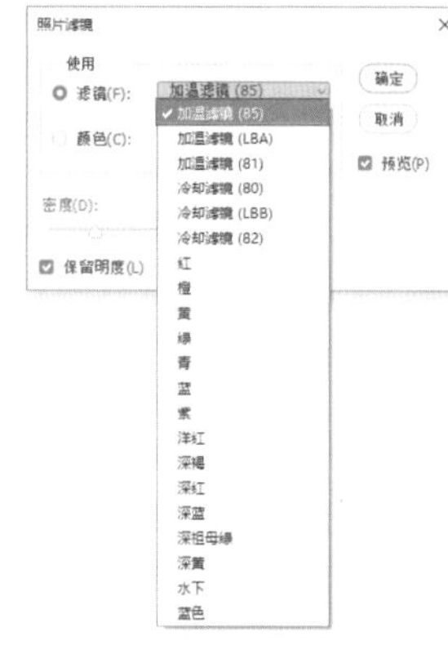

图 9–144　　图 9–145

（2）如果列表中没有适合的颜色，也可以直接选中“颜色”单选按钮，自行设置合适的颜色，如图 9–146 所示。效果如图 9–147 所示。

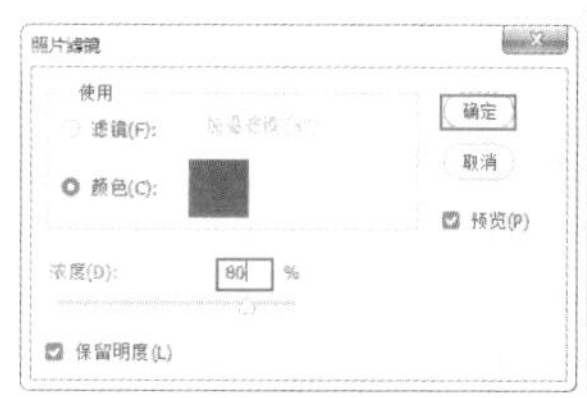

图 9–146　　图 9–147

（3）设置“浓度”数值可以调整滤镜颜色应用到图像中的颜色百分比。数值越大，应用到图像中的颜色浓度就越高；数值越小，应用到图像中的颜色浓度就越低。如图 9–148 所示为不同浓度的对比效果。

（a）浓度：30%　　（b）浓度：80%

图 9–148

9.3.8　动手练:通道混合器

“通道混合器”命令可以将图像中的颜色通道相互混合，能够对目标颜色通道进行调整和修复。常用于偏色图像的校正。

扫一扫，看视频

打开一张图像，如图 9–149 所示。执行“图像 > 调整 > 通道混合器”命令，打开“通道混合器”窗口，首先在“输出通道”列表中选择需要处理的通道，然后调整各个颜色滑块，如图 9–150 所示。效果如图 9–151 所示。

图 9–149

图 9–150

图 9–151

- 输出通道：在下拉列表中可以选择一种通道来对图像的色调进行调整。
- 源通道：用来设置源通道在输出通道中所占的百分比。例如，设置“输出通道”为红，增大红色数值，如图 9–152 所示。画面中红色的成分增加，如图 9–153 所示。

图 9–152

图 9–153

- 总计：显示源通道的计数值。如果计数值大于 100%，则有可能会丢失一些阴影和高光细节。
- 常数：用来设置输出通道的灰度值，负值可以在通道中增加黑色；正值可以在通道中增加白色，如图 9–154 所示。

(a) 红通道常数：–50%　(b) 红通道常数：0%　(c) 红通道常数：50%

图 9–154

- 单色：勾选该复选框以后，图像将变成黑白效果。可以通过调整各个通道的数值，调整画面的黑白关系，如图 9–155 和图 9–156 所示。

图 9–155

图 9–156

9.3.9 动手练：颜色查找

扫一扫，看视频

不同的数字图像输入设备或输出设备都有自己特定的色彩空间，这就导致了色彩在不同的设备之间传输时可能会出现不匹配的现象。“颜色查找”命令可以使画面颜色在不同的设备之间精确传递和再现。

选中一张图像，如图 9–157 所示。执行“图像 > 调整 > 颜色查找”命令，打开“颜色查找”窗口，在窗口中可以从三种方式中选择用于颜色查找，分别是 3DLUT 文件、摘要、设备链接。并在每种方式的下拉列表中选择合适的类型，如图 9–158 所示。

图 9–157

图 9–158

选择完成后，可以看到图像整体颜色发生了风格化的效果。画面效果如图 9–159 所示。执行“图层 > 新建调整图层 > 颜色查找”命令，可以创建“颜色查找”调整图层，如图 9-160 所示。

图 9-159

图 9-160

9.3.10 动手练:反相

“反相”命令可以将图像中的颜色转换为它的补色，呈现出负片效果，即红变绿、黄变蓝、黑变白。执行“图像 > 调整 > 反相”命令（组合键是 Ctrl+I），即可得到反相效果。对比效果如图 9-161 和图 9-162 所示。“反相”命令是一个可以逆向操作的命令。执行“图层 > 新建调整图层 > 反相”命令，创建一个“反相”调整图层，该调整图层没有参数可供设置。

扫一扫，看视频

图 9-161

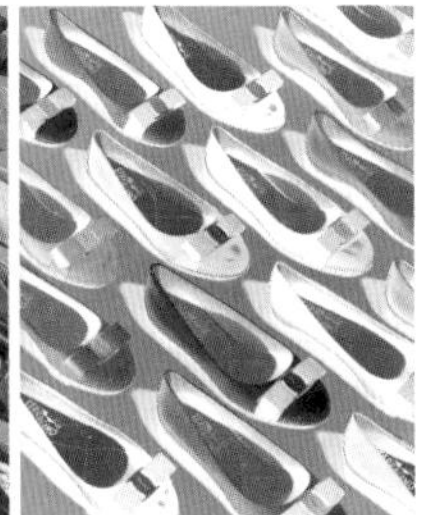
图 9-162

9.3.11 动手练:色调分离

扫一扫，看视频

“色调分离”命令可以通过为图像设定色调数目来减少图像的色彩数量。图像中多余的颜色会映射到最接近的匹配级别。选择一个图层，如图 9-163 所示。执行“图像 > 调整 > 色调分离”命令，打开“色调分离”窗口，如图 9-164 所示。在“色调分离”窗口中可以进行“色阶”数量的设置，设置的“色阶”值越小，分离的色调越多;“色阶”值越大，保留的图像细节就越多，如图 9-165 所示。

图 9-163

图 9-164

图 9-165

9.3.12 动手练:阈值

“阈值”命令可以将图像转换为只有黑白两色的效果。选择一个图层，如图 9-166 所示。执行“图像 > 调整 > 阈值”命令，打开“阈值”窗口，“阈值色阶”数值可以指定一个色阶作为阈值，高于当前色阶的像素都将变为白色，低于当前色阶的像素都将变为黑色，参数设置完成后单击“确定”按钮，如图 9-167 所示。

扫一扫，看视频

图 9-166

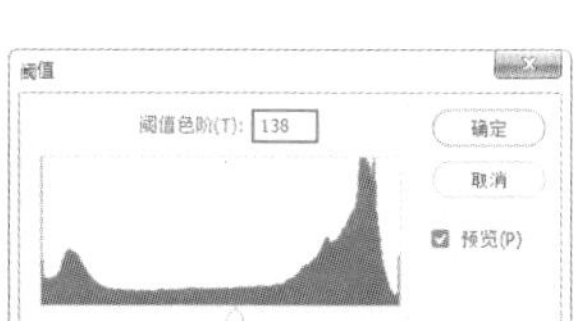

图 9-167

效果如图 9-168 所示。执行“图层 > 新建调整图层 > 阈值”命令，创建“阈值”调整图层，如图 9-169 所示。

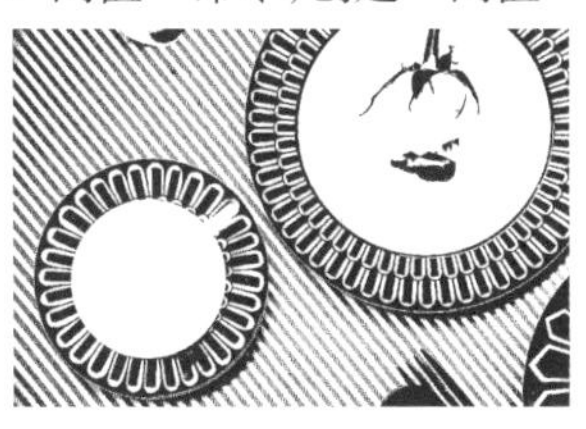
图 9-168

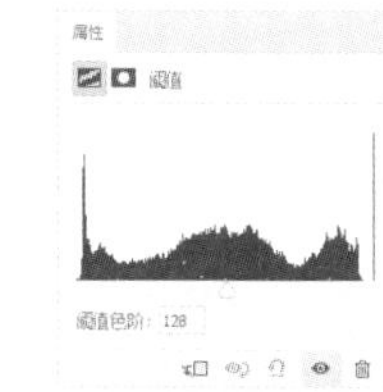

图 9-169

9.3.13 动手练:渐变映射

扫一扫，看视频

“渐变映射”命令是先将图像转换为灰度图像，然后设置一个渐变，将渐变中的颜色按照图像的灰度范围一一映射到图像中，使图像中只保留渐变中存在的颜色。选择一个图层，如图 9-170 所示。执行“图像 > 调整 > 渐变映射”命令，打开“渐变映射”窗口。单击“灰度映射所用的渐变”按钮，打开“渐变编辑器”窗口，在该窗口中可以选择或重新编辑一种渐变应用到图像上，如图 9-171 所示。

图 9-170

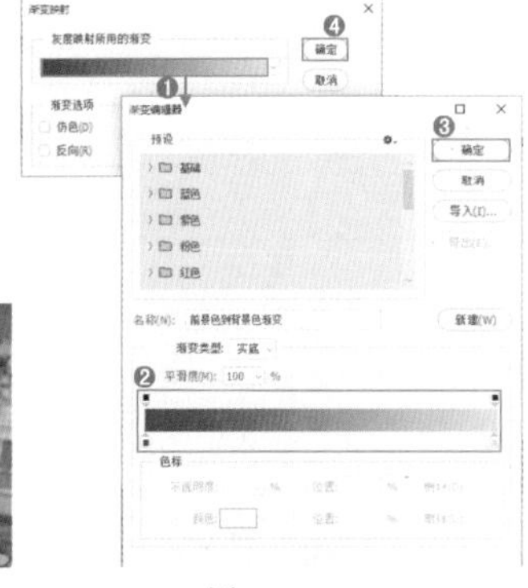

图 9-171

画面效果如图 9-172 所示。执行“图层 > 新建调整图层 > 渐变映射”命令，可以创建一个“渐变映射”调整图层，如图 9-173 所示。

图 9-172 图 9-173

练习实例：为照片赋予新的色感

扫一扫，看视频

文件路径	资源包 \ 第 9 章 \ 为照片赋予新的色感
难易指数	★★★★★
技术掌握	渐变映射、混合模式、不透明度

案例效果

案例效果如图 9-174 ～图 9-177 所示。

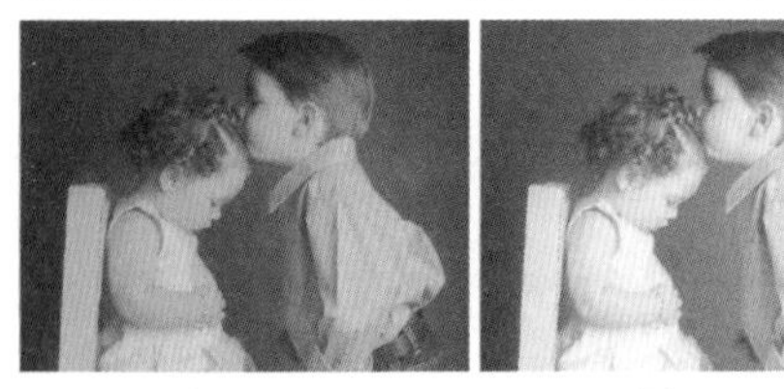

图 9-174 图 9-175

图 9-176

图 9-177

操作步骤

步骤 01 执行“文件 > 打开”命令，将背景素材 1.jpg 打开。本案例通过“渐变映射”命令对图像进行调色，为照片赋予新的色感。

步骤 02 制作第一种照片颜色效果。执行“图层 > 新建调整图层 > 渐变映射”命令，在弹出的“新建图层”窗口中，单击“确定”按钮创建一个“渐变映射”调整图层。不同的渐变颜色，映射到画面中的效果也不相同。单击色调按钮，在弹出的“渐变编辑器”窗口中编辑一个深紫色到橙色的渐变，如图 9-178 所示。接着在“图层”面板中设置“渐变映射”，调整图层的“不透明度”为 50%，如图 9-179 所示。效果如图 9-180 所示。

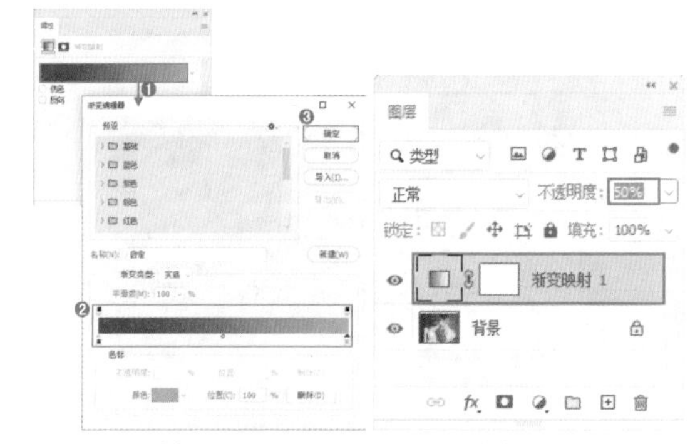

图 9-178 图 9-179

图 9-180

步骤 03 制作第二种照片颜色效果。选择“渐变映射”调整图层，使用组合键 Ctrl+J 将其复制一份，并将“渐变映射 1”图层隐藏。接着选择复制的“渐变映射”调整图层，设置“混合模式”为“滤色”，“不透明度”为 80%，如图 9-181 所示。此时画面的颜色更加柔和。效果如图 9-182 所示。

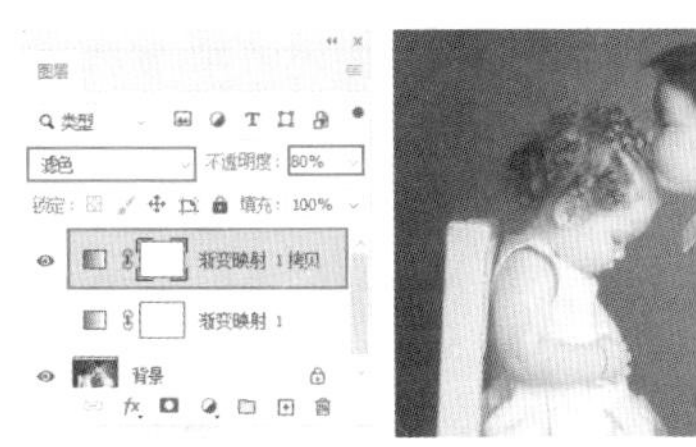

图 9-181　　图 9-182

步骤 04 制作第三种照片颜色效果。选择第二种效果的颜色图层将其复制一份，并将其他调整图层隐藏。接着设置“混合模式”为“点光”,“不透明度”为 40%,如图 9-183 所示。此时画面呈现出黄色调。效果如图 9-184 所示。

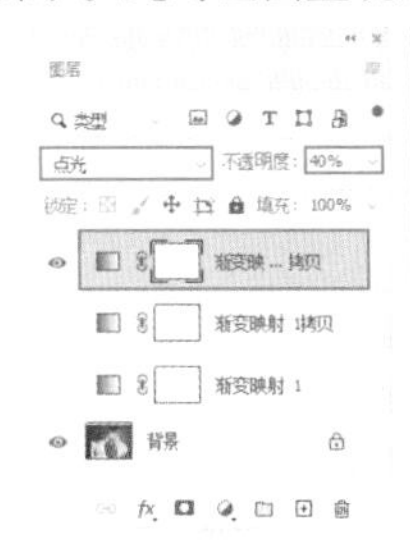

图 9-183　　图 9-184

步骤 05 制作第四种照片颜色效果。再次创建一个“渐变映射”调整图层，在“属性”面板中设置“蓝－红－黄三色渐变”，如图 9-185 所示。然后在“图层”面板中设置“不透明度”为 30%。此时画面呈现出不同的颜色倾向。效果如图 9-186 所示。

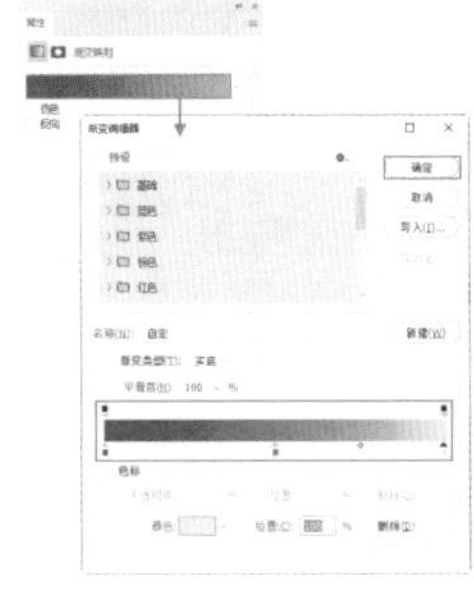

图 9-185　　图 9-186

【重点】9.3.14　动手练:可选颜色

扫一扫，看视频

“可选颜色”命令可以为图像中各个颜色通道增加或减少某种印刷色的成分含量。使用“可选颜色”命令可以非常方便地对画面中某种颜色的色彩倾向进行更改。

（1）打开一张图像，如图 9-187 所示。执行“图像 > 调整 > 可选颜色”命令，打开“可选颜色”窗口，在该窗口中首先选择需要处理的“颜色”，然后调整下方的色彩滑块，如图 9-188 所示。

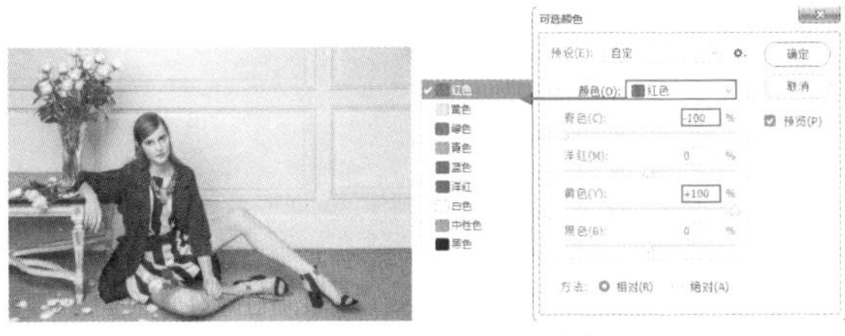

图 9-187　　图 9-188

（2）在这张图中衣服和地毯为蓝色调，接着通过“可选颜色”命令将其调整为紫色调。如果要调整蓝色，那么将“颜色”设置为“蓝色”，向左移动“青色”滑块可以降低画面中青色的含量，然后向右拖动“洋红”滑块，增加画面中洋红的含量，此时衣服和地毯变为紫色调。参数设置如图 9-189 所示。通过勾选“预览”复选框，画面效果如图 9-190 所示。

图 9-189　　图 9-190

（3）画面高光区域的亮度，画面中白色的背景和皮肤为高光区域，所以设置“颜色”为“白色”，然后向左拖动“黑色”滑块，如图 9-191 所示。这样画面中高光区域中的黑色含量被降低，高光区域的亮度也就被提高，如图 9-192 所示。

图 9-191　　图 9-192

9.3.15　动手练:HDR色调

扫一扫，看视频

“HDR 色调”命令常用于处理风景照片，可以使画面增强亮部和暗部的细节感与颜色感，使图像更具有视觉冲击力。

（1）选择一个图层，如图 9–193 所示。执行“图像 > 调整 >HDR 色调”命令，打开“HDR 色调”窗口，如图 9–194 所示。默认的参数增强了图像的细节感和颜色感。效果如图 9–195 所示。

图 9–193

图 9–194

图 9–195

（2）在“预设”下拉列表中可以看到多种预设效果，如图 9–196 所示，单击即可快速为图像赋予该效果。如图 9–197 所示为不同的预设效果。

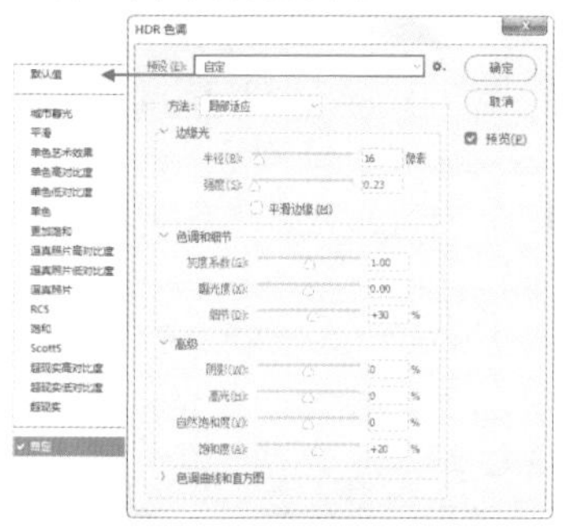

图 9–196

（a）单色艺术效果

（b）更加饱和

图 9–197

（3）虽然预设效果有很多种，但在实际使用的时候会发现预设效果与我们实际想要的效果还是有一定距离的，所以可以选择一个与预期较接近的预设，然后适当修改下方的参数，以制作出合适的效果。

- 半径：边缘光是指图像中颜色交界处产生的发光效果。半径数值用于控制发光区域的宽度，如图 9–198 所示。

（a）边缘光半径：20　　（b）边缘光半径：80

图 9–198

- 强度：用于控制发光区域的明亮程度，如图 9–199 所示。

（a）边缘光强度：20　　（b）边缘光强度：80

图 9–199

- 灰度系数：用于控制图像的明暗对比。向左移动滑块，数值变大，对比度增强；向右移动滑块，数值变小，对比度减弱，如图 9–200 所示。

（a）灰度系数：2

（b）灰度系数：0.2

图 9–200

- 曝光度：用于控制图像明暗。数值越小，画面越暗；数值越大，画面越亮，如图 9–201 所示。

（a）曝光度：–3

（b）曝光度：0

（c）曝光度：2

图 9–201

- 细节：增强或减弱像素对比度以实现柔化图像或锐化图像的效果。数值越小，画面越柔和；数值越大，画面越锐利，如图 9–202 所示。

（a）细节：-100%　（b）细节：0%　（c）细节：300%

图 9-202

- 阴影：设置阴影区域的明暗。数值越小，阴影区域越暗；数值越大，阴影区域越亮，如图 9-203 所示。

（a）阴影：-100%

（b）阴影：0%

图 9-203

- 高光：设置高光区域的明暗。数值越小，高光区域越暗；数值越大，高光区域越亮，如图 9-204 所示。

（a）高光：-60%

（b）高光：60%

图 9-204

- 自然饱和度：控制图像中色彩的饱和程度，增大数值可使画面颜色感增强，但不会产生灰度图像和溢色。
- 饱和度：可用于增强或减弱图像颜色的饱和程度，数值越大颜色纯度越高，数值为 -100% 时为灰度图像。
- 色调曲线和直方图：展开该选项组，可以进行“色调曲线”形态的调整，此选项与“曲线”命令的使用方法基本相同，如图 9-205 和图 9-206 所示。

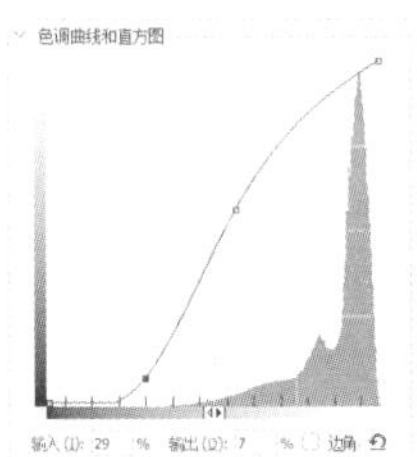

图 9-205

图 9-206

9.3.16 动手练：使用“去色”命令快速得到灰度图像

扫一扫，看视频

“去色”命令无须设置任何参数，可以直接将图像中的颜色去掉，使其成为灰度图像。打开一张图像，如图 9-207 所示。然后执行“图像 > 调整 > 去色”命令（组合键是 Shift+Ctrl+U），该命令可以在保留图像原始明度的前提下将色彩的饱和度降为 0。效果如图 9-208 所示。

图 9-207

图 9-208

提示：“去色”命令与“黑白”命令有什么不同

“去色”命令与“黑白”命令都可以制作出灰度图像。但是“去色”命令只能简单地去掉所有颜色；而“黑白”命令则可以通过参数的设置来调整各种颜色在黑白图像中的亮度，以得到层次丰富的黑白照片。

9.3.17 动手练：匹配颜色

扫一扫，看视频

“匹配颜色”命令可以将图像 1 中的色彩关系映射到图像 2 中，使图像 2 产生与之相同的色彩。使用“匹配颜色”命令可以便捷地更改图像颜色，可以在不同的图像文件中进行匹配，也可以匹配同一个文档中不同图层之间的颜色。

（1）打开需要处理的图像，图像 1 为紫色调，如图 9-209 所示。将用于匹配的“源”图片置入，图像 2 为绿色调，如图 9-210 所示。

图 9-209

图 9-210

（2）选择需要调色的图层（也就是紫色图层），隐藏其他图层，如图 9-211 所示。执行“图像 > 调整 > 匹配颜色”命令，打开“匹配颜色”窗口，设置“源”为当前文档，然后选择绿色调的图像所在图层，然后分别设置“明亮度”“颜色强度”“渐隐”的数值，如图 9–212 所示。此时紫色调的图像变为绿色调。效果如图 9–213 所示。

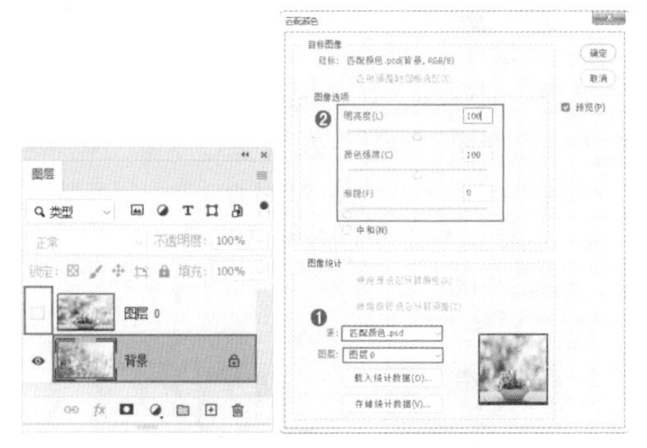

图 9–211　　　　图 9–212

图 9–213

9.3.18　动手练:替换颜色

扫一扫，看视频

“替换颜色”命令可以修改图像中选定颜色的色相、饱和度和明度，从而将选定的颜色替换为其他颜色。

（1）选择一个需要调整的图层。执行“图像 > 调整 > 替换颜色”命令，打开“替换颜色”窗口。首先需要在画面中取样，以设置需要替换的颜色。默认情况下，选择的是“吸管工具”，将光标移动到需要替换颜色的位置单击拾取颜色，此时在缩略图中白色的区域代表被选中（也就是会被替换的部分）。在拾取需要替换的颜色时，可以配合容差值进行调整，如图 9–214 所示。如果有未选中的位置，可以使用“添加到取样”吸管在未选中的位置单击，如图 9–215 所示。

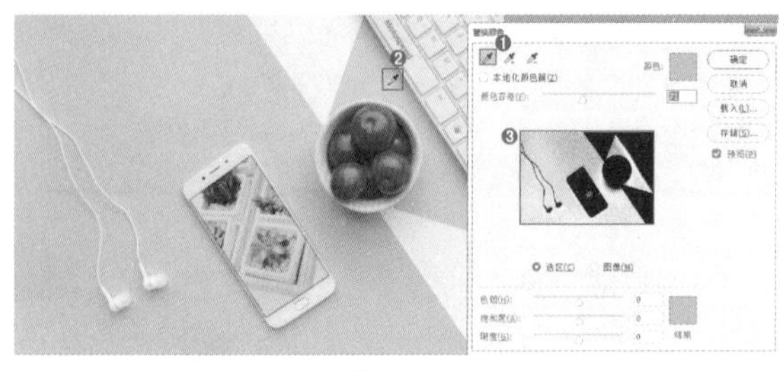

图 9–214

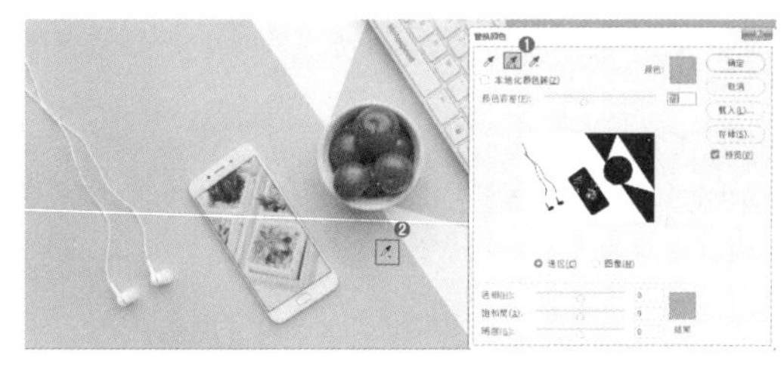

图 9–215

（2）更改“色相”“饱和度”“明度”选项去调整替换的颜色，“结果”色块显示替换后的颜色效果，如图 9–216 所示。设置完成后单击“确定”按钮。

图 9–216

（3）这三个工具用于在画面设置选中被替换的区域。使用“吸管工具”在图像上单击，可以选中单击点处的颜色，同时在“选区”缩略图中也会显示出选中的颜色区域（白色代表选中的颜色，黑色代表未选中的颜色）。使用“添加到取样”吸管在图像上单击，可以将单击点处的颜色添加到选中的颜色中。使用“从取样中减去”吸管在图像上单击，可以将单击点处的颜色从选定的颜色中减去。

（4）“颜色容差”选项用来控制选中颜色的范围。数值越大，选中的颜色范围越广。如图 9–217 所示为“颜色容差”为 10 的效果。如图 9–218 所示为“颜色容差”为 80 的效果。

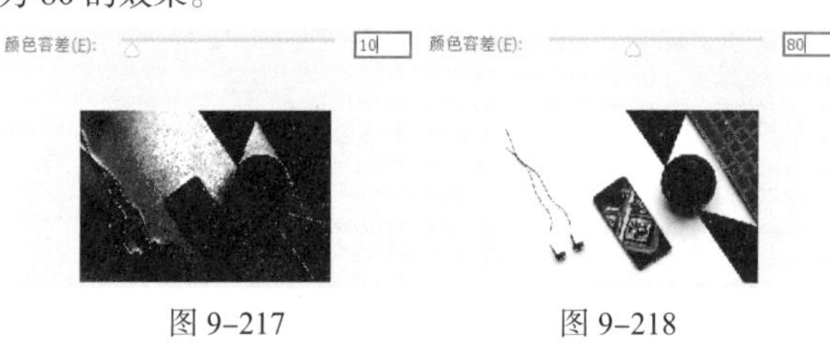

图 9–217　　　　图 9–218

9.3.19　动手练:色调均化

扫一扫，看视频

“色调均化”命令可以将图像中全部像素的亮度值进行重新分布，使图像中最亮的像素变成白色，最暗的像素变成黑色，中间的像素均匀分布在整个灰度范围内。

(1) 均化整个图像的色调

选择需要处理的图层，如图 9–219 所示。执行“图像 > 调整 > 色调均化”命令，使图像均匀地呈现出所有范围的亮度级，如图 9–220 所示。

图 9–219

图 9–220

(2) 均化选区中的色调

如果图像中存在选区，如图 9–221 所示。执行“图像 > 调整 > 色调均化”命令时，打开一个窗口，用于设置色调均化的选项，如图 9–222 所示。

图 9–221

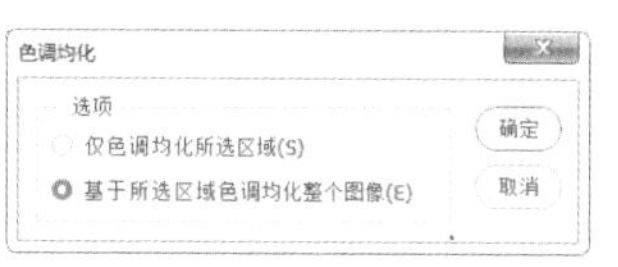

图 9–222

如果想要只处理选区中的部分，则选中“仅色调均化所选区域”单选按钮，如图 9–223 所示。如果选中“基于所选区域色调均化整个图像”单选按钮，则可以按照选区内的像素明暗，均化整个图像，如图 9–224 所示。

图 9–223

图 9–224

9.4 综合实例：电影感色彩

文件路径	资源包 \ 第 9 章 \ 电影感色彩
难易指数	★★★★★
技术掌握	渐变映射、色彩平衡、曲线

扫一扫，看视频

案例效果

案例效果如图 9–225 所示。

图 9–225

操作步骤

步骤 01 执行“文件 > 打开”命令，打开照片素材，如图 9–226 所示。

图 9–226

步骤 02 本案例需要将画面调整为偏向于暖色调的复古感电影色调。首先将画面色调改变一下，执行“图层 > 新建调整图层 > 渐变映射”命令，创建一个“渐变映射”调整图层。在“属性”面板中编辑一个棕色系的渐变色，如图 9–227 所示。效果如图 9–228 所示。

图 9–227

图 9–228

步骤 03 选择调整图层，设置“不透明度”为 50%，如图 9–229 所示。此时画面色调如图 9–230 所示。

图 9–229

图 9–230

步骤 04 执行“图层 > 新建调整图层 > 色彩平衡”命令，

设置“色调”为“阴影”,设置数值为 0、0、+31,如图 9-231 所示。接着设置“色调”为“高光”,设置数值为 -5、+5、0，如图 9-232 所示。

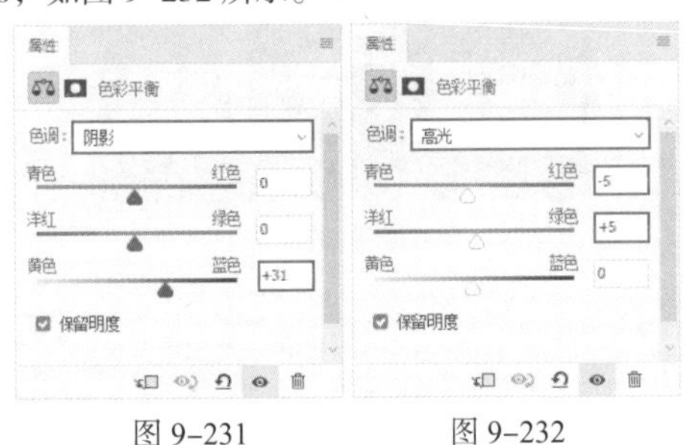

图 9-231　　图 9-232

步骤 05 此时画面暗部倾向于蓝紫色，亮部倾向于青绿色，效果如图 9-233 所示。

图 9-233

步骤 06 将画面压暗，创建一个“曲线”调整图层，在曲线上创建一个点,按住并向右下拖动,如图 9-234 所示。此时画面变暗，如图 9-235 所示。

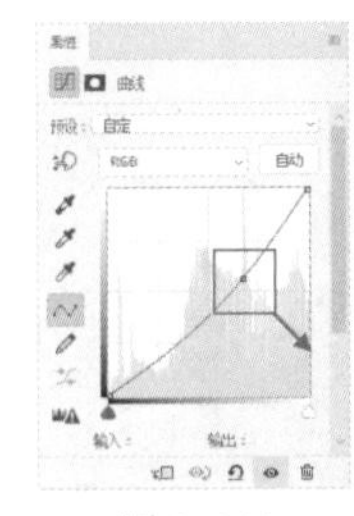

图 9-234　　图 9-235

步骤 07 由于左侧人物的衣服和右侧人物的长发部分偏暗，所以需要单击该调整图层蒙版，如图 9-236 所示。使用黑色柔边圆画笔，在调整图层蒙版中涂抹偏暗的部分，使这两部分还原回之前的效果，如图 9-237 所示。

图 9-236　　图 9-237

步骤 08 选择工具箱中的“矩形工具”，在选项栏中设置“绘制模式”为“形状”,“填充”为黑色,“描边”为无。设置完成后在画面上方绘制矩形，如图 9-238 所示。将矩形图层复制一份，将复制得到的矩形放置在画面下方。此时本案例制作完成，效果如图 9-239 所示。

图 9-238　　图 9-239

9.5 课后练习

作业要求

扫一扫，看视频

使用多种调色命令将照片调整为复古的暖色调。

案例效果

案例效果如图 9-240 所示。

图 9-240

可用素材

可用素材如图 9-241 所示。

图 9-241

思路解析

（1）利用色彩平衡、可选颜色调整画面的颜色倾向，使画面变为暖色调。

（2）多次使用“曲线”调整图层来单独调整画面各部分的明暗。

Chapter 10

第10章

扫一扫，看视频

抠图与合成

本章内容简介

抠图是设计作品制作中的常用操作。本章将详细讲解几种比较常见的抠图技法，包括基于颜色差异进行抠图、使用“钢笔工具”进行精确抠图、使用通道抠出特殊对象等。不同的抠图技法适用于不同的图像，所以在进行实际抠图操作前，首先要判断使用哪种方式更适合。

重点知识掌握

- 掌握“快速选择工具”“魔棒工具”“磁性套索工具”“魔术橡皮擦工具”的使用方法
- 熟练使用“钢笔工具”绘制路径并抠图
- 熟练掌握通道抠图

10.1 色差抠图

大部分的“合成”作品以及平面设计作品都需要很多元素，这些元素有些可以利用 Photoshop 提供的相应功能创建出来，而有的元素则需要从其他图像中“提取”。这个提取的过程就需要用到“抠图”。“抠图”是数码图像处理中的常用术语，是指将图像中主体物以外的部分去除，或者从图像中分离出部分元素。如图 10-1 所示为抠图合成的过程。

图 10-1

在 Photoshop 中抠图的方式有多种，如基于颜色的差异获得图像的选区、使用“钢笔工具”进行精确抠图、通过通道抠图等。当需要对一张图像进行抠图时，首先要分析图像特征，然后选择合适的抠图方式进行操作。

如果主体物边界清晰，且主体物颜色与背景颜色反差较大时，可以使用基于颜色差异进行抠图，如图 10-2 和图 10-3 所示。

图 10-2　　图 10-3

在使用基于颜色差异进行抠图的过程中，经常会出现由于图像清晰度不足，导致抠出物体边缘参差不齐的情况，如果对抠图精度要求较高，则需要利用“钢笔工具”进行精确抠图，如图 10-4 所示。

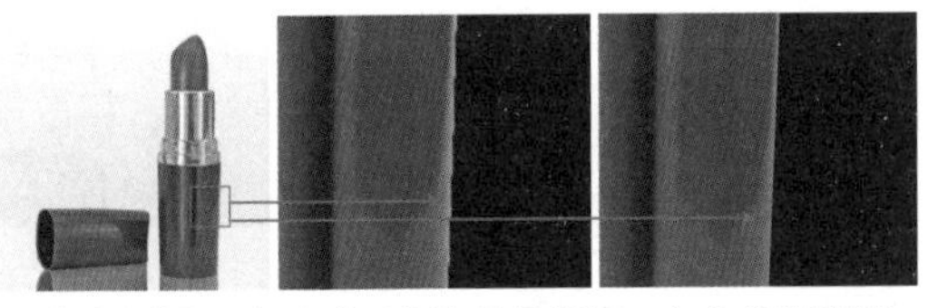

（a）原图　（b）基于颜色差异抠图　（c）钢笔抠图

图 10-4

遇到主体物形态复杂且精确，或主体物与背景颜色较为接近时，也需要使用到“钢笔工具”抠图，如图 10-5 和图 10-6 所示。

图 10-5　　图 10-6

人物头发、毛茸茸的小动物、细碎的植物边界，可以将毛发、植物等细碎的边界部分单独提取出来，借助通道抠图或“选择并遮住”命令进行细致的抠取，其他部分利用钢笔抠图或基于颜色差异抠图进行提取。然后将主体物与细碎边界共同显示即可，如图 10-7 和图 10-8 所示。

图 10-7　　图 10-8

烟雾、云朵、薄纱、玻璃杯等半透明或局部带有透明部分的图像，可以单独将需要保留透明的区域分离出来，并进行通道抠图，如图 10-9 和图 10-10 所示。

图 10-9　　图 10-10

本节主要讲解基于颜色差异进行抠图的工具，Photoshop 提供了多种通过识别颜色的差异创建选区的工具，如“对象选择工具”“快速选择工具”“魔棒工具”“磁性套索工具”“魔术橡皮擦工具”“背景橡皮擦工具”，以及“色彩范围”“焦点区域”“主体”命令等。这些工具分别位于工具箱的不同工具组中以及“选择”菜单中，如图 10-11 和图 10-12 所示。

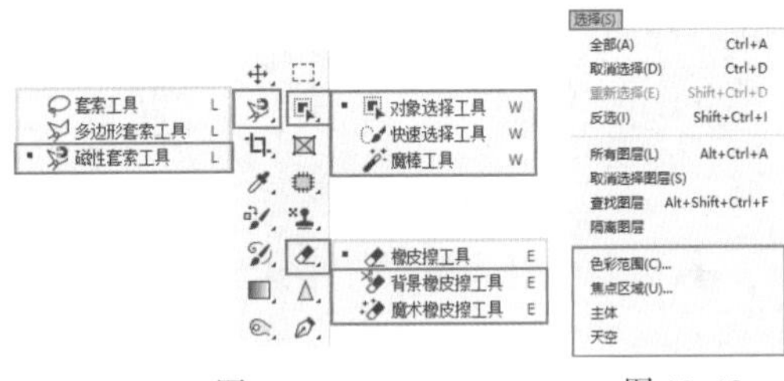

图 10-11　　图 10-12

10.1.1 动手练：对象选择工具

"对象选择工具"通过绘制出主体物大致区域，使软件自动识别物体边缘并到相对精准的主体物选区。

步骤 01 单击工具箱中的"对象选择工具"按钮，在选项栏中设置"模式"为"矩形"，然后在需要得到选区的位置按住鼠标左键拖动绘制选区，选区需要覆盖住所抠取的对象，如图 10-13 所示。释放鼠标后，即可得到对象的大致选区，如图 10-14 所示。

扫一扫，看视频

图 10-13

图 10-14

步骤 02 若设置"模式"为"套索"，在需要抠取的位置按住鼠标左键拖动进行绘制，如图 10-15 所示。释放鼠标后可以自动识别选区，如图 10-16 所示。

图 10-15

图 10-16

步骤 03 选区可以进行运算，单击选项栏中的"添加到选区"按钮，在需要添加选区的位置按住鼠标左键拖动绘制，如图 10-17 所示。释放鼠标后可以看到选区加选后的效果，如图 10-18 所示。

图 10-17

图 10-18

步骤 04 得到选区后，可以将选区反选（快捷键为 Ctrl+Shift+I），然后将背景部分的像素删除，最后更换背景，即完成合成的操作，如图 10-19 所示。

图 10-19

【重点】10.1.2 动手练：快速选择工具

"快速选择工具"能够自动查找颜色接近的区域，并创建出这部分区域的选区。单击工具箱中的"快速选择工具"按钮，将光标定位在要创建选区的位置，然后在选项栏中设置合适的绘制模式以及画笔大小，在画面中按住鼠标左键拖动，即可自动创建与光标移动过的位置颜色相似的选区，如图 10-20 和图 10-21 所示。

扫一扫，看视频

得到选区以后按 Delete 键删除选区中的像素。效果如图 10-22 所示。

图 10-20

图 10-21

图 10-22

如果当前画面中已有选区，想要创建新的选区，可以单击"新选区"按钮，然后在画面中按住鼠标左键拖动。如果第一次绘制的选区不够，单击选项栏中的"添加到选区"按钮，即可在原有选区的基础上添加新创建的选区，如图 10-23 所示。

图 10–23

如果绘制的选区有多余的部分，则单击“从选区减去”按钮，接着在多余的选区部分涂抹，即可在原有选区的基础上减去当前新绘制的选区，如图 10–24 所示。

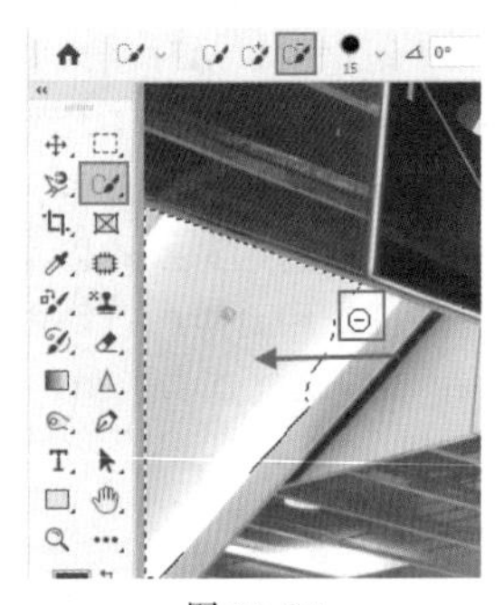

图 10–24

10.1.3 动手练:魔棒工具

扫一扫，看视频

“魔棒工具”用于获取与取样点颜色相似部分的选区。使用“魔棒工具”在画面中单击，光标所处的位置就是“取样点”，而颜色是否“相似”则是由“容差”数值控制的，容差数值越大，可被选择的范围越大。

“魔棒工具”与“快速选择工具”位于同一个工具组中。打开该工具组，从中选择“魔棒工具”；在其选项栏中设置“容差”数值，该选项用来控制选区的选择范围。然后在画面中单击，可以看到颜色相近的区域会被选中，如图 10–25 所示。单击选区中的“添加到选区”按钮，继续在需要选中的区域单击进行选区的加选，如图 10–26 所示。

得到选区后按 Delete 键，删除选区中的像素。接着可以将抠完的图放到新的背景中。效果如图 10–27 所示。

图 10–25

图 10–26

图 10–27

- **取样大小**：用来设置“魔棒工具”的取样范围。选择“取样点”选项，可以只对光标所在位置的像素进行取样；选择“3×3 平均”选项，可以对光标所在位置三个像素区域内的平均颜色进行取样；其他以此类推。
- **容差**：决定所选像素之间的相似性或差异性，其取值范围为 0 ～ 255。数值越低，对像素相似程度的要求越高，所选的颜色范围就越小；数值越高，对像素相似程度的要求越低，所选的颜色范围就越大，选区也就越大。如图 10–28 所示为设置不同“容差”值时的选区效果。

（a）容差：30　　（b）容差：100

图 10–28

- **消除锯齿**：默认情况下，“消除锯齿”复选框始终处于选中状态。勾选此复选框，可以消除选区边缘的锯齿。
- **连续**：当勾选该复选框时，只选择颜色连接的区域；当取消勾选该复选框时，可以选择与所选像素颜色接近的所有区域，当然也包含没有连接的区域。其效果对比如图 10–29 所示。

（a）勾选“连续”　（b）未勾选“连续”

图 10-29

- 对所有图层取样：如果文档中包含多个图层，当勾选该复选框时，可以选择所有可见图层上颜色相近的区域；当取消勾选该复选框时，仅选择当前图层上颜色相近的区域。

【重点】10.1.4　动手练：磁性套索工具

扫一扫，看视频

“磁性套索工具”能够自动识别颜色差别，并自动描边具有颜色差异的边界，以得到某个对象的选区。“磁性套索工具”常用于快速选择与背景对比强烈且边缘复杂的对象。

“磁性套索工具”位于套索工具组中。打开该工具组，从中选择“磁性套索工具”，然后将光标定位到需要制作选区的对象的边缘处，单击确定起点，沿对象边界移动光标，对象边缘处会自动创建出选区的边线，如图 10-30 所示。

图 10-30

继续移动光标到起点处单击，得到闭合的选区，如图 10-31 所示。然后将选区中的像素提取出来，进行合成操作。效果如图 10-32 所示。

图 10-31

图 10-32

- 宽度：“宽度”值决定了以光标中心为基准，光标周围有多少个像素能够被“磁性套索工具”检测到。如果对象的边缘比较清晰，可以设置较大的值；如果对象的边缘比较模糊，可以设置较小的值。
- 对比度：主要用来设置“磁性套索工具”感应图像边缘的灵敏度。如果对象的边缘比较清晰，可以将该值设置得高一些；如果对象的边缘比较模糊，可以将该值设置得低一些。
- 频率：在使用“磁性套索工具”勾画选区时，Photoshop 会生成很多锚点。“频率”选项用来设置锚点的数量。数值越高，生成的锚点越多，捕捉到的边缘越准确，但是可能会造成选区不够平滑。如图 10-33 所示为设置不同频率参数值时的对比效果。

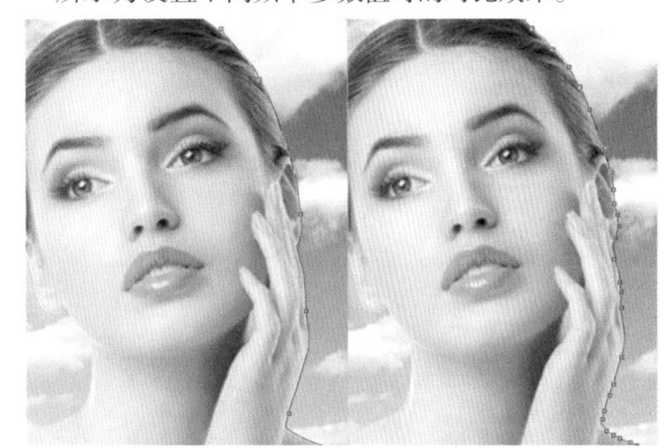

（a）频率：20　（b）频率：100

图 10-33

- 钢笔压力：如果计算机配有数位板和压感笔，可以单击该按钮，Photoshop 会根据压感笔的压力自动调节“磁性套索工具”的检测范围。

练习实例：使用“磁性套索工具”制作汽车创意广告

文件路径	资源包 \ 第 10 章 \ 使用“磁性套索工具”制作汽车创意广告
难易指数	★★★★★
技术掌握	磁性套索工具、画笔工具、不透明度设置

案例效果

案例效果如图 10-34 所示。

扫一扫，看视频

图 10-34

操作步骤

步骤 01 创建一个大小合适的空白文档。设置前景色为淡淡的黄灰色，使用 Alt+Delete 组合键进行填充。接着执行“文件 > 置入嵌入对象”命令，将素材 2.png 置入画面中。调整大小放在画面中间位置，并将该图层栅格化处理，如图 10-35 所示。

图 10-35

步骤 02 将素材 2.jpg 置入画面中，调整大小放在画面中间位置，并将该图层进行栅格化处理，如图 10-36 所示。

图 10-36

步骤 03 此时置入的汽车素材带有背景，需要将汽车从背景中抠出。单击工具箱中的“磁性套索工具”按钮，在汽车边缘位置单击作为起始点，然后沿着汽车的轮廓拖动，当回到起始点位置时再次单击鼠标形成选区，如图 10-37 所示。接着使用快捷键 Ctrl+J 将汽车从背景中分离出来并形成一个新图层，将素材 2.png 图层隐藏，如图 10-38 所示。

图 10-37 图 10-38

步骤 04 制作汽车在地面的投影效果。在“汽车”图层下方新建图层，设置“前景色”为黑色，选择工具箱中的“画笔工具”，在选项栏中设置大小合适的柔边圆画笔，设置完成后在汽车车轮位置涂抹制作投影效果，如图 10-39 所示。

图 10-39

步骤 05 继续在“汽车”图层下方新建图层，使用“画笔工具”在汽车车尾的部位涂抹，制作蓝色水波效果，如图 10-40 所示。然后在“图层”面板中设置“不透明度”为 100%。效果如图 10-41 所示。

图 10-40 图 10-41

步骤 06 制作车玻璃的透明效果。选择“汽车”图层，选择工具箱中的“快速选择工具”，设置选区的运算模式为添加到选区，接着在副驾驶位置的玻璃上按住鼠标左键拖动得到玻璃的选区，如图 10-42 所示。接着使用组合键 Ctrl+X 将选区中的像素进行剪切，再使用组合键 Ctrl+Shift+V 进行原位粘贴。此时画面效果虽然没有变化，但是选区中的像素被提取到了独立图层。此时可以将图层命名为“玻璃”，如图 10-43 所示。

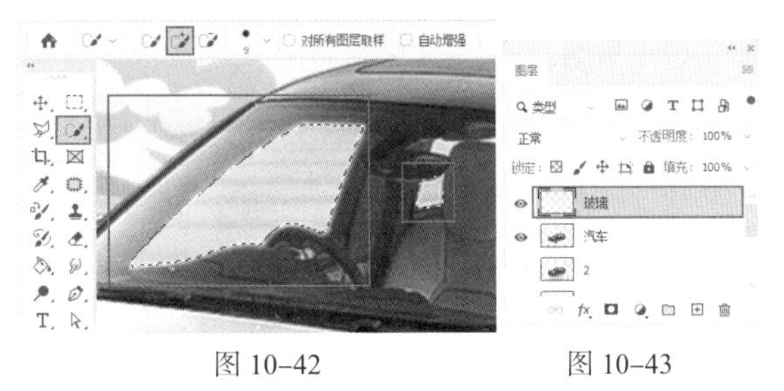

图 10-42　　图 10-43

步骤 07 选择“玻璃”图层，设置“不透明度”为20%，如图 10-44 所示。效果如图 10-45 所示。

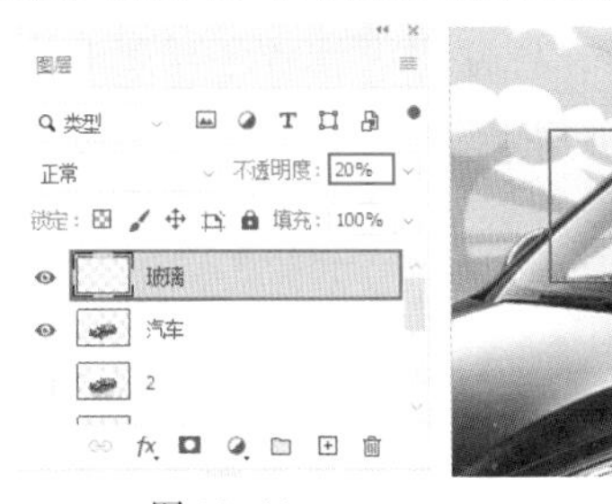

图 10-44　　图 10-45

步骤 08 将素材 3.png 置入画面中，调整大小放在画面的右下角位置，并将该图层进行栅格化处理。此时本案例制作完成。效果如图 10-46 所示。

图 10-46

10.1.5　动手练:魔术橡皮擦工具

“魔术橡皮擦工具”可以快速擦除画面中相同的颜色，其使用方法与“魔棒工具”非常相似。“魔术橡皮擦工具”位于橡皮擦工具组中。打开该工具组，从中选择“魔术橡皮擦工具”；在其选项栏中设置“容差”数值以及是否“连续”；然后在画面中单击，即可擦除与单击点颜色相似的区域，如图 10-47 和图 10-48 所示。继续以单击的方式将背景擦除，完全去除背景并添加其他装饰元素。合成效果如图 10-49 所示。

扫一扫，看视频

图 10-47　　图 10-48

图 10-49

- 容差：此处的“容差”与“魔棒工具”选项栏中的“容差”功能相同，都是用来限制所选像素之间的相似性或差异性。在此主要用来设置擦除的颜色范围。“容差”值越小，擦除的范围相对越小；“容差”值越大，擦除的范围相对越大。如图 10-50 所示为设置不同参数值时的对比效果。

(a) 容差：30　　(b) 容差：80

图 10-50

- 消除锯齿：可以使擦除区域的边缘变得平滑。如图 10-51 所示为勾选和取消勾选“消除锯齿”复选框的对比效果。

(a) 未勾选“消除锯齿”(b) 勾选“消除锯齿”

图 10-51

- 连续：勾选该复选框时，只擦除与单击点像素相连接的区域。取消勾选该复选框时，可以擦除图像中所有与单击点像素相近似的像素区域。其对比效果如图 10–52 所示。

（a）勾选“连续”　（b）未勾选“连续”

图 10–52

- 不透明度：用来设置擦除的强度。数值越小，擦除效果越不透明。

10.1.6　动手练：背景橡皮擦工具

扫一扫，看视频

“背景橡皮擦工具”是一种基于色彩差异的智能化擦除工具，它可以自动采集画笔中心的色样，同时删除在画笔内出现的这种颜色，使擦除区域成为透明区域。

“背景橡皮擦工具”位于橡皮擦工具组中。打开该工具组，从中选择“背景橡皮擦工具”，接着在选项栏中设置合适的参数，设置完成后在画面中按住鼠标左键拖动，在涂抹过程中会自动擦除圆形画笔范围内出现的相近颜色的区域，如图 10–53 所示。

图 10–53

继续沿着对象边缘擦除进行抠图，如图 10–54 所示。抠图完成后可以进行合成。效果如图 10–55 所示。

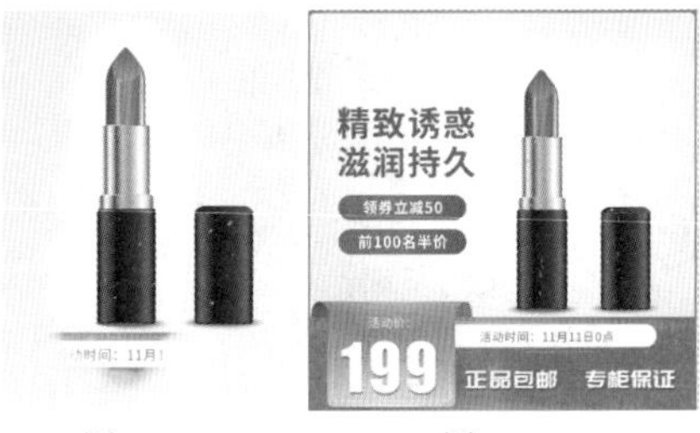

图 10–54　　图 10–55

提示：“背景橡皮擦工具”的使用小技巧

选择“背景橡皮擦工具”时，将光标移动到画面中，光标呈现出中心带有 + 的圆形效果，其中圆形表示当前工具的作用范围，而圆形中心的“+”则表示在擦除过程中自动采集颜色的位置，如图 10–56 所示。

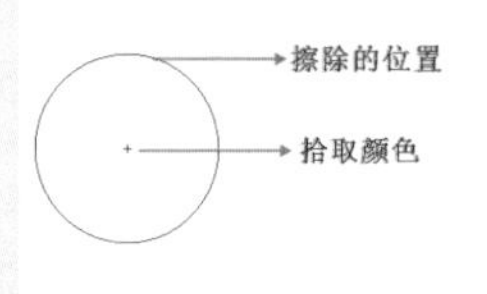

图 10–56

- 取样：用来设置取样的方式，不同的取样方式会直接影响到画面的擦除效果。

提示：如何选择合适的“取样方式”

• 取样连续：这种取样方式会随画笔的圆形中心的十位置的改变而更换取样颜色，所以适合在背景色差异较大时使用。

• 取样一次：这种取样方式适合背景为单色或颜色变化不大的情况。因为这种取样方式只会识别画笔圆形中心的十第一次在画面中单击的位置，所以在擦除过程中不必特别留意十的位置。

• 取样背景色板：由于这种取样方式可以随时更改背景色板的颜色，从而方便地擦除不同的颜色，所以非常适合当背景色变化较大，而又不想使用擦除程度较大的“取样连续”方式的情况下。

- 限制：设置擦除图像时的限制模式。选择“不连续”选项时，可以擦除出现在光标下任何位置的样本颜色；选择“连续”选项时，只擦除包含样本颜色并且相互连接的区域；选择“查找边缘”选项时，可以擦除包含样本颜色的连接区域，同时更好地保留形状边缘的锐化程度。

- 容差：用来设置颜色的容差范围。低容差仅限于擦除与样本颜色非常相似的区域，高容差可擦除范围更广的颜色。
- 角度：设置笔尖的角度。
- 保护前景色：勾选该复选框后，可以防止擦除与前景色匹配的区域。

10.1.7 动手练：色彩范围

扫一扫，看视频

“色彩范围”命令可根据图像中某一种或多种颜色的范围创建选区。执行“选择 > 色彩范围”命令，在打开的“色彩范围”窗口中可以进行颜色的选择、颜色容差的设置，还可使用“添加到取样”吸管、“从取样中减去”吸管对选中的区域进行调整。

（1）打开一张图片，如图 10-57 所示。执行“选择 > 色彩范围”命令，打开“色彩范围”窗口。在这里首先需要设置“选择”（取样方式）。打开该下拉列表框，可以看到其中有多种颜色取样方式可供选择，如图 10-58 所示。

图 10-57　　图 10-58

- 图像查看区域：其中包含“选择范围”和“图像”两个单选按钮。当选中“选择范围”单选按钮时，预览区中的白色代表被选择的区域，黑色代表未被选择的区域，灰色代表被部分选择的区域（即有羽化效果的区域）；当选中“图像”单选按钮时，预览区内会显示彩色图像。

（2）如果选择“红色”“黄色”“绿色”等选项，在图像查看区域中可以看到，画面中包含这种颜色的区域会以白色（选区内部）显示，不包含这种颜色的区域以黑色（选区以外）显示。如果图像中仅部分包含这种颜色，则以灰色显示。例如，选择“蓝色”选项，此时画面中蓝色的区域显示为灰色，其他区域显示为黑色，如图 10-59 所示。也可以从“高光”“中间调”“阴影”中选择一种方式。例如，选择了“高光”，此时画面中高光的区域在缩略图中显示为白色，如图 10-60 所示。

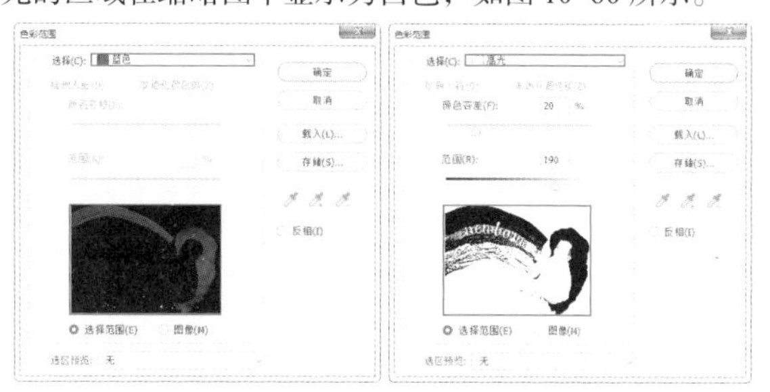

图 10-59　　图 10-60

- 选择：用来设置创建选区的方式。选择“取样颜色”选项时，光标会变成吸管形状，将其移至画布中的图像上，单击即可进行取样；选择“红色”“黄色”“绿色”“青色”等选项时，可以选择图像中特定的颜色；选择“高光”“中间调”“阴影”选项时，可以选择图像中特定的色调；选择“肤色”选项时，会自动检测皮肤区域；选择“溢色”选项时，可以选择图像中出现的溢色。
- 检测人脸：当“选择”设置为“肤色”时，勾选“检测人脸”复选框，可以更加准确地查找皮肤部分的选区。
- 本地化颜色簇：勾选此复选框，拖动“范围”滑块可以控制要包含在蒙版中的颜色与取样点的最大距离和最小距离。
- 颜色容差：用来控制颜色的选择范围。数值越大，包含的颜色越多；数值越小，包含的颜色越少。
- 范围：当“选择”设置为“高光”“中间调”“阴影”时，可以通过调整“范围”数值，设置“高光”“中间调”“阴影”各个部分的大小。

（3）如果其中的颜色选项无法满足我们的需求，则可以在“选择”下拉列表框中选择“取样颜色”选项，光标会变成吸管形状，将其移至画布中的图像上，单击即可进行取样，如图 10-61 所示。在图像查看区域中可以看到与单击处颜色接近的区域变为白色，如图 10-62 所示。

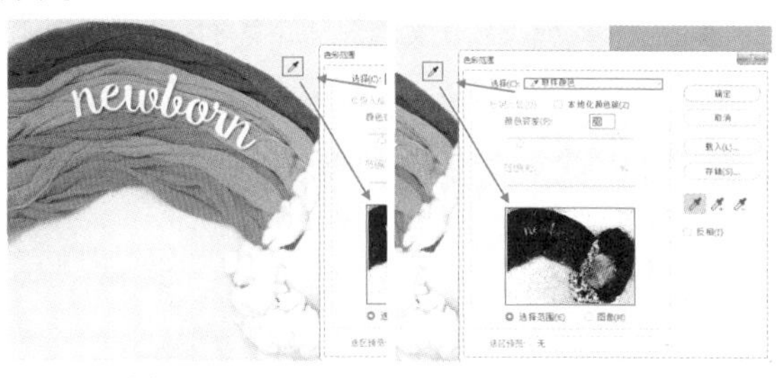

图 10-61　　图 10-62

（4）此时如果发现单击后被选中的区域范围有些小，原本非常接近的颜色区域并没有在图像查看区域中变为白色，可以适当增大“颜色容差”数值，使选择范围变大，如图10–63所示。

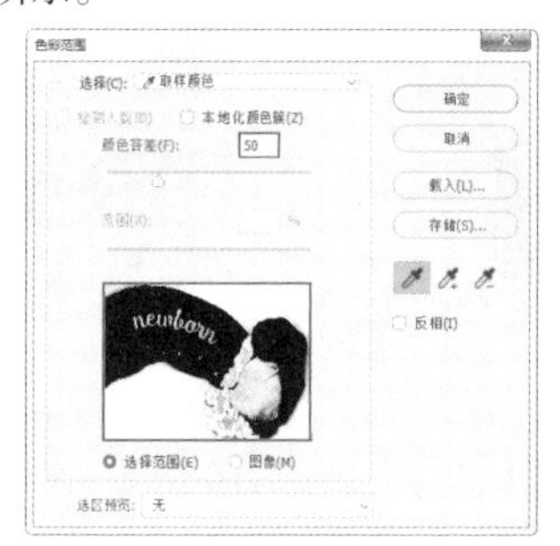

图10–63

（5）虽然增大“颜色容差”可以增大被选中的范围，但还是会遗漏一些区域。此时可以单击“添加到取样”按钮，可以在缩略图中需要被选中的区域上方单击添加选区，如图10–64所示。

图10–64

- ：在“选择”下拉列表框中选择“取样颜色”选项时，可以对取样颜色进行添加或减去。使用“吸管工具”可以直接在画面中单击进行取样。如果要添加取样颜色，可以单击“添加到取样”按钮，然后在预览图像上单击，以取样其他颜色。如果要减去多余的取样颜色，可以单击“从取样中减去”按钮，然后在预览图像上单击，以减去其他取样颜色。
- 反相：将选区进行反转，相当于创建选区后，执行了“选择 > 反选”命令。

（6）为了便于观察选区效果，可以从“选区预览”下拉列表框中选择“新建文档”窗口中选区的预览方式，如图10–65所示。

（a）无（b）灰度（c）黑色杂边（d）白色杂边（e）快速蒙版

图10–65

（7）单击“确定”按钮，即可得到选区，如图10–66所示。如图10–67所示为对选区范围内进行调色后的效果。

图10–66

图10–67

10.1.8 动手练：抠取焦点区域图像

扫一扫，看视频

“焦点区域”命令能够自动识别画面中处于拍摄焦点范围内的图像，并制作这部分的选区。使用“焦点区域”命令可以快速获取图像中清晰部分的选区，常用来进行抠图操作。

步骤01 打开一张图片，如图10–68所示。执行“选择 > 焦点区域”命令，打开“焦点区域”窗口，单击“视图”后侧的倒三角形按钮，在下拉列表框中选择一种视图模式，在这里选择“闪烁虚线”视图，如图10–69所示。稍等片刻可以看到画面中焦点区域的图像被选中了，如图10–70所示。

图10–68

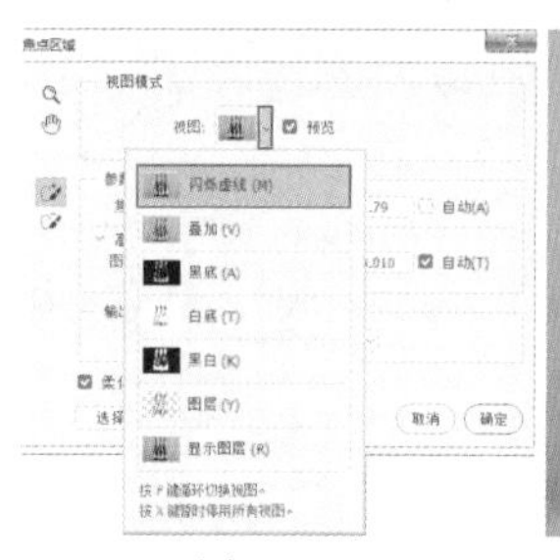

图10–69

图10–70

步骤02 需要对选区进行调整，此时的选区比较小，向右拖动“焦点对准范围”滑块增加数值，以增加选区的范围，如图10–71所示。此时可以看到选区的范围变大了，如图10–72所示。

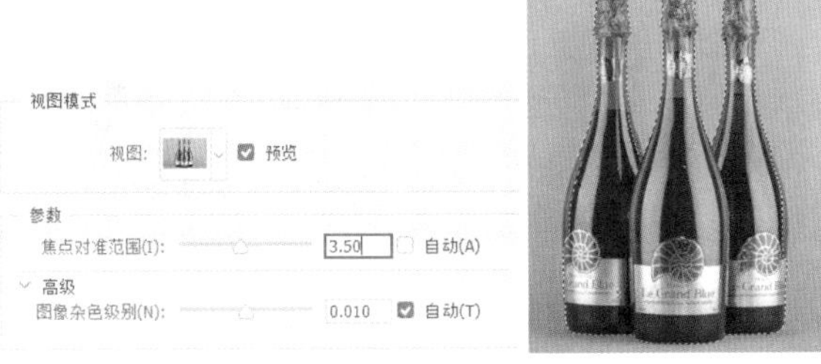

图 10-71　　图 10-72

步骤 03 当处理边缘选区时，可以通过选区的运算进行编辑。单击“焦点区域添加工具”按钮，在选区边缘按住鼠标左键拖动添加到选区，如图 10-73 所示。如果有多余的选区，可以单击“焦点区域减去工具”按钮，然后在多余选区上方按住鼠标左键拖动减去选区，如图 10-74 所示。

图 10-73　　图 10-74

步骤 04 选区调整满意以后，接下来就需要“输出”。单击“输出到”按钮，在下拉菜单中可以选择一种选区保存的方式，如图 10-75 所示。为了方便后期的编辑处理，在这里选择“图层蒙版”选项，接着单击“确定”按钮，即可创建图层蒙版。如图 10-76 所示。此时图像已经抠取完成，最后可以更换背景进行合成。效果如图 10-77 所示。

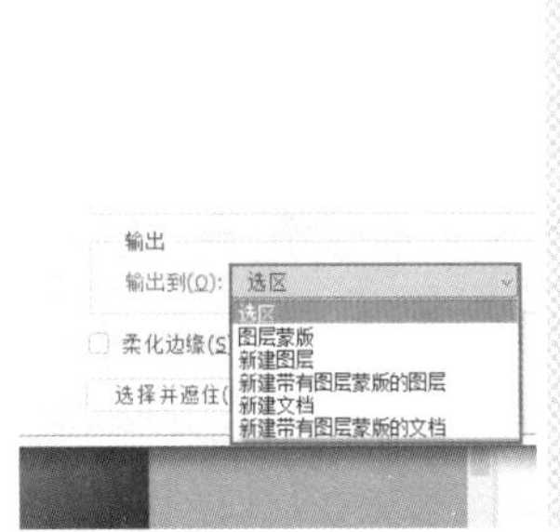

图 10-75　　图 10-76

图 10-77

- 视图：用来显示选择的区域的显示方式。
- 焦点对准范围：用来调整所选范围，数值越大选择范围越大。
- 图像杂色级别：在包含杂色的图像中选定过多背景时增加图像杂色级别。
- 输出到：用来设置选区的范围的保存方式。包括“选区”“新建图层”“新建带有图层蒙版的图层”“新建文档”“新建带有图层蒙版的文档”选项。
- 选择并遮住：单击“选择并遮住”按钮即可打开“选择并遮住”窗口。
- 添加选区工具：按住鼠标左键拖曳可以扩大选区。
- 减去选区工具：按住鼠标左键拖曳可以缩小选区。

10.1.9 主体：快速进行抠图

执行“选择 > 主体”命令可对图像中较为明显主体做出选择，这个命令适合背景比较干净、单纯的图片。打开一张图片，如图 10-78 所示。执行“选择 > 主体”命令，稍等片刻即可得到画面主体的选区，如图 10-79 所示。得到选区后可以将选区反选后删除背景部分的像素，然后更改背景。合成效果如图 10-80 所示。

图 10-78　　图 10-79

图 10-80

10.1.10 动手练：快速更换天空

步骤 01 打开一张带有天空的图片，如图 10-81 所示。

图 10-81

步骤 02 执行“选择 > 天空”命令，快速得到天空选区，如图 10-82 所示。随后可以删除选区中的部分，或对选区中的部分进行编辑。

图 10-82

步骤 03 如果想要快速更换天空，可以执行“编辑 > 天空替换"命令，随后在弹出的窗口中选择一种合适的天空素材，如图 10-83 所示。此时效果如图 10-84 所示。

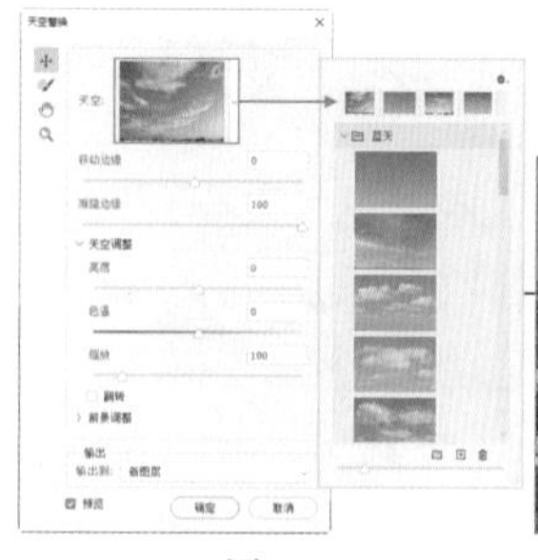

图 10-83

图 10-84

步骤 04 软件会根据所选天空的色调，对当前画面中的其他部分进行一定的颜色调整，使之与新更换的天空色调相匹配。如图 10-85 和图 10-86 所示为更换了不同色调的天空的效果。

图 10-85

图 10-86

步骤 05 也可以在窗口中对天空及前景色调等参数进行一定的设置，如图 10-87 所示。

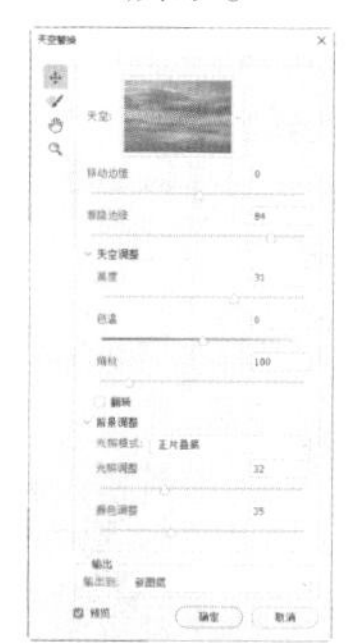

图 10-87

10.2 蒙版与合成

“蒙版”这个词语对于传统摄影爱好者来说并不陌生。“蒙版”原本是摄影术语，是指用于控制照片不同区域曝光的传统暗房技术。Photoshop 中蒙版主要用于画面的修饰与“合成”。什么是“合成”呢？“合成”这个词的含义是由部分组成整体。在 Photoshop 的世界中，就是由原本不在一张图像上的内容，通过一系列的手段进行组合拼接，使之出现在同一画面中，呈现出一张新的图像，如图 10-88 所示。看起来是不是很神奇？其实在前面的学习中，我们已经做过一些简单的“合成”了。例如，利用抠图工具将人像从原来的照片中“抠”出来，并放到新的背景中，如图 10-89 所示。

图 10-88

图 10-89

在这些“合成”的过程中，经常需要将图片的某些部分隐藏，以显示出特定内容。直接擦掉或者删除多余的部分是一种“破坏性”的操作，被删除的像素无法复原。而借助“蒙版”功能则能够轻松地隐藏或恢复显示部分区域。

Photoshop 中常用于抠图合成的蒙版为剪贴蒙版、图层蒙版。下面简单了解一下这两种蒙版的特性。

- 剪贴蒙版：以下层图层的“形状”控制上层图层显示的“内容”。常用于合成中为某个图层赋予另外一个图层中的内容。
- 图层蒙版：通过“黑白”来控制图层内容的显示和隐藏。图层蒙版是经常使用的功能，常用于合成中图像某部分区域的隐藏。

【重点】10.2.1　动手练：图层蒙版

扫一扫，看视频

“图层蒙版”是设计制图中常用的工具。该功能常用于隐藏图层的局部内容，来实现画面局部修饰或者合成作品的制作。这种隐藏而非删除的编辑方式是一种非常方便的非破坏性编辑方式。

为某个图层添加“图层蒙版”后，可以通过在图层蒙版中绘制黑色或者白色，来控制图层的显示与隐藏。图层蒙版是一种非破坏性的抠图方式。在图层蒙版中显示黑色部分，其图层中的内容会变为透明；灰色部分为半透明；白色部分则是完全不透明，如图 10-90 所示。

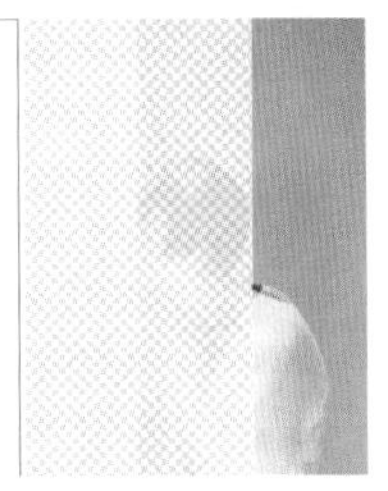

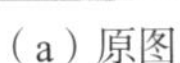

（a）原图　（b）图层蒙版　（c）效果

图 10-90

创建图层蒙版有两种方式，在没有任何选区的情况下可以创建出空的蒙版，画面中的内容不会被隐藏；而在包含选区的情况下创建图层蒙版，选区内部的部分为显示状态，选区以外的部分为隐藏状态。

1. 直接创建图层蒙版

选择一个图层，单击“图层”面板底部的“创建图层蒙版”按钮，即可为该图层添加图层蒙版，如图 10-91 所示。该图层的缩略图右侧会出现一个图层蒙版缩略图的图标，如图 10-92 所示。每个图层只能有一个图层蒙板，如果已有图层蒙版，再次单击该按钮创建出的是矢量蒙版。图层组、文字图层、3D 图层、智能对象等特殊图层都可以创建图层蒙版。

图 10-91　　图 10-92

单击图层蒙版缩略图，接着可以使用“画笔工具”在蒙版中进行涂抹。在蒙版中只能使用灰度颜色进行绘制。蒙版中被绘制了黑色部分，图像会隐藏，如图 10-93 所示。蒙版中被绘制了白色部分，图像相应的部分会显示，如图 10-94 所示。图层蒙版中绘制了灰色区域，图像相应的位置会以半透明的方式显示，如图 10-95 所示。

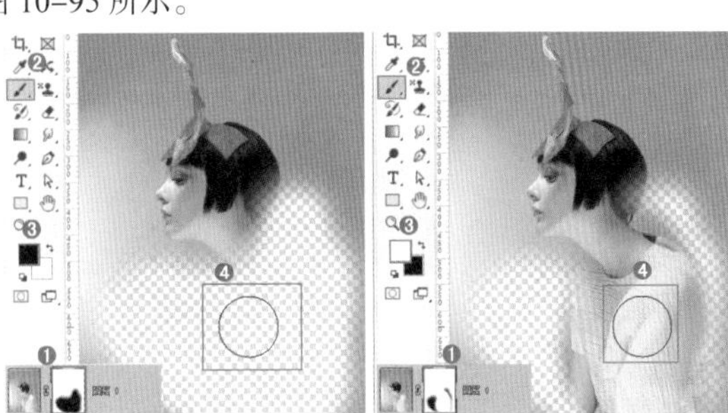

图 10-93　　图 10-94

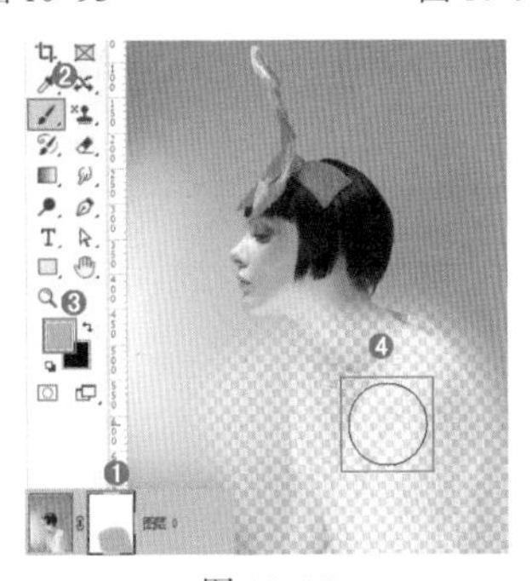

图 10-95

还可以使用“渐变工具”或“油漆桶工具”对图层蒙版进行填充。单击图层蒙版缩略图，使用“渐变工具”在蒙版中填充从黑到白的渐变，白色部分显示，黑色部分隐藏。灰度的部分为半透明的过渡效果，如图 10-96 所示。使用“油漆桶工具”,在选项栏中设置“填充类型”为“图案”,然后选中一个图案,在图层蒙版中进行填充,图案内容会转换为灰度，如图 10-97 所示。

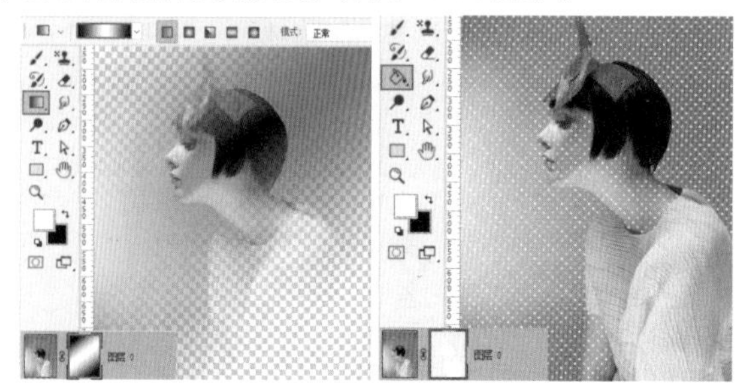

图 10-96　　图 10-97

2. 基于选区添加图层蒙版

如果当前画面中包含选区，则选中需要添加图层蒙版的图层,单击“图层”面板底部的“添加图层蒙版”按钮，选区以内的部分显示，选区以外的图像将被图层蒙版隐藏，如图 10-98 和图 10-99 所示。这样既能够实现抠图的目的，又能够不删除主体物以外的部分。一旦需要重新对背景部分进行编辑，还可以停用图层蒙版,回到之前的画面效果。

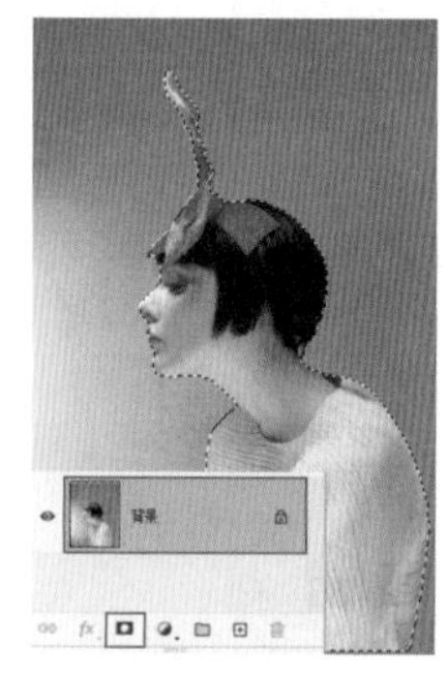

图 10-98

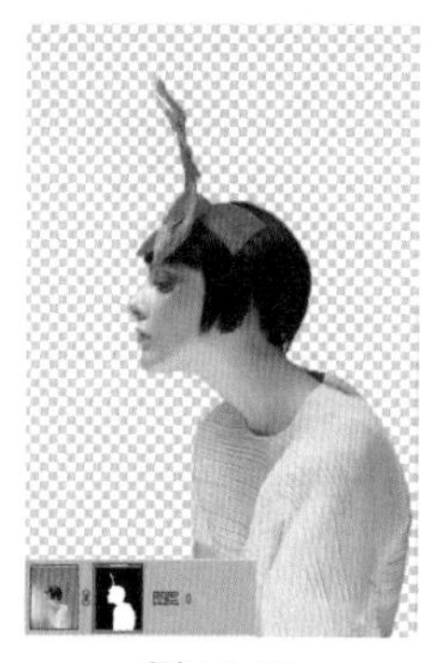

图 10-99

提示：图层蒙版的编辑操作

- 停用图层蒙版：在图层蒙版缩略图上右击，在弹出的快捷菜单中执行“停用图层蒙版”命令，即可停用图层蒙版，使蒙版效果隐藏，原图层内容全部显示。
- 启用图层蒙版：停用图层蒙版后，如果要重新启用图层蒙版，可在图层蒙版缩略图上右击，然后在弹出的快捷菜单中执行“启用图层蒙版”命令。
- 删除图层蒙版：如果要删除图层蒙版，可以在图层蒙版缩略图上右击，然后在弹出的快捷菜单中执行“删除图层蒙版”命令。
- 链接图层蒙版：默认情况下，图层与图层蒙版之间带有一个链接图标，此时移动/变换原图层，蒙版也会发生变化。如果不想变换图层或图层蒙版时影响对方，可以单击链接图标取消链接。如果要恢复链接，可以在取消链接的地方单击。
- 应用图层蒙版：应用图层蒙版可以将蒙版效果应用于原图层，并且删除图层蒙版。图像中对应蒙版中的黑色区域删除，白色区域保留下来，而灰色区域将呈半透明效果。在图层蒙版缩略图上右击，在弹出的快捷菜单中执行“应用图层蒙版”命令。
- 转移图层蒙版：图层蒙版是可以在图层之间转移的。在要转移的图层蒙版缩略图上按住鼠标左键并拖曳到其他图层上，松开鼠标后即可将该图层的蒙版转移到其他图层上。
- 替换图层蒙版：如果要将一个图层蒙版移动到另外一个带有图层蒙版的图层上，则可以替换该图层的图层蒙版。
- 复制图层蒙版：如果要将一个图层蒙版复制到另外一个图层上，可以按住 Alt 键的同时，将图层蒙版拖曳到另外一个图层上。
- 载入蒙版的选区：蒙版可以转换为选区。按住 Ctrl 键的同时单击图层蒙版缩略图，蒙版中白色部分为选区内，黑色部分为选区以外，灰色部分为羽化的选区。

【重点】10.2.2　动手练:剪贴蒙版

扫一扫，看视频

“剪贴蒙版”需要至少两个图层才能够使用。其原理是通过使用处于下方图层（基底图层）的形状,限制上方图层（内容图层）的显示内容。也就是说,“基底图层”的形状决定了形状，而“内容图层”则控制显示的图案。如图 10-100 所示为一个剪贴蒙版组。

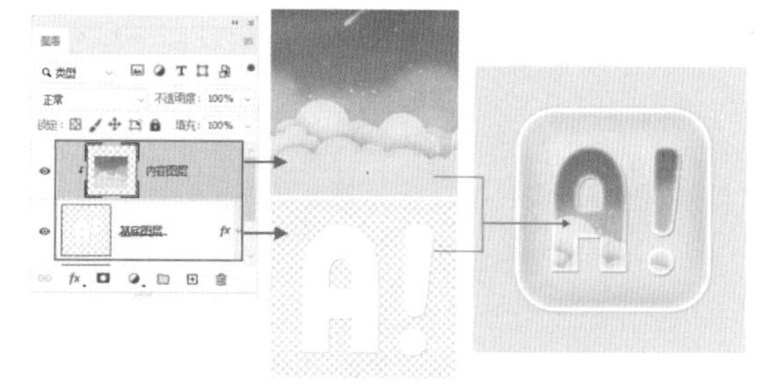

图 10-100

（1）想要创建剪贴蒙版，必须有两个或两个以上的图层，一个作为基底图层，其他的图层可作为内容图层。例如，这里打开了一个包含多个图层的文档。接着在用作内容图层的图层上右击，在弹出的快捷菜单中执行“创建剪贴蒙版”命令，如图 10–101 所示。

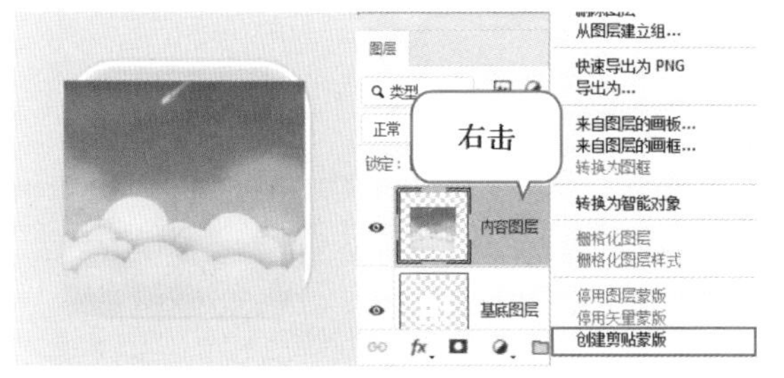

图 10–101

（2）内容图层前方出现了 符号，表明此时已经为下方的图层创建了剪贴蒙版，如图 10–102 所示。此时内容图层只显示了下方基底图层形状范围内的部分，如图 10–103 所示。

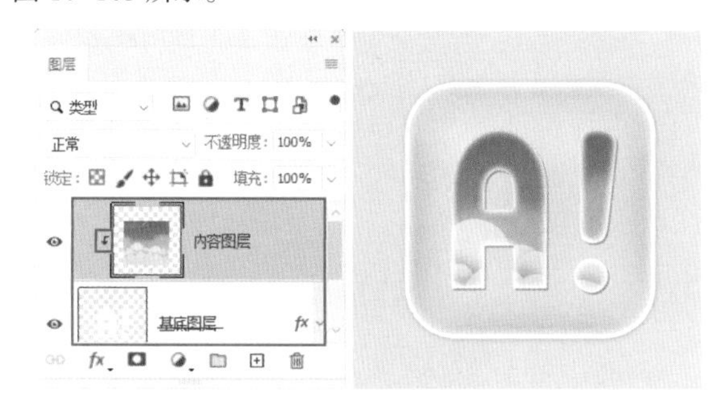

图 10–102　　图 10–103

（3）如果有多个内容图层，可以将这些内容图层全部放在基底图层的上方，然后在“图层”面板中选中，右击，在弹出的快捷菜单中执行“创建剪贴蒙版”命令，如图 10–104 所示。效果如图 10–105 所示。

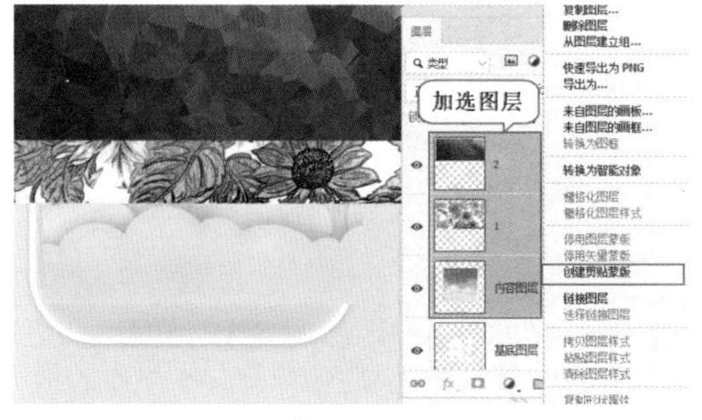

图 10–104

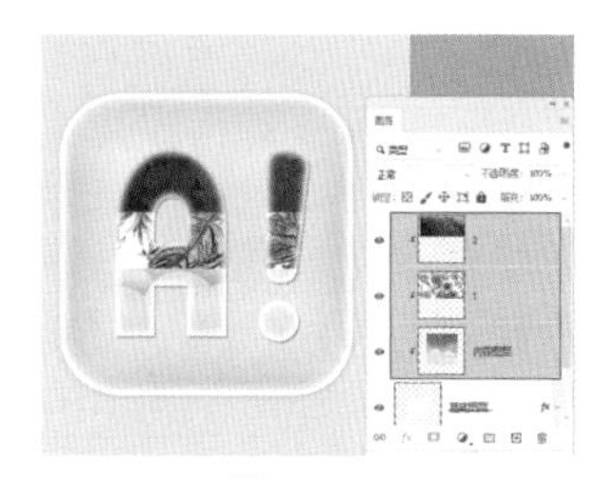

图 10–105

（4）如果想要使剪贴蒙版组上出现图层样式，那么需要为基底图层添加图层样式，如图 10–106 和图 10–107 所示。否则附着于内容图层的图层样式可能无法显示。

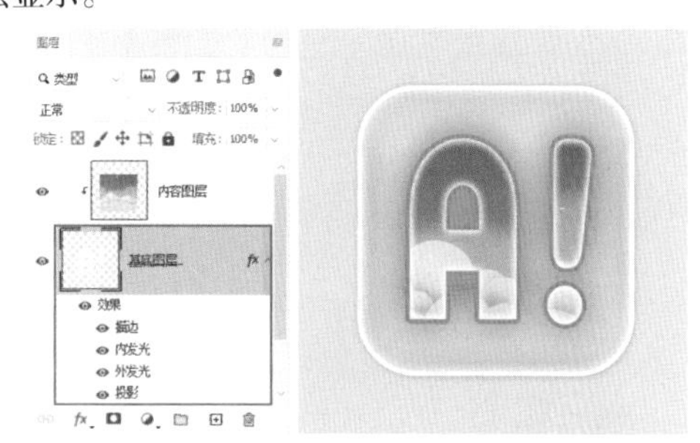

图 10–106　　图 10–107

（5）当对内容图层的“不透明度”和“混合模式”进行调整时，只有与基底图层混合效果发生变化，不会影响到剪贴蒙版中的其他图层，如图 10–108 所示。当对基底图层的“不透明度”和“混合模式”进行调整时，整个剪贴蒙版中的所有图层都会以设置“不透明度”数值以及“混合模式”进行混合，如图 10–109 所示。

图 10–108

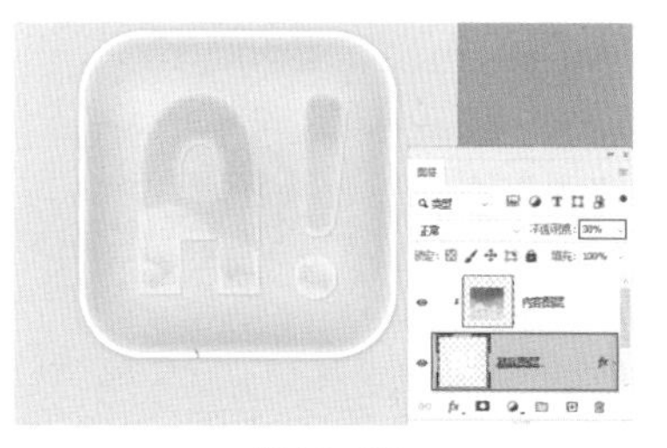

图 10–109

(6) 在剪贴蒙版组中，如果对基底图层的位置或大小进行调整，则会影响剪贴蒙版组的形态，如图 10–110 所示。基底图层只能有一个，而内容图层则可以有多个，如图 10–111 所示。而对内容图层进行增减或者编辑，则只会影响显示内容。如果内容图层小于基底图层，那么露出来的部分则显示为基底图层，如图 10–112 所示。

图 10–110

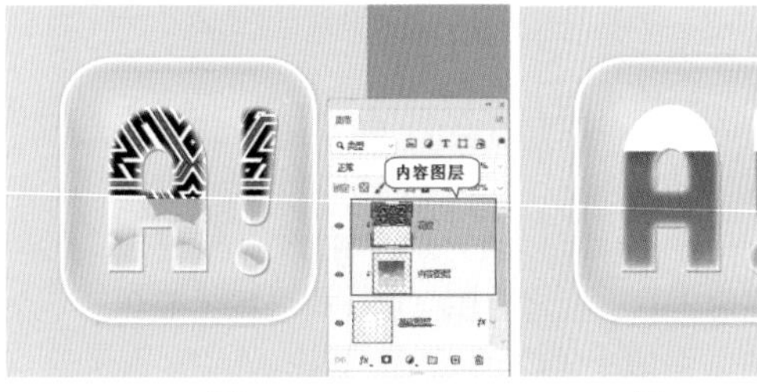

图 10–111　　图 10–112

提示：调整剪贴蒙版的图层顺序

(1) 剪贴蒙版组中的内容图层顺序可以随意调整，基底图层如果调整了位置，原本剪贴蒙版组的效果会发生错误。

(2) 如果内容图层移动到基底图层的下方就相当于释放剪贴蒙版。

(3) 在已有剪贴蒙版的情况下，将一个图层拖动到基底图层上方，即可将其加入剪贴蒙版组中。

(7) 如果想要去除剪贴蒙版，可以在剪贴蒙版组中底部的内容图层上右击，然后在弹出的快捷菜单中执行“释放剪贴蒙版”命令，如图 10–113 所示。如果在包含多个内容图层时，想要释放某一个内容图层，可以在“图层”面板中拖动该内容图层到基底图层的下方，如图 10–114 所示。就相当于释放剪贴蒙版，如图 10–115 所示。

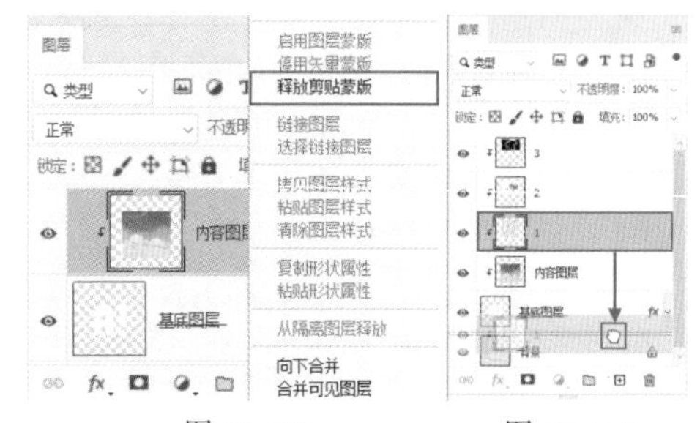

图 10–113　　图 10–114

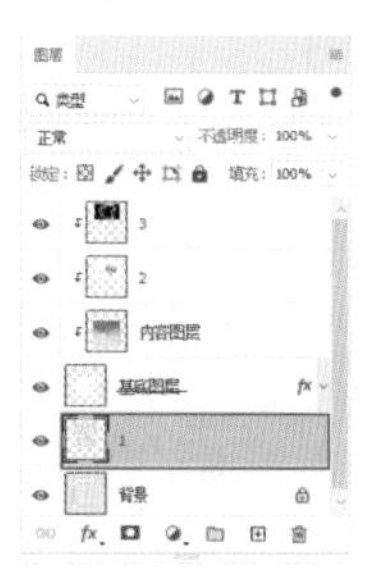

图 10–115

练习实例：使用剪贴蒙版制作图案文字

文件路径	资源包 \ 第 10 章 \ 使用剪贴蒙版制作图案文字
难易指数	★★★★★
技术掌握	创建剪贴蒙版、横排文字工具、混合模式

案例效果

案例效果如图 10–116 所示。

扫一扫，看视频

图 10–116

操作步骤

步骤 01 执行“文件 > 打开”命令，将背景素材 1.jpg 打开。本案例首先在人物 T 恤上单击输入文字，然后通过“创建剪贴蒙版”命令为文字添加图案效果。

步骤 02 选择工具箱中的“横排文字工具”，在选项栏中设置合适的“字体”“字号”“颜色”，单击“居中对齐文本”按钮，设置完成后在人物 T 恤上单击输入文字，按组合键 Ctrl+Enter 完成操作，如图 10–117 所示。

图 10–117

步骤 03 执行“文件 > 置入嵌入对象”命令，将素材 2.jpg 置入画面中。调整大小放在文字上方并将该图层进行栅格化处理，如图 10–118 所示。

图 10–118

步骤 04 选择素材图层，右击，在弹出的快捷菜单中执行“创建剪贴蒙版”命令，创建剪贴蒙版，将素材不需要的部分隐藏，如图 10–119 所示。效果如图 10–120 所示。

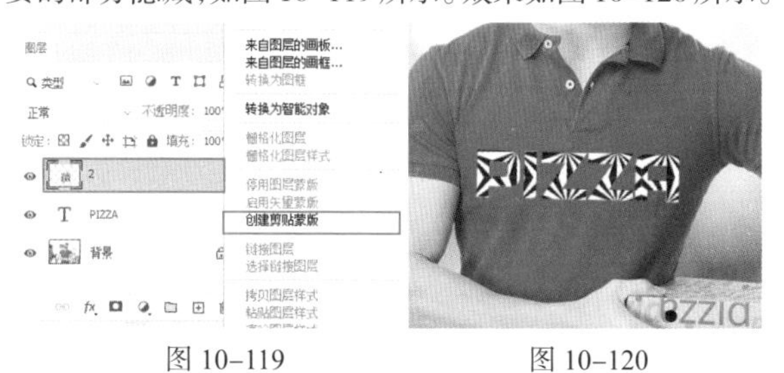

图 10–119　　图 10–120

步骤 05 通过操作呈现出的效果有些突兀。选择作为基底图层的文字，设置“混合模式”为“滤色”，如图 10–121 所示。此时本案例制作完成。效果如图 10–122 所示。

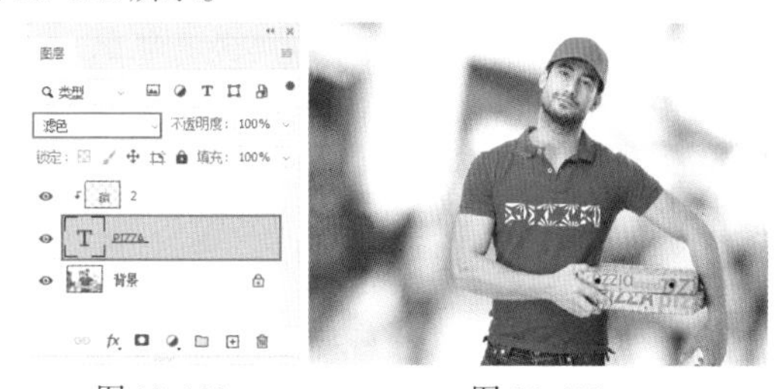

图 10–121　　图 10–122

10.3 对已有选区进行编辑

选区创建完成后还可以对已有选区进行一定的编辑操作。例如，缩放选区、旋转选区、调整选区边缘、创建边界选区、平滑选区、扩展与收缩选区、羽化选区、扩大选取、选取相似等，熟练掌握这些操作对快速选择需要的部分非常重要。

10.3.1 动手练:变换选区

首先绘制一个选区，执行“选择 > 变换选区”命令调出定界框，如图 10–123 所示。其操作方法与“自由变换”命令基本相同。拖曳控制点即可对选区进行变形，如图 10–124 所示。

扫一扫，看视频

图 10–123　　图 10–124

在选区变换状态下，在画布中右击，还可以在弹出的快捷菜单中选择其他变换方式，如图 10–125 所示。变换完成后按 Enter 键。效果如图 10–126 所示。

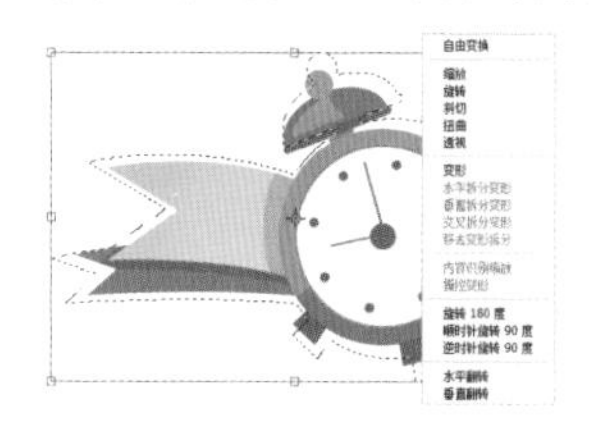

图 10–125　　图 10–126

提示：变换选区的其他方法

在选择选框工具的状态下，在选区内右击，在弹出的快捷菜单中执行“变换选区”命令即可调出“变换选区”定界框，对选区进行变换。

【重点】10.3.2 动手练:选区边缘的调整

扫一扫，看视频

对于已有的选区可以对其边界进行向外扩展、向内收缩、平滑、羽化等操作。

（1）“边界”命令作用于已有的选区，可以将选区的边界向内或向外进行扩展，扩展后的选区边界将与原来的选区边界形成新的选区。首先创建一个选区，如图 10–127 所示。对选区执行“选择 > 修改 > 边界”命令，在弹出的“边界选区”窗口中设置“宽度”（宽度数值越大，新选区越宽），设置完成后单击“确定”按钮，如图 10–128 所示。边界选区效果如图 10–129 所示。

图 10–127

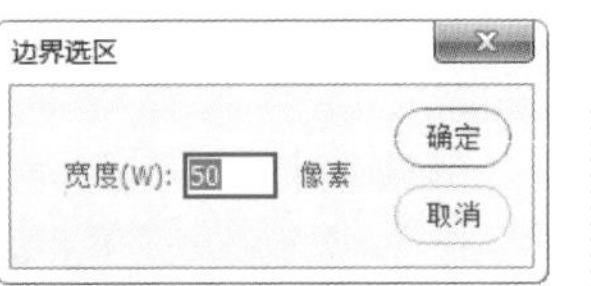

图 10–128

图 10–129

（2）“平滑”命令可以将参差不齐的选区边缘平滑化。对选区执行“选择 > 修改 > 平滑”命令，在弹出的“平滑选区”窗口中设置“取样半径”选项（数值越大，选区越平滑），设置完成后单击“确定”按钮，如图 10–130 所示。此时选区效果如图 10–131 所示。

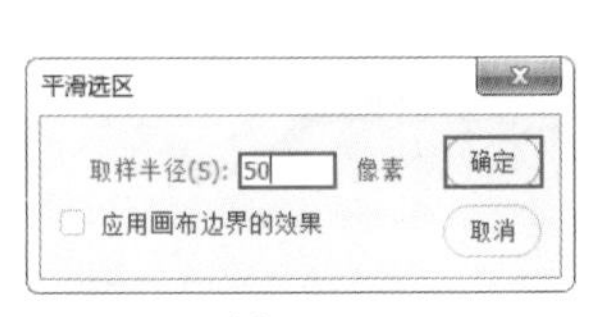

图 10–130

图 10–131

（3）“扩展”命令可以将选区向外延展，以得到较大的选区。对选区执行“选择 > 修改 > 扩展”命令，打开“扩展选区”窗口，通过设置“扩展量”控制选区向外扩展的距离（数值越大，距离越远），参数设置完成后单击“确定”按钮，如图 10–132 所示。扩展选区效果如图 10–133 所示。

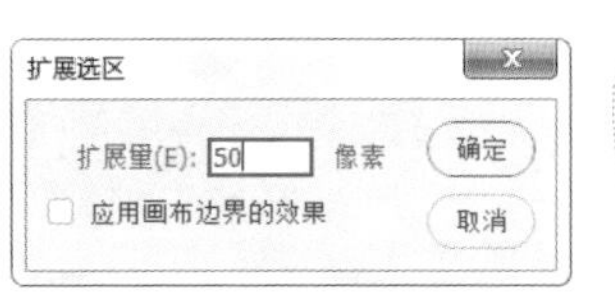

图 10–132

图 10–133

（4）“收缩”命令可以将选区向内收缩，使选区范围变小。对选区执行“选择 > 修改 > 收缩”命令，在弹出的“收缩选区”窗口中，通过设置“收缩量”选项控制选区的收缩大小（数值越大，收缩范围越大），设置完成后单击“确定”按钮，如图 10–134 所示。收缩选区效果如图 10–135 所示。

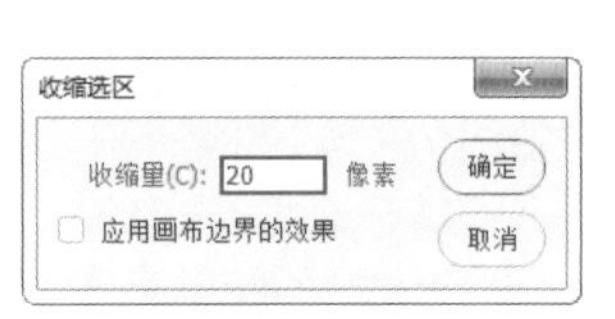

图 10–134

图 10–135

（5）“羽化”命令可以将边缘较“硬”的选区变为边缘比较“柔和”的选区。羽化半径越大，选区边缘越柔和。“羽化”命令是通过建立选区和选区周围像素之间的转换边界来模糊边缘，使用这种模糊方式将丢失选区边缘的一些细节。对选区执行“选择 > 修改 > 羽化”命令（组合键为 Shift+F6）打开“羽化选区”窗口，在该窗口中“羽化半径”选项用来设置边缘模糊的强度，数值越高，边缘模糊范围越大。参数设置完成后单击“确定”按钮，如图 10–136 所示。此时选区效果如图 10–137 所示。

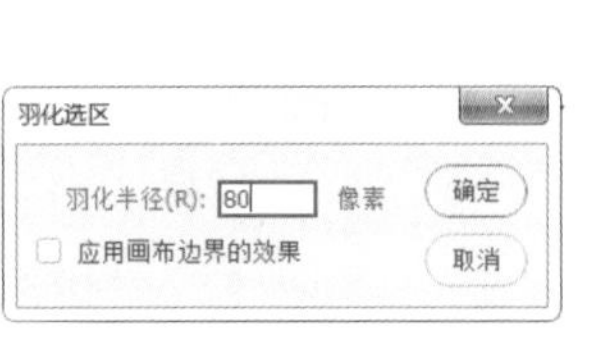

图 10–136

图 10–137

接着可以按 Ctrl+Shift+I 组合键将选区反选，然后按 Delete 键删除选区中的像素，此时边缘的像素呈现出柔和的过渡效果，如图 10–138 所示。

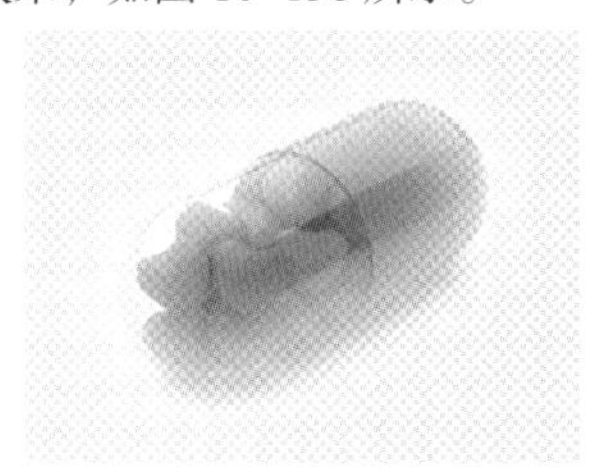

图 10–138

重点 10.4 动手练：选择并遮住，毛发抠图

扫一扫，看视频

“选择并遮住”命令是一个既可以对已有选区进行进一步编辑，又可以重新创建选区的功能。该命令可以用于对选区进行边缘检测，调整选区的平滑度、羽化、对比度以及边缘位置。由于“选择并遮住”命令可以智能地细化选区，所以常用于长发、动物或细密的植物的抠图，如图 10–139 和图 10–140 所示。

图 10–139

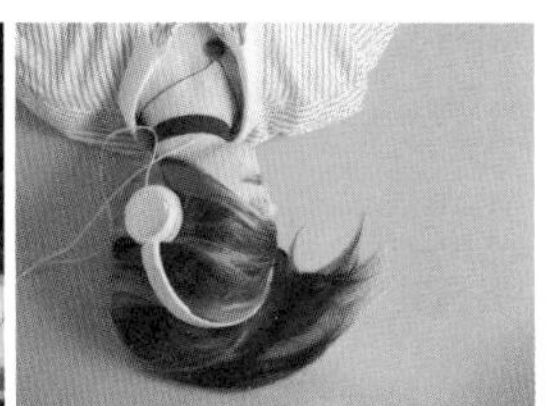

图 10–140

（1）首先使用“快速选择工具”创建选区，如图 10–141 所示。然后执行“选择 > 选择并遮住”命令，此时 Photoshop 界面发生了改变，如图 10–142 所示。左侧为一些用于调整选区以及视图的工具，左上方为所选工具的选项，右侧为选区编辑选项。

图 10–141

图 10–142

- 快速选择工具：通过按住鼠标左键拖曳涂抹，软件会自动查找和跟随图像颜色的边缘创建选区。
- 调整半径工具：精确调整发生边缘调整的边界区域。制作头发或毛皮选区时可以使用“调整半径工具”柔化区域以增加选区内的细节。
- 画笔工具：通过涂抹的方式添加或减去选区。单击“画笔工具”按钮，在选项栏中单击“添加到选区”按钮，单击按钮在下拉面板中设置笔尖的“大小”“硬度”“距离”选项，在画面中按住鼠标左键拖曳进行涂抹，涂抹的位置就会显示出像素，也就是在原来选区的基础上添加了选区，如图 10–143 所示。若单击“从选区减去”按钮，在画面中涂抹，即可对选区进行减去，如图 10–144 所示。

图 10–143

图 10–144

- 对象选择工具：通过绘制区，软件自动识别物体边缘会得到选区。
- 套索工具组：在该工具组中有“套索工具”和“多边形套索工具”两种工具。使用该工具可以在选项栏中设置选区运算的方式，如图 10–145 所示。例如，选择“套索工具”，设置运算方式为“添加到选区”，然后在画面中绘制选区。效果如图 10–146 所示。

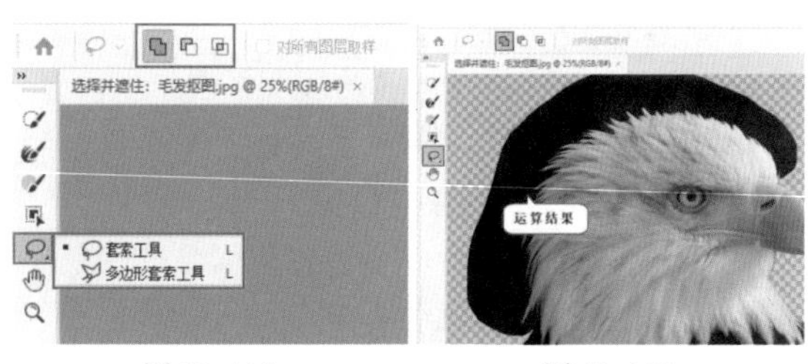

图 10-145　　图 10-146

（2）在界面右侧的“视图模式”选项组中可以进行视图显示方式的设置。单击视图列表，在下拉列表中选择一个合适的视图模式，如图 10-147 所示。

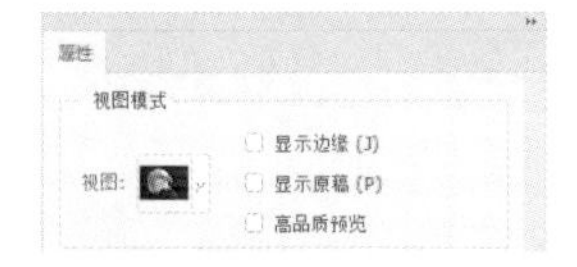

图 10-147

- 视图：在“视图”下拉列表中可以选择不同的显示效果。如图 10-148 所示为各种方式的显示效果。

图 10-148

- 显示边缘：显示以半径定义的调整区域。
- 显示原稿：可以查看原始选区。
- 高品质预览：勾选该复选框，能够以更好的效果预览选区。

（3）此时图像边缘仍然有黑色的像素，可以设置“边缘检测”的“半径”选项进行调整。“半径”选项确定发生边缘调整的选区边界的大小。对于锐边，可以使用较小的半径；对于较柔和的边缘，可以使用较大的半径。如图 10-149 和图 10-150 所示为将半径分别设置为 3 像素和 29 像素时的效果。

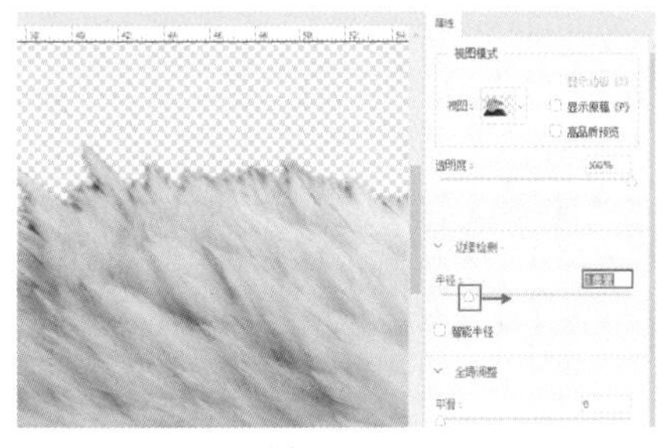

图 10-149

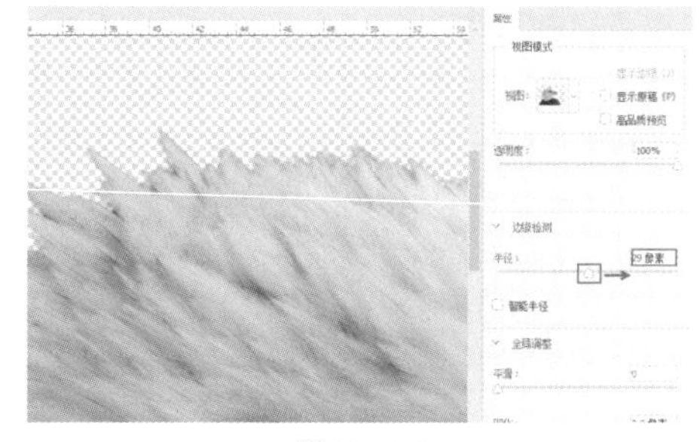

图 10-150

- 智能半径：自动调整边界区域中发现的硬边缘和柔化边缘的半径。

（4）“全局调整”选项组主要用来对选区进行平滑、羽化和扩展等处理，如图 10-151 所示。因为羽毛边缘柔和，所以适当调整“平滑”和“羽化”选项，如图 10-152 所示。

图 10-151　　图 10-152

- 平滑：减少选区边界中的不规则区域，以创建较平滑的轮廓。如图 10-153 和图 10-154 所示为不同参数的对比效果。

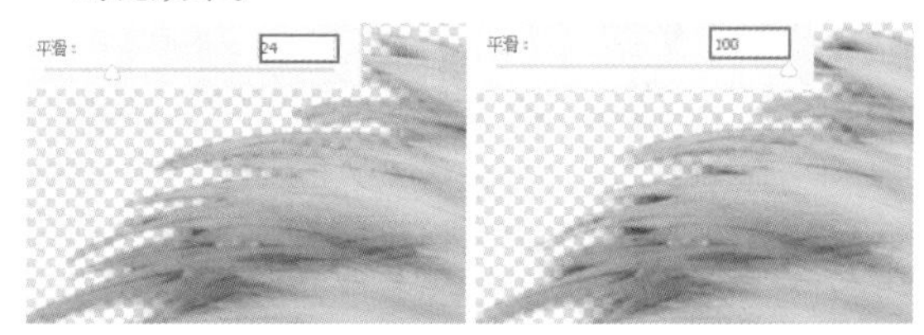

图 10-153　　图 10-154

- 羽化：模糊选区与周围像素之间的过渡效果。
- 对比度：锐化选区边缘并消除模糊的不协调感。在通常情况下，配合“智能半径”复选框调整出来的选区效果会更好。
- 移动边缘：当设置为负值时，可以向内收缩选区边界；当设置为正值时，可以向外扩展选区边界。
- 清除选区：单击该按钮可以取消当前选区。
- 反相：单击该按钮，即可得到反向的选区。

（5）此时选区调整完成，接下来需要进行“输出”，在“输出”选项组中可用来设置选区边缘的杂色以及选区的输出方式。设置“输出到”为“选区”,单击“确定”按钮，如图 10–155 所示，即可得到选区，如图 10–156 所示。使用组合键 Ctrl+J 将选区复制到独立图层，然后为其更换背景。效果如图 10–157 所示。

图 10–155　　图 10–156

- 净化颜色：将彩色杂边替换为附近完全选中的像素颜色。颜色替换的强度与选区边缘的羽化程度是成正比的。
- 输出到：设置选区的输出方式，单击“输出到”列表在下拉列表中可以选择相应的输出方式，如图 10–158 所示。

图 10–157　　图 10–158

10.5 钢笔精确抠图

遇到主体物与背景非常相似的图像、对象边缘模糊不清的图像、基于颜色抠图后对象边缘参差不齐的情况时，就需要使用“钢笔工具”进行精确路径的绘制，然后将路径转换为选区，删除背景或者单独把主体物复制出来，就完成抠图了。

【重点】10.5.1　动手练：使用“钢笔工具”抠图

钢笔抠图需要使用的工具已经学习过了，下面梳理一下钢笔抠图的基本思路。首先使用“钢笔工具”绘制大致轮廓（注意，“绘制模式”必须设置为“路径”），如图 10–159 所示；接着使用“直接选择工具”“转换点工具”等工具对路径形态进行调整，如图 10–160 所示，路径准确后转换为选区（在无须设置“羽化半径”的情况下，可以按组合键 Ctrl+Enter），如图 10–161 所示。

扫一扫，看视频

图 10–159

图 10–160

得到选区后选择反向删除背景或者将主体物复制为独立图层，如图 10–162 所示；抠图完成后可以更换新背景，添加装饰元素，完成作品的制作，如图 10–163 所示。

图 10–161

图 10–162

图 10–163

1. 使用“钢笔工具”绘制大致轮廓

（1）为了避免原图层被破坏，可以复制图层，并隐藏原图层。单击工具箱中的“钢笔工具”按钮，在其选项栏中设置“绘制模式”为“路径”，单击生成锚点，如图 10–164 所示。将光标移至下一个转折点处，单击生成锚点，如图 10–165 所示。

图 10–164

图 10–165

（2）继续沿着人物边缘绘制路径，如图 10–166 所示。当绘制到起点处光标变为 形状时，单击闭合路径，如图 10–167 所示。

图 10–166

图 10–167

2. 调整锚点位置

(1)在使用“钢笔工具”状态下,按住Ctrl键切换到“直接选择工具”。在锚点上按下鼠标左键,将锚点拖动至人物边缘,如图 10–168 所示。继续将邻近的锚点移至人物边缘,如图 10–169 所示。

图 10–168　　图 10–169

(2)若遇到锚点数量不够的情况,可以添加锚点,再继续移动锚点位置。在工具箱中选择“钢笔工具”,将光标移至路径处,当它变为形状时,单击即可添加锚点,如图 10–170 所示。若要删除锚点,则将“钢笔工具”光标移至需要删除的锚点的位置,当它变为形状时,单击即可将锚点删除,如图 10–171 所示。

图 10–170

图 10–171

3. 转换锚点

在工具箱中选择“转换点工具”,在锚点上单击可以将平滑点转换为角点,如图 10–172 和图 10–173 所示。若要将角点转换为平滑点,则使用“转换点工具”在锚点上拖动即可将角点转换为平滑点,如图 10–174 所示。锚点类型转换完成后拖动锚点位置,然后对路径进行更改。

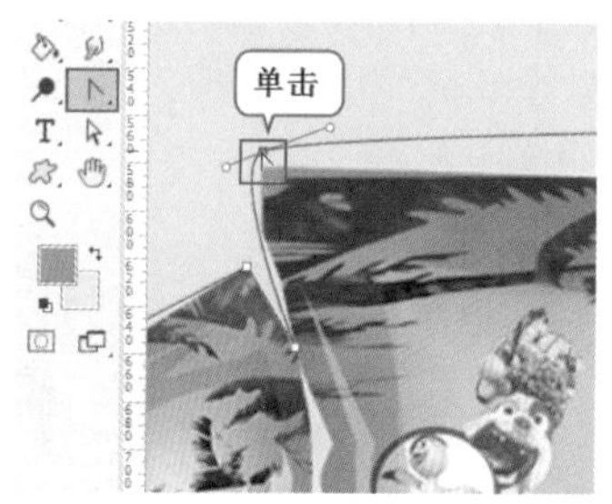

图 10–172

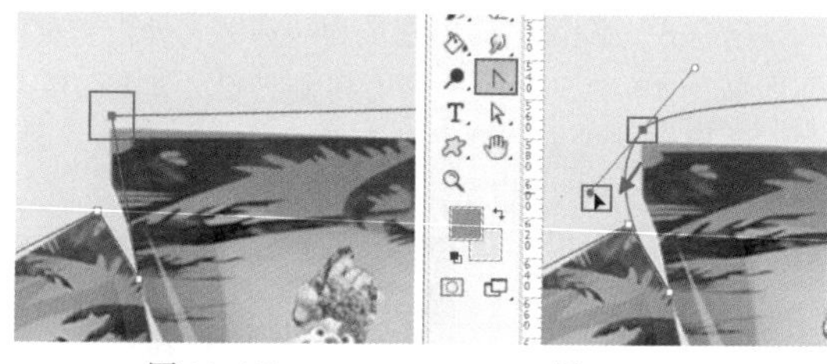

图 10–173　　图 10–174

4. 将路径转换为选区

路径调整完成,效果如图 10–175 所示。按组合键 Ctrl+Enter,将路径转换为选区,如图 10–176 所示。按组合键 Ctrl+Shift+I 将选区反向选择,然后按 Delete 键,将选区中的内容删除,如图 10–177 所示。

图 10–175

图 10–176

图 10–177

5. 后期装饰

执行“文件 > 置入嵌入对象”命令,添加新的背景色和前景色,并摆放在合适的位置,完成合成作品的制作,如图 10–178 和图 10–179 所示。

图 10–178　　图 10–179

10.5.2 动手练：使用“磁性钢笔工具”抠图

扫一扫，看视频

“磁性钢笔工具”能够自动捕捉颜色差异的边缘以快速绘制路径。

“磁性钢笔工具”并不是一个独立的工具，需要在使用“自由钢笔工具”状态下，在其选项栏中勾选“磁性的”复选框，才会将其切换为“磁性钢笔工具”。在画面中主体物边缘单击并沿轮廓拖动，可以看到“磁性钢笔工具”会自动捕捉颜色差异较大的区域来创建路径，如图 10-180 所示。路径创建完成后还可以继续使用矢量工具对路径进行编辑调整，以得到精确的路径，如图 10-181 所示。

图 10-180

图 10-181

10.6 通道抠图

“通道抠图”往往能够抠出其他抠图方式无法抠出的对象。对于带有毛发的小动物和人像、边缘复杂的植物、半透明的薄纱或云朵、光效等一些比较特殊的对象，都可以尝试使用通道抠图，如图 10-182 ～图 10-185 所示。

图 10-182

图 10-183

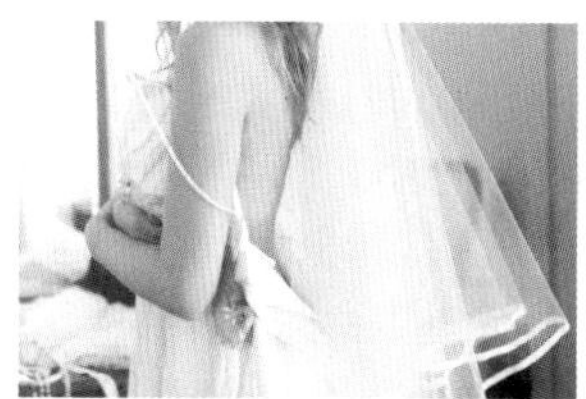

图 10-184

图 10-185

10.6.1 通道抠图原理

虽然通道抠图的功能非常强大，但并不难掌握，前提是要理解通道抠图原理。首先，要明白以下几件事。

（1）通道与选区可以相互转化（通道中的白色为选区内部，黑色为选区外部，灰色可得到半透明的选区），如图 10-186 所示。

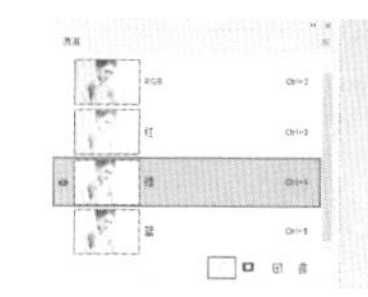

图 10-186

（2）通道是灰度图像，排除了色彩的影响，更容易进行明暗的调整。

（3）不同通道黑白内容不同，抠图之前找对通道很重要。

（4）不可直接在原通道上进行操作，必须复制通道。直接在原通道上进行操作，会改变图像颜色。

总的来说，通道抠图的主体思路就是在各个通道中进行对比，找到一个主体物与环境黑白反差最大的通道，复制并进行操作；然后进一步强化通道黑白反差，得到合适的黑白通道；最后将通道转换为选区，回到原图中，删除背景或者单独提取出主体物，完成抠图，如图 10-187 所示。

（a）原图

（b）复制主体物与环境反差较大的通道

（c）增加通道的黑白对比

（d）载入通道选区

（e）回到原图层

（f）去除背景

图 10-187

【重点】10.6.2 动手练：通道抠图实战

扫一扫，看视频

本小节以一幅长发美女的照片为例进行讲解，如图 10-188 所示。如果想要将人像从背景中分离出来，使用“钢笔工具”抠图可以提取身体部分，而头发边缘处无法处理，因为发丝边缘非常细密。此时可以尝试使用通道抠图。

图 10-188

（1）将其他图层隐藏，只显示需要抠图的图层，然后选择需要抠图的图层，执行“窗口 > 通道”命令，在弹出的“通道”面板中逐一观察并选择主体物与背景黑白对比最强烈的通道。经过观察，“蓝”通道中毛领与背景之间的黑白对比较为明显，如图 10-189 所示。

图 10-189

> **提示：抠图的思路**
>
> 画面中这个人物可以分为两个部分抠取，毛领的区域可以通过通道抠图的方法抠取，礼物和手臂的位置可以用钢笔抠取。最后将抠好的两部分合并在一起即可。

（2）因此选择“蓝”通道，右击，在弹出的快捷菜单中执行“复制通道”命令，创建出“蓝 拷贝”通道，接着选择“蓝 拷贝”通道，如图10-190所示。

（3）利用调整命令来增强复制出的通道黑白对比度，使选区与背景区分开来。选择“蓝 拷贝”通道，按组合键 Ctrl+M，在弹出的“曲线”窗口中单击“在图像中取样以设置黑场”按钮，然后在毛领的后侧单击，如图 10-191 所示。此时画面效果如图 10-192 所示。

图 10-190　　图 10-191

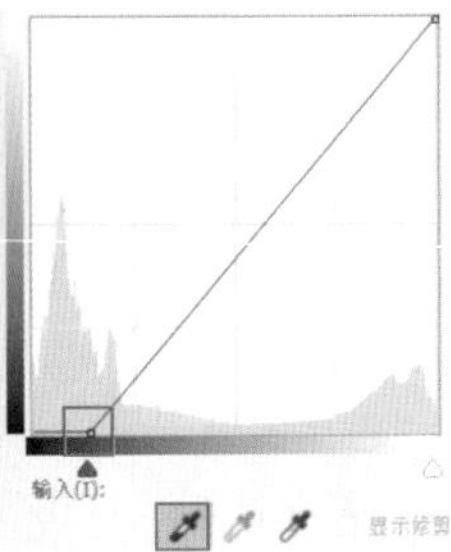

图 10-192

（4）单击“在图像中取样以设置白场”按钮，然后在毛领的上方单击，此时毛领大面积的区域变成了纯白色，如图 10-193 所示。

图 10-193

（5）需要将毛领以内的像素更改为白色，因为面积比较大，可以使用“画笔工具”将“前景色”设置为白色，然后进行大面积涂抹，在涂抹过程中尽量避开毛领的边缘，如图 10-194 所示。然后使用“减淡工具”，设置“范围”为“高光”，再在毛领的边缘涂抹将灰色的区域变成白色。此时身体的部分变为了纯白色，如图 10-195 所示。

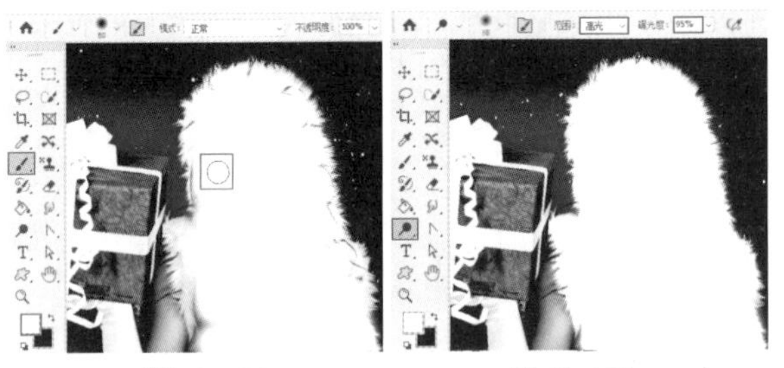

图 10-194　　图 10-195

（6）用“钢笔工具”沿着礼物和胳膊位置绘制路径，将路径转换为选区后填充白色。此时整个人物部分就变成了白色，如图 10-196 所示。调整完毕，选中该通道，单击“通道”面板下方的“将通道作为选区载入”按钮，得到人物的选区，如图 10-197 所示。

图 10-196

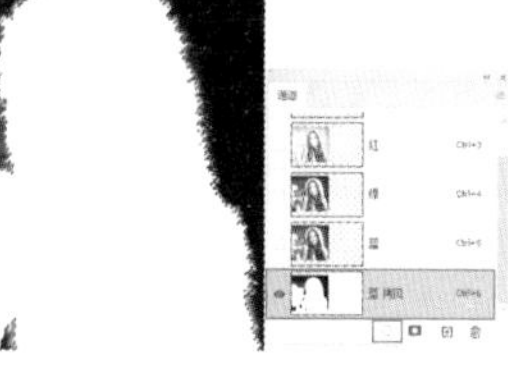

图 10-197

（7）回到“图层”面板，选中复制的图层，如图 10-198 所示。接着以当前选区添加图层蒙版。抠图效果如图 10-199 所示。最后为人像添加一个新的背景，如图 10-200 所示。

图 10-198

图 10-199

图 10-200

提示：如何抠取半透明对象

玻璃、纱、云朵都是半透明的，在对这一类对象进行抠图时，可以在通道将其调整为灰色即可保留其半透明效果。如图 10-201 所示为通道内效果。如图 10-202 所示为抠图后效果。

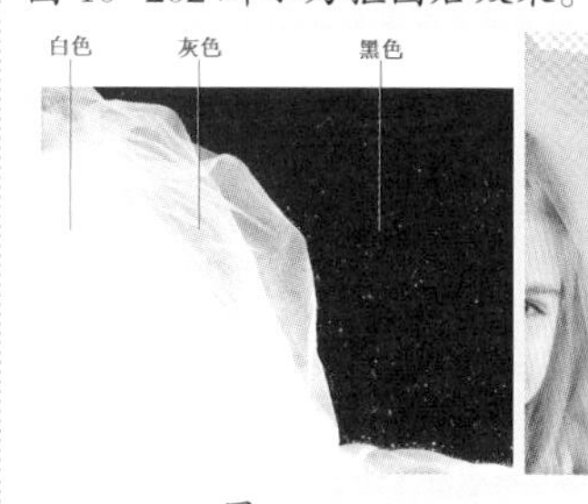

图 10-201

图 10-202

10.7 综合实例：使用多种抠图方式制作创意石膏像

文件路径	资源包 \ 第 10 章 \ 使用多种抠图方式制作创意石膏像
难易指数	★★★★★
技术掌握	通道抠图、图层蒙版、钢笔抠图、剪贴蒙版、魔棒工具

案例效果

案例效果如图 10-203 所示。

扫一扫，看视频

图 10-203

操作步骤

步骤 01 执行“文件 > 打开”命令，打开素材 1.jpg，如图 10-204 所示。接着需要将云朵素材置入画面中。执行“文件 > 置入嵌入对象”命令，在弹出的“置入嵌入的对象”窗口中选择云朵素材 2.jpg，然后单击“置入”按钮将素材置入。选择云朵图层，右击，在弹出的快捷菜单中执行“栅格化图层”命令，将图层栅格化，如图 10-205 所示。

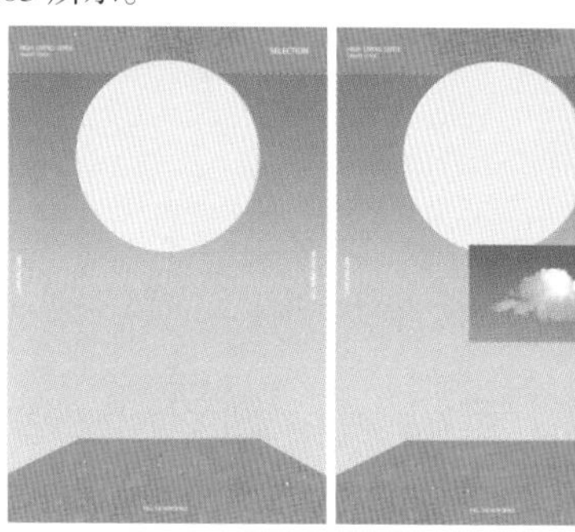

图 10-204　　图 10-205

步骤 02 将云朵从蓝色天空背景中抠出。将背景图层隐藏，只显示“云朵”图层。选择“云朵”图层，执行“窗口 > 通道”命令，在弹出的“通道”面板中选择主体物与背景黑白对比最强烈的通道。经过观察，“红”通道中云朵与背景之间的黑白对比较为明显。接着选择“红”通道，右击，在弹出的快捷菜单中执行“复制通道”命令，在弹出的“复制通道”面板中单击“确定”按钮，创建出“红 拷贝”通道，如图 10-206 所示。

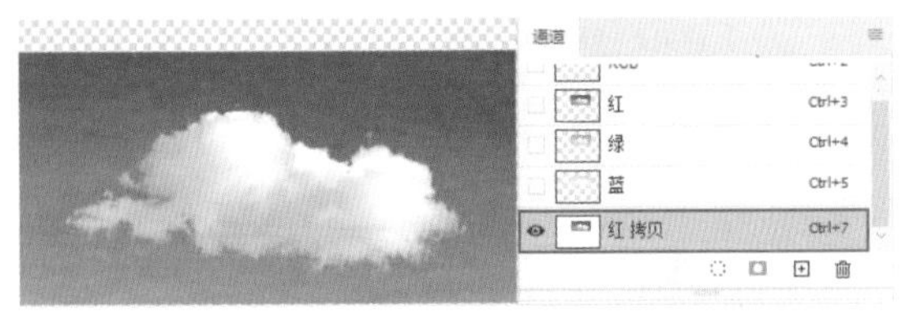

图 10-206

步骤 03 为了将选区与背景区分开，需要增强对比度。选择“红 拷贝”通道，使用组合键 Ctrl+M 调出“曲线”命令，在弹出的“曲线”窗口中单击“在图像中取样以设置黑场”按钮，然后在背景边缘处单击，背景变为黑色，如图 10-207 所示。然后选择该通道，单击底部的“将通道作为选区载入”按钮，得到选区，如图 10-208 所示。

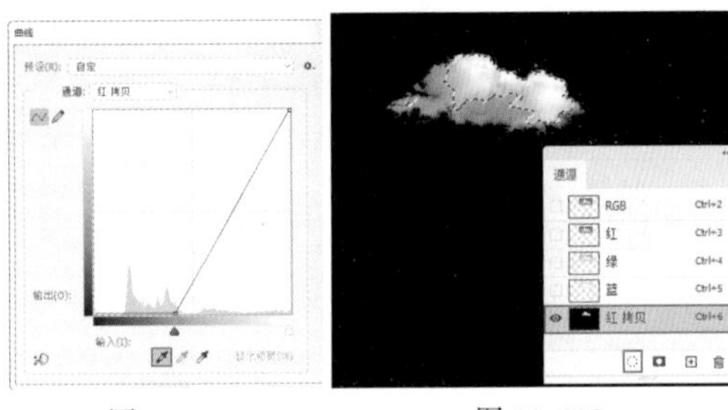

图 10-207　　图 10-208

步骤 04 回到“图层”面板选择“云朵”图层，单击“图层”面板底部的“添加图层蒙版”按钮，如图 10-209 所示。此时将云朵从背景中抠出，将背景图层显示出来。效果如图 10-210 所示。

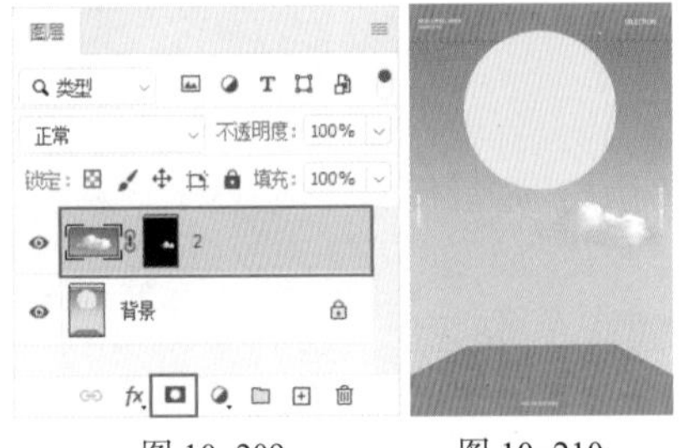

图 10-209　　图 10-210

步骤 05 通过操作，云朵的颜色偏蓝，需要更改颜色。选择该图层，执行“图层 > 新建调整图层 > 色相 / 饱和度”命令，创建一个“色相 / 饱和度”调整图层。在弹出的“属性”面板中设置“色相”为 0，“饱和度”为 0，“明度”为 +100，设置完成后单击面板底部的“此调整剪切到此图层”按钮，使调整效果只针对下方“云朵”图层，如图 10-211 所示。此时云朵变为白色。效果如图 10-212 所示。

图 10-211　　图 10-212

步骤 06 降低“云朵”图层的“不透明度”为 60%，如图 10-213 所示。此时效果如图 10-214 所示。

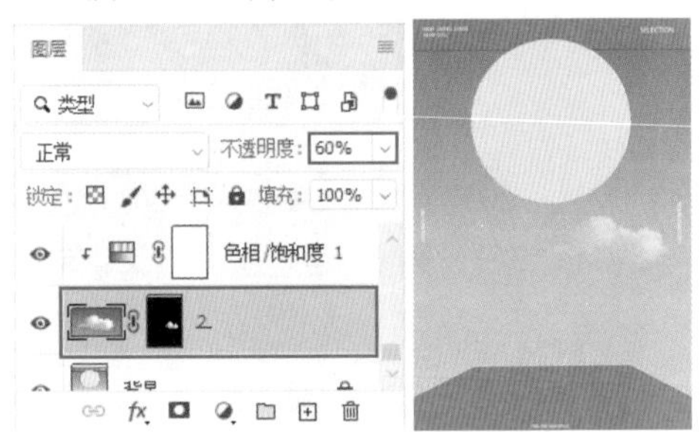

图 10-213　　图 10-214

步骤 07 置入石膏像素材 3.jpg，并将该图层栅格化，如图 10-215 所示。接着使用“钢笔工具”，设置“绘制模式”为“路径”，沿着石膏像周围绘制路径，如图 10-216 所示。

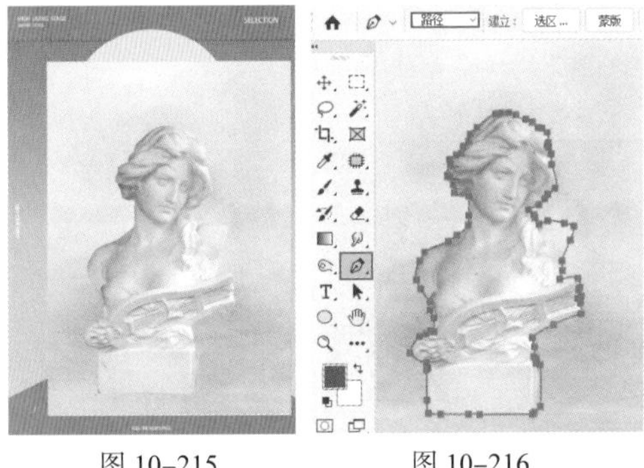

图 10-215　　图 10-216

步骤 08 使用 Ctrl+Enter 组合键将路径转换为选区，如

图 10-217 所示。得到选区后使用组合键 Ctrl+J 将石膏线复制为独立图层，并隐藏原始图层，如图 10-218 所示。

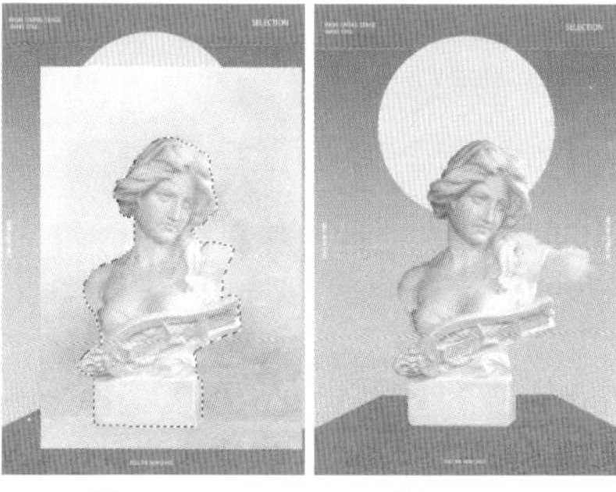

图 10-217　　图 10-218

步骤 09 调整石膏像的明暗。执行“图层 > 新建调整图层 > 曲线”命令，调整曲线的形态，并单击底部的“此调整剪切到此图层”按钮，如图 10-219 所示。此时石膏像变亮，如图 10-220 所示。

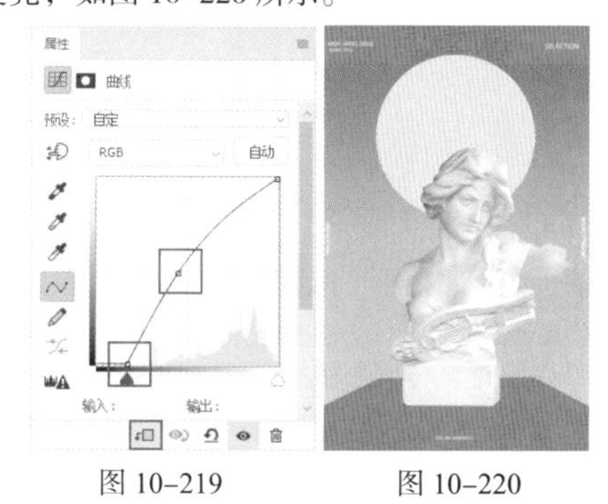

图 10-219　　图 10-220

步骤 10 复制两次石膏像图层以及调色图层，并分别合并为独立图层，命名为“上半部分”“下半部分”，如图 10-221 所示。下面需要将石膏像分割为上、下两个部分，使用“套索工具”绘制上半部分的选区，如图 10-222 所示。

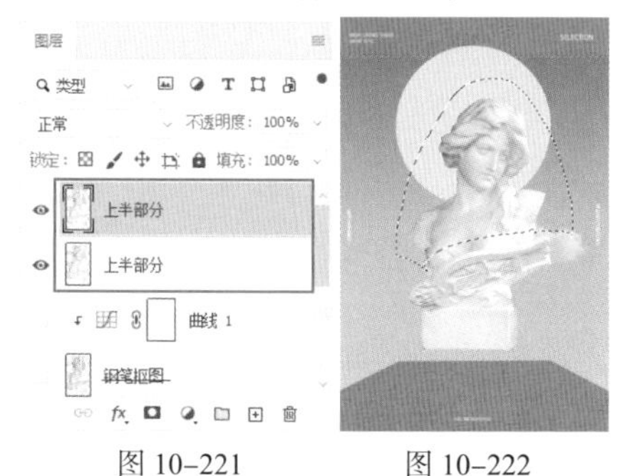

图 10-221　　图 10-222

步骤 11 以当前选区为该图层添加图层蒙版，如图 10-223 所示。此时石膏像只显示出上半部分。画面效果如图 10-224 所示。

步骤 12 同样的方式制作下半部分，并向下移动，如图 10-225 所示。

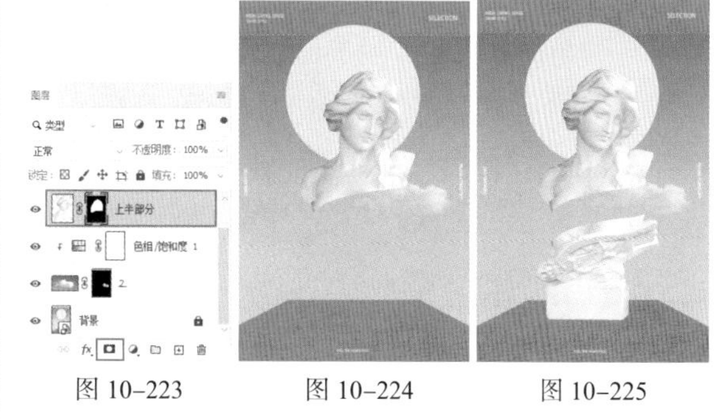

图 10-223　　图 10-224　　图 10-225

步骤 13 置入植物素材并栅格化，如图 10-226 所示。将该图层摆放在石膏像上、下两部分之间，如图 10-227 所示。

图 10-226　　图 10-227

步骤 14 将植物背景去掉。使用“魔棒工具”，在选项栏中设置“选区模式”为“添加到选区”，“容差”为 50，勾选“连续”复选框，在背景天空部分多次单击，得到天空部分的选区，如图 10-228 所示。接下来按 Delete 键，删除背景部分，按 Ctrl+D 组合键取消选区。得到的效果如图 10-229 所示。

图 10-228　　图 10-229

步骤 15 选择该图层，单击“图层”面板底部的“添加图层蒙版”按钮，如图 10-230 所示。然后使用黑色画笔在图层蒙版中涂抹隐藏多余的植物部分，如

图 10-231 所示。

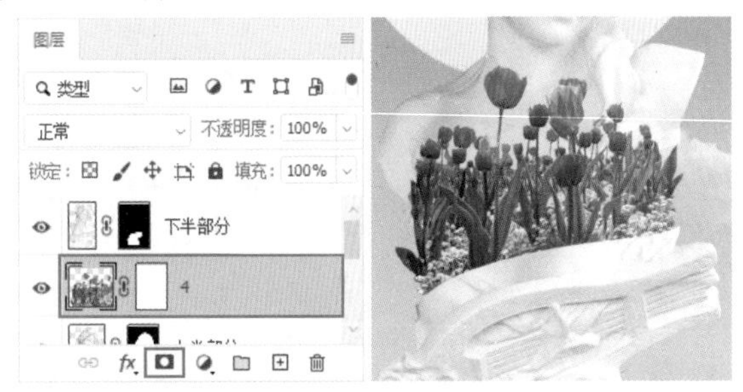

图 10-230　　图 10-231

步骤 16 复制云朵及其调色图层，移动到“图层”面板顶部。将“透明度”调整为100%，并将云朵适当缩小，移动到右侧，如图10-232所示。再次复制云朵摆放在左侧。最终效果如图10-233所示。

图 10-232　　图 10-233

10.8 课后练习

扫一扫，看视频

作业要求

使用多种抠图方式抠取果汁，保留玻璃部分的透明效果。

案例效果

案例效果如图10-234所示。

图 10-234

可用素材

可用素材如图10-235所示。

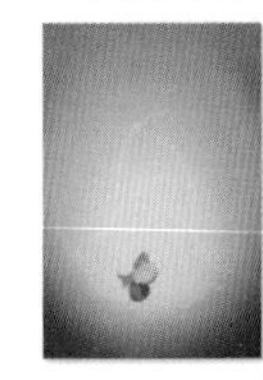

图 10-235

思路解析

（1）使用“钢笔工具”将果汁整体从背景中抠取出来。

（2）单独提取杯子的透明玻璃部分，利用通道抠图进行分离。

（3）配合“曲线”调整图层以调整玻璃部分的明暗。

扫一扫，看视频

图像模糊与锐化处理

本章内容简介

模糊和锐化一直是数码照片处理中常用的操作。在 Photoshop 中包括很多种可供模糊操作以及锐化操作的命令 / 工具，效果也非常丰富。可以将这些方式大致分为两种：一种是使用工具；另一种是使用命令。使用“锐化工具”“模糊工具”需要动手去操作，就像使用画笔一样，可以方便地对图像局部进行处理。而使用“滤镜”菜单下的命令进行锐化或模糊处理，则可以更快捷地对整个画面进行处理。

重点知识掌握

- 熟练掌握对图像进行模糊的方式
- 熟练掌握增强图像清晰度的方法

11.1 动手练：模糊滤镜组

扫一扫，看视频

执行“滤镜 > 模糊”命令，可以在子菜单中看到多种用于模糊图像的滤镜。这些滤镜适合应用的场合不同，“高斯模糊”是最常用的图像模糊滤镜；“模糊”“进一步模糊”属于无参数滤镜，适合于轻微模糊的情况；“表面模糊”“特殊模糊”常用于图像降噪；“动感模糊”“径向模糊”会沿一定方向进行模糊；“方框模糊”“形状模糊”是以特定的形状进行模糊；“镜头模糊”常用于模拟大光圈摄影效果；“平均”用于获取整个图像的平均颜色值。

【重点】11.1.1 表面模糊

“表面模糊”滤镜常用于将接近的颜色融合为一种颜色，从而减少画面的细节或降噪。

打开一张图片，这个人物皮肤整体是比较干净的，但是眼下方有一些细纹，鼻梁的位置有些小雀斑，可以通过“表面模糊”滤镜进行磨皮，如图 11–1 所示。执行“滤镜 > 模糊 > 表面模糊”命令，打开“表面模糊”窗口，拖动“半径”和“阈值”滑块调整模糊效果，在调整数值过程中，通过窗口上方的缩略图查看模糊效果。设置完成后单击“确定”按钮，如图 11–2 所示。磨皮效果如图 11–3 所示。

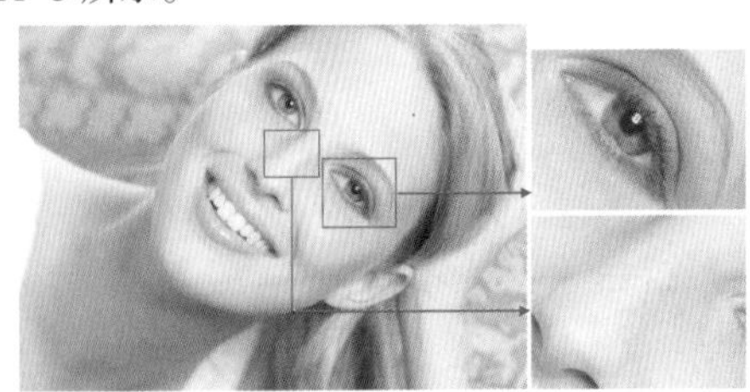

图 11–1

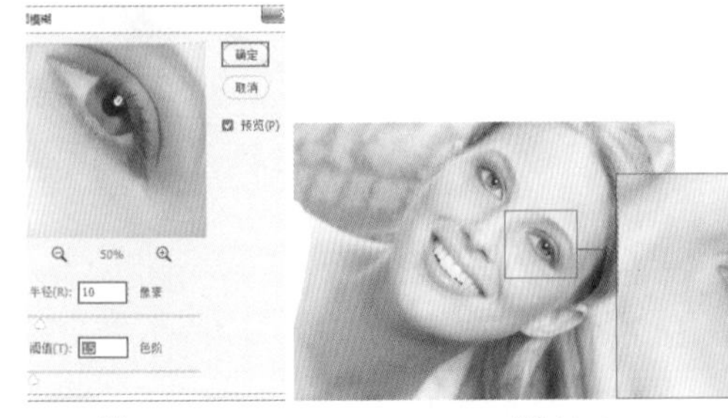

图 11–2　　图 11–3

- “半径”用于设置模糊取样区域的大小，如图 11–4 所示为“半径”是 10 像素和 25 像素的对比效果。
- “阈值”用于控制相邻像素色调值与中心像素色调值相差多大时才能成为模糊的一部分。色调值差小于阈值的像素将被排除在模糊之外。如图 11–5 所示为“阈值”为 30 色阶和 100 色阶的对比效果。

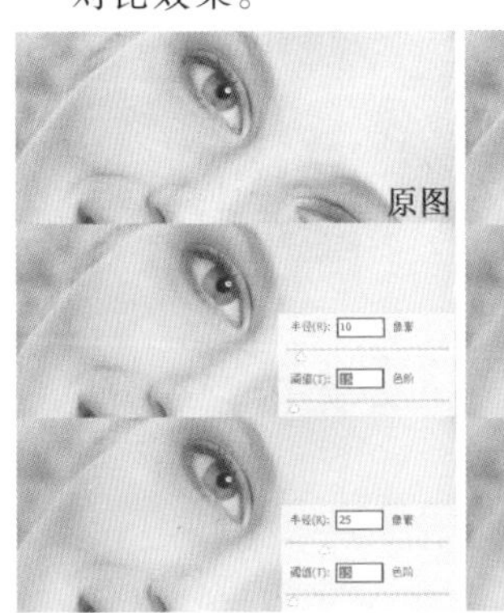

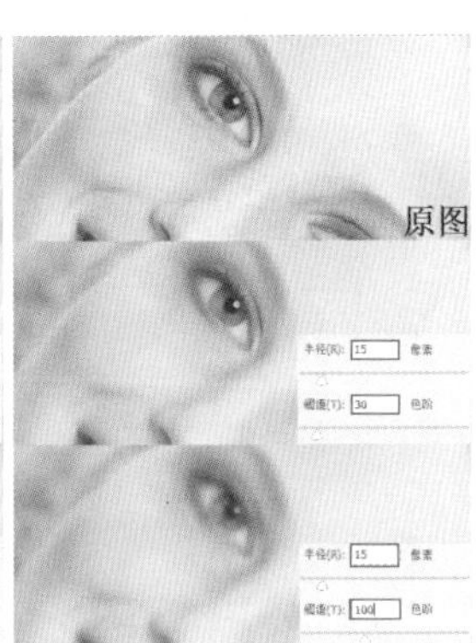

图 11–4　　图 11–5

【重点】11.1.2 动感模糊增强运动感

“动感模糊”滤镜可以模拟出拍摄高速运动物体而产生的带有运动方向的模糊效果。

选择一个图层，如图 11–6 所示（如果要对画面中指定区域进行模糊，那么需要绘制选区）。执行“滤镜 > 模糊 > 动感模糊”命令，在弹出的“动感模糊”窗口中进行设置，拖动指针可以调整角度数值，拖动“距离”滑块可以调整模糊的强度。设置完成后单击“确定”按钮，如图 11–7 所示。

图 11–6　　图 11–7

- 角度：用来设置模糊的方向。如图 11–8 所示为不同角度的对比效果。

（a）角度：0°　　（b）角度：90°

图 11-8

• 距离：用来设置像素模糊的程度。如图 11-9 所示为不同距离的对比效果。

（a）距离：100 像素　　（b）距离：350 像素

图 11-9

练习实例：动感模糊制作炫彩效果

文件路径	资源包 \ 第 11 章 \ 动感模糊制作炫彩效果
难易指数	☆☆☆☆☆
技术掌握	画笔工具、动感模糊、混合模式

案例效果

案例对比效果如图 11-10 和图 11-11 所示。

扫一扫，看视频

图 11-10　　图 11-11

操作步骤

步骤 01 执行“文件 > 打开”命令，将素材 1.jpg 打开。

步骤 02 新建图层，设置“前景色”为青蓝色，然后选择工具箱中的“画笔工具”，在选项中设置大小合适的柔边圆画笔，降低画笔不透明度，设置完成后在画面左下角涂抹，如图 11-12 所示。然后继续使用“画笔工具”，更改前景色，在画面左上角涂抹洋红色，在画面右上角涂抹蓝色。效果如图 11-13 所示。

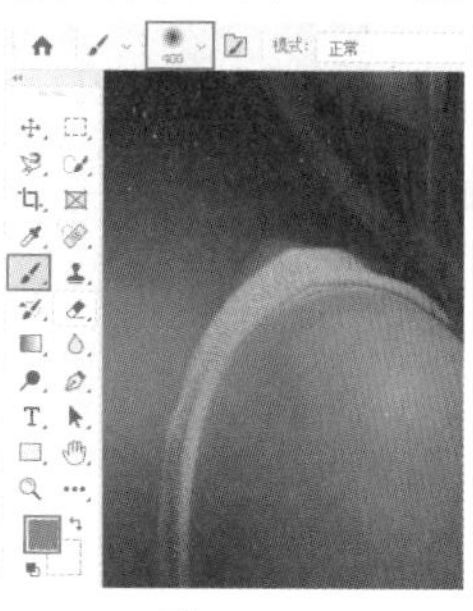

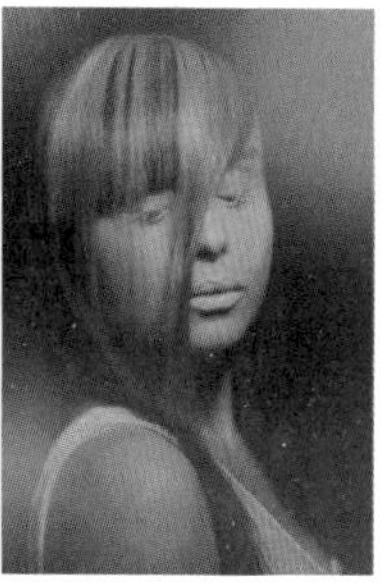

图 11-12　　图 11-13

步骤 03 选择该图层，设置“混合模式”为“滤色”，如图 11-14 所示。此时的颜色效果更加柔和，如图 11-15 所示。

图 11-14　　图 11-15

步骤 04 执行“文件 > 置入嵌入的对象”命令，将素材 2.jpg 置入画面中。调整大小使其充满整个画面并将该图层进行栅格化处理，如图 11-16 所示。接着设置图层的“混合模式”为“滤色”。效果如图 11-17 所示。

图 11-16　　图 11-17

步骤 05 对光效图层执行“滤镜 > 模糊 > 动感模糊”命令，在弹出的“动感模糊”窗口中设置“角度”为 30°，“距离”为 1200 像素，设置完成后单击“确定”按钮完成操作，如图 11-18 所示。效果如图 11-19 所示。

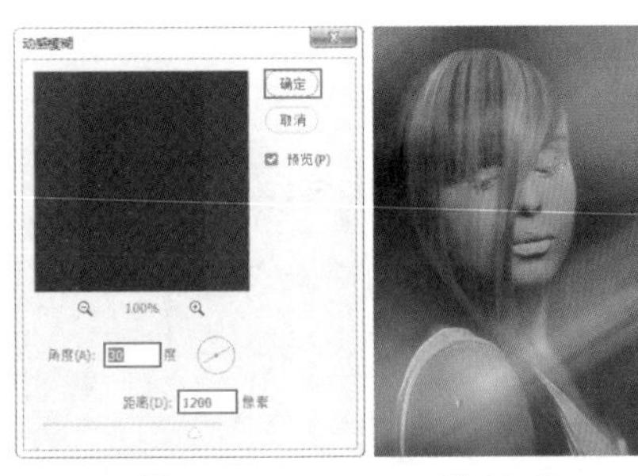

图 11-18　　图 11-19

步骤 06 制作暗角效果。新建图层，设置“前景色”为黑色，单击工具箱中的“画笔工具”按钮，在选项栏中设置大小合适的柔边圆画笔，设置完成后在画面四角涂抹制作暗角效果，如图 11-20 所示。

图 11-20

步骤 07 执行“文件 > 置入嵌入对象”命令，将文字素材 3.png 置入画面中。调整大小放在画面下部位置，并将该图层进行栅格化处理，如图 11-21 所示。然后设置“不透明度”为 50%。此时本案例制作完成，效果如图 11-22 所示。

图 11-21　　图 11-22

11.1.3 方框模糊

“方框模糊”滤镜能够以“方块”的形状对图像进行模糊处理。打开一张图片，如图 11-23 所示，执行“滤镜 > 模糊 > 方框模糊”命令，如图 11-24 所示。

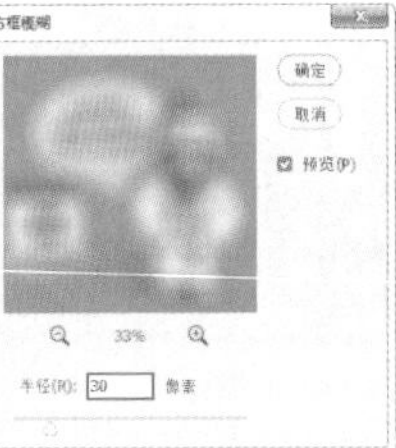

图 11-23　　图 11-24

此时软件基于相邻像素的平均颜色值来模糊图像，生成的模糊效果类似于方块的模糊感，如图 11-25 所示。“半径”数值用于计算指定像素平均值的区域大小。数值越大，产生的模糊效果越强。效果如图 11-26 所示。

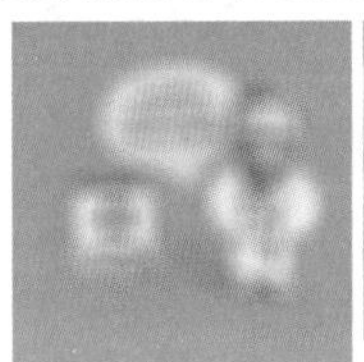

图 11-25　　图 11-26

【重点】11.1.4 高斯模糊

“高斯模糊”滤镜是模糊滤镜组中使用频率最高的滤镜。“高斯模糊”滤镜的工作原理是在图像中添加低频细节，使图像产生一种朦胧的模糊效果。“高斯模糊”滤镜应用十分广泛。例如，制作景深效果、制作模糊的投影效果等。选择一个图层，如果要对画面中指定区域进行模糊，那么需要绘制选区（此处绘制的是背景部分的选区），如图 11-27 所示。执行“滤镜 > 模糊 > 高斯模糊”命令，在弹出的“高斯模糊”窗口中设置合适的参数，如图 11-28 所示，然后单击“确定”按钮。选区内的部分产生均匀的模糊效果。画面效果如图 11-29 所示。

图 11-27

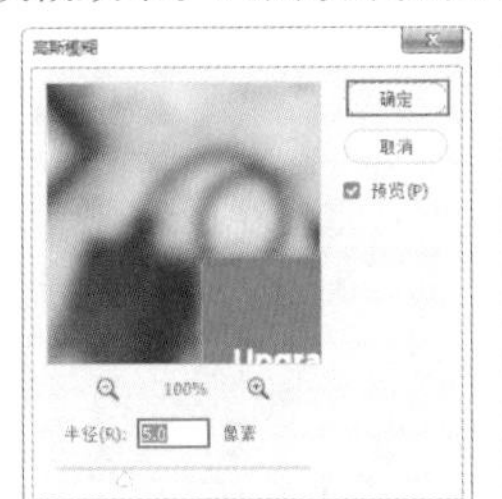

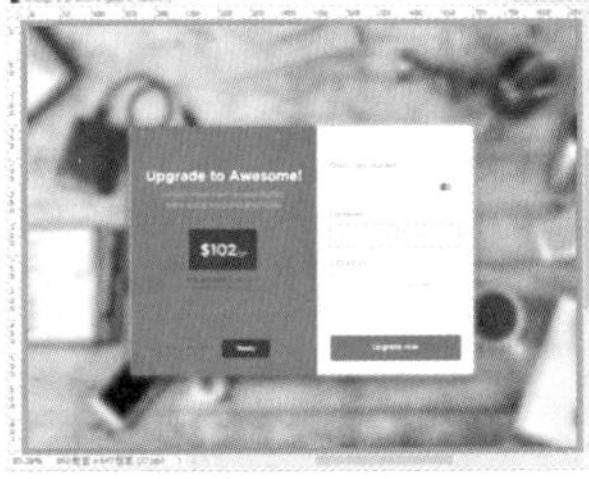

图 11-28　　图 11-29

• **半径**：调整用于计算指定像素平均值的区域大小。数值越大，产生的模糊效果越强烈。如图 11–30 所示为“半径”为 5 像素和 15 像素的对比效果。

（a）半径：5 像素　（b）半径：15 像素

图 11–30

11.1.5 进一步模糊

“进一步模糊”滤镜的模糊效果比较弱，也没有参数设置窗口。打开一张图片，如图 11–31 所示。执行“滤镜 > 模糊 > 进一步模糊”命令。画面效果如图 11–32 所示。该滤镜可以平衡已定义的线条和遮蔽区域的清晰边缘旁边的像素，使变化显得柔和。“进一步模糊”滤镜生成的效果比“高斯模糊”滤镜强 3 ～ 4 倍。

图 11–31　图 11–32

11.1.6 径向模糊

“径向模糊”滤镜用于模拟缩放或旋转相机时所产生的模糊。打开一张图片，如图 11–33 所示。执行“滤镜 > 模糊 > 径向模糊”命令，在弹出的“径向模糊”窗口中可以设置模糊的方法、品质以及数量，然后单击“确定”按钮，如图 11–34 所示。画面效果如图 11–35 所示。

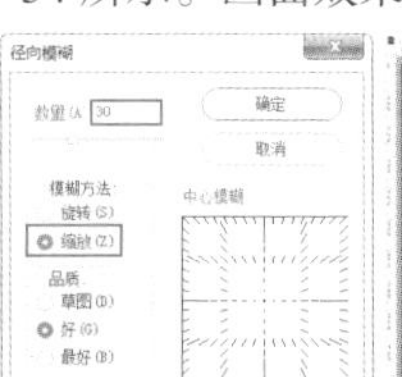

图 11–33　图 11–34　图 11–35

• **数量**：用于设置模糊的强度。数值越高，模糊效果越明显。如图 11–36 所示为“数量”为 10 和 80 的对比效果。

（a）数量：10　（b）数量：80

图 11–36

• **模糊方法**：选中“旋转”单选按钮时，图像可以沿同心圆环线产生旋转的模糊效果。选中“缩放”单选按钮时，可以从中心向外产生放射状光线的模糊效果，如图 11–37 所示。

（a）模糊方法：旋转　（b）模糊方法：缩放

图 11–37

• **中心模糊**：将光标放置在设置框中，按住鼠标左键拖曳可以定位模糊的原点，原点位置不同，模糊中心也不同。如图 11–38 所示分别为不同原点的旋转模糊效果。

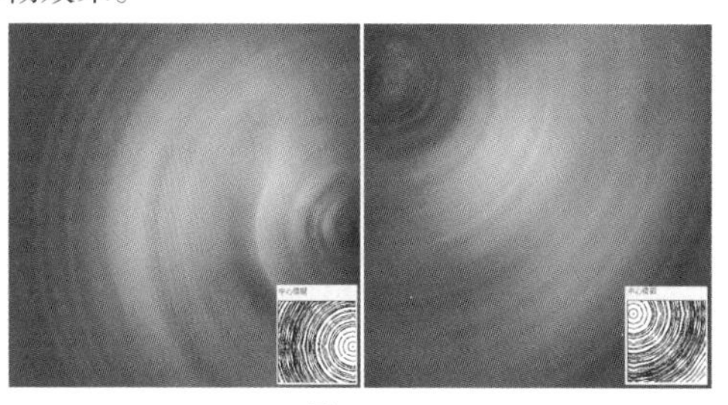

图 11–38

• **品质**：用来设置模糊效果的质量。“草图”的处理速度较快，但会产生颗粒效果；“好”和“最好”的处理速度较慢，但是生成的效果比较平滑。

【重点】11.1.7 镜头模糊制作景深效果

摄影爱好者对“大光圈”这个词肯定不陌生，使用大光圈镜头可以拍摄出主体物清晰、背景虚化柔和的效果，也就是专业术语中所说的“浅景深”。这种“浅景深”效果在拍摄人像或者静物时很常用。而在 Photoshop“镜头模糊”滤镜能模仿出非常逼真的浅景深效果。这里所说的“逼真”是因为“镜头模糊”滤镜可以通过“通道”或“蒙版”中的黑白信息为图像中的不同部分施加不同程度的模糊，而“通道”和“蒙版”中的黑白信息则是我们可以轻松控制的。

（1）打开一张图片，如图 11–39 所示。在本图中荷花是视觉重心，所以荷花需要保持清晰，为了让荷叶模糊有层次感，那么需要近景位置的荷叶模糊程度低一些，远景的荷叶模糊程度高一些，这样的模糊才更有层次感。画面层次关系确定好，接着使用“快速选择工具”得到莲花的选区，如图 11–40 所示。

图 11–39

图 11–40

（2）打开“通道”面板，单击“创建新通道”按钮，新建一个 Alpha 1 通道，然后将选区填充为白色，如图 11–41 所示。接着选择“画笔工具”，将“前景色”设置为白色，降低画笔不透明度，按照荷叶的远近进行绘制，如图 11–42 所示。在通道中，最清晰的荷花部分为白色，近处模糊较少的荷叶呈现出明度高一些的灰色，远处的荷叶呈现出明度低的灰色，而其他部分则保留黑色。

图 11–41

图 11–42

（3）通道中的黑白关系确定完成后，回到“图层”面板中选择“荷花”图层。执行“滤镜 > 模糊 > 镜头模糊”命令，打开“镜头模糊”窗口后先设置“源”为 Alpha 1 通道，设置模糊焦距为 255，接着调整“半径”数值，数值越大，模糊效果越明显，此时在左侧的预览图中可以看到，通道中白色区域变得模糊，灰色区域变得轻度模糊，如图 11–43 所示。

图 11–43

- 预览：用来设置预览模糊效果的方式。选中“更快”单选按钮，可以提高预览速度；选中“更加准确”单选按钮，可以查看模糊的最终效果，但生成的预览时间更长。
- 深度映射：从“源”下拉列表中可以选择使用 Alpha 1、通道或图层蒙版来创建景深效果（前提是图像中存在 Alpha 1 通道或图层蒙版），其中通道或蒙版中的白色区域将被模糊，而黑色区域则保持原样；“模糊焦距”选项用来设置位于焦点内的像素的深度；“反相”选项用来反转 Alpha 1 通道或图层蒙版。
- 光圈：该选项组用来设置模糊的显示方式。“形状”选项用来选择光圈的形状；“半径”选项用来设置模糊的数量；“叶片弯度”选项用来设置光圈边缘平滑的程度；“旋转”选项用来旋转光圈。
- 镜面高光：该选项组用来设置镜面高光的范围。“亮度”选项用来设置高光的亮度；“阈值”选项用来设置亮度的停止点，比停止点值亮的所有像素都被视为镜面高光。
- 杂色：“数量”选项用来在图像中添加或减少杂色；“分布”选项用来设置杂色的分布方式，包含“平均”和“高斯分布”两种；如果勾选“单色”复选框，则添加的杂色为单一颜色。

11.1.8 模糊

“模糊”滤镜因为比较“轻柔”，所以主要应用于为显著颜色变化的地方消除杂色。打开一张图片，如图 11–44 所示。执行“滤镜 > 模糊 > 模糊”命令。画面效果如图 11–45 所示。该滤镜没有窗口。“模糊”滤镜与“进一步模糊”滤镜都属于轻微模糊滤镜。相比“进一步模糊”滤镜，“模糊”滤镜的模糊效果要低 3 ～ 4 倍。

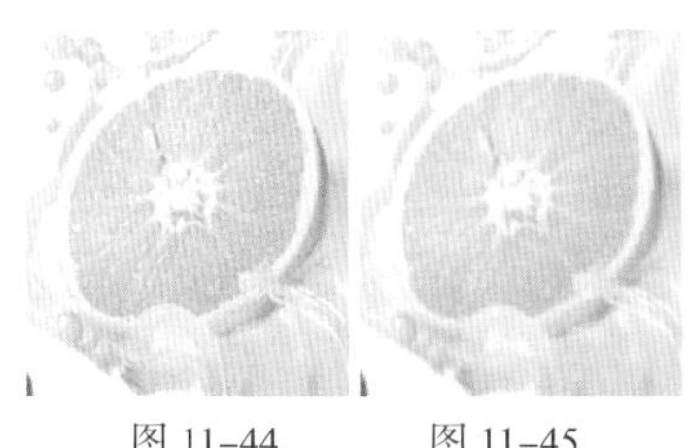

图 11-44　　图 11-45

11.1.9　平均

“平均”滤镜常用于提取出画面中颜色的“平均值”。

打开素材后选择背景图层，使用组合键 Ctrl+J 将背景图层复制一份，如图 11-46 所示。然后选择复制得到的图层，执行“滤镜 > 模糊 > 平均”命令，此时选择的图层中的像素被平均了，得到一个纯色图层，如图 11-47 所示。

图 11-46

图 11-47

“平均”滤镜可用于矫正画面偏色的问题。例如，此时得到了画面平均的颜色，接着使用组合键 Ctrl+I 将颜色反相，如图 11-48 所示。然后将该图层的“混合模式”设置为“叠加”，此时可以看到画面偏色的情况被修正了。效果如图 11-49 所示。

图 11-48

图 11-49

11.1.10　特殊模糊

“特殊模糊”滤镜常用于模糊画面中的褶皱、重叠的边缘，还可以进行图片“降噪”处理。如图 11-50 所示为一张图片的细节图，我们可以看到有轻微噪点。执行“滤镜 > 模糊 > 特殊模糊”命令，然后在弹出的窗口中进行参数设置，如图 11-51 所示。

图 11-50　　图 11-51

“特殊模糊”滤镜只对有微弱颜色变化的区域进行模糊，模糊效果细腻，添加该滤镜后既能够最大限度保留画面内容的真实形态，又能够使小的细节变得柔和。

在“特殊模糊”窗口中设置“模式”为“仅限边缘”，然后通过上方缩略图设置合适的参数，接着单击“确定”按钮，如图 11-52 所示。此时画面效果如图 11-53 所示。

图 11-52　　图 11-53

然后使用组合键 Ctrl+I 将颜色反相，这样能够模拟出素描画的效果，如图 11-54 所示。

图 11-54

- **半径**：用来设置要应用模糊的范围。
- **阈值**：用来设置像素具有多大差异后才会被模糊处理。如图 11-55 所示为“阈值”是 15 与 30 的对比效果。

（a）阈值：15　　（b）阈值：30

图 11-55

- **品质**：设置模糊效果的质量，包含“低”“中等”“高”三种。
- **模式**：选择“正常”选项，不会在图像中添加任何特殊效果；选择“仅限边缘”选项，将以黑色显示图像，以白色描绘出图像边缘像素亮度值变化强烈的区域；选择“叠加边缘”选项，将以白色描绘出图像边缘像素亮度值变化强烈的区域。

11.1.11　形状模糊

“形状模糊”滤镜能够以特定的“图形”对画面进行模糊化处理。选择一张需要模糊的图片，如图 11-56 所示。执行“滤镜 > 模糊 > 形状模糊”命令，弹出“形状模糊”窗口，选择一个合适的形状，设置“半径”数值，然后单击“确定”按钮，如图 11-57 和图 11-58 所示。

图 11-56

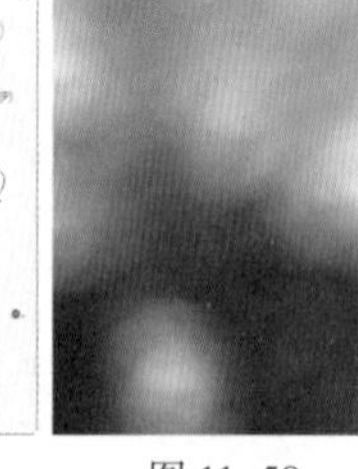

图 11-57

图 11-58

- **半径**：用来调整形状的大小。数值越大，模糊效果越好。如图 11-59 所示为“半径”是 10 像素和 30 像素对比的效果。

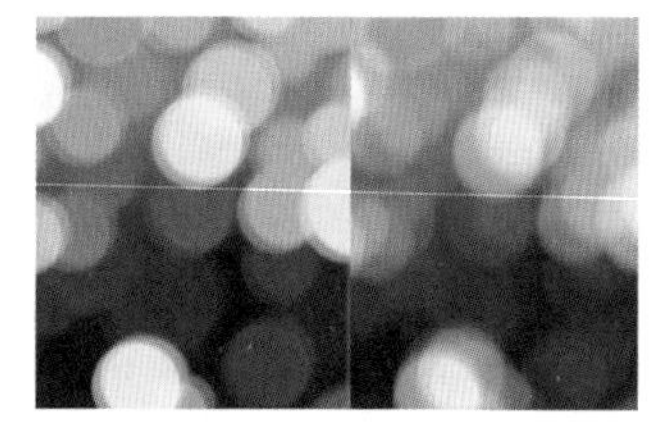

（a）半径：10　　（b）半径：30

图 11-59

- **形状列表**：在形状列表中选择一个形状，可以使用该形状来模糊图像。单击形状列表右侧的 ✲ 图标，可以载入预设的形状或外部的形状。如图 11-60 和图 11-61 所示为不同形状的对比效果。

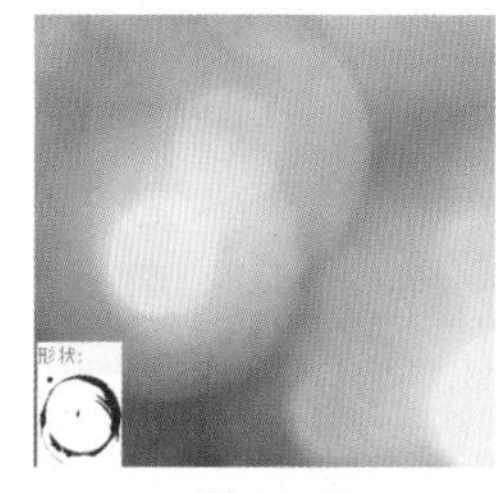

图 11-60

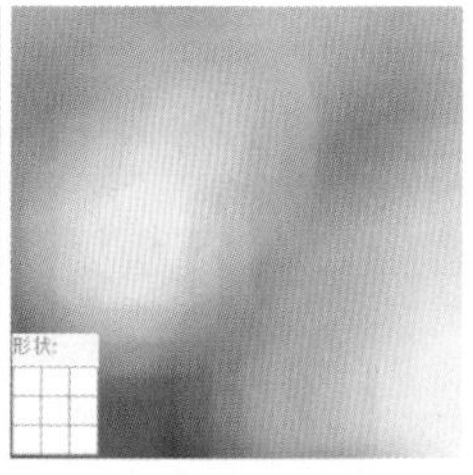

图 11-61

11.2　动手练：模糊画廊滤镜组

扫一扫，看视频

模糊画廊滤镜组中的滤镜同样是对图像进行模糊处理的，但这些滤镜主要用于为数码照片制作特殊的模糊效果，如模拟景深效果、旋转模糊、移轴摄影、微距摄影等特殊效果。这些简单、有效的滤镜非常适合摄影工作者。

11.2.1　场景模糊

以往的模糊滤镜几乎都是以同一个参数对整个画面进行模糊，而“场景模糊”滤镜则可以在画面中的不同位置添加多个控制点，并对每个控制点设置不同的模糊数值，这样就能使画面中的不同部分产生不同的模糊效果。

（1）打开一张图片，如图 11-62 所示。执行“滤镜 > 模糊画廊 > 场景模糊”命令随即打开“场景模糊”窗口。在默认情况下，在画面的中央位置有一个控制点，这个控制点用来控制模糊位置，在窗口的右侧通过设置“模糊”数值控制模糊的强度，如图 11-63 所示。

图 11-62

图 11-63

（2）将光标移至控制点的上方，按住鼠标左键拖动可以移动控制点的位置，然后将“模糊”设置为 0 像素，此处将不被模糊，如图 11-64 所示。然后以单击的方式添加控制点，如图 11-65 所示。如果要删除锚点可以按 Delete 键。

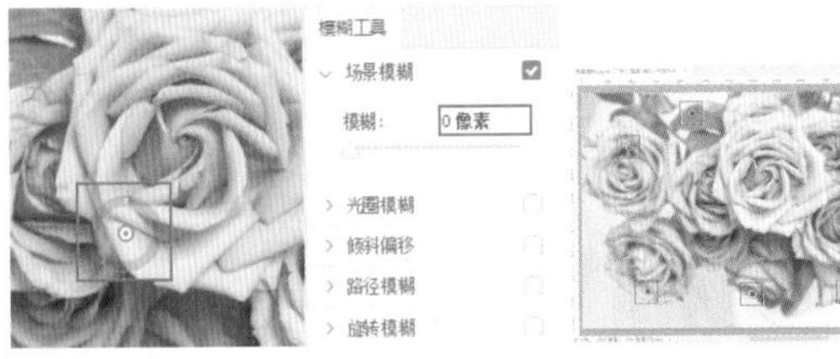

图 11-64　　图 11-65

（3）为了让模糊有层次感，可以对每个控制点设置不同的模糊数值。继续调整控制点的模糊数值，设置完成后单击“确定”按钮，如图 11-66 所示。效果如图 11-67 所示。

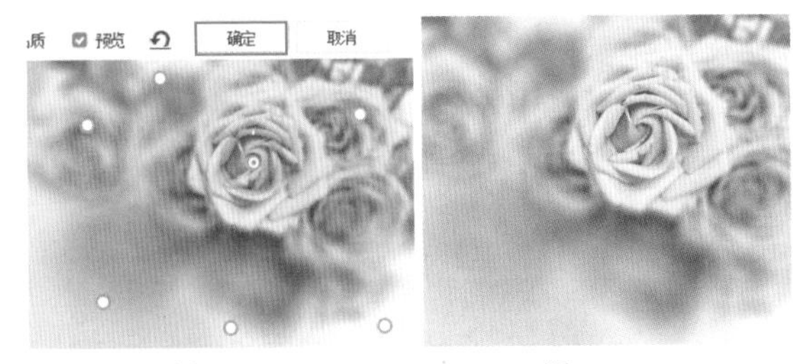

图 11-66　　图 11-67

- 源散景：用于控制光照亮度，数值越大高光区域的亮度就越高。
- 散景颜色：通过调整数值控制散景区域颜色的程度。
- 光照范围：通过调整滑块用色阶来控制散景的范围。

【重点】11.2.2　光圈模糊

“光圈模糊”滤镜是一个单点模糊滤镜，使用“光圈模糊”滤镜可以根据不同的要求对焦点（也就是画面中清晰的部分）的大小与形状、图像其余部分的模糊数量，以及清晰区域与模糊区域之间的过渡效果进行相应的设置。

（1）打开一张图片，如图 11-68 所示。执行“滤镜 > 模糊画廊 > 光圈模糊”命令，打开“光圈模糊”窗口。在该窗口中可以看到画面中带有一个控制点并且带有控制框，该控制框以外的区域为被模糊的区域。在窗口的右侧可以设置“模糊”选项控制模糊的程度，如图 11-69 所示。

图 11-68

图 11-69

（2）拖动控制点调整模糊区域，拖动控制框右上角的控制点即可改变控制框的形状，如图 11-70 所示。拖曳控制框内侧的圆形控制点可以调整模糊过渡的效果，如图 11-71 所示。

图 11-70　　图 11-71

（3）拖曳控制框上的控制点可以将控制框进行旋转，如图 11-72 所示。设置完成后，单击“确定”按钮。

图 11-72

11.2.3 移轴模糊模拟移轴摄影效果

移轴摄影是一种特殊的摄影类型，从画面上看所拍摄的照片效果就像是缩微模型一样，非常特别。如图 11-73 和图 11-74 所示为移轴摄影作品。移轴摄影，即移轴镜摄影，泛指利用移轴镜头创作的作品。没有“移轴镜头”想要制作移轴效果怎么办？答案当然是通过 Photoshop 进行后期调整。在 Photoshop 中使用“移轴模糊”滤镜可以轻松地模拟“移轴摄影”效果。

图 11-73

图 11-74

（1）打开一张图片，如图 11-75 所示。执行“滤镜 > 模糊画廊 > 移轴模糊”命令，打开“移轴模糊”窗口，在其右侧控制模糊的强度，如图 11-76 所示。

图 11-75

图 11-76

（2）如果想要调整画面中清晰区域的范围，可以通过按住并拖曳“中心点”的位置，如图 11-77 所示。拖曳上、下两端的“虚线”可以调整清晰和模糊范围的过渡效果，如图 11-78 所示。

图 11-77

图 11-78

（3）按住鼠标左键拖曳实线上圆形的控制点可以旋转控制框，如图 11-79 所示。参数调整完成后可以单击“确定”按钮。效果如图 11-80 所示。

图 11-79

图 11-80

11.2.4 路径模糊

“路径模糊”滤镜可以沿着一定方向进行画面模糊，使用该滤镜可以在画面中创建任何角度的直线或者弧线的控制杆，像素沿着控制杆的走向进行模糊。“路径模糊”滤镜可以用于制作带有动态的模糊效果，并且能够制作出多角度、多层次的模糊效果。

（1）打开一张图片或者选定一个需要模糊的区域（此处选择了背景部分），如图 11-81 所示。执行“滤镜 > 模糊画廊 > 路径模糊”命令，打开“路径模糊”窗口。在默认情况下画面中央有一个箭头形的控制杆。在窗口右侧进行参数的设置，可以看到画面中所选的部分发生了横向的带有运动感的模糊，如图 11-82 所示。

图 11-81

图 11-82

（2）拖曳控制点可以改变控制杆的形状，同时会影响模糊的效果，如图 11-83 所示。也可以在控制杆上单击添加控制点，并调整箭头的形状，如图 11-84 所示。

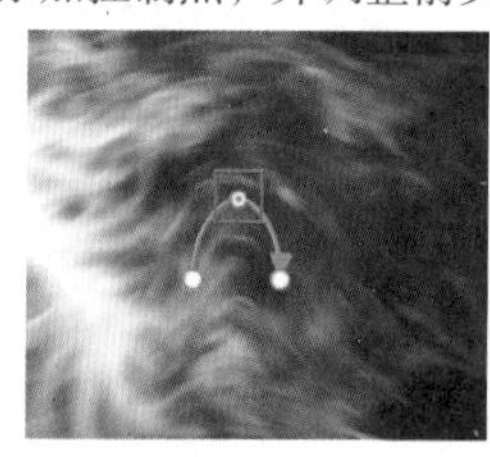
图 11-83

图 11-84

（3）在画面中按住鼠标左键拖曳即可添加控制杆，如图 11-85 所示。勾选“编辑模糊形状”复选框，会显示红色的控制线，拖曳控制点也可以改变模糊效果，如图 11-86 所示。若要删除控制杆，可以按 Delete 键。

图 11-85

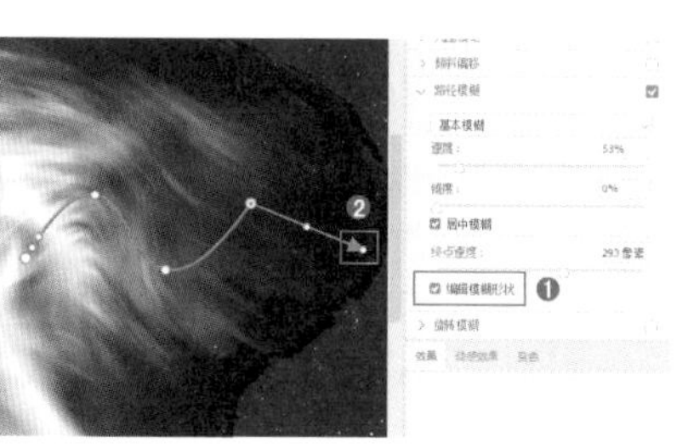

图 11-86

（4）在窗口右侧可以通过调整“速度”参数调整模糊的强度；调整“锥度”参数调整模糊边缘的渐隐强度，如图 11-87 所示。调整完成后单击“确定”按钮。效果如图 11-88 所示。

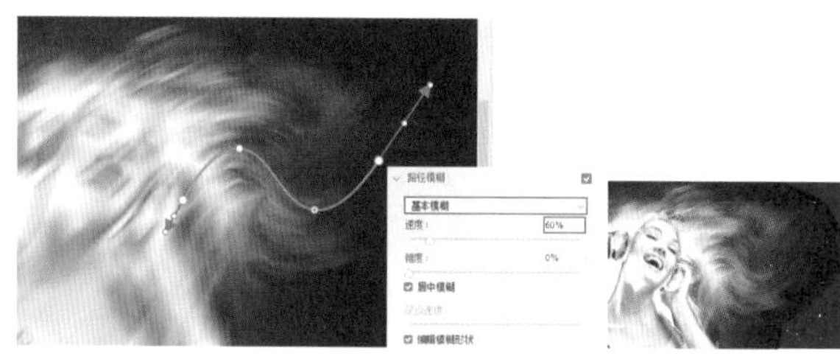

图 11-87　　图 11-88

11.2.5　旋转模糊

“旋转模糊”滤镜可以一次性在画面中添加多个模糊点，还能够随意控制每个模糊点的模糊的范围、形状与强度。

（1）打开一张图片，如图 11-89 所示。然后选择“画笔工具”，绘制一个旋涡图形，如图 11-90 所示。

图 11-89　　图 11-90

（2）执行“滤镜 > 模糊画廊 > 旋转模糊”命令，打开“旋转模糊”窗口。画面中央位置有一个控制点用来控制模糊的位置，在窗口的右侧调整“模糊”数值用来调整模糊的强度，如图 11-91 所示。接着拖曳外侧圆形控制点即可调整控制框的形状、大小，如图 11-92 所示。拖曳内侧圆形控制点可以调整模糊的过渡效果，如图 11-93 所示。

图 11-91

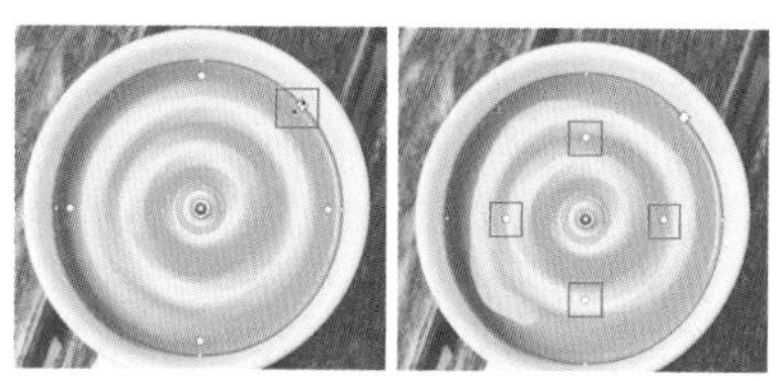

图 11-92　　图 11-93

（3）继续进行参数的调整，然后单击“确定”按钮完成操作，如图 11-94 所示。效果如图 11-95 所示。

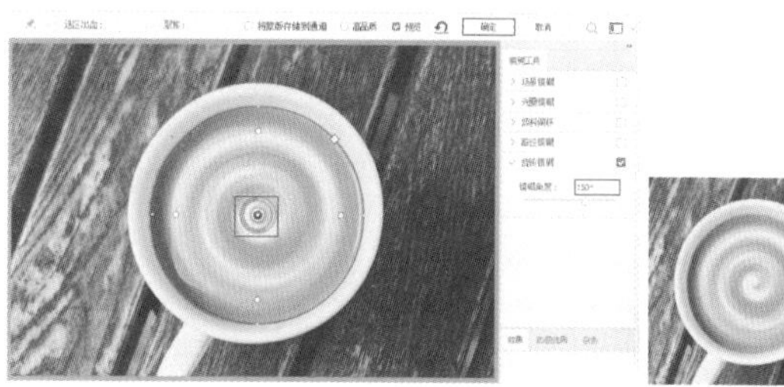

图 11-94　　图 11-95

11.3 动手练：锐化滤镜组

扫一扫，看视频

在 Photoshop 中“锐化”与“模糊”是相反的关系。“锐化”就是使图像“看起来更清晰”，而这里所说的“看起来更清晰”并不是增加了画面的细节，而是使图像中像素与像素之间的颜色反差增大、对比增强，从而产生一种“锐利”的视觉感受。

执行“滤镜 > 锐化”命令，可以在子菜单中看到多种用于锐化的滤镜。这些滤镜适合应用的场合不同，USM 锐化、智能锐化是最为常用的锐化图像的滤镜，参数可调性强；进一步锐化、锐化、锐化边缘属于“无参数”滤镜，适合于轻微锐化的情况；“防抖”滤镜则用于处理带有抖动的照片。

提示：在进行锐化时有两个误区

误区一："将图片进行模糊后再进行锐化，能够使图像变成原图的效果。"这是一个错误的观点，这两种操作是不可逆转的，画面一旦模糊操作后，原始细节会彻底丢失，不会因为锐化操作而被找回。

误区二："一张特别模糊的图像，经过锐化可以变得很清晰、很真实。"这也是一个很常见的错误观点。锐化操作是对模糊图像的一个"补救"，实属"没有办法的办法"。只能在一定程度上增强画面感官上的锐利度，因为无法增加细节，所以不会使图像变得更真实。如果图像损失特别严重是很难仅通过锐化将其变得又清晰又自然的。就像 30 万像素镜头的手机，无论把镜头擦得多干净，也拍不出 2000 万像素镜头的效果。

【重点】11.3.1 USM锐化使图像变清晰

"USM 锐化"滤镜可以查找图像中颜色差异明显的区域，然后将其锐化。这种锐化方式能够在锐化画面的同时，不增加过多的噪点。打开一张图片，如图 11-96 所示。执行"滤镜 > 锐化 >USM 锐化"命令，在打开的"USM 锐化"窗口中进行设置，如图 11-97 所示。

图 11-96

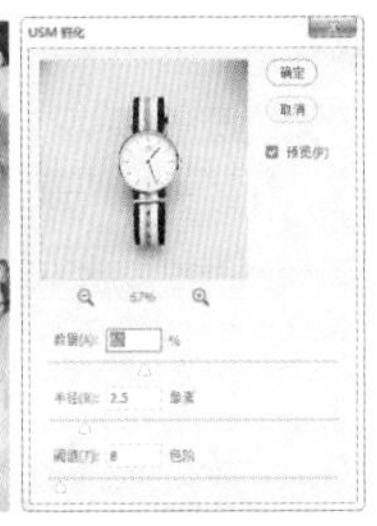

图 11-97

- 数量：用来设置锐化效果的精细程度。如图 11-98 和图 11-99 所示为不同参数的对比效果。

数量：20　　数量：300

图 11-98　　图 11-99

- 半径：用来设置图像锐化的半径范围大小。
- 阈值：只有相邻像素之间的差值达到所设置的"阈值"数值时才会被锐化。该值越大，被锐化的像素就越少。

11.3.2 防抖

"防抖"滤镜是减少由于相机振动而产生的拍照模糊的问题。例如，线性运动、弧形运动、旋转运动、Z 字形运动产生的模糊。"防抖"滤镜适合处理对焦正确、曝光适度、杂色较少的照片。

（1）打开一张图片，如图 11-100 所示。执行"滤镜 > 锐化 > 防抖"命令，在打开的"防抖"窗口的中央会显示"模糊评估区域"，并以默认数值进行防抖锐化处理，如图 11-101 所示。

图 11-100

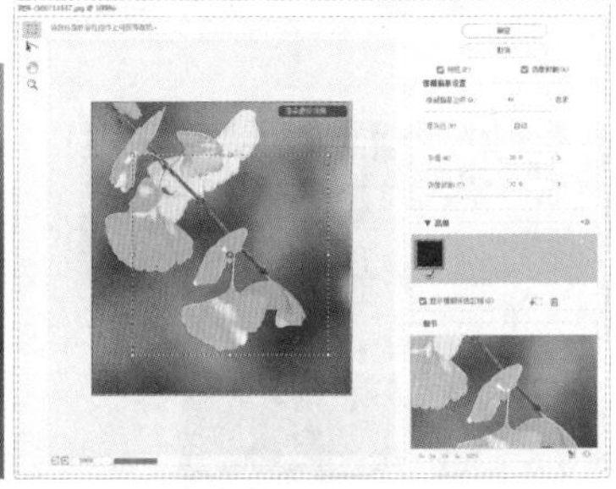

图 11-101

（2）首先拖动控制点，调整模糊评估区域，如图 11-102 所示。或者拖动"模糊描摹边界"滑块调整模糊描摹边界的大小，如图 11-103 所示。

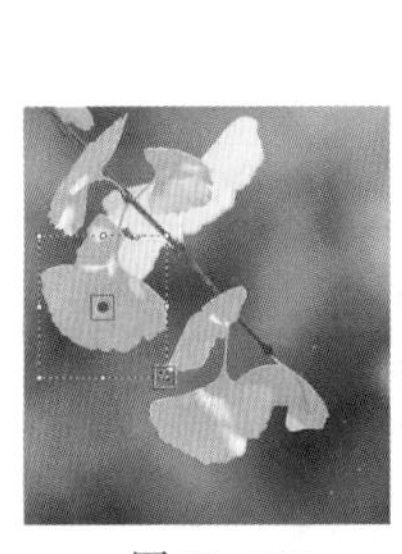

图 11-102

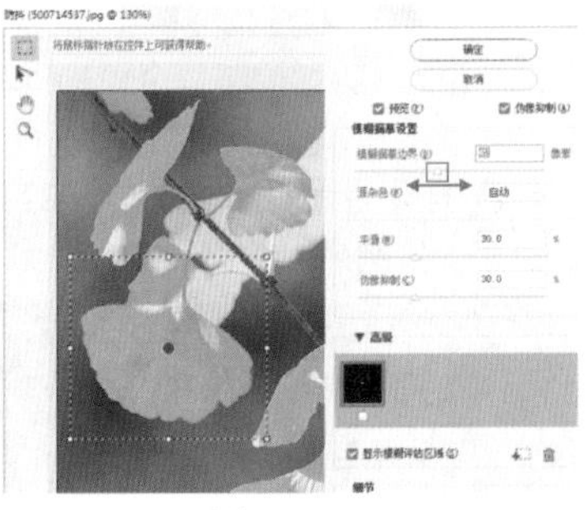

图 11-103

（3）"平滑"选项用来调整由于锐化所产生的杂色，勾选"伪像抑制"复选框，然后拖动"伪像抑制"滑块能够抑制较大的伪像，数值越大，效果越明显，如图 11-104 和图 11-105 所示。

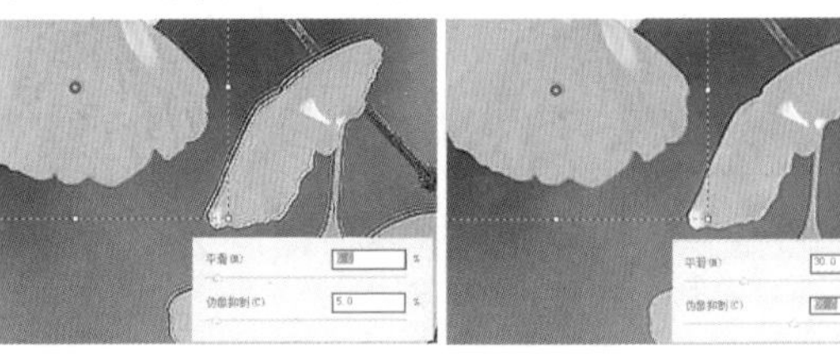

图 11-104　　图 11-105

（4）继续对参数进行调整，设置完成后单击“确定”按钮，如图 11–106 所示。效果如图 11–107 所示。

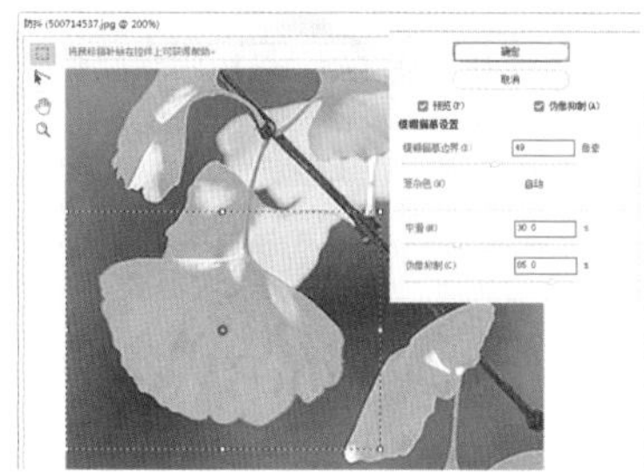

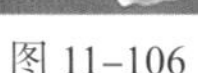

图 11–106　　图 11–107

· **模糊评估工具**：按住鼠标左键拖曳可以手动定义模糊评估区域，并且在“高级”选项中设置“模糊评估区域”的显示、隐藏与删除，如图 11–108 所示。

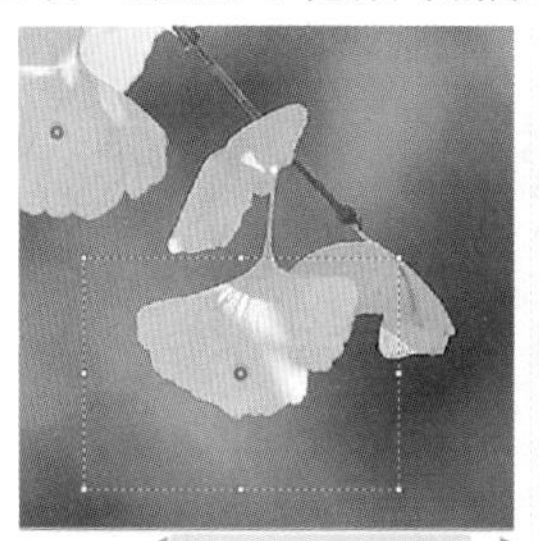

图 11–108

· **模糊方向工具**：在图像上画出表示模糊的方向线，也可以在随后出现的“模糊描摹长度”和“模糊描摹方向”选项处进行细微的调整。

11.3.3　进一步锐化

“进一步锐化”滤镜没有参数设置窗口，效果也比较弱，适合那种只有轻微模糊的图片。打开一张图片，如图 11–109 所示。执行“滤镜 > 锐化 > 进一步锐化”命令，如果锐化效果不明显，那么使用组合键 Ctrl+Shift+F 多次进行锐化。如图 11–110 所示为应用三次“进一步锐化”滤镜的效果。

图 11–109　　图 11–110

11.3.4　锐化

“锐化”滤镜也没有参数设置窗口，它的锐化效果比“进一步锐化”滤镜更弱一些，执行“滤镜 > 锐化 > 锐化”命令，即可应用该滤镜。

11.3.5　锐化边缘

对于画面内容色彩清晰、边界分明、颜色区分强烈的图像，使用“锐化边缘”滤镜就可以轻松进行锐化处理。这个滤镜既简单又快捷，而且锐化效果明显，对于不太会调参数的新手非常实用。打开一张图片，如图 11–111 所示。执行“滤镜 > 锐化 > 锐化边缘”命令（该滤镜没有参数设置窗口），即可看到锐化效果。此时的画面可以看到颜色差异边界被锐化了，而颜色差异边界以外的区域内容仍然较为平滑，如图 11–112 所示。

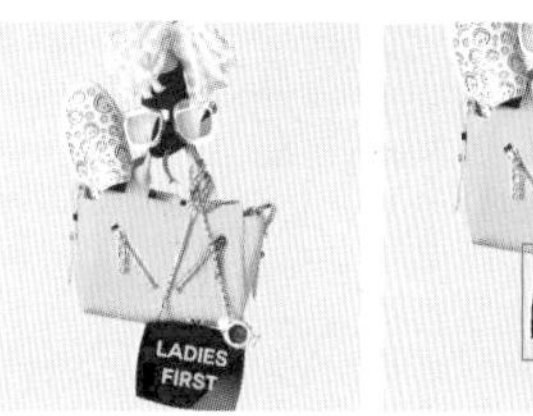

图 11–111　　图 11–112

【重点】11.3.6　智能锐化增强画面细节

（1）打开一张图片，如图 11–113 所示。执行“滤镜 > 锐化 > 智能锐化”命令，打开“智能锐化”窗口。首先设置“数量”增加锐化强度，使效果看起来更加锐利；接着设置“半径”，该选项用来设置边缘像素受锐化影响的锐化数量（数值无须调太大，否则会产生白色晕影）。在预览图中查看一下效果，如图 11–114 所示。

图 11–113　　图 11–114

（2）设置“减少杂色”，该选项数值越高效果越强烈，画面效果越柔和（别忘了我们在锐化，所以要适度）。设置“移去”，该选项用来区别影像边缘与杂色噪点，重点在于提高中间调的锐度和分辨率，如图 11-115 所示。

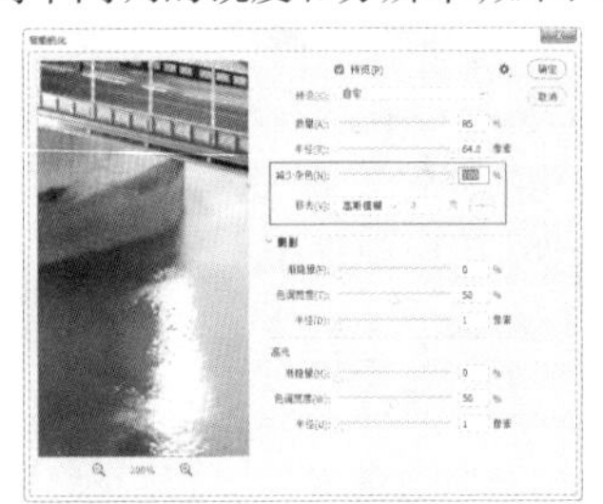

图 11-115

- 数量：用来设置锐化的精细程度。数值越高，越能强化边缘之间的对比度。如图 11-116 所示分别是设置“数量”为 85% 和 200% 时的锐化效果。

（a）数量：85%（b）数量：200%

图 11-116

- 半径：用来设置受锐化影响的边缘像素的数量。数值越高，受影响的边缘就越宽，锐化的效果也就越明显。如图 11-117 所示分别是设置“半径”为 10 像素和 50 像素时的锐化效果。

（a）半径：10 像素 （b）半径：50 像素

图 11-117

- 减少杂色：用来消除锐化产生的杂色。
- 移去：选择锐化图像的算法。选择“高斯模糊”选项，可以使用“USM 锐化”滤镜的方法锐化图像；选择“镜头模糊”选项，可以查找图像中的边缘和细节，并对细节进行更加精细的锐化，以减少锐化的光晕；选择“动感模糊”选项，可以激活下面的“角度”选项，通过设置“角度”值可以减少由于相机或对象移动而产生的模糊效果。
- 渐隐量：用于设置阴影或高光中的锐化程度。
- 色调宽度：用于设置阴影和高光中色调的修改范围。
- 半径：用于设置每个像素周围区域的大小。

11.4 综合实例：使用多种模糊滤镜制作页面背景

文件路径	资源包 \ 第 11 章 \ 使用多种模糊滤镜制作页面背景
难易指数	★★★★★
技术掌握	高斯模糊、平均

案例效果

案例效果如图 11-118 所示。

扫一扫，看视频

图 11-118

操作步骤

步骤 01 打开背景素材，使用组合键 Ctrl+J 复制背景图层，如图 11-119 和图 11-120 所示。

图 11-119

图 11-120

步骤 02 如果需要以当前图像作为画面背景并添加文字，那么此时文字可能很难被辨认，如图 11-121 所示。而将背景虚化后，背景部分细节减少，前景文字自然明显很多。

图 11-121

步骤 03 对复制的图层执行“滤镜 > 模糊 > 高斯模糊”命令，设置“半径”为 10.0 像素，单击“确定”按钮，如图 11–122 所示。此时画面变模糊，如图 11–123 所示。

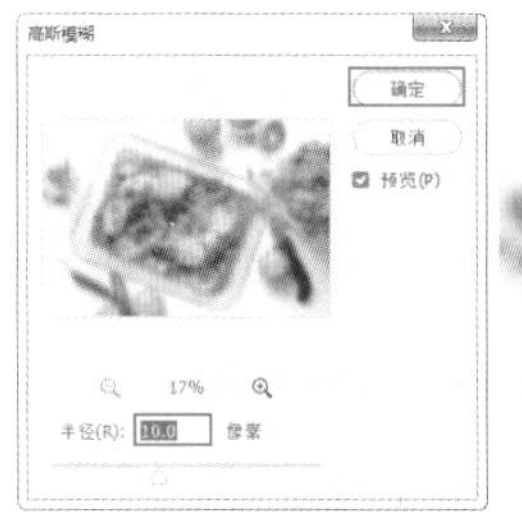

图 11–122

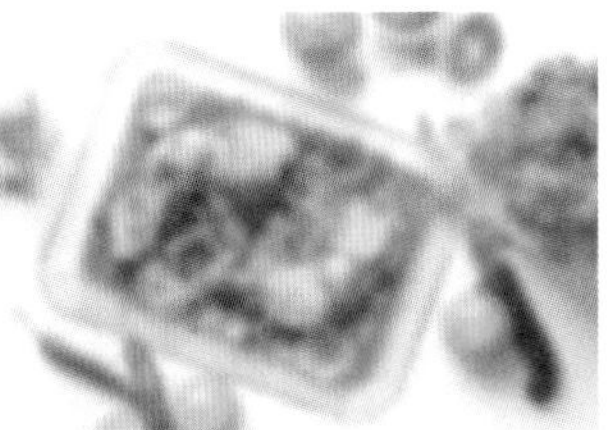

图 11–123

步骤 04 接下来需要获得一个与整体画面相匹配的颜色。再次复制背景图层，将复制的图层放置在“图层”面板顶部。执行“滤镜 > 模糊 > 平均”命令，得到一个画面平均的单色，如图 11–124 所示。

图 11–124

步骤 05 使用工具箱中的“矩形选框工具”框选右侧的部分，并选择该图层，按 Delete 键，删除右侧的部分，如图 11–125 所示。使用组合键 Ctrl+D 取消选区。新建图层，继续使用“矩形选框工具”在纯色矩形右侧绘制一个小一些的矩形选区。设置“前景色”为白色，使用 Alt+Delete 组合键进行填充，如图 11–126 所示。

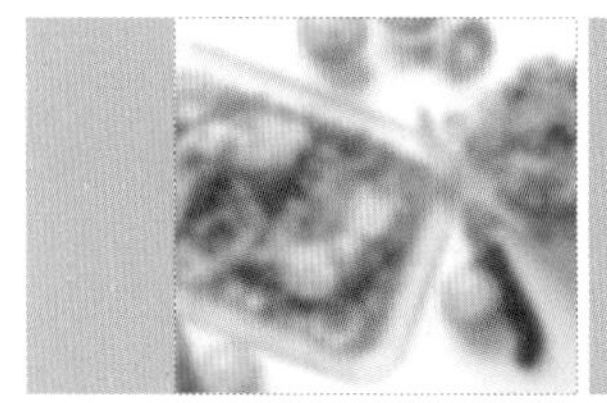

图 11–125

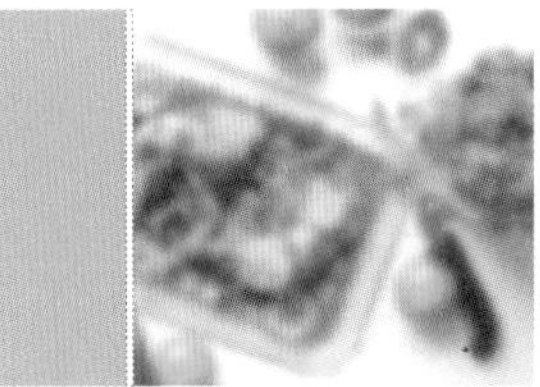

图 11–126

步骤 06 操作完成后使用组合键 Ctrl+D 取消选区。最后置入文字素材，摆放在合适位置上。最终效果如图 11–127 所示。

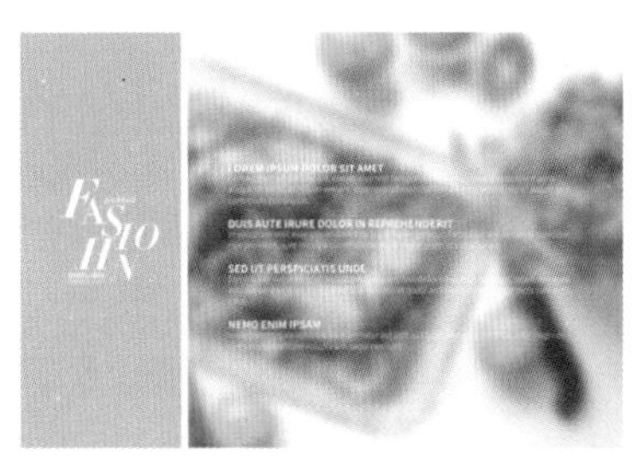

图 11–127

11.5 课后练习

扫一扫，看视频

作业要求

将模糊的珠宝照片处理清晰，增强珠宝的细节感与质感。

案例效果

案例效果如图 11–128 所示。

图 11–128

可用素材

可用素材如图 11–129 所示。

图 11–129

思路解析

（1）使用“智能锐化”滤镜增强画面的锐度。

（2）使用“自然饱和度”调整图层增强珠宝的颜色感。

（3）使用“曲线”调整图层背景的亮度，使背景色变为白色。

扫一扫，看视频

使用滤镜制作图像特效

本章内容简介

滤镜主要是用来实现图像的各种特殊效果。在 Photoshop 中有数十种滤镜，有些滤镜效果通过几个参数的设置就能让图像“改头换面”。例如，“油画”滤镜、“液化”滤镜。有的滤镜效果则让人摸不着头脑。例如，“纤维”滤镜、“彩色半调”滤镜。这是因为有些情况下，需要几种滤镜相结合才能制作出令人满意的滤镜效果。这就需要掌握各个滤镜的特点，然后开动脑筋，将多种滤镜相结合使用，才能制作出神奇的效果。还可以通过网络进行学习，在网页的搜索引擎中输入“Photoshop 滤镜 教程”关键词，相信能为我们开启一个更广阔的学习空间！

重点知识掌握

- 熟练掌握滤镜库的使用
- 熟练掌握“液化”滤镜
- 熟练掌握滤镜组滤镜的使用方法

12.1 使用滤镜

在很多手机拍照 APP 中都会出现“滤镜”这样的词语，我们也经常会在手机拍完照片后为照片加一个“滤镜”，让照片变美一些。拍照 APP 中的“滤镜”大多是起到为照片调色的作用，而 Photoshop 中的“滤镜”概念则是为图像添加一些“特殊效果”。例如，把照片变成木刻画效果，为图像打上马赛克；使整个照片变模糊，把照片变成“石雕”等，如图 12-1 和图 12-2 所示。

图 12-1

图 12-2

Photoshop 中的“滤镜”与手机拍照 APP 中的滤镜概念虽然不太相同，但是有一点非常相似，那就是大部分 Photoshop 滤镜使用起来都非常简单，只需简单调整几个参数就能够实时地观察到效果。Photoshop 中的滤镜集中在“滤镜”菜单中，单击菜单栏中的“滤镜”按钮，在下拉菜单列表中可以看到很多种滤镜，如图 12-3 所示。

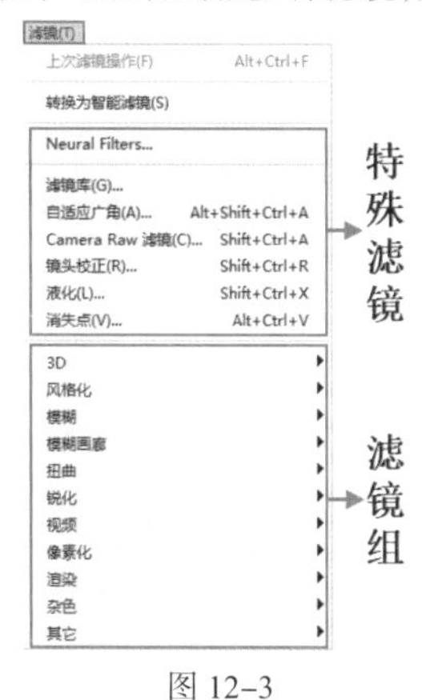

图 12-3

位于“滤镜”菜单上半部分的几个滤镜通常称为“特殊滤镜”，因为这些滤镜的功能比较强大，有些像独立的软件。

“滤镜”菜单的第二大部分为滤镜组，滤镜组的每个菜单命令下都包含多个滤镜效果，这些滤镜大多数使用起来非常简单，只需执行相应的命令并调整简单参数就能够得到有趣的效果。

【重点】12.1.1 动手练：滤镜库

扫一扫，看视频

滤镜库中集合了很多滤镜，虽然滤镜效果风格迥异，但是使用方法非常相似。在滤镜库中不仅能够添加一个滤镜，还可以添加多个滤镜，制作多种滤镜混合的效果。

（1）选择需要处理的图层。执行“滤镜 > 滤镜库”命令，打开“滤镜库”窗口，在中间的滤镜列表中选择一个滤镜组，单击即可展开。然后在该滤镜组中选择一个滤镜，单击即可为当前画面应用滤镜效果。然后在右侧适当调节参数，即可在左侧预览图中观察到滤镜效果。滤镜设置完成后单击“确定”按钮完成操作，如图 12-4 所示。

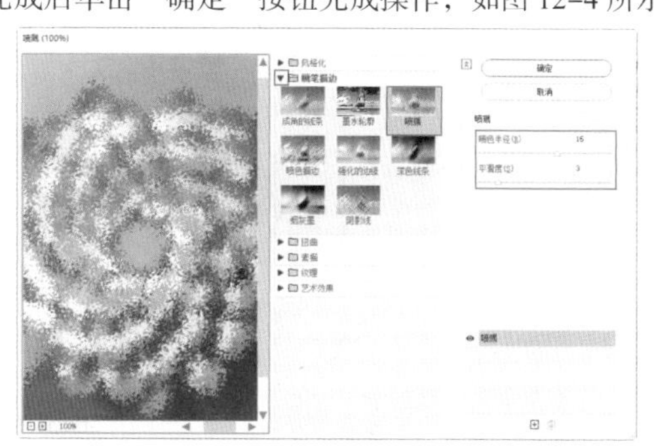

图 12-4

（2）如果要制作两个滤镜叠加在一起的效果，可以单击窗口右下角的“新建效果图层”⊞按钮，然后选择合适的滤镜并进行参数设置，如图 12-5 所示。设置完成后单击“确定”按钮。

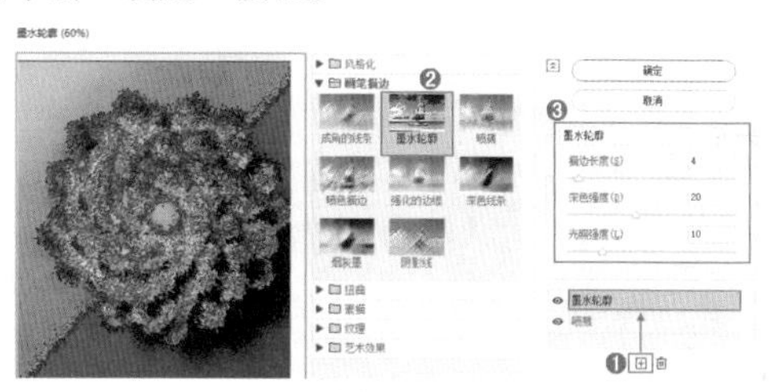

图 12-5

练习实例：使用滤镜库制作水墨画效果

文件路径	资源包\第 12 章\使用滤镜库制作水墨画效果
难易指数	★★★★★
技术掌握	滤镜库、黑白、曲线

案例效果

案例效果如图 12-6 所示。

扫一扫，看视频

图 12-6

操作步骤

步骤 01 执行“文件 > 打开”命令，将素材 1.jpg 打开，如图 12-7 所示。接着执行“文件 > 置入嵌入对象”命令，将素材 2.jpg 置入画面中。调整大小放在画面中间位置，并将该图层进行栅格化处理，如图 12-8 所示。

图 12-7

图 12-8

步骤 02 执行“滤镜 > 滤镜库”命令，在弹出的窗口中单击“艺术效果”列表，在下拉列表中选择“水彩”选项，设置“画笔细节”为 8，“纹理”为 1，设置完成后单击“确定”按钮完成操作，如图 12-9 所示。

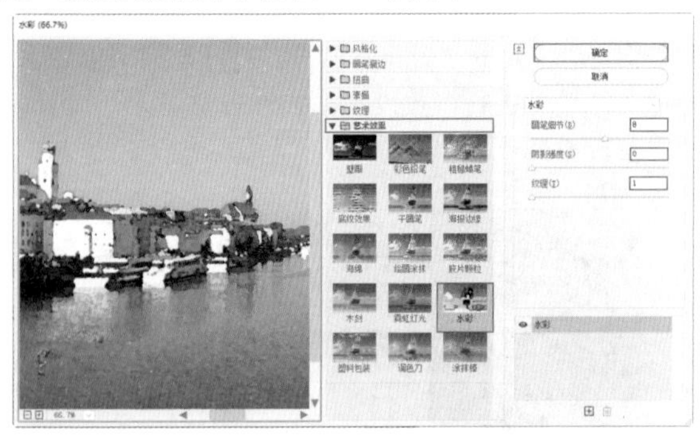
图 12-9

步骤 03 此时画面颜色偏暗，需要调节阴影与高光。执行“图像 > 调整 > 阴影 / 高光”命令，在弹出的“阴影 / 高光”窗口中设置“阴影”数量为 100%，如图 12-10 所示。效果如图 12-11 所示。

图 12-10

图 12-11

步骤 04 将素材进行去色处理。执行“图层 > 新建调整图层 > 黑白”命令，在“属性”面板中设置“红色”为 40，“黄色”为 60，“绿色”为 40，“青色”为 60，“蓝色”为 20，设置完成后单击面板底部的“此调整剪切到此图层”按钮，使调整效果只针对下方图层，如图 12-12 所示。效果如图 12-13 所示。

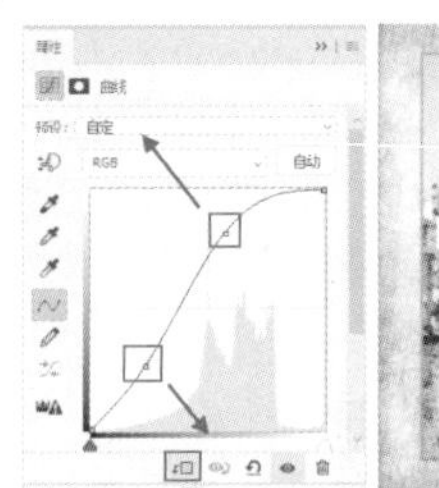
图 12-12

图 12-13

步骤 05 通过操作画面颜色偏暗，需要提高亮度。执行“图层 > 新建调整图层 > 曲线”命令，在“属性”面板中对曲线进行调整，操作完成后单击面板底部的“此调整剪切到此图层”按钮，使调整效果只针对下方图层，如图 12-14 所示。效果如图 12-15 所示。

图 12-14　图 12-15

步骤 06 选择工具箱中的“矩形工具”，在选项栏中设置“绘制模式”为“形状”，“填充”为灰调的黄色，“描边”为无，设置完成后在画面中绘制矩形，如图 12-16 所示。

图 12-16

步骤 07 选择绘制的“矩形”图层，设置“混合模式”为“线性加深”，“不透明度”为 15%，如图 12-17 所示。让画面整体呈现出偏黄色的复古感。效果如图 12-18 所示。

图 12-17

图 12-18

步骤 08 执行“文件 > 置入嵌入的对象”命令，将文字素材置入画面中。调整大小放在画面的右上角位置。效果如图 12-19 所示。

图 12-19

12.1.2 动手练:自适应广角

扫一扫，看视频

“自适应广角”滤镜可以对广角、超广角及鱼眼效果进行变形校正。

（1）打开一张图片，通过观察可以发现地平线有些倾斜（可以通过在画面中创建参考线，来观察画面中的对象是否水平或垂直）。接着执行“滤镜 > 自适应广角”命令，打开“自适应广角”窗口，单击工具箱中的“约束工具”，沿着地平线的位置按住鼠标左键拖动，如图 12-20 所示。

图 12-20

（2）将光标移至圆形控制点位置，光标变为 ↷ 形状后按住鼠标左键拖动进行旋转，调整地平线的位置，如图 12-21 所示。

图 12-21

旋转完成后画面边缘会出现空白区域，那么拖动窗口右侧的“缩放”滑块调整对图像进行裁切，将图像四周的透明区域裁切掉，如图 12-22 所示。设置完成后单击“确定”按钮。

图 12-22

• 约束工具：单击图像或拖动端点可添加约束或编辑约束；按住 Shift 键单击可添加水平 / 垂直约束；按住 Alt 键单击可删除约束，如图 12-23 所示。

图 12-23

• 多边形约束工具：单击图像或拖动端点可添加约束或编辑约束；单击初始起点可结束约束；按住 Alt 键单击可删除约束。

• 移动工具：拖动以在画布中移动内容。

- 抓手工具：放大窗口的显示比例后，可以使用该工具移动画面。
- 缩放工具：单击即可放大窗口的显示比例，按住Alt键单击即可缩小显示比例。

12.1.3 动手练:镜头校正

扫一扫，看视频

在使用单反相机拍摄数码照片时，可能会出现扭曲、歪斜、四角失光等现象，使用“镜头校正”滤镜可以轻松校正这一系列问题。

（1）打开一张有问题的照片，如图12–24所示。四角有失光的现象，并且有紫边的现象，如图12–25所示。

图 12–24

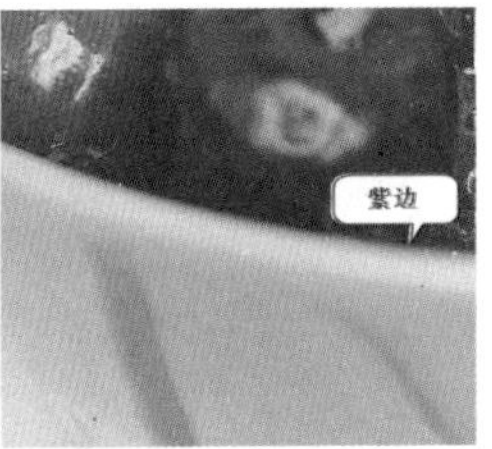

图 12–25

（2）选中该图层，执行“滤镜 > 镜头校正”命令，在打开的“镜头校正”窗口中单击“自定”按钮，打开“自定”选项卡，然后调整“晕影”的数量，向右拖动滑块增加数值，提亮画面四角的亮度，如图12–26所示。接着调整“色差”选项组的参数，设置数值为+100.00、+100.00、–100.00，此时紫边消失，如图12–27所示。

- 移去扭曲工具：使用该工具可以校正镜头的桶形失真或枕形失真。
- 拉直工具：绘制一条直线，以将图像拉直到新的横轴或纵轴。

图 12–26

图 12–27

- 移动网格工具：使用该工具可以移动网格，以将其与图像对齐。
- 抓手工具 / 缩放工具：这两个工具的使用方法与工具箱中的相应工具完全相同。
- 几何扭曲：“移去扭曲”选项主要用来校正镜头的桶形失真或枕形失真。数值为正时，图像将向外扭曲；数值为负时，图像将向中心扭曲。如图12–28所示为不同数值的对比效果。

（a）几何扭曲：–50　（b）几何扭曲：100

图 12–28

- 色差：用于校正色边。在进行校正时，放大预览窗口的图像，可以清楚地查看色边校正情况。
- 晕影：校正由于镜头缺陷或镜头遮光处理不当而导致边缘较暗的图像。“数量”选项用于设置沿图像边缘变亮或变暗的程度；“中点”选项用来指定受“数量”数值影响的区域的宽度，如图12–29所示。

（a）中点：–100　（b）中点：100

图 12–29

- 变换：“垂直透视”选项用于校正相机因向上或向下倾斜而导致的图像透视错误；“水平透视”选项用于校正图像在水平方向上的透视效果；“角度”选项用于旋转图像，以针对相机歪斜加以校正；“比例”选项用来控制镜头校正的比例。

12.1.4 动手练:消失点

扫一扫，看视频

要修饰的部分具有明显的透视感的图像时，可以使用“消失点”滤镜。

(1) 打开一张带有透视效果的图片，如图 12-30 所示。执行“滤镜 > 消失点”命令，在修补之前首先要确定图像的透视方式。单击“创建平面工具”按钮，沿着建筑的边缘单击，绘制透视网格，在绘制的过程中若有错误操作，可以按 Backspace 键删除控制点。

绘制完成后，若绘制的透视网格是红色的，那么说明刚刚绘制的透视框的透视关系是错误的。

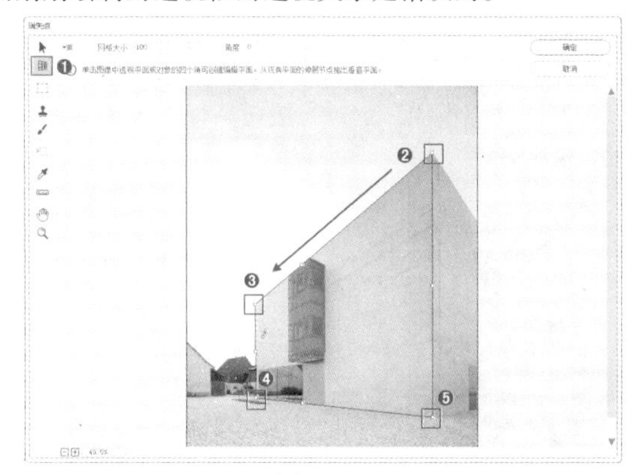

图 12-30

(2) 单击工具箱中的“编辑平面工具”按钮，拖曳控制点调整网格形状，如图 12-31 所示。

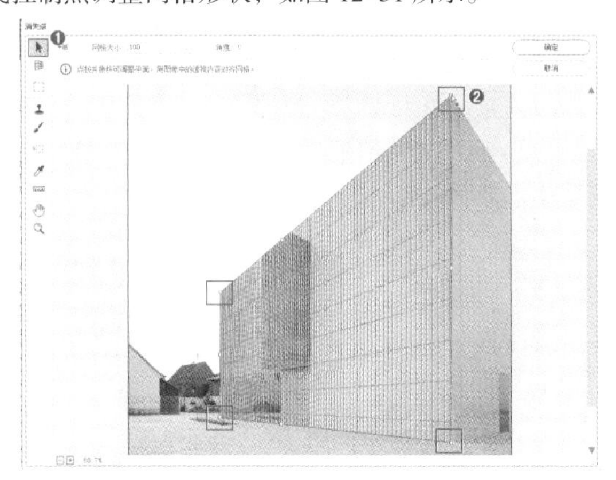

图 12-31

(3) 单击工具箱中的“选框工具”按钮，这里的“选框工具”是用于限定修补区域的工具。使用该工具在网格中按住鼠标左键拖曳绘制选区，绘制出的选区也带有透视效果，如图 12-32 所示。

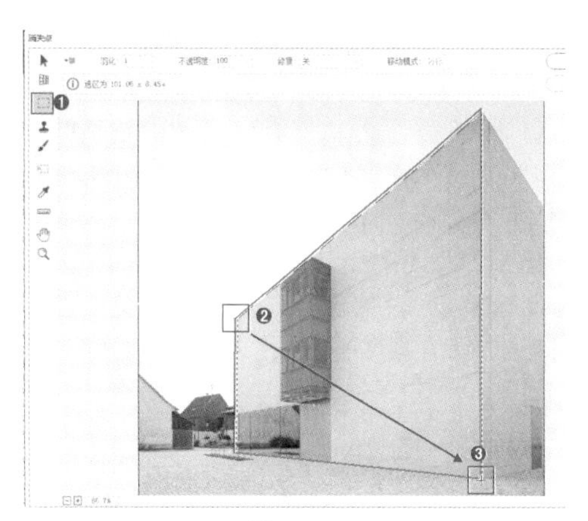
图 12-32

(4) 单击“图章工具”按钮，在需要仿制的位置按住 Alt 键单击进行拾取，然后在空白位置单击按住鼠标左键拖曳，可以看到绘制出的内容与当前平面的透视相符合，如图 12-33 所示。

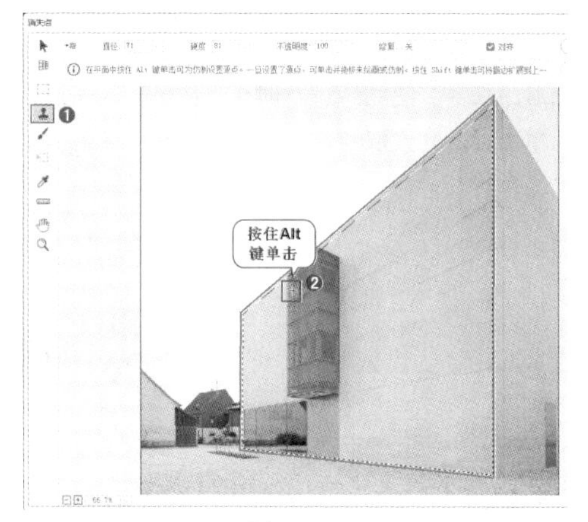

图 12-33

(5) 继续进行涂抹，仿制效果如图 12-34 所示。制作完成后，单击“确定”按钮。效果如图 12-35 所示。

图 12-34　　图 12-35

- 编辑平面工具：用于选择、编辑、移动平面的节点以及调整平面的大小。

- 创建平面工具▦：用于定义透视平面的 4 个角节点。创建好 4 个角节点以后，可以使用该工具对节点进行移动、缩放等操作。如果按住 Ctrl 键拖曳边节点，可以拉出一个垂直平面。另外，如果节点的位置不正确，可以按 Backspace 键删除该节点。
- 选框工具⬚：使用该工具可以在创建好的透视平面上绘制选区，以选中平面上的某个区域。建立选区以后，将光标放置在选区内，按住 Alt 键拖曳选区，可以复制图像，如图 12–36 所示。

图 12–36

- 图章工具：使用该工具时，按住 Alt 键在透视平面内单击可以设置取样点，然后在其他区域拖曳鼠标即可进行仿制操作。

提示：“图章工具”选项栏

单击“图章工具”按钮后，在窗口的顶部可以设置该工具修复图像的“模式”。如果要绘画的区域不需要与周围像素的颜色、光照和阴影混合，可以选择“关”选项；如果要绘画的区域需要与周围像素的光照混合，同时需要保留样本像素的颜色，可以选择“明亮度”选项；如果要绘画的区域需要保留样本像素的纹理，同时需要与周围像素的颜色、光照和阴影混合，可以选择“开”选项。

- 画笔工具：该工具主要用来在透视平面上绘制选定的颜色。
- 变换工具：该工具主要用来变换选区，其作用相当于“自由变换”命令。
- 吸管工具：可以使用该工具在图像上拾取颜色，以用作“画笔工具”的绘画颜色。
- 测量工具：使用该工具可以在透视平面中测量项目的距离和角度。
- 抓手工具 / 缩放工具：这两个工具的使用方法与工具箱中的相应工具完全相同。

重点 12.2 动手练：认识滤镜组

扫一扫，看视频

Photoshop 的滤镜多达几十种，一些效果相近的、工作原理相似的滤镜被集合在滤镜组中，滤镜组中的滤镜的使用方法非常相似：几乎都是“选择图层”/“执行命令”/“设置参数”/“单击确定”这几个步骤。差别在于不同的滤镜，其参数选项略有不同，但是好在滤镜的参数效果大部分都是可以实时预览的，所以可以随意调整参数来观察效果。

1. 滤镜组的使用方法

（1）选择需要进行滤镜操作的图层，如图 12–37 所示。例如，执行“滤镜 > 模糊 > 动感模糊”命令，随即可以打开“动感模糊”窗口，接着进行参数的设置，如图 12–38 所示。

图 12–37　　图 12–38

（2）在该窗口左方的预览窗口中可以预览滤镜效果，同时可以拖曳图像，以观察其他区域的效果，如图 12–39 所示。单击按钮和按钮可以缩放图像的显示比例。另外，在图像的某个点上单击，预览窗口中就会显示出该区域的效果，如图 12–40 所示。

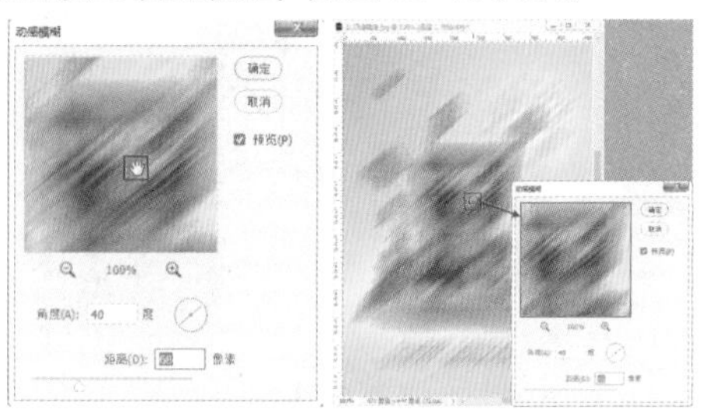

图 12–39　　图 12–40

（3）在任何一个滤镜窗口中按住 Alt 键，“取消”按钮都将变成“复位”按钮，如图 12–41 所示。单击“复位”按钮，可以将滤镜参数恢复到默认设置。

（4）如果图像中存在选区，则滤镜效果只应用在选区之内，如图 12–42 所示。

图 12–41　　图 12–42

（5）参数调整完成后，单击“确定”按钮。在应用滤镜的过程中，如果要终止处理，可以按 Esc 键。

提示：重复使用上一次滤镜

当应用完一个滤镜以后，“滤镜”菜单下的第 1 行会出现该滤镜的名称。执行该命令或按 Alt+Ctrl+F 组合键，可以按照上一次应用该滤镜的参数配置，再次对图像应用该滤镜。

2. 智能滤镜的使用方法

应用于智能对象的任何滤镜都是智能滤镜，智能滤镜属于“非破坏性滤镜”，因为可以进行参数调整、移除、隐藏等操作。而且智能滤镜还带有一个蒙版，可以调整其作用范围。

（1）选择图层，执行“滤镜 > 转换为智能滤镜”命令，选择的图层即可变为智能图层，如图 12–43 所示。

（2）接着为该图层使用滤镜命令（如使用“滤镜 > 风格化 > 查找边缘”命令），此时可以看到“图层”面板中智能图层发生了变化，如图 12–44 所示。

图 12–43　　图 12–44

（3）在智能滤镜的蒙版中使用黑色画笔涂抹以隐藏部分区域的滤镜效果，如图 12–45 所示。

（4）双击滤镜名称右侧的 ≒ 图标，可以在弹出的“混合选项”窗口中调节滤镜的“模式”和“不透明度”，如图 12–46 所示。

图 12–45

图 12–46

12.3 风格化滤镜组

执行“滤镜 > 风格化”命令，在子菜单中可以看到多种滤镜。

【重点】12.3.1　查找边缘

“查找边缘”滤镜可以制作出线条感的画面。打开一张图片，如图 12–47 所示。执行“滤镜 > 风格化 > 查找边缘”命令，无须设置任何参数。该滤镜会将图像的高反差区变亮，低反差区变暗，而其他区域则介于两者之间。同时硬边会变成线条，柔边会变粗，从而形成一个清晰的轮廓，如图 12–48 所示。

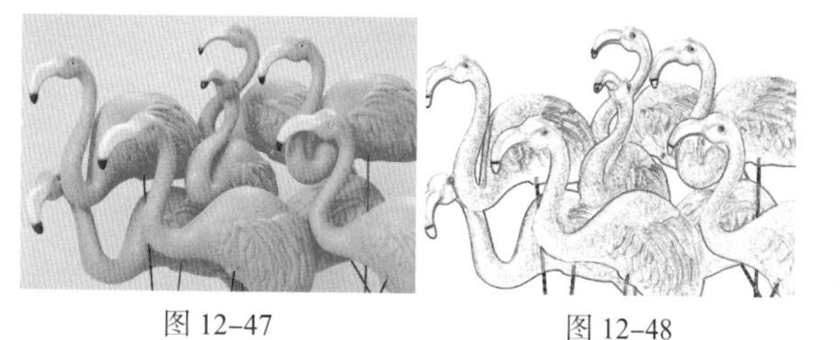

图 12–47　　图 12–48

12.3.2　等高线

“等高线”滤镜常用于将图像转换为线条感的等高

线图。打开一张图片，如图 12-49 所示。执行“滤镜 > 风格化 > 等高线”命令，设置“色阶”数值、“边缘”类型后，单击“确定”按钮，如图 12-50 所示。“等高线”滤镜会以某个特定的色阶值查找主要亮度区域，并为每个颜色通道勾勒主要亮度区域。

图 12-49

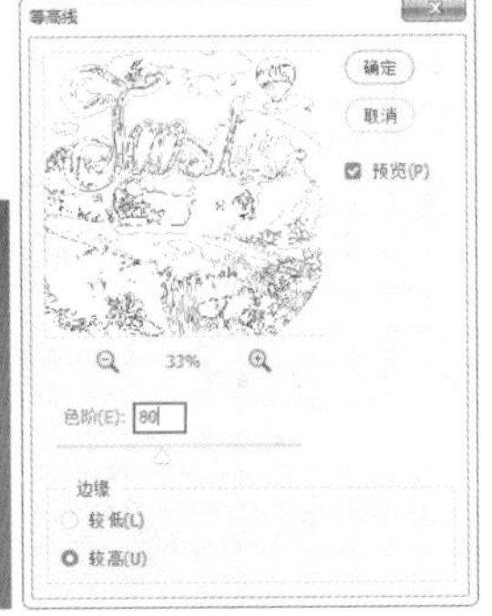

图 12-50

- 色阶：用来设置区分图像边缘亮度的级别。
- 边缘：用来设置处理图像边缘的位置，以及便捷的产生方法。选中“较低”单选按钮时，可以在基准亮度等级以下的轮廓上生成等高线；选中“较高”单选按钮时，可以在基准亮度等级以上的轮廓上生成等高线。

12.3.3 风

打开一张图片，如图 12-51 所示。执行“滤镜 > 风格化 > 风”命令，在弹出的“风”窗口中进行参数设置，如图 12-52 所示。“风”滤镜能够将像素朝着指定的方向进行虚化，通过产生一些细小的水平线条来模拟风吹效果。

图 12-51

图 12-52

- 方法：包含“风”“大风”“飓风”三种等级。如图 12-53 所示分别是这三种等级的效果。

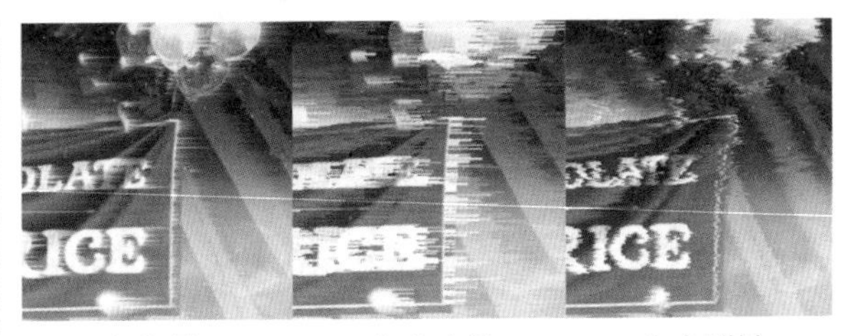

（a）风　（b）大风　（c）飓风

图 12-53

- 方向：用来设置风源的方向，包含“从右”和“从左”两种。

12.3.4 浮雕效果

“浮雕效果”滤镜可以用来制作模拟金属雕刻的效果，该滤镜常用于制作硬币、金牌的效果。打开一张图片，如图 12-54 所示。执行“滤镜 > 风格化 > 浮雕效果”命令，在打开的“浮雕效果”窗口中进行参数设置，如图 12-55 所示。该滤镜的工作原理是通过勾勒图像或选区的轮廓和降低周围颜色值，来生成凹陷或凸起的浮雕效果。

图 12-54

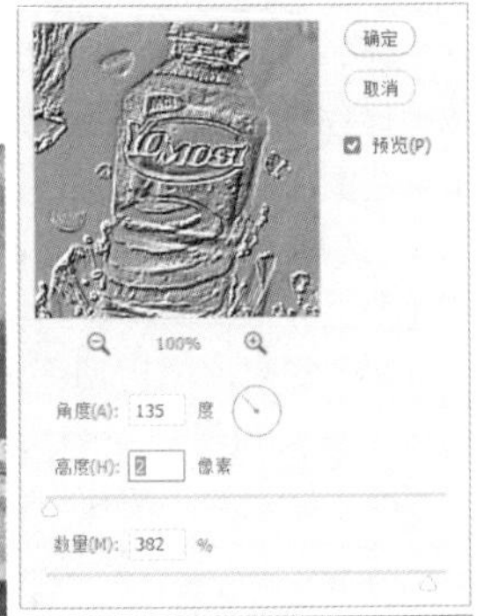

图 12-55

- 角度：用于设置浮雕效果的光线方向，光线方向会影响浮雕的凸起位置。
- 高度：用于设置浮雕效果的凸起高度。如图 12-56 所示为不同高度的对比效果。

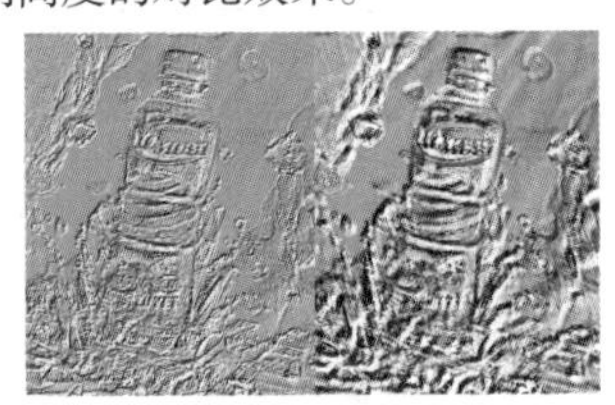

（a）高度：3　（b）高度：8

图 12-56

- 数量：用于设置“浮雕效果”滤镜的作用范围。数值越大，边界越清晰（小于 40% 时，图像会变灰）。

12.3.5 扩散

“扩散”滤镜可以制作类似于透过磨砂玻璃观察物体时的分离模糊效果。打开一张图片，如图 12–57 所示。执行“滤镜 > 风格化 > 扩散”命令，在弹出的“扩散”窗口中选择合适的“模式”，然后单击“确定”按钮，如图 12–58 所示。扩散效果如图 12–59 所示。该滤镜的工作原理是将图像中相邻的像素按指定的方式有机移动。

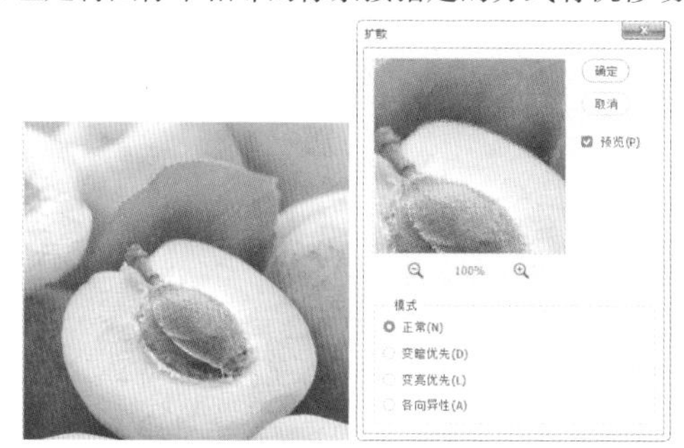

图 12–57　　图 12–58

图 12–59

- 正常：使图像的所有区域都进行扩散处理，与图像的颜色值没有任何关系，如图 12–60 所示。
- 变暗优先：用较暗的像素替换亮部区域的像素，并且只有暗部像素产生扩散，如图 12–61 所示。

图 12–60　　图 12–61

- 变亮优先：用较亮的像素替换暗部区域的像素，并且只有亮部像素产生扩散，如图 12–62 所示。
- 各向异性：使用图像中较暗和较亮的像素产生扩散效果，即在颜色变化最小的方向上搅乱像素，如图 12–63 所示。

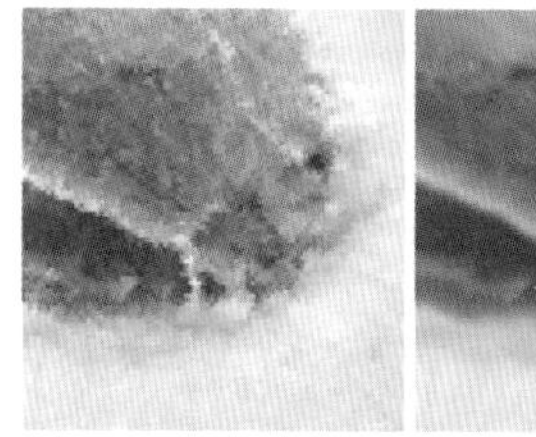
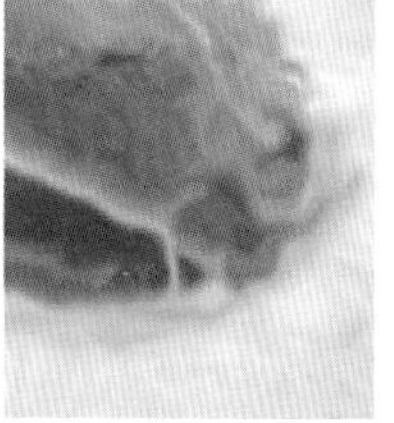

图 12–62　　图 12–63

12.3.6 拼贴

“拼贴”滤镜常用于制作拼图效果。打开一张图片，如图 12–64 所示。执行“滤镜 > 风格化 > 拼贴”命令，如图 12–65 所示。“拼贴”滤镜可以将图像分解为一系列块状，并使其偏离原来的位置，以产生不规则拼贴的图像效果，如图 12–66 所示。

图 12–64　　图 12–65　　图 12–66

- 拼贴数：用来设置在图像每行和每列中要显示的贴块数。数量越小，每个贴块面积越大。
- 最大位移：用来设置拼贴偏移原始位置的最大距离。如图 12–67 所示为不同参数的对比效果。

（a）最大位移：1%（b）最大位移：99%

图 12–67

- 填充空白区域用：用来设置填充空白区域的使用方法。

12.3.7 曝光过度

“曝光过度”滤镜可以模拟出传统摄影术中，在暗房显影过程中短暂增加光线强度而产生的过度曝光效果。打开一张图片，如图 12–68 所示。执行“滤镜 > 风格化 > 曝光过度”命令。画面效果如图 12–69 所示。

图 12-68

图 12-69

12.3.8　凸出

“凸出”滤镜通常用于制作立方体向画面外“飞溅”的3D效果，可以用它来制作创意海报、新锐设计等。打开一张图片，如图12-70所示。执行“滤镜 > 风格化 > 凸出”命令，在弹出的“凸出”窗口中进行参数设置，如图12-71所示。单击“确定”按钮，凸出效果如图12-72所示。该滤镜可以将图像分解成一系列大小相同且有序重叠放置的立方体或锥体，以生成特殊的3D效果。

图 12-70

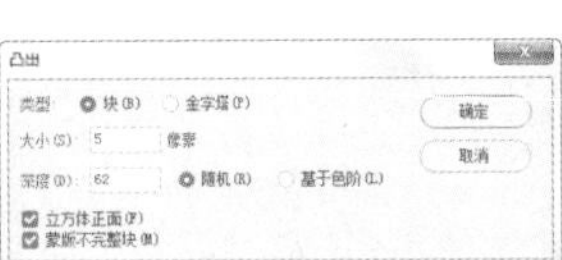

图 12-71

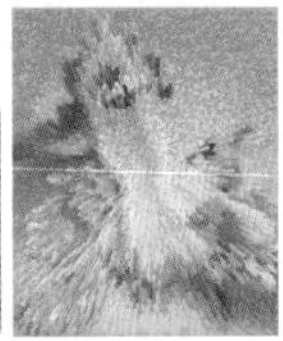

图 12-72

- 类型：用来设置三维方块的形状，包含“块”和“金字塔”两种，如图12-73所示。

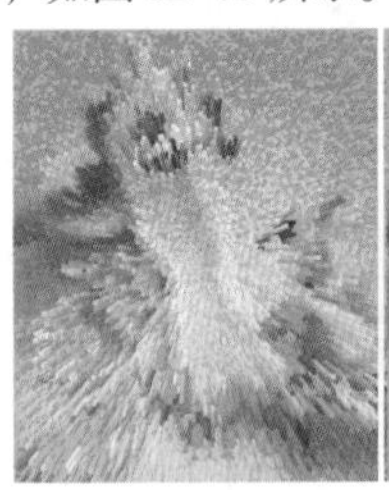

（a）块

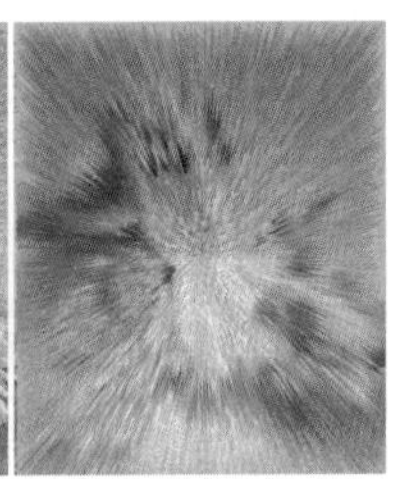

（b）金字塔

图 12-73

- 大小：用来设置立方体或金字塔底面的大小。
- 深度：用来设置凸出对象的深度。“随机”单选按钮表示为每个块或金字塔设置一个随机的深度；“基于色阶”单选按钮表示使每个对象的深度与其亮度相对应，亮度越亮，图像越凸出。
- 立方体正面：勾选该复选框以后，将失去图像的整体轮廓，生成的立方体上只显示单一的颜色，如图12-74所示。

（a）勾选“立方体正面”

（b）未勾选“立方体正面”

图 12-74

- 蒙版不完整块：使所有图像都包含在凸出的范围之内。

【重点】12.3.9　油画

“油画”滤镜主要用于将照片快速转换为“油画效果”，使用“油画”滤镜能够产生笔触鲜明、厚重，质感强烈的画面效果。打开一张图片，如图12-75所示。执行“滤镜 > 风格化 > 油画”命令，打开“油画”窗口，在这里可以对参数进行调整，如图12-76所示。

图 12-75

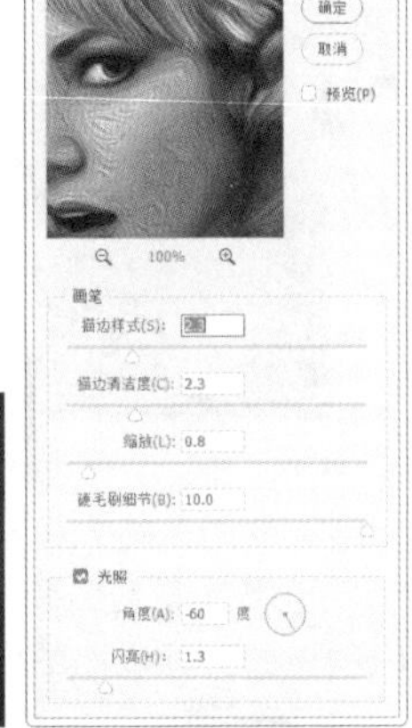

图 12-76

- 描边样式：调整笔触样式。如图12-77所示为数值为0.1和10的对比效果。

（a）描边样式：0.1

（b）描边样式：10

图 12-77

- 描边清洁度：设置纹理的柔化程度。如图12-78所示为数值为0和10的对比效果。

（a）描边清洁度：0　（b）描边清洁度：10

图 12-78

- 缩放：设置纹理缩放程度。数值越大，纹理越大。
- 硬毛刷细节：设置画笔细节程度，数值越大，毛刷纹理越清晰。如图 12-79 所示为数值为 0 和 10 的对比效果。

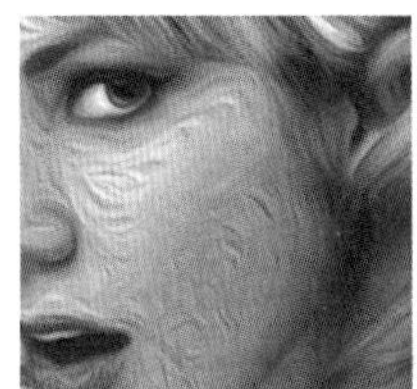

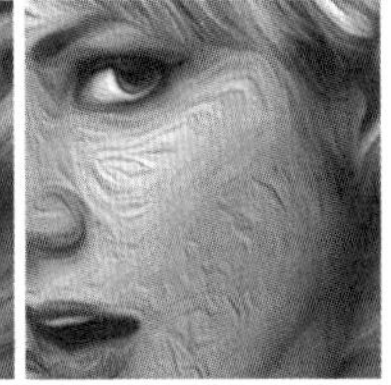

（a）硬毛刷细节：0　（b）硬毛刷细节：10

图 12-79

- 光照：启用该选项画面中会显现出画笔肌理受光照后的明暗感。如图 12-80 示为未启用与启用后的对比效果。

（a）未启用光照　（b）启用光照

图 12-80

- 角度：启用“光照”选项，可以通过“角度”设置光线的照射方向。
- 闪亮：启用“光照”选项，可以通过“闪亮”控制纹理的清晰度，产生锐化效果。如图 12-81 所示为数值为 1 和 10 的对比效果。

（a）闪亮：1　（b）闪亮：10

图 12-81

12.4 扭曲滤镜组

执行“滤镜 > 扭曲”命令，在子菜单中可以看到多种滤镜。

12.4.1 波浪

“波浪”滤镜可以在图像上创建类似于波浪起伏的效果。使用“波浪”滤镜可以制作带有波浪纹理的效果，或制作带有波浪线边缘的图片。首先绘制一个矩形，如图 12-82 所示。执行“滤镜 > 扭曲 > 波浪”命令，首先可以进行“类型”的设置，在弹出的“波浪”窗口中进行类型以及参数的设置，如图 12-83 所示。

图 12-82

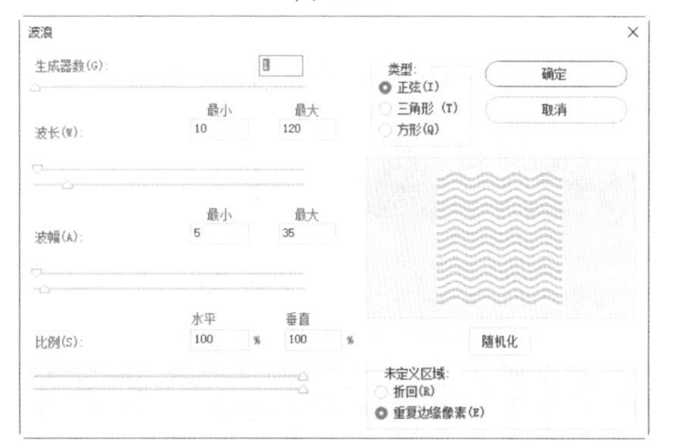

图 12-83

- 生成器数：用来设置波浪的强度。
- 波长：用来设置相邻两个波峰之间的水平距离，包含“最小”和“最大”两个选项，其中“最小”数值不能超过“最大”数值。
- 波幅：设置波浪的宽度（最小）和高度（最大）。
- 比例：设置波浪在水平方向和垂直方向上的波动幅度。
- 类型：选择波浪的形态，包括“正弦”“三角形”“方形”三种形态，如图 12-84 所示。

（a）正弦　（b）三角形　（c）方形

图 12-84

- **随机化**：如果对波浪效果不满意，可以单击该按钮，以重新生成波浪效果。
- **未定义区域**：用来设置空白区域的填充方式。选中“折回”单选按钮，可以在空白区域填充溢出的内容；选中“重复边缘像素”单选按钮，可以填充扭曲边缘的像素颜色。

12.4.2 波纹

“波纹”滤镜通过控制波纹的数量和大小制作出类似水面的波纹效果。打开一张图片素材，如图 12–85 所示。接着执行“滤镜 > 扭曲 > 波纹”命令，在弹出的“波纹”窗口中进行参数的设置，如图 12–86 所示。

图 12–85

图 12–86

- **数量**：用于设置产生波纹的数量。如图 12–87 所示为不同参数的对比效果。

（a）数量：200

（b）数量：500

图 12–87

- **大小**：选择所产生的波纹的大小。如图 12–88 所示分别为小、中、大的对比效果。

（a）小　（b）中　（c）大

图 12–88

12.4.3 极坐标

“极坐标”滤镜可以将图像从平面坐标转换到极坐标，或从极坐标转换到平面坐标。

简单来说，该滤镜的两种方式分别可以实现两种效果：第一种是将水平排列的图像以图像左右两侧作为边界，首尾相连，中间的像素将会被挤压，四周的像素将会被拉伸，从而形成一个“圆形”；第二种则是相反，将原本环形内容的图像，从中“切开”，并“拉”成平面。“极坐标”滤镜常用于制作“鱼眼镜头”特效。

（1）打开一张图片，然后将背景图层转换为普通图层，如图 12–89 所示。执行“滤镜 > 扭曲 > 极坐标”命令，在弹出的“极坐标”窗口中选中“平面坐标到极坐标”单选按钮，如图 12–90 所示。

图 12–89

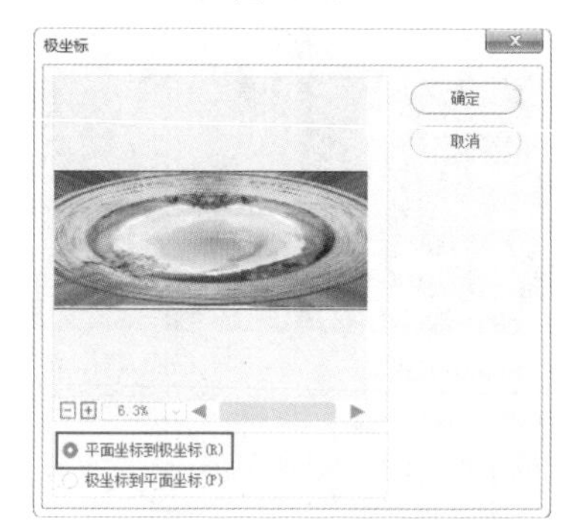

图 12–90

提示：选中“极坐标到平面坐标”单选按钮

若选中“极坐标到平面坐标”单选按钮则使圆形图像变为矩形图像，如图 12–91 所示。

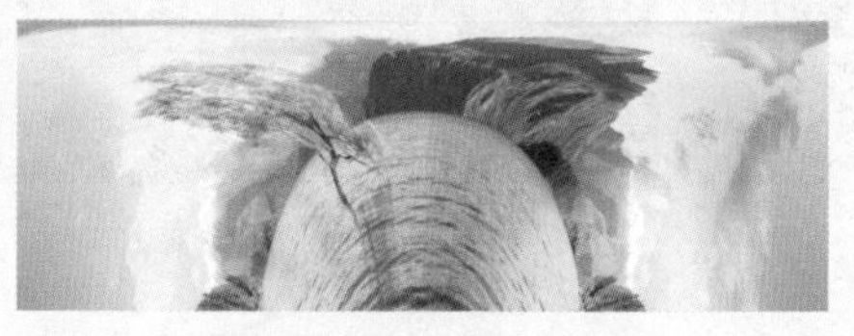

图 12–91

（2）单击“确定”按钮，画面效果如图 12–92 所示。使用组合键 Ctrl+T 调出定界框，然后将其不等比缩放。这样鱼眼镜头的效果就制作完成了，如图 12–93 所示。

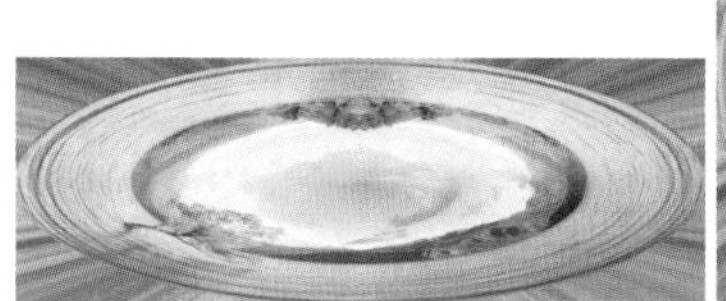

图 12-92

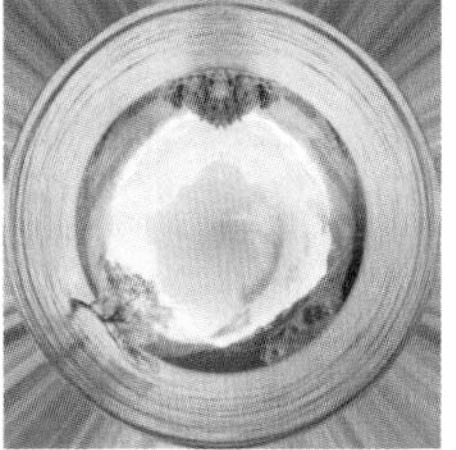

图 12-93

12.4.4 挤压

“挤压”滤镜可以将选区内的图像或整个图像向外挤压或向内挤压，与“液化”滤镜中的“膨胀工具”与“收缩工具”类似。打开一张图片，如图 12-94 所示，执行“滤镜 > 扭曲 > 挤压”命令，在弹出的“挤压”窗口中进行参数的设置，如图 12-95 所示。

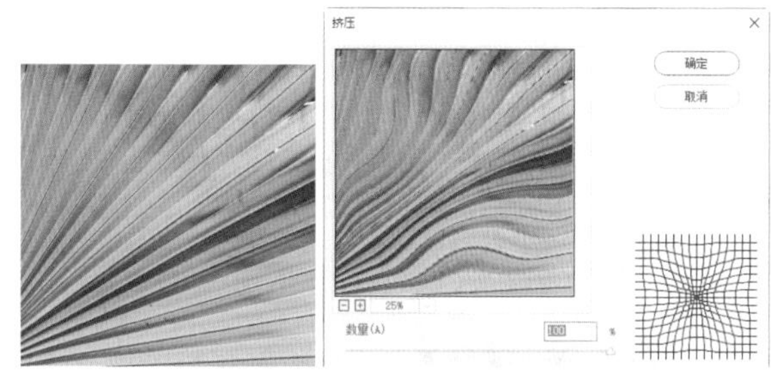

图 12-94　　图 12-95

- 数量：用来控制挤压图像的程度。当数值为负值时，图像会向外挤压；当数值为正值时，图像会向内挤压，如图 12-96 所示。

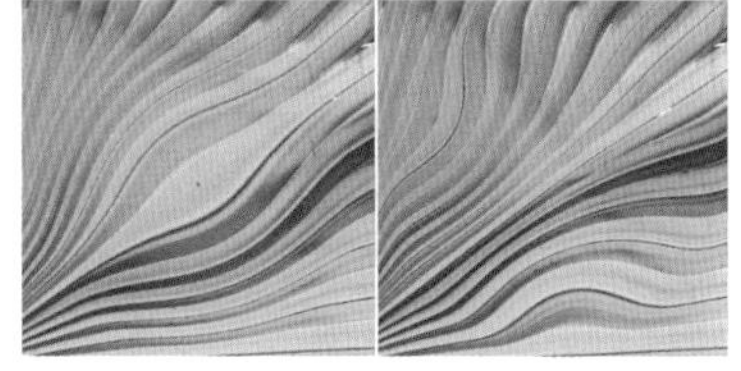

（a）数量：-100　（b）数量：100

图 12-96

12.4.5 切变

“切变”滤镜可以将图像按照设定好的“路径”进行左右移动，图像一侧被移出画面的部分会出现在画面的另外一侧。该滤镜可以用来制作飘舞的彩旗。

（1）选择一个图层，如图 12-97 所示。执行“滤镜 > 扭曲 > 切变”命令，打开“切变”窗口，在窗口顶部曲线上单击添加控制点，然后按住鼠标左键拖动调整曲线的形状。如果要删除控制点，则选中控制点向窗口外拖动即可，如图 12-98 所示。

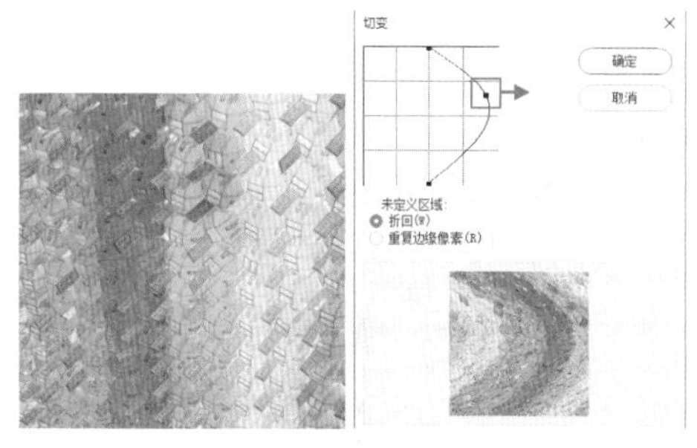

图 12-97　　图 12-98

（2）继续调整完成后单击“确定”按钮。效果如图 12-99 所示。

图 12-99

12.4.6 球面化

“球面化”滤镜可以将选区内的图像或整个图像向外“膨胀”成为球形。打开一张图片，在画面中绘制一个选区，如图 12-100 所示。执行“滤镜 > 扭曲 > 球面化”命令，在弹出的“球面化”窗口中进行“数量”和“模式”的设置，如图 12-101 所示。

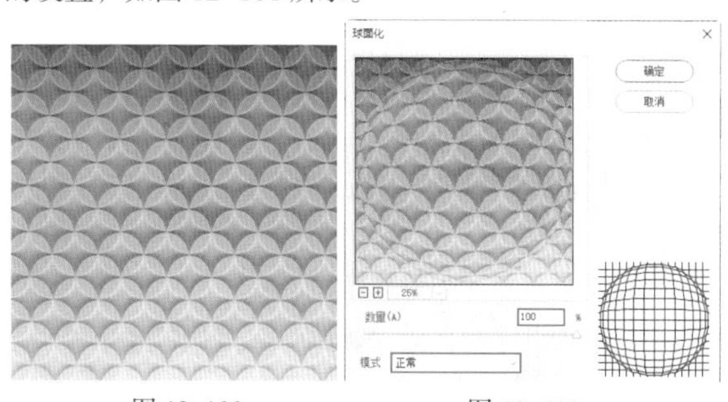

图 12-100　　图 12-101

- 数量：用来设置图像球面化的程度。当设置为正值时，图像会向外凸起；当设置为负值时，图像会向内收缩。
- 模式：用来选择图像的挤压方式。

12.4.7 水波

“水波”滤镜可以模拟石子落入平静水面而形成的涟漪效果。例如，绿茶广告中常见的茶叶掉落在水面上形成的波纹，就可以使用“水波”滤镜制作。选择一个图层或者绘制一个选区，如图 12-102 所示。执行“滤镜 > 扭曲 > 水波”命令，在弹出的“水波”窗口中进行参数的设置，如图 12-103 所示。

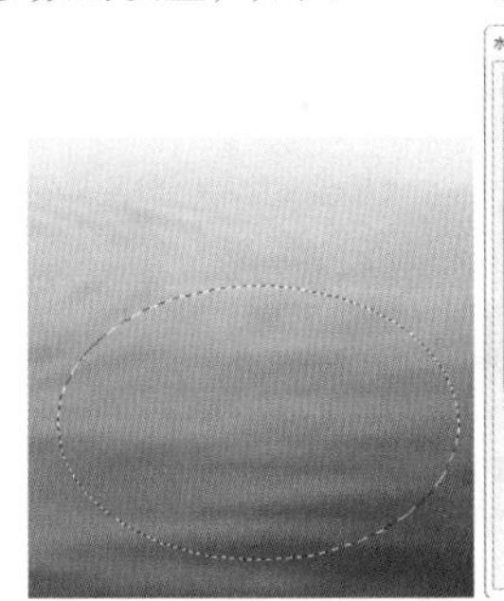

图 12-102

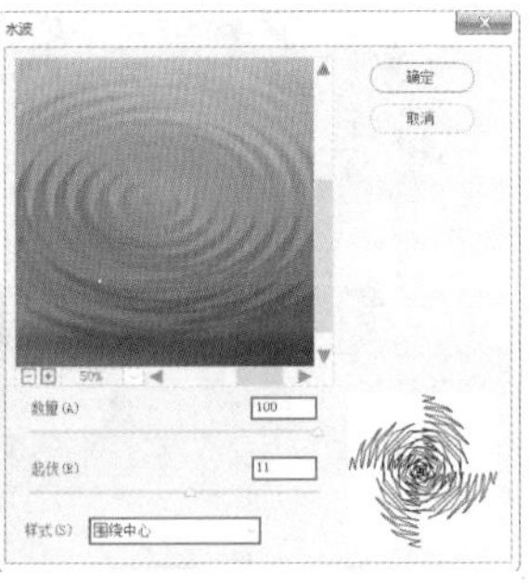

图 12-103

- **数量**：用来设置波纹的数量。当设置为负值时，将产生下凹的波纹；当设置为正值时，将产生上凸的波纹，如图 12-104 所示。

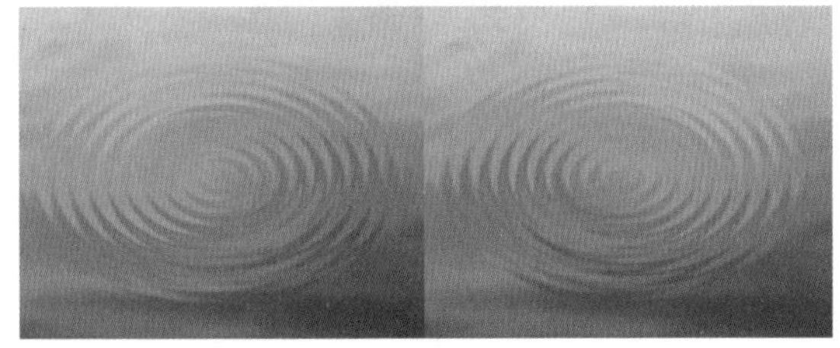

（a）数量：-50　　（b）数量：50

图 12-104

- **起伏**：用来设置波纹的数量。数值越大，波纹越多。
- **样式**：用来选择生成波纹的方式。选择“围绕中心”选项时，可以围绕图像或选区的中心产生波纹；选择“从中心向外”选项时，波纹将从中心向外扩散；选择“水池波纹”选项时，可以产生同心圆形状的波纹，如图 12-105 所示。

（a）围绕中心　　（b）从中心向外　　（c）水池波纹

图 12-105

12.4.8 旋转扭曲

“旋转扭曲”滤镜可以围绕图像的中心进行顺时针或逆时针的旋转。打开一张图片，如图 12-106 所示。执行“滤镜 > 扭曲 > 旋转扭曲”命令，在弹出的“旋转扭曲”窗口中进行参数设置，如图 12-107 所示；调整“角度”选项，当设置为正值时，会沿顺时针方向进行扭曲；当设置为负值时，会沿逆时针方向进行扭曲。

图 12-106

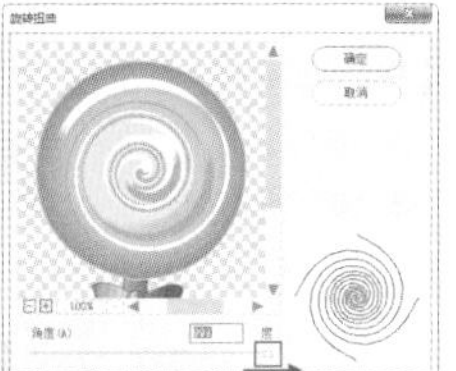

图 12-107

12.4.9 置换

“置换”滤镜是利用一个图像文档（必须为 PSD 格式文件）的亮度值来置换另外一个图像像素的排列位置。

（1）打开一张图片，如图 12-108 所示。准备一个 PSD 格式的文档（无须打开该 PSD 文件），如图 12-109 所示。

图 12-108

图 12-109

（2）选择图片的图层，执行“滤镜 > 扭曲 > 置换”命令，在弹出的“置换”窗口中进行参数的设置，如图 12-110 所示。单击“确定”按钮，在弹出的“选取一个置换图”窗口中选择之前准备的 PSD 文档，单击“打开”按钮。此时画面效果如图 12-111 所示。

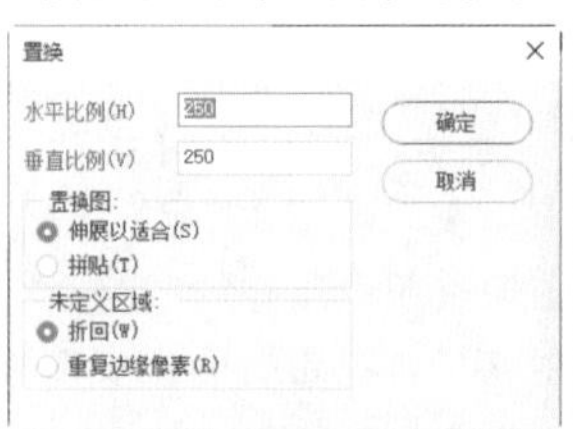

图 12-110

图 12-111

- **水平 / 垂直比例**：可以用来设置水平方向和垂直方

向所移动的距离。数值越大置换效果越明显。如图 12–112 所示为水平 / 垂直比例为 100 和 500 的对比效果。

（a）水平 / 垂直比例：100 （b）水平 / 垂直比例：500

图 12–112

- 置换图：用来设置置换图像的方式，包括"伸展以适合"和"拼贴"两种。
- 未定义区域：选择因置换后像素位移而产生的空缺的填充方式，选中"折回"单选按钮会使用超出画面区域的内容填充空缺部分；选中"重复边缘像素"单选按钮则会将边缘处的像素多次复制并填充整个画面区域。如图 12–113 所示为对比效果。

（a）折回　　（b）重复边缘像素

图 12–113

12.5 像素化滤镜组

像素化滤镜组可以将图像进行分块或平面化处理。像素化滤镜组包含 7 种滤镜，分别是"彩块化""彩色半调""点状化""晶格化""马赛克""碎片""铜版雕刻"。执行"滤镜 > 像素化"命令即可看到该滤镜组中的命令。

12.5.1 彩块化

"彩块化"滤镜常用来制作手绘图像、抽象派绘画等艺术效果。打开一张图片，如图 12–114 所示。执行"滤镜 > 像素化 > 彩块化"命令（该滤镜没有参数设置窗口），"彩块化"滤镜可以将纯色或相近色的像素结成相近颜色的像素块。效果如图 12–115 所示。

图 12–114　　图 12–115

12.5.2 彩色半调

"彩色半调"滤镜可以模拟在图像的每个通道上使用放大的半调网屏的效果。打开一张图片，如图 12–116 所示。执行"滤镜 > 像素化 > 彩色半调"命令，在弹出的"彩色半调"窗口中进行参数设置，如图 12–117 所示。设置完成后单击"确定"按钮。效果如图 12–118 所示。

图 12–116

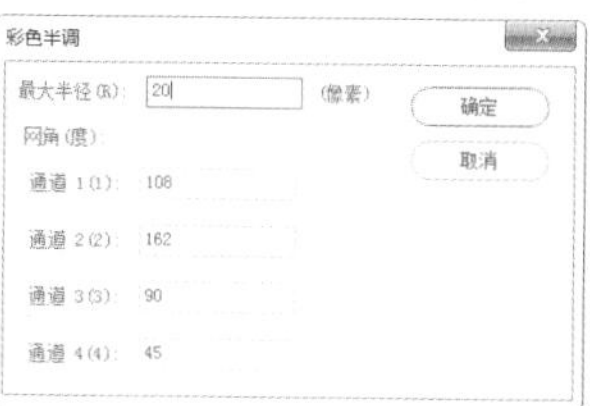

图 12–117

图 12–118

- 最大半径：用来设置生成的最大网点的半径。
- 网角（度）：用来设置图像各个原色通道的网点角度。

12.5.3 点状化

"点状化"滤镜可以从图像中提取颜色，并以彩色斑点的形式将画面内容重新呈现出来。该滤镜常用来模拟制作"点彩绘画"效果。打开一张图片，如图 12–119 所示。执行"滤镜 > 像素化 > 点状化"命令，在弹出的"点状化"窗口中进行设置，如图 12–120 所示。"单元格大小"用来设置每个多边形色块的大小。

图 12–119

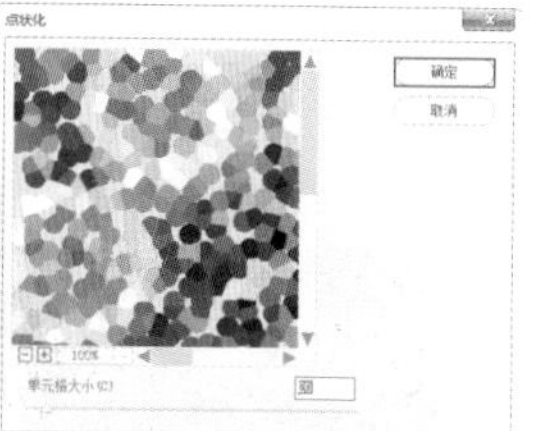

图 12–120

12.5.4 晶格化

"晶格化"滤镜可以使图像中相近的像素集中到多

边形色块中，产生类似结晶颗粒的效果。打开一张图片，如图 12–121 所示。执行“滤镜 > 像素化 > 晶格化”命令，在弹出的“晶格化”窗口中进行参数设置，如图 12–122 所示。

图 12–121

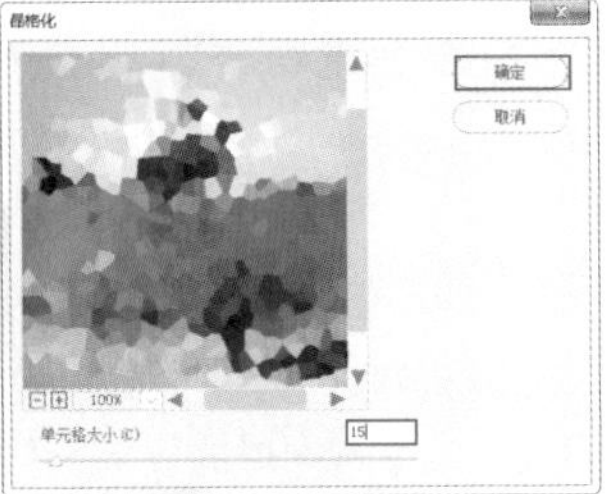

图 12–122

【重点】12.5.5 马赛克

“马赛克”滤镜常用于隐藏画面的局部信息，也可以用来制作一些特殊的图案效果。打开一张图片，如图 12–123 所示。执行“滤镜 > 像素化 > 马赛克”命令，在弹出的“马赛克”窗口中进行参数设置，如图 12–124 所示。

图 12–123

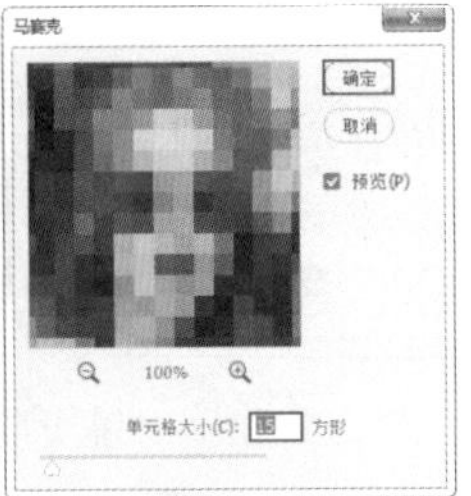

图 12–124

12.5.6 碎片

“碎片”滤镜可以将图像中的像素复制 4 次，然后将复制的像素平均分布，并使其相互偏移。打开一张图片，如图 12–125 所示。执行“滤镜 > 像素化 > 碎片”命令（该滤镜没有参数设置窗口）。效果如图 12–126 所示。

图 12–125

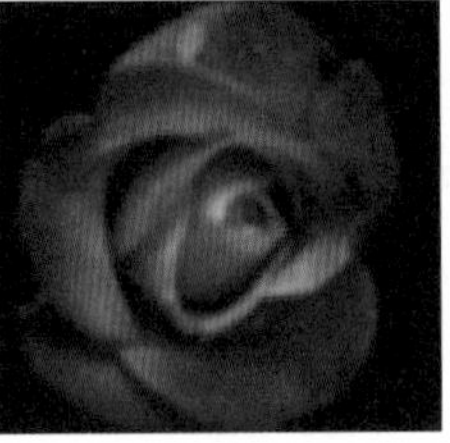
图 12–126

12.5.7 铜版雕刻

“铜版雕刻”滤镜可以将图像转换为黑白区域的随机图案或彩色图像中完全饱和颜色的随机图案。打开一张图片，如图 12–127 所示。执行“滤镜 > 像素化 > 铜版雕刻”命令，在弹出的“铜版雕刻”窗口中选择合适的“类型”，如图 12–128 所示。

图 12–127

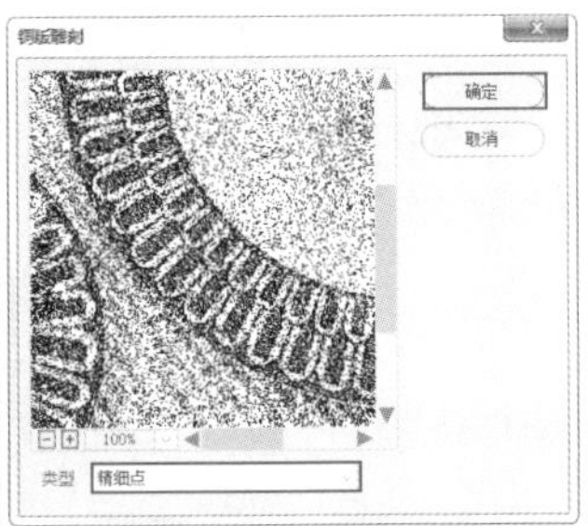

图 12–128

- 类型：选择铜版雕刻的类型，包含“精细点”“中等点”“粒状点”“粗网点”“短直线”“中长直线”“长直线”“短描边”“中长描边”“长描边”10 种类型。

12.6 渲染滤镜组

渲染滤镜组中的滤镜的特点是其自身可以产生图像。比较典型的就是“云彩”滤镜和“纤维”滤镜，这两个滤镜可以利用前景色与背景色直接产生效果。执行“滤镜 > 渲染”命令即可看到该滤镜组中的滤镜。

12.6.1 火焰

“火焰”滤镜可以轻松打造出沿路径排列的火焰。在使用“火焰”滤镜命令之前，首先需要在画面中绘制一条路径，接着选择一个图层（可以是空图层），执行“滤镜 > 渲染 > 火焰”命令，弹出“火焰”窗口。

在“基本”选项卡中对“火焰类型”进行设置，在下拉列表中可以看到多种火焰的类型，接下来可以针对火焰的长度、宽度、角度以及时间间隔进行设置，设置完成后单击“确定”按钮，图层中即可出现火焰效果。接着可以删除路径，如图 12–129 所示。

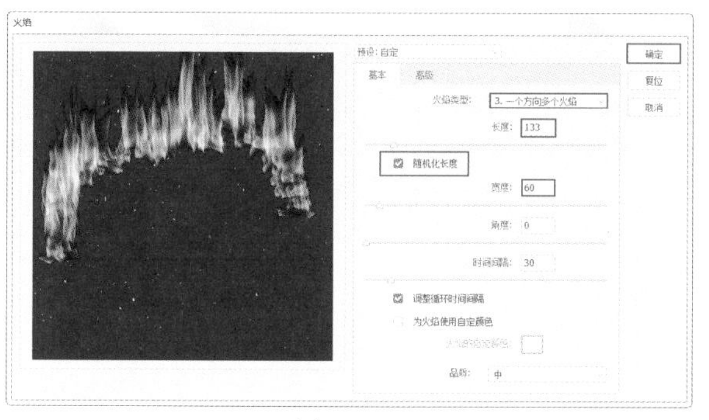

图 12–129

- **长度：**用于控制火焰的长度。数值越大，火焰越长。如图 12–130 所示为不同长度的火焰效果。

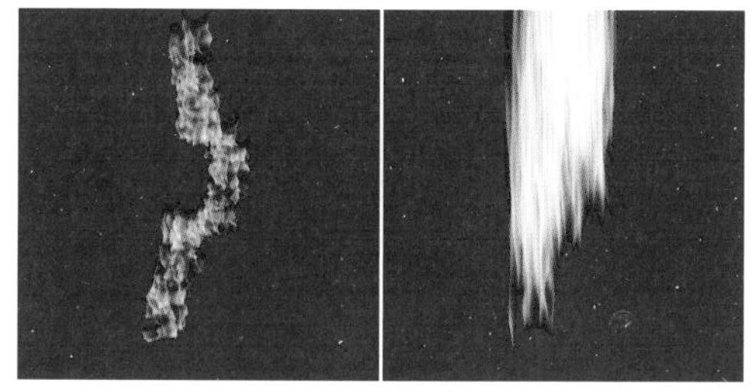

（a）长度：80　　（b）长度：800

图 12–130

- **宽度：**用于控制火焰的宽度。数值越大，火焰越宽。如图 12–131 所示为不同宽度的火焰效果。

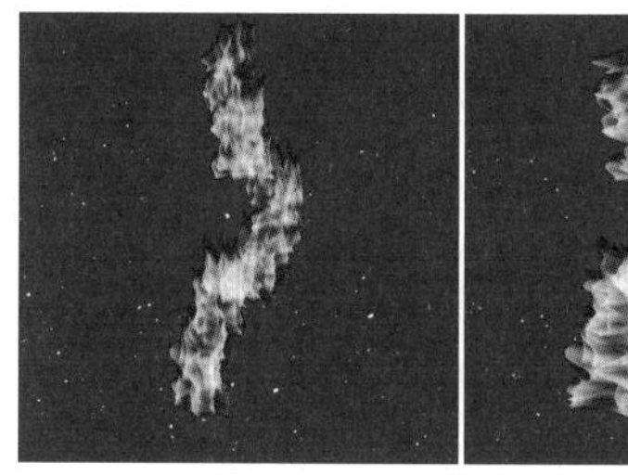
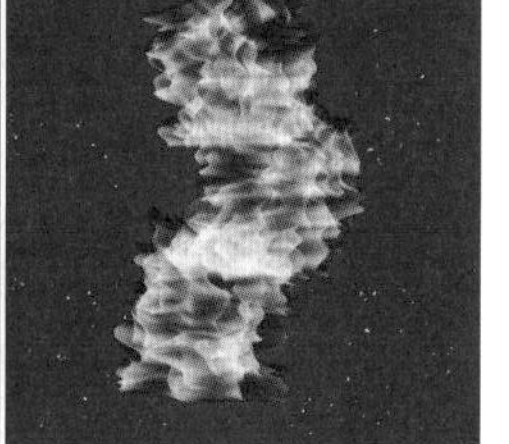

（a）宽度：70　　（b）宽度：200

图 12–131

- **角度：**用于控制火焰的旋转角度。
- **时间间隔：**用于控制火焰之间的间隔。数值越大，火焰之间的距离越大。
- **为火焰使用自定颜色：**默认的火焰与真实火焰颜色非常接近，如果想要制作出其他颜色的火焰可以勾选“为火焰使用自定颜色”复选框，然后在下方设置火焰的颜色。如图 12–132 所示为不同颜色的火焰效果。

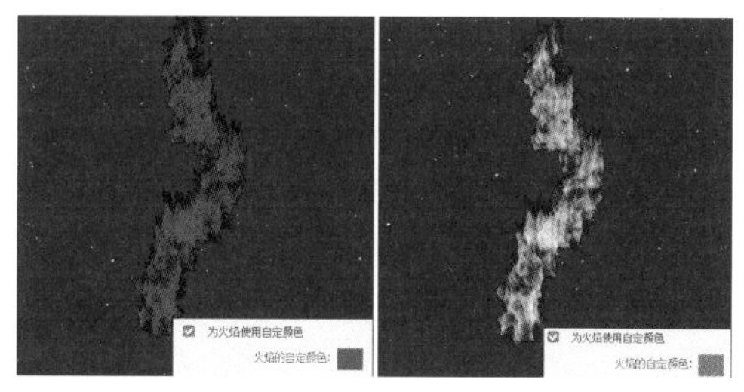

图 12–132

单击“高级”选项卡，在窗口中可以对湍流、锯齿、不透明度、火焰线条（复杂性）、火焰底部对齐、火焰样式、火焰形状等参数进行设置，如图 12–133 所示。

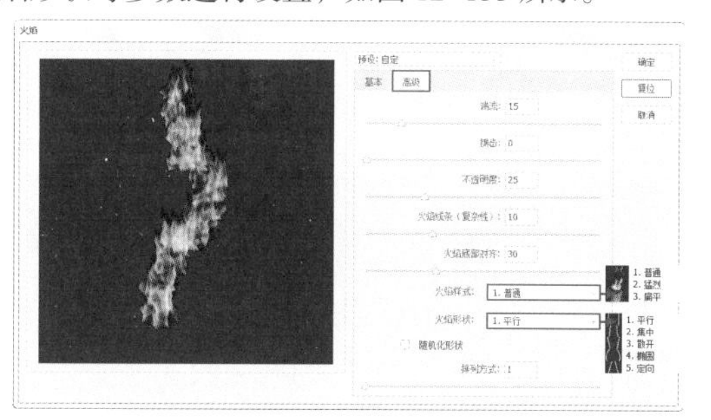

图 12–133

- **湍流：**用于设置火焰左右摇摆的动态效果，数值越大，波动越强，如图 12–134 所示。

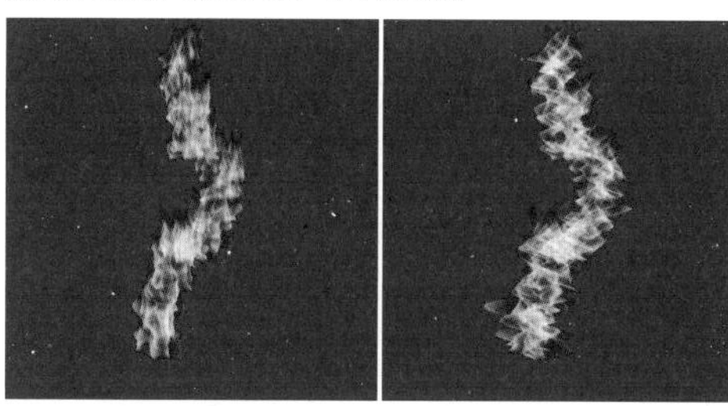

（a）湍流：15　　（b）湍流：60

图 12–134

- **锯齿：**设置较大的数值后，火焰边缘呈现出更加尖锐的效果，如图 12–135 所示。

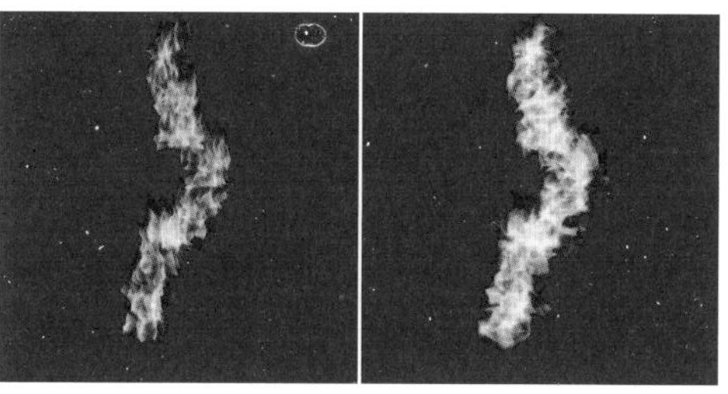

（a）锯齿：15　　（b）锯齿：70

图 12–135

- **不透明度**：用于设置火焰的透明效果。数值越小，火焰越透明，如图 12-136 所示。

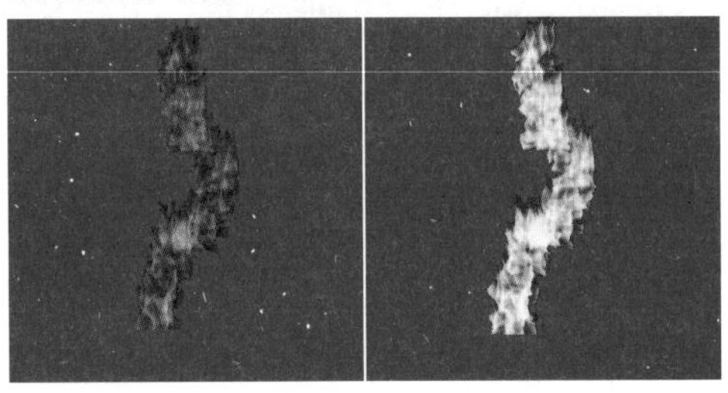

（a）不透明度：9　　（b）不透明度：50

图 12-136

- **火焰线条（复杂性）**：该选项用于设置构成火焰的复杂程度，数值越大，火焰越多，火焰效果越复杂，如图 12-137 所示。

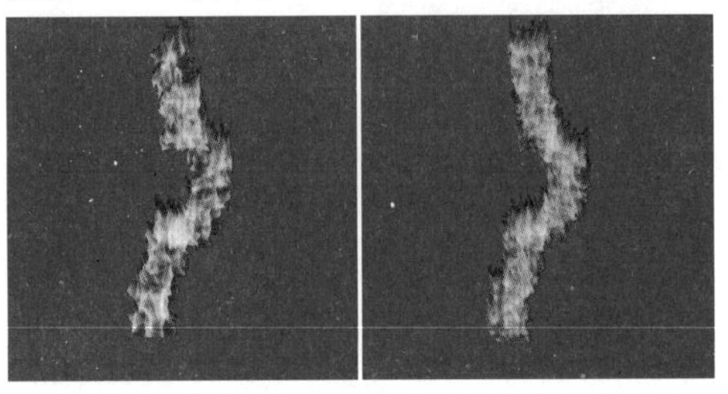

（a）火焰线条（复杂性）：10　（b）火焰线条（复杂性）：20

图 12-137

- **火焰底部对齐**：用于设置构成每一簇火焰的火焰底部是否对齐。数值越小对齐程度越高，数值越大火焰底部越分散，如图 12-138 所示。

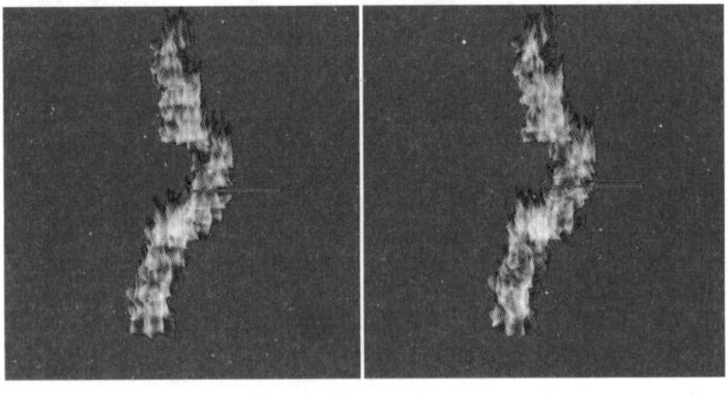

（a）火焰底部对齐：0　（b）火焰底部对齐：40

图 12-138

12.6.2 图片框

"图片框"滤镜可以在图像边缘处添加各种风格的花纹相框。新建图层，执行"滤镜 > 渲染 > 图片框"命令，弹出"图案"窗口，在"图案"列表中选择一个合适的图案样式，接着可以在下方进行图案上的颜色以及细节参数的设置，如图 12-139 所示。

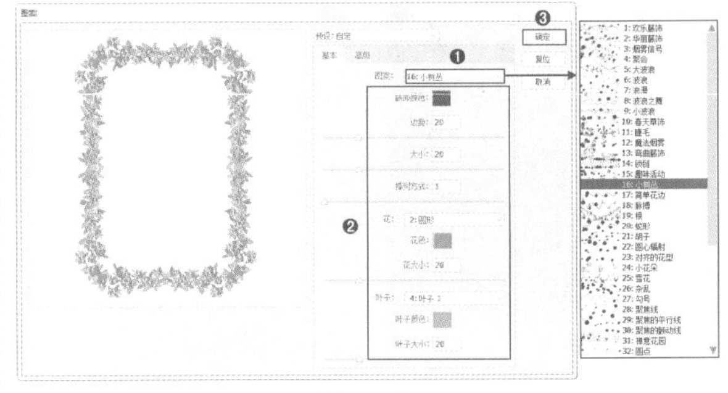

图 12-139

12.6.3 树

使用"树"滤镜可以轻松创建出多种类型的树。首先需要在画面中绘制一条路径，新建一个图层（在新建图层中操作方便后期调整树的位置和形态），如图 12-140 所示。执行"滤镜 > 渲染 > 树"命令，在弹出的"树"窗口中单击"基本树类型"列表，在其中可以选择一个合适的树形，接着可以在下方进行参数设置。参数设置效果非常直观，只需尝试调整并观察效果即可，如图 12-141 所示。调整完成后单击"确定"按钮。效果如图 12-142 所示。

图 12-140

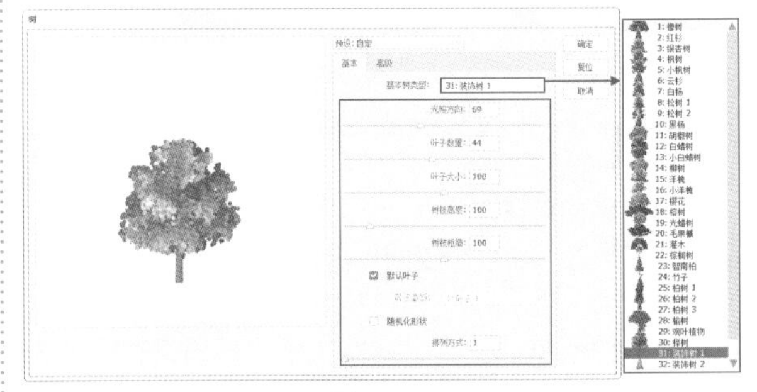

图 12-141

图 12-142

如果绘制的是带有弧度的路径，那么创建出的树也会带有弧度，如图 12-143 和图 12-144 所示。

图 12-143　　图 12-144

12.6.4　分层云彩

“分层云彩”滤镜可以结合其他技术制作火焰、闪电等特效。该滤镜是通过将彩色数据与现有的像素以“差值”方式进行混合。打开一张图片，如图 12-145 所示。执行“滤镜 > 渲染 > 分层云彩”命令（该滤镜没有参数设置窗口）。首次执行并应用该滤镜时，图像的某些部分会被反相成云彩图案。效果如图 12-146 所示。

图 12-145　　图 12-146

12.6.5　光照效果

“光照效果”滤镜可以在 2D 的平面世界中添加灯光，并且通过参数的设置制作出不同效果的光照。除此之外，还可以使用灰度文件作为凹凸纹理图，制作出类似 3D 的效果。

（1）选择需要添加滤镜的图层，执行“滤镜 > 渲染 > 光照效果”命令，打开“光照效果”窗口，默认情况下会显示一个“聚光灯”光源的控制框，将光标移至中心控制点◎的上方，按住鼠标左键拖动可以移动聚光灯的位置，如图 12-147 所示。

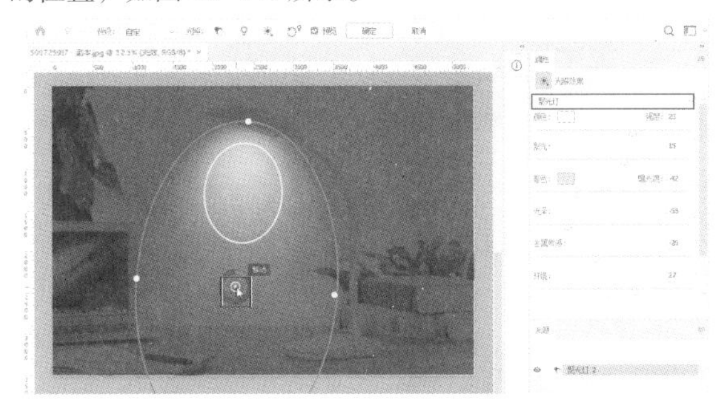

图 12-147

（2）拖动 4 个圆形控制点可以调节聚光灯的形状，调整完成后拖动“强度”滑块调整灯光的亮度，如图 12-148 所示。拖动“聚光”滑块调整聚光圈的大小，数值越大，光圈也就越大，光照范围越广，如图 12-149 所示。

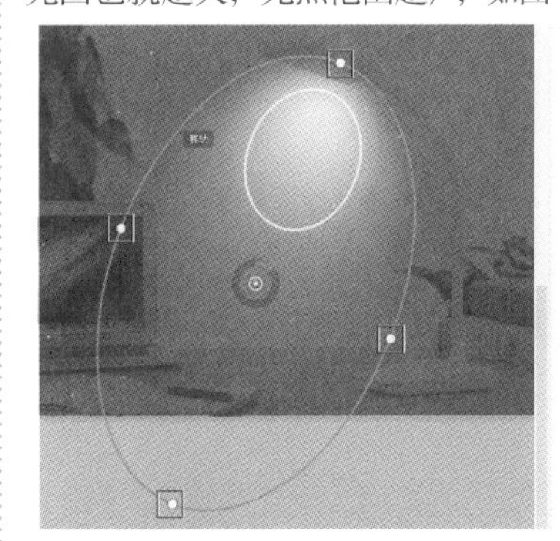

图 12-148

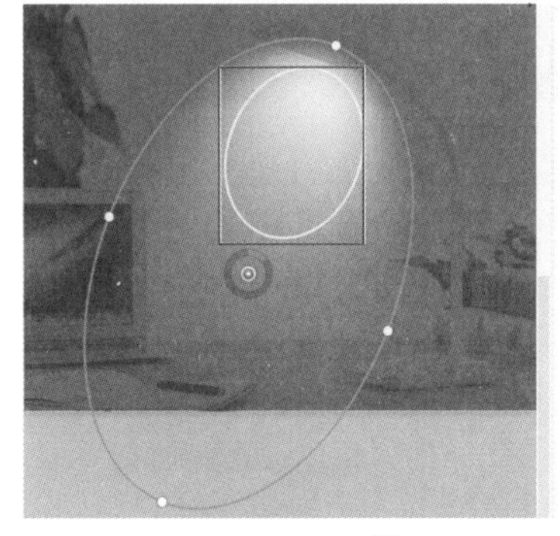
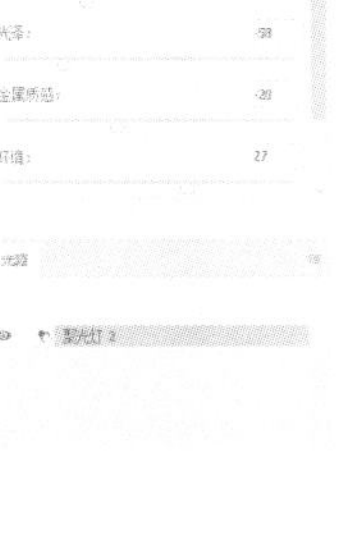

图 12-149

（3）单击“着色”后侧的按钮，在弹出的“拾色器”窗口中设置环境色，如图 12-150 所示。

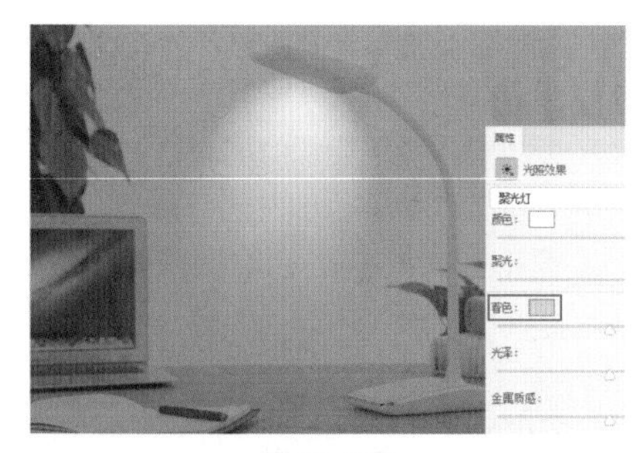

图 12-150

（4）在选项栏的“预设”下拉列表中包含多种预设的光照效果，选中某一项即可更改当前画面效果。如图 12-151 所示为“蓝色全光源”效果。

图 12-151

（5）在选项栏中单击“光源”右侧的按钮即可快速在画面中添加光源，单击“重置当前光照”按钮即可对当前光源进行重置。如图 12-152 ～图 12-154 所示分别为三种光源的对比效果。

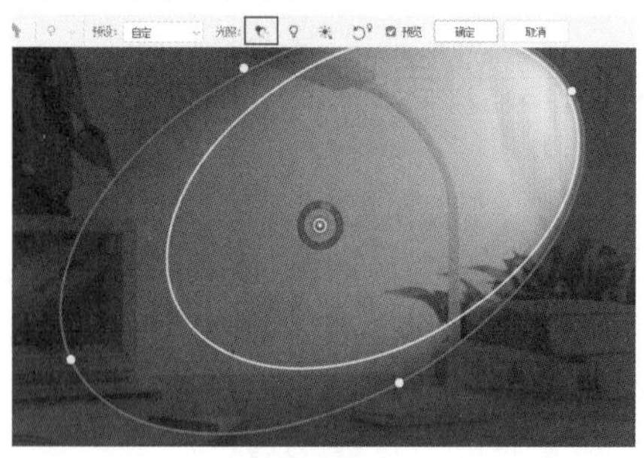

图 12-152

图 12-153

图 12-154

（6）在“光源”面板（执行“窗口 > 光源”命令，打开“光源”面板）中可以看到当前场景中创建的光源。当然，也可以使用“回收站”图标删除不需要的光源，如图 12-155 所示。

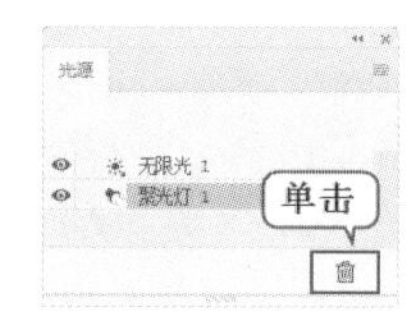

图 12-155

12.6.6　镜头光晕

“镜头光晕”滤镜常用于模拟由于光照射到相机镜头产生的折射，在画面中实现眩光的效果。虽然在拍摄照片时经常需要避免这种眩光的出现，但是很多时候眩光的应用能使画面效果更加丰富。

（1）打开一张图片，如图 12-156 所示。因为该滤镜需要直接作用于画面，这样会给原图造成破坏。所以新建一个图层，并填充为黑色，如图 12-157 所示。然后将黑色图层“混合模式”设置为“滤色”，即可完美去除黑色部分，并且不会对原始画面带来损伤。

图 12-156

图 12-157

（2）选择黑色的图层，执行“滤镜 > 渲染 > 镜头光晕”命令，弹出“镜头光晕”窗口。在预览窗口中拖曳“十”字标志的位置，即可调整光晕的位置。在窗口的下方调整光源的亮度、类型，然后单击“确定”按钮，如图 12–158 所示。设置黑色图层“混合模式”为“滤色”。此时画面效果如图 12–159 所示。如果此时觉得效果不满意，可以在黑色图层上进行位置或缩放比例的修改，同时避免了对原图层的破坏。

- 预览窗口：在该窗口中可以通过拖曳“十”字标志来调节光晕的位置。

图 12–158　　图 12–159

- 亮度：用来控制镜头光晕的亮度，其取值范围为 10% ～ 300%。如图 12–160 和图 12–161 所示分别是设置“亮度”值为 100% 和 200% 时的效果。

图 12–160　　图 12–161

- 镜头类型：用来选择镜头光晕的类型，包括“50 ～ 300 毫米变焦”“35 毫米聚焦”“105 毫米聚焦”“电影镜头”4 种类型，如图 12–162 和图 12–163 所示。

（a）50 ～ 300 毫米变焦　　（b）35 毫米聚焦

图 12–162

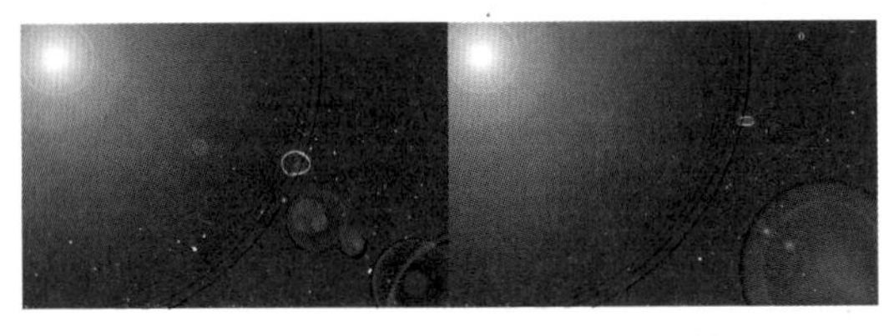

（a）105 毫米聚焦　　（b）电影镜头

图 12–163

12.6.7　纤维

“纤维”滤镜可以在空白图层上根据前景色和背景色创建出纤维感的双色图案。设置合适的前景色与背景色，如图 12–164 所示。执行“滤镜 > 渲染 > 纤维”命令，在弹出的“纤维”窗口中进行参数设置，如图 12–165 所示。单击“确定”按钮。

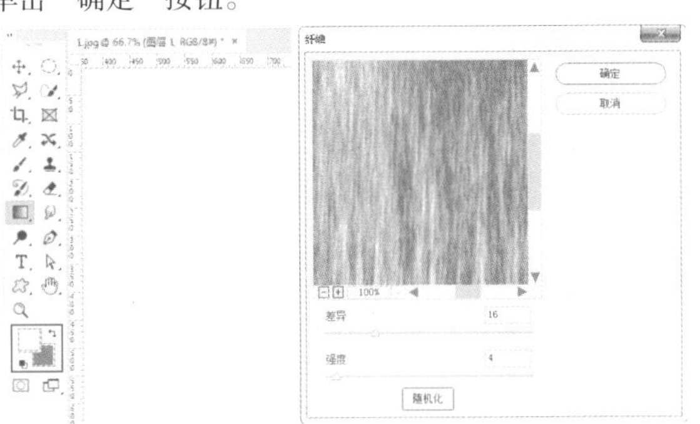

图 12–164　　图 12–165

- 差异：用来设置颜色变化的方式。较低的数值可以生成较长的颜色条纹；较高的数值可以生成较短且颜色分布变化更大的纤维，如图 12–166 所示。

（a）差异：5　　（b）差异：20

图 12–166

- 强度：用来设置纤维外观的明显程度。数值越高，强度越强。如图 12–167 所示为不同参数的对比效果。

（a）强度：5　　（b）强度：20

图 12–167

- 随机化：单击该按钮，可以随机生成新的纤维。

【重点】12.6.8　云彩

“云彩”滤镜常用于制作云彩、薄雾的效果。该滤镜可以根据前景色和背景色随机生成云彩图案。

分别设置前景色与背景色为黑与白，执行“滤镜 > 渲染 > 云彩”命令（该滤镜没有参数设置窗口）。此时画面效果如图 12-168 所示。

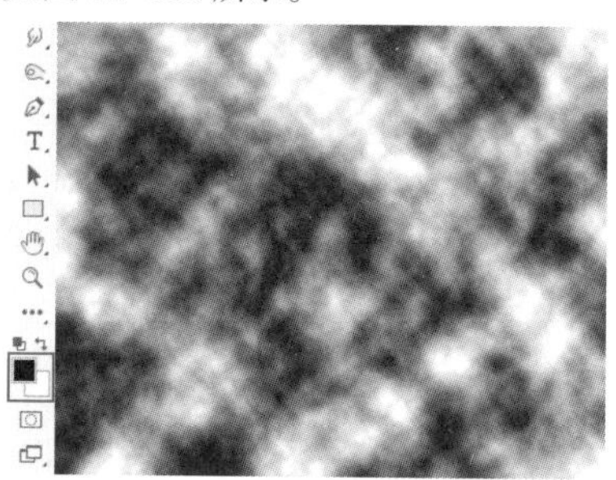

图 12-168

12.7 杂色滤镜组

杂色滤镜组可以添加或移去图像中的杂色。杂色滤镜组包含 5 种滤镜，分别是“减少杂色”“蒙尘与划痕”“去斑”“添加杂色”“中间值”。

【重点】12.7.1　减少杂色

“减少杂色”滤镜可以进行降噪和磨皮。该滤镜可以对于整个图像进行统一的参数设置，也可以对各个通道的降噪参数分别进行设置，在保留边缘的前提下尽可能多地减少图像中的杂色。

（1）打开一张图片，如图 12-169 所示，执行“滤镜 > 杂色 > 减少杂色”命令，打开“减少杂色”窗口，勾选“基本”复选框，设置“减少杂色”滤镜的基本参数。可反复进行参数的调整，直到人物皮肤表面变得光滑，如图 12-170 所示。如图 12-171 所示为细节效果。下面来了解一下各个参数的设置。

图 12-169

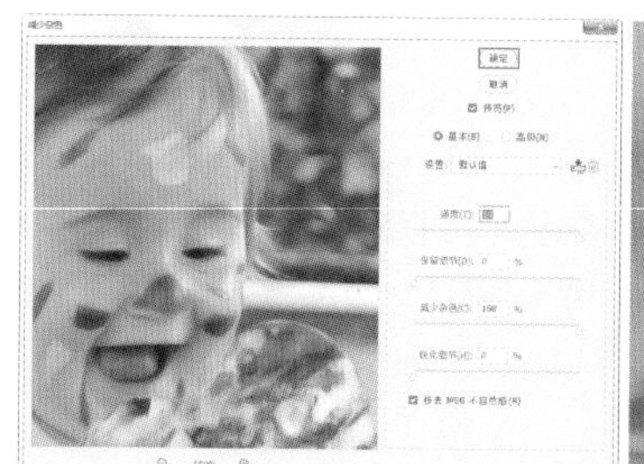

图 12-170

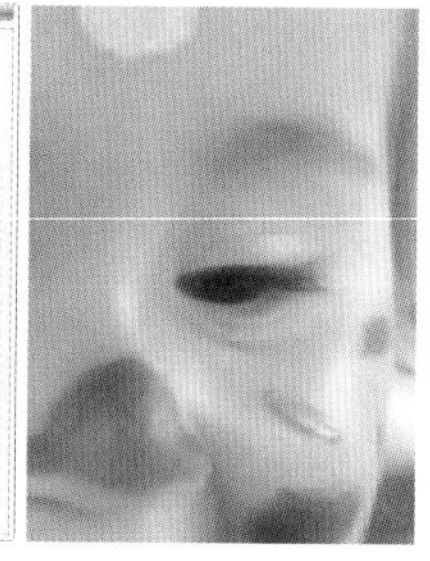

图 12-171

- 强度：用来设置应用于所有图像通道的明亮度杂色的减少量。
- 保留细节：用来控制保留图像的边缘和细节（如头发）的程度。数值为 100% 时，可以保留图像的大部分细节，但是会将明亮度杂色减到最低。
- 减少杂色：移去随机的颜色像素。数值越大，减少的颜色杂色越多。
- 锐化细节：用来设置移去图像杂色时锐化图像的程度。
- 移去 JPEG 不自然感：勾选该复选框以后，可以移去因 JPEG 压缩而产生的不自然块。

（2）在“减少杂色”窗口中选中“高级”单选按钮，可以设置“减少杂色”滤镜的高级参数。其中“整体”选项卡与基本参数完全相同，“每通道”选项卡可以基于红、绿、蓝通道来减少通道中的杂色。

【重点】12.7.2　蒙尘与划痕

“蒙尘与划痕”滤镜常用于照片的降噪或者“磨皮”。打开一张图片，如图 12-172 所示。执行“滤镜 > 杂色 > 蒙尘与划痕”命令，在弹出的“蒙尘与划痕”窗口中进行参数的设置，如图 12-173 所示。随着参数的调整会发现画面中的细节在不断减少，画面中大部分接近的颜色都被合并为一种颜色。

通过这样的操作可以将噪点与周围正常的颜色融合以达到降噪的目的，也能够实现较少照片细节使其更接近绘画作品的目的。

图 12-172

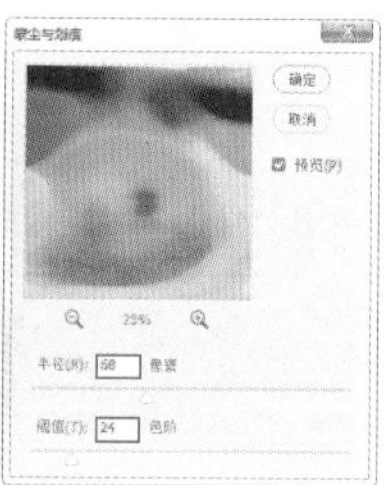

图 12-173

- 半径：用来设置柔化图像边缘的范围。数值越大，模糊程度越高。如图 12–174 所示为不同参数的对比效果。

（a）半径：20 像素

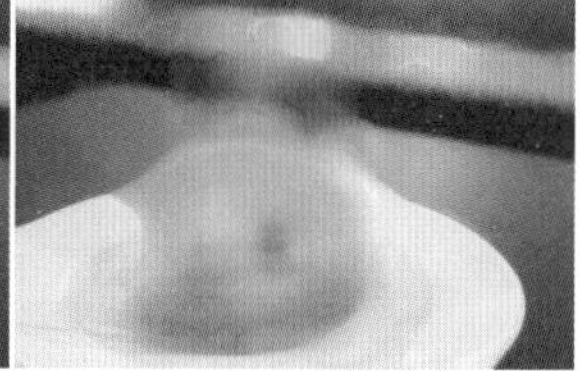

（b）半径：80 像素

图 12–174

- 阈值：用来定义像素的差异有多大才被视为杂点。数值越高，消除杂点的能力越弱。如图 12–175 所示为不同参数的对比效果。

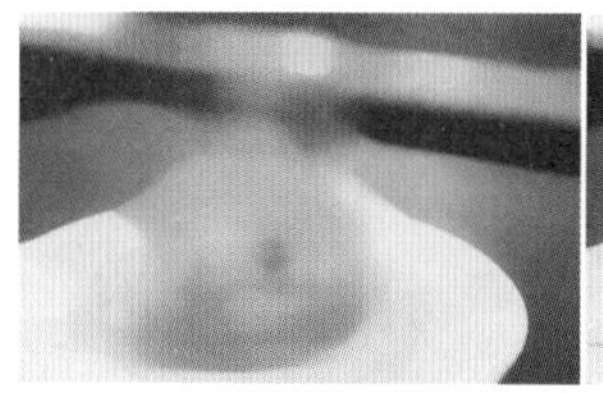

（a）阈值：10 色阶

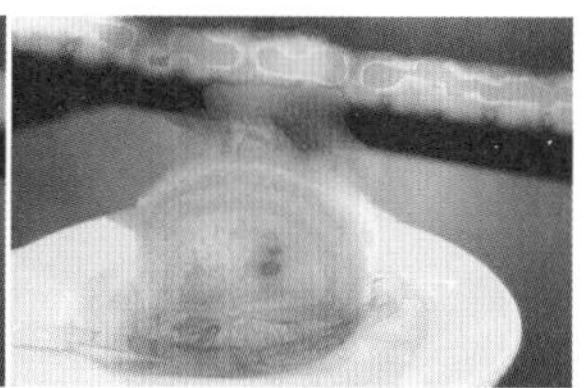

（b）阈值：50 色阶

图 12–175

12.7.3 去斑

"去斑"滤镜可以检测图像的边缘（发生显著颜色变化的区域），并模糊那些边缘外的所有区域，同时会保留图像的细节。打开一张图片，如图 12–176 所示。执行"滤镜 > 杂色 > 去斑"命令（该滤镜没有参数设置窗口）。此时画面效果如图 12–177 所示。此滤镜也常用于细节的去除和降噪处理。

图 12–176

图 12–177

【重点】12.7.4 添加杂色

"添加杂色"滤镜可以在图像中添加随机的单色或彩色的像素点。打开一张图片，如图 12–178 所示。执行"滤镜 > 杂色 > 添加杂色"命令，在弹出的"添加杂色"窗口中进行参数设置，如图 12–179 所示。设置完成后单击"确定"按钮。此时画面效果如图 12–180 所示。

图 12–178

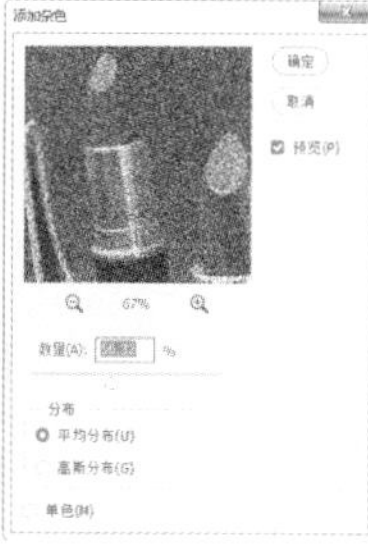

图 12–179

图 12–180

"添加杂色"滤镜也可以用来修缮图像中经过重大编辑过的区域。图像在经过较大程度的变形或者绘制涂抹后，表面细节会缺失，使用"添加杂色"滤镜能够在一定程度上为该区域增添一些略有差异的像素点，以增强细节感。

- 数量：用来设置添加到图像中的杂点的数量。如图 12–181 所示为不同参数的对比效果。

（a）数量：40%

（b）数量：150%

图 12–181

- 分布：选中"平均分布"单选按钮，可以随机向图像中添加杂点，杂点效果比较柔和；选中"高斯分布"单选按钮，可以沿一条钟形曲线分布杂色的颜色值，以获得斑点状的杂点效果。

图 12–182

- 单色：勾选该复选框以后，杂点只影响原有像素的亮度，但像素的颜色不会发生改变，如图 12–182 所示。

12.7.5 中间值

"中间值"滤镜可以混合选区中像素的亮度来减少

图像的杂色。打开一张图片，如图 12-183 所示。执行“滤镜 > 杂色 > 中间值”命令，在弹出的“中间值”窗口中进行参数设置。效果如图 12-184 所示。设置完成后单击“确定”按钮。该滤镜会搜索像素选区的半径范围以查找亮度相近的像素，并且会扔掉与相邻像素差异太大的像素，然后用搜索到的像素的中间亮度值来替换中心像素。

图 12-183

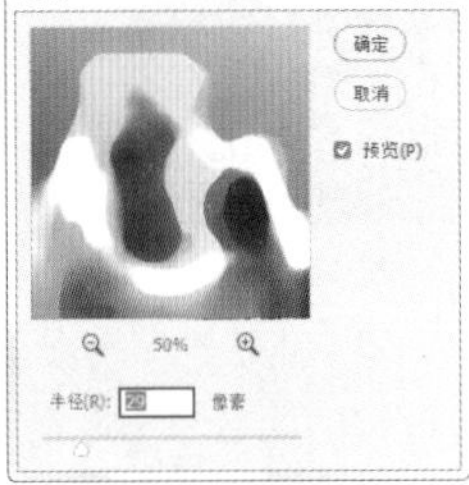

图 12-184

- 半径：用于设置搜索像素选区的半径范围，数值越大，模糊程度越强。

12.8 其他滤镜组

其他滤镜组中包含 HSB/HSL 滤镜、“高反差保留”滤镜、“位移”滤镜、“自定”滤镜、“最大值”滤镜与“最小值”滤镜。

12.8.1 HSB/HSL

色彩有三大属性，分别是色相、饱和度和明度。计算机领域中通常使用的 RGB 颜色系统不太适用于艺术创作。使用 HSB/HSL 滤镜可以实现 RGB 到 HSL（色相、饱和度、明度）的相互转换，也可以实现从 RGB 到 HSB（色相、饱和度、亮度）的相互转换。

打开一张图片，如图 12-185 所示。执行“滤镜 > 其他 >HSB/HSL”命令，在弹出的“HSB/HSL 参数”窗口中进行参数设置，如图 12-186 所示。单击“确定”按钮，画面效果如图 12-187 所示。

图 12-185

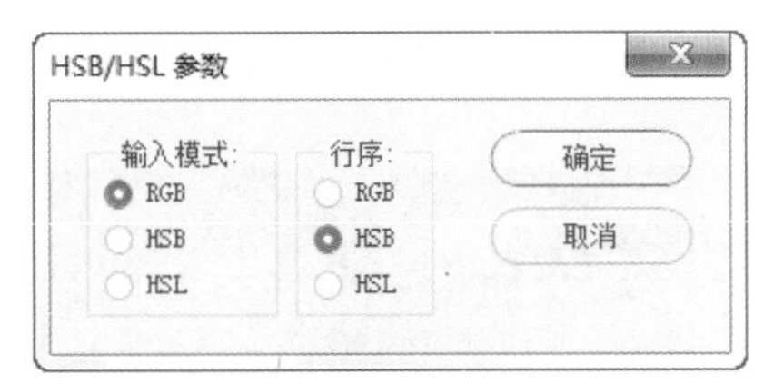

图 12-186

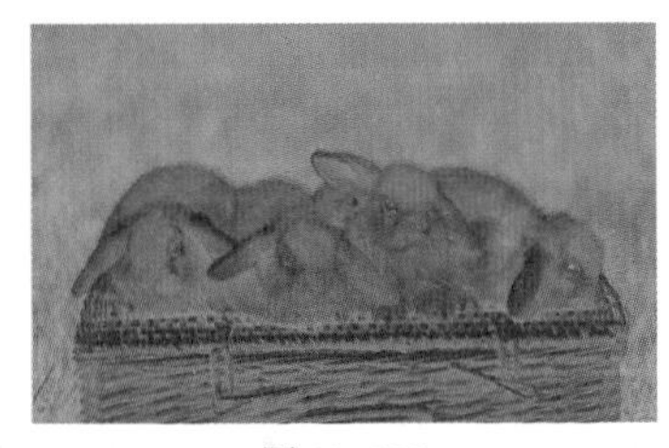

图 12-187

12.8.2 高反差保留

“高反差保留”滤镜可以在具有强烈颜色变化的地方按指定的半径来保留边缘细节，并且不显示图像的其余部分。

打开一张图片，如图 12-188 所示。执行“滤镜 > 其他 > 高反差保留”命令，在弹出的“高反差保留”窗口中进行参数设置，如图 12-189 所示。

图 12-188

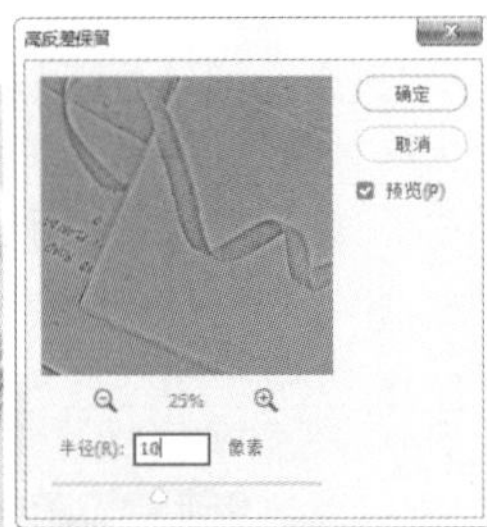

图 12-189

- 半径：用来设置滤镜分析处理图像像素的范围。数值越大，所保留的原始像素就越多；当数值为 0.1 像素时，仅保留图像边缘的像素。如图 12-190 所示为不同参数的对比效果。

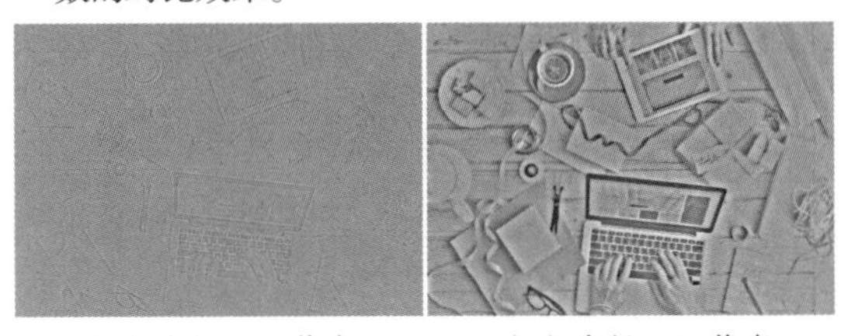

（a）半径：10 像素　　（b）半径：85 像素

图 12-190

12.8.3 位移

“位移”滤镜常用于制作无缝拼接的图案。该命令能够在水平方向或垂直方向上偏移图像。

（1）打开一张图片，如图 12-191 所示。执行“滤镜 > 其他 > 位移”命令，在弹出的“位移”窗口中勾选“预览”复选框，然后拖动“水平”和“垂直”滑块，调整完成后单击“确定”按钮，如图 12-192 所示。画面效果如图 12-193 所示。

（2）为了去除接缝部分，可以使用“仿制图章工具”对位移产生的生硬衔接位置进行修补，此时无缝图案就制作完成了，如图 12-194 所示。

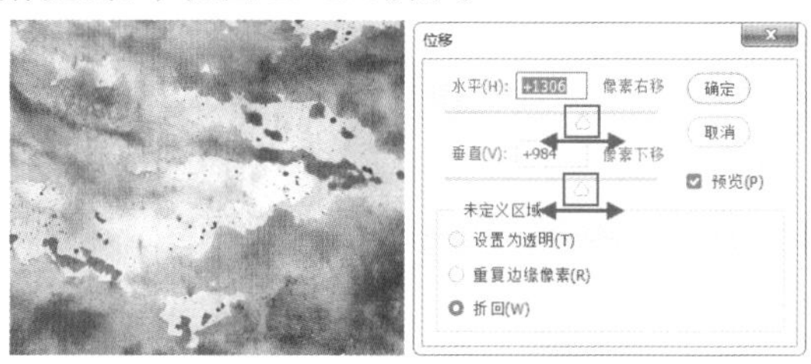

图 12-191　图 12-192

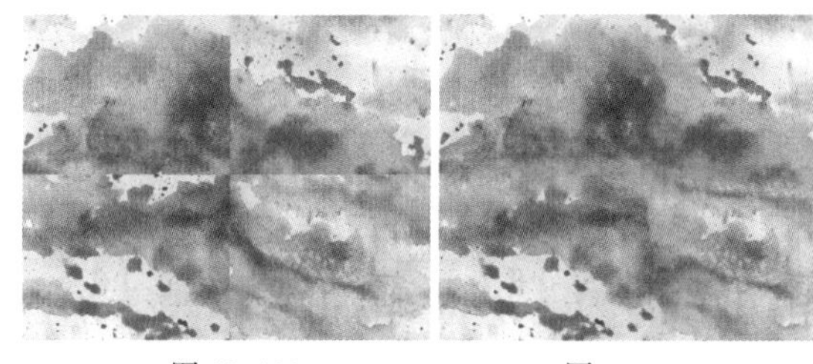

图 12-193　图 12-194

12.8.4 自定

“自定”滤镜可以设计用户自己的滤镜效果。该滤镜可以根据预定义的“卷积”数学运算来更改图像中每个像素的亮度值，执行“滤镜 > 其他 > 自定”命令即可弹出“自定”窗口，如图 12-195 所示。

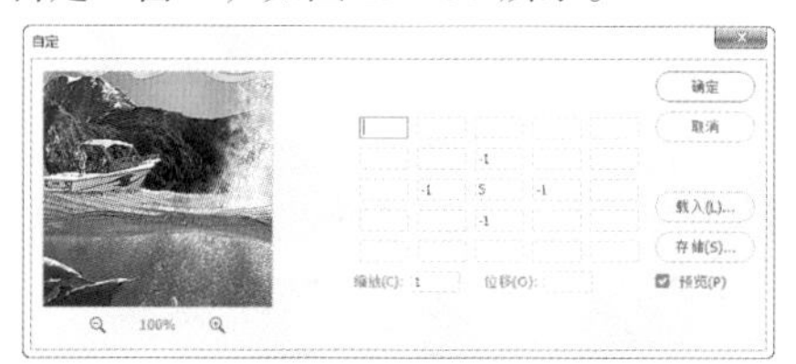

图 12-195

12.8.5 最大值

“最大值”滤镜可以在指定的半径范围内，用周围像素的最高亮度值替换当前像素的亮度值。该滤镜对于修改蒙版非常有用。打开一张图片，如图 12-196 所示。执行“滤镜 > 其他 > 最大值”命令，打开“最大值”窗口，如图 12-197 所示。设置“半径”选项，该选项是用来设置用周围像素的最高亮度值来替换当前像素的亮度值的范围。该滤镜具有阻塞功能，可以展开白色区域，而阻塞黑色区域。

图 12-196　图 12-197

12.8.6 最小值

“最小值”滤镜具有伸展功能，可以扩展黑色区域，而收缩白色区域。打开一张图片，如图 12-198 所示。执行“滤镜 > 其他 > 最小值”命令，打开“最小值”窗口，如图 12-199 所示。设置“半径”选项，该选项是用来设置滤镜扩展黑色区域、收缩白色区域的范围。

图 12-198　图 12-199

12.9 综合实例：使用滤镜制作音乐海报

文件路径	资源包 \ 第 12 章 \ 使用滤镜制作音乐海报
难易指数	★★★★★
技术掌握	滤镜库、矩形工具、椭圆工具

案例效果

案例效果如图 12-200 所示。

扫一扫，看视频

图 12-200

操作步骤

步骤 01 执行“文件 > 新建”命令，新建一个大小合适的空白文档。接着单击工具箱中的“矩形工具”按钮，在选项栏中设置“绘制模式”为“形状”，“填充”为红色，“描边”为无，设置完成后在画面中绘制一个矩形，如图 12-201 所示。

步骤 02 对绘制的矩形进行适当的变形。选择矩形图层，使用组合键 Ctrl+T 调出定界框，右击，在弹出的快捷菜单中执行“扭曲”命令，调整矩形的形态，如图 12-202 所示。按 Enter 键完成操作。

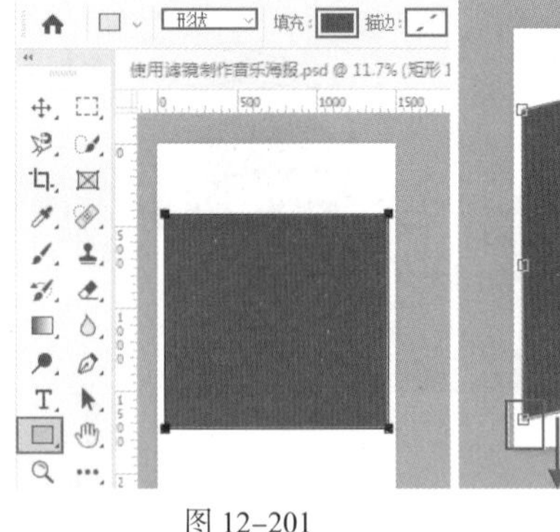

图 12-201

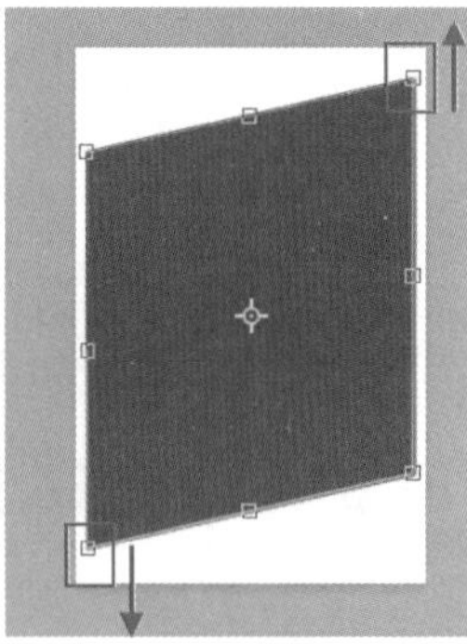

图 12-202

步骤 03 单击工具箱中的“椭圆工具”按钮，在选项栏中设置“绘制模式”为“形状”，“填充”为白色，“描边”为无，设置完成后在红色矩形中间位置按住 Shift 键的同时按住鼠标左键绘制一个正圆，如图 12-203 所示。

步骤 04 执行“文件 > 置入嵌入对象”命令，将人物素材 1.jpg 置入画面中。调整大小放在画面中间位置，并将该图层进行栅格化处理，如图 12-204 所示。

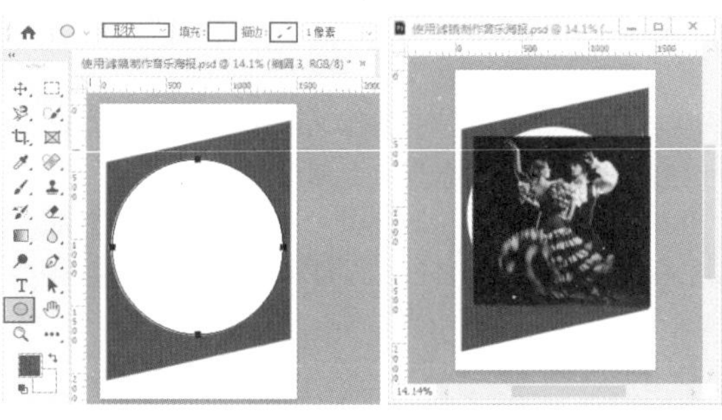

图 12-203　　图 12-204

步骤 05 此时置入的素材带有背景，需要将人物从背景中抠出。选择人物素材图层，单击工具箱中的“快速选择工具”按钮，在选项栏中单击“添加到选区”按钮，设置大小合适的笔尖，设置完成后将光标放在人物上方，按住鼠标左键拖动得到人物选区，如图 12-205 所示。

步骤 06 在当前选区状态下，使用组合键 Ctrl+J 将人物复制出来，隐藏原始人物图层，如图 12-206 所示。

图 12-205

图 12-206

步骤 07 设置“前景色”为黑色，“背景色”为白色。接着对人物图层执行“滤镜 > 滤镜库”命令，在弹出的窗口中单击“素描”按钮，在下拉菜单中选择“绘画笔”选项，打开“绘图笔”窗口，设置“描边长度”为 15，“明 / 暗平衡”为 80，“描边方向”为“右对角线”，设置完成后单击“确定”按钮，如图 12-207 所示。

图 12-207

步骤 08 执行“文件 > 置入嵌入对象”命令，将素材 2.png 置入画面中。调整大小放在人物素材的左下角位置并将该素材进行栅格化处理，如图 12-208 所示。

步骤 09 置入装饰元素，摆放在合适位置上。最终效果如图 12-209 所示。

图 12-208

图 12-209

12.10 课后练习

作业要求

利用滤镜将照片转换为绘画效果。

扫一扫，看视频

案例效果

案例效果如图 12-210 所示。

图 12-210

可用素材

可用素材如图 12-211 所示。

图 12-211

思路解析

（1）打开一张带有绘画感天空的素材，将风景照片置入其中。

（2）为风景照片添加图层蒙版，隐藏照片中的天空，显示出绘画感的天空素材。

（3）为风景照片使用滤镜库，从中选择合适的滤镜，将照片转变为绘画效果。

（4）为风景照片进行适当调色，使之与画面色彩相匹配。